城市轨道交通通信与信号

徐思成　孙　博◎主编

西北工业大学出版社
·西安·

【内容简介】 本书对城市轨道交通通信与信号知识进行了较全面、系统的阐述,内容分为城市轨道交通信号与交通通信两大部分内容。本书参考了城市轨道交通最新资料,吸取了城市轨道交通信号与通信系统的最新研究成果,并配有大量的城市轨道交通信号与通信设备及系统实景图片。

本书可以作为高等职业院校交通运输、城市轨道交通等专业的教材或教学参考书,也可以作为从事城市轨道交通工作技术人员的参考资料和培训教材。

图书在版编目(CIP)数据

城市轨道交通通信与信号 / 徐思成,孙博主编.
西安:西北工业大学出版社,2024.10. -- ISBN 978 - 7 -
5612 - 9501 - 4

Ⅰ. U239.5

中国国家版本馆 CIP 数据核字第 2024651T6D 号

CHENGSHI GUIDAO JIAOTONG TONGXIN YU XINHAO

城 市 轨 道 交 通 通 信 与 信 号

徐思成 孙博 主编

责任编辑:付高明	策划编辑:孙显章	
责任校对:胡莉巾	装帧设计:高永斌 董晓伟	

出版发行:西北工业大学出版社
通信地址:西安市友谊西路 127 号 邮编:710072
电　　话:(029)88493844,88491757
网　　址:www.nwpup.com
印 刷 者:西安五星印刷有限公司
开　　本:787 mm×1 092 mm 1/16
印　　张:25.125
字　　数:602 千字
版　　次:2024 年 10 月第 1 版 2024 年 10 月第 1 次印刷
书　　号:ISBN 978 - 7 - 5612 - 9501 - 4
定　　价:79.00 元

《城市轨道交通通信与信号》
编　写　组

主　编：徐思成　孙　博

副主编：张艳艳　褚衍涛　冯艳平　陈　冲

编　者：郑州职业技术学院（徐思成、张艳艳、冯艳平、刘志远、陈冲、
张丹丹、朱海云、潘海洋）

洛阳市轨道交通集团有限责任公司运营分公司（孙博、褚衍涛、
侯攀科、白璐、陈志超、杨慧玲、李波、李哲）

主　审：王　亮

前　言 PREFACE

　　本书紧扣新时代对职业教育的要求,采用"校企合作""理论与实践相结合"的模式编写,结合我国轨道交通发展的概况,反映产业技术升级情况,以"城市轨道交通信号工"和"城市轨道交通通信工"技能培养为主线,强化工程技术应用能力的培养,系统介绍城市轨道交通通信与信号的知识。本书突出权威性、前沿性、原创性,由轨道交通行业专家、一线技术岗工程师和常年担任本课程的高校教师,共同编写而成,希望能够培根铸魂、启智增慧,打造适应时代要求的精品教材。

　　城市轨道交通具有运量大、速度快、安全可靠性高、污染轻、受其他交通方式影响小的特点,对改善大城市交通拥挤、乘车困难、行车速度慢、空气污染等都是非常有优势的。因此,城市轨道交通是现代化大都市普遍选择的一种出行方式。进入21世纪,我国城市轨道交通建设进入了高速大发展时期,截至2023年底,有超过59个城市已经在建或开通了城市轨道交通线路,总里程10 232千米。目前还有很多城市的轨道交通正在扩大规模或者在筹建中。

　　城市轨道交通通信与信号是城市轨道交通车辆安全运行的重要保障,是与城市轨道交通车辆进行联络、处理问题的重要载体。信号系统本身技术含量高,具有网络化、综合化、数字化和智能化的特点,已成为城市轨道交通的共同选择。通信系统是为传输服务、提供信息、保证对车站提供高层次控制而建立的视听链路网,能够确保公务、调度、闭路电视、广播和时钟等系统协调工作,确保整个通信系统可靠运行。近年来,国产的信号和通信系统都取得了长足的进步,本书中也对此进行了简要介绍。

　　本书站在使用者的角度,结合笔者多年的实际工程经验和教学经验,系统全面地介绍了城市轨道交通信号与通信系统知识。同时为便于学生及时复习、巩固学习内容,每个项目后都配有本项目总结、项目实施和习题。

　　本书由郑州职业技术学院徐思成教授,洛阳地铁集团有限责任公司运营分公司孙博主任主编。全书共18个项目,具体编写分工如下:项目一、项目二由张丹丹编写；项目三由徐思成编写；项目四由朱海云编写；项目五由侯攀科编写；项目六、项目十七由潘海洋编写；项目七、项目十由冯艳平编写；项目八、项目十一由张艳艳编写；项目九由陈冲编写；项目十二由褚衍涛、白璐编写；项目十三由孙博编写；项目十四、项目十八由刘志远编写；项目十五由陈志超、杨慧玲编写；项目十六由李波、李哲编写。此外，附录A由陈冲编写；附录B由刘志远编写；附录C由孙博编写；附录D由徐思成、侯攀科编写。全书由王亮主审。

本书编写得到了洛阳市轨道交通集团有限责任公司运营分公司副总经理、教授级高级工程师王亮，郑州地铁有限公司主任李振山、站长张恩华，郑州职业技术学院邢勇、许栋刚、孙中阳的大力支持和热情帮助，在此表示衷心的感谢。

本书还引用了许多国内外专家、学者的城市轨道交通相关资料和文献，在此谨向他们致以衷心的感谢！

我国城市轨道交通通信与信号技术一直处在不断前进和提升的过程中，资料难以搜集齐全，再加上编者水平有限，书中难免有疏漏和不妥之处，恳请读者批评指正。

编　者
2024年5月

目 录 CONTENTS

项目一　城市轨道交通信号系统概述

▶**项目导入**

郑州市轨道交通 12 号线一期于 2023 年 12 月 20 日 11 时 58 分初期运营。12 号线一期是郑州地铁线网的加密线路,主要位于经开区和郑东新区,整体呈南北—东西的 L 形走向,与多条线路换乘。开通运营后,郑州地铁运营线路达到 10 条,线网运营里程达到 277.7 km,位列全国第 13 位。按照地铁正常运营的情况,1 km 线路需要 50 名左右的专业员工,由此计算,轨道交通人才需求量相当大。其中城市轨道交通信号系统是城市轨道交通的重要基础设施之一,是保证列车运行安全,实现行车指挥和列车运行现代化,提高运输效率的关键系统设备。城市轨道交通信号系统高科技内容含量较高,涉及通信技术、计算机技术、网络技术和远程控制技术等领域。

▶**项目要点**

1. 熟悉城市轨道交通信号系统的作用、分类、特点;
2. 掌握城市轨道交通信号系统的组成;
3. 熟悉城市轨道交通信号系统的发展历程、发展方向。

▶**鉴定要求**

1. 会识别城市轨道交通信号系统的组成;
2. 会识别城市轨道交通信号系统的基础设备;
3. 掌握城市轨道交通信号系统的发展历程;
4. 能描述未来城市轨道交通信号系统的发展方向。

▶**课程思政**

1. 课前以小组为单位搜集行业动态和社会热点新闻,培养团队合作意识;
2. 学习大国工匠案例,树立大国有我的责任感。

▶**基础知识**

◆ 1.1　认识城市轨道交通信号系统

1.1.1　城市轨道交通信号系统的作用

城市轨道交通信号系统是实现行车指挥、列车运行监控和管理所需技术措施及配套装备的集合体,其作用是指挥行车,保证列车安全运行。城市轨道交通具有密度高、间隔短、站距短和速度高等特点,因而对交通保障系统有着安全性高、通过能力大、抗干扰能力强、可靠性高、自动化程度高等要求。

随着信息技术的不断发展,特别是计算机技术、现代网络技术、无线和移动通信技术以及一体化的信息控制技术等现代化技术的广泛应用,信号系统发生了革命性的变化,轨道旁的地面信号已由车载信号所代替,信号的内容也已发生根本性的变化,列车接收的目标速度、目标距离由车载系统直接控制列车自动运行,实现列车超速防护和车站程序自动定位停车等。近几年来,基于通信的列车自动控制(Communication-Based Train Control,CBTC)系统在各大城市新建轨道交通中广泛应用,提高了列车运行效率。此外,长期演进技术(Long Term Evolution,LTE)承载 CBTC 综合业务,也已在城市轨道交通信号系统中采用,进一步提高了信号系统的安全性和稳定性。

1.1.2 城市轨道交通信号系统的分类

轨道交通信号系统大体上可分为车站联锁系统、区间闭塞系统、机车信号和列车运行系统、列车调度指挥系统、列车调度集中系统、驼峰信号系统和道口信号系统,以及信号集中监测系统。

轨道交通信号基础设备,包括信号继电器、信号机及信号表示器、轨道电路、应答器、计轴、道岔与转辙机等。这些是构成铁路信号系统的基础,它们的质量、安全性和可靠性直接影响信号系统效能的发挥、安全的保证、可靠性的提高,在轨道交通信号现代化的进程中,信号基础设备在不断地更新和改进。

1.1.3 城市轨道交通信号系统的特点

城市轨道交通信号系统的特点体现在其高度自动化、安全性要求高和可靠性强等方面。具体如下:

(1)高度自动化。城市轨道交通信号系统通常由列车自动控制(Automatic Train Control,ATC)系统组成,包括列车联锁、进路控制、列车间隔控制、调度指挥等,实现高效综合自动化管理。

(2)安全性要求高。由于城市轨道交通多建于地下,空间有限且行车密度大,一旦发生事故救援困难,所以对信号系统的安全性要求非常高。

(3)可靠性强。信号系统的设备必须具有高可靠性,因为隧道内空间狭小,且存在带电的牵引接触轨或接触网,不便于在线路上进行维修和故障排除。

(4)通过能力大。城市轨道交通一般不设站线,进站列车均停在正线上,因此信号设备必须满足较大的通过能力要求,以保证列车的顺畅运行。

(5)CBTC 系统。CBTC 系统突破了传统轨道电路的限制,提供连续的车-地和地-车数据通信,能够传输更多的控制和状态信息,同时提供列车自动防护(Automatic Train Protection,ATP)、列车自动运行(Automatic Train Operation,ATO)和列车自动监控(Automatic Train Supervision,ATS)功能。

（6）适应性强。城市轨道交通信号系统需要适应不同的运营环境和需求，如地铁、轻轨等不同类型的轨道交通工具，以及不同城市的特定需求。

（7）维护管理。信号系统还包括设备工况监测及维护管理功能，确保系统的长期稳定运行。

（8）信息管理。现代城市轨道交通信号系统还涉及信息管理，包括乘客信息服务、运营数据分析等，以提高整个交通网络的效率和服务质量。

◆ 1.2 城市轨道交通信号系统的组成

城市轨道交通信号系统通常由列车自动控制（ATC）系统和车辆段信号控制系统两大部分组成，用于列车进路控制、列车间隔控制、调度指挥、信息管理、设备工况监测及维护管理等，是一个高效的综合自动化系统。

1.2.1 正线 ATC 系统

ATC 系统是以技术手段对列车运行方向、运行间隔和运行速度进行控制，保证列车能够安全运行，提高列车运行效率的系统。其包括列车自动防护（ATP）子系统、列车自动监控（ATS）子系统和列车自动运行（ATO）子系统，简称"3A"，如图 1-1 所示。

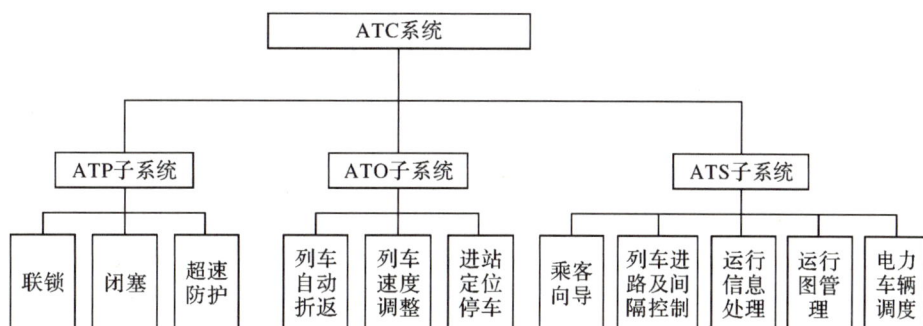

图 1-1 列车自动控制系统组成

1.2.1.1 ATP 子系统

ATP 子系统的功能是对列车运行进行超速防护，对与安全有关的设备实行监控，实现列车位置检测，保证列车间的安全间隔，保证列车在安全速度下运行，完成信号显示、故障报警、降级提示、列车参数和线路参数的输入，与 ATS 系统、ATO 系统及车辆系统接口进行信息交换。ATP 子系统的核心功能包括联锁、闭塞、超速防护。

（1）联锁。联锁是指为了保证行车和调车作业的安全，在信号机、道岔和进路之间通过技术手段建立的相互制约关系。

（2）闭塞。闭塞是指列车进入区间（或闭塞分区）后，其与外界隔离起来，区间两端车站都不再向这一区间（或闭塞分区）发车，以防止列车追尾。

（3）超速防护。超速防护是指确保列车运行速度不超过规定的目标速度的措施。车载超速防护控制器接收从地面传来的目标速度信息,并从轮轴测速传感器测得列车运行速度。

1.2.1.2　ATS子系统

ATS子系统的功能是实现对列车运行的监督和控制,辅助调度人员对全线列车进行管理。ATS子系统的核心功能包括乘客向导、列车进路及间隔控制、运行信息处理、运行图管理、电力车辆调度。

（1）乘客向导。乘客向导系统与ATS系统的列车实时信息接口相连接,实时、动态地向乘客提供各种乘车服务信息。

（2）列车进路及间隔控制。列车进路及间隔控制系统根据ATS系统的列车实时信息,实现列车的进路及间隔控制。

（3）运行信息处理。运行信息处理系统对ATS系统的列车实时信息进行相应的处理,判断车辆设备的运行状态,当发现数据异常时给出警示,以维持列车运行在安全的工作状态。

（4）运行图管理。运行图管理指根据ATS系统的列车实时信息,判断列车是否按运行图运行,一旦发现异常,即向相关部门和车站发出"指令"进行调整。

（5）电力车辆调度。电力车辆调度系统根据列车计划运行图,ATS系统依托地面设备和列车车载设备相互配合,使列车按照计划时刻表运行,从而实现对列车的调度。

1.2.1.3　ATO子系统

ATO子系统的功能是实现"地对车控制",即用地面信息实现对列车驱动、制动的控制。其功能包括定位停车、列车速度调整、列车自动折返等。

（1）定位停车。定位停车指ATO系统根据列车的定位和目标停车点,计算速度曲线,以保证列车停下来时刚好在目标停车点。

（2）列车速度调整。列车速度调整指ATO车载控制器通过比较实际列车运行速度及ATP给出的最大允许速度及目标速度,并根据线路情况不断调整列车运行速度。

（3）列车自动折返。列车自动折返指ATO实现在终点站下客完成后,司机按压折返按钮,随后车载系统自动控制列车驶入无人折返区,然后在折返区完成列车换端,再自动驶出折返区,到站台停车,等待司机上车。

1.2.2　车辆段信号控制系统

地铁车辆段分为车辆段和停车场。车辆段是城市轨道交通系统中对车辆进行运用管理、停放及维修保养的场所。只进行车辆运用管理的地方称为停车场。一般而言,1条线路设1个车辆段;线路长度超过20 km时,可考虑设1个车辆段和1个停车场。列车在车辆段行驶时,一般允许的最大速度为25 km/h。

列车在车辆段/停车场内的作业主要有:出入段/场的列车作业、段/场内的调车作业、试车线的试车作业。列车作业和调车作业由段/场内的计算机联锁系统控制,试车作业须由信号楼控制室与试车线控制室完成控制权交接后方可进行。

在车辆段/试车场与正线线路联络处设置一段转换轨,其长度不小于一列车的长度,作为 ATC 控制区和非控制区的分界。转换区段安装正线信号设备,列车从车辆段/试车场驶向正线,须在转换区段上进行控制区和驾驶模式的转换。

◆ 1.3 城市轨道交通信号系统的发展历程及发展方向

1.3.1 城市轨道交通信号系统的发展历程

1.3.1.1 起源阶段(有轨电车)

我国最早城市轨道交通为有轨电车,起源于 20 世纪初期,1908 年我国第一条有轨电车在上海建成通车。到 20 世纪 50 年代,我国的有轨电车交通达到了高峰。有轨电车在我国城市交通中发挥了历史性的作用。

1.3.1.2 起步阶段(20 世纪 60—80 年代)

该阶段的地铁除了客运功能以外,还考虑人防战备需要。由于经济实力和技术水平的限制,我国的城市轨道交通起步比较晚,早期只有少数城市修建了地铁。我国第一条地铁1965 年在北京开始建设,1969 年建成通车,全长 23.6 km。

1.3.1.3 发展阶段(20 世纪 90 年代)

道路交通供给能力严重不足,发展大容量轨道交通方式的理念开始显现,以北京地铁 1号线完全建成,天津地铁 1 号线、上海地铁 1 号线、广州地铁 1 号线建成为标志。天津在1970 年 6 月开始修建我国的第二条地铁线,于 1984 年 12 月开始通车。上海在 1990 年初开始修建地铁,于 1995 年建成上海第一条地铁。广州地铁 1 号线于 1993 年 12 月 28 日动工,1997 年 6 月 28 日开始营运。

1.3.1.4 建设震荡阶段(20 世纪末期)

随着经济的飞速发展和城市化进程加快,我国的轨道交通也进入了大发展时期。新建城市轨道交通的城市迅速增多,城市轨道交通也逐步实现网络化、多元化、现代化。20 世纪末期,部分城市轨道交通建设速度过快过猛,政府加大地铁项目的宏观调控力度,1995 年至1998 年,无轨道交通项目审批通过。

1.3.1.5 蓬勃发展阶段(21 世纪至今)

进入 21 世纪后,城市人口规模、交通需求、经济水平成为衡量一个城市是否建设轨道交通的三大基本要素,因此轨道交通实行"超前规划,适时建设"的政策。我国已经成为最大的轨道交通市场,也成为世界上轨道交通发展最快的国家。

截至 2020 年底,中国大陆地区(以下文中涉及全国数据均指中国大陆地区,不含港澳台)共有 45 个城市开通城市轨道交通运营线路 244 条,运营线路总长度 7 969.7 km。其中:地铁运营线路 6 280.8 km,占比 78.8%;其他制式城市轨道交通运营线路 1 688.9 km,占比21.2%。2020 年新增运营线路长度 1 233.5 km。拥有 4 条及以上运营线路,且换乘站 3 座及以上的城市 22 个,占已开通城市轨道交通运营城市总数的 49%。

1.3.2 城市轨道交通信号系统的发展方向

移动闭塞是当前城市轨道交通最为成熟的闭塞制式。在移动闭塞制式的基础上,如果能够进一步突破速度防护曲线对列车追踪间隔的限制,使正常运行的前后车之间的距离进一步缩短,将对增加线路运输效率、增强运输组织的灵活性有巨大的促进作用。

CBTC - BL(Based Location,基于位置)曲线为基于位置的后车追踪曲线,CBTC - BV(Based Velocity,基于速度)曲线为基于速度的后车追踪曲线,CBTC - BC(Based Coupling,基于耦合)曲线为基于与前车耦合的后车追踪曲线。

CBTC - BV 是在 CBTC - BL 模式的基础上引入的前车速度参数,实现前车与后车基于实时速度的追踪,以达到追踪的极限。CBTC - BC 则是引入了车-车协同的理念,将前车与后车进行虚拟编组耦合形成车队,共同调度和运行,进一步缩短运行间隔、提高线路整体运输能力,可在早晚高峰时便捷地实现列车组队以提升运能,在平峰时则快速分离。在不降低运营密度的情况下,以短编组列车运行打破运行能力与行车密度之间的关联关系,达到"增效"的目的,使乘客在出行方面获得更多的满足感。

在 CBTC - BC 模式下,具有相同运行方向的 2 列列车可以动态耦合,在遇到分岔点时,可逐步加大间距,按照不同的运行目的地自主解耦独立运行。基于耦合的追踪模式打破了目前移动闭塞制式的追踪瓶颈,在传承的基础上实现了闭塞制式的进一步演进。由于系统保留了 CBTC - BL 曲线,所以在出现车与车之间通信异常、无法投入 CBTC - BC 时,仍可按照传统模式实现 CBTC 模式下的连续追踪。

目前,我国城市轨道交通线路的系统架构主要包括中心、车站、轨旁和车载等 4 个部分,以计算机联锁(Computer Based Interlocking,CBI)为基础,逐步叠加了列车自动监控(ATS)系统与区域控制器(Zone Controller,ZC)等设备,其中 ATS 系统承担行车指挥功能,ZC 承担移动授权计算及列车管理功能。

1.3.2.1 轨旁一体化控制

轨旁一体化控制系统是融合了 ZC 与 CBI 设备功能的安全控制系统。ZC 与 CBI 一体化设计,优化了两个设备之间的接口性能,减少了系统的反应时间,具有更高的可用性及更丰富、灵活的运营支持功能,更有利于实现高效的列车控制。相比未进行一体化的系统,其实时性将提高 50%,设备整合也将进一步减少设备用房的空间需求。

城市轨道交通信号系统发展到今天,其自动化程度不断提升,但智能化程度尚待进一步探索和提升。目前城市轨道交通各线各专业的硬件资源多单独设置,形成了信息孤岛,不便于数据的整合和挖掘,那么未来各专业在面向单一业务的基础上,应逐步朝着集中化(面向标准化组件)、虚拟化(面向资源)、云计算(支撑决策和提供增值服务)方向发展。随着云计算和大数据等技术的不断发展,城市轨道交通业务也将向着平台通用化、中心虚拟化、车站一体化方向延展。系统功能的智能化,就是建立在信息化发展的基础上,充分挖掘"信息"价值,为调度、维护、乘客提供"智慧"服务。例如,信号系统根据以往客流数据并动态感知,智能地调整列车运行密度;若线路上某一设备发生故障,在调度员不介入的情况下,信号系统根据运营和故障情况,结合应急策略生成对应的解决方案,智能地引导故障的排除及运营秩序的恢复,并根据平台、网络和基础设备的数据,在列车发生紧急制动后迅速判断出故障原因,无须事后逐项分析等;若在线路某区域发生了重大故障,系统可以高效地提供跨线路甚至跨路网的交通疏解方案。

1.3.2.2 车-车通信

2013 年,日内瓦第 60 届国际公共交通协会(Union Internationaledes Transpontis Publics,UITP)年会上阿尔斯通(ALSTOM)发布全球首套车-车通信 CBTC 系统——Urbalis Fluence,并将其应用于法国里尔 1/2 号线。2019 年,国家发展改革委修订发布的《产业结构调整指导目录(2019 年本)》,基于车-车通信的列车自主运行系统(Train Autoncmous Circumarnbulate System,TACS)出现在鼓励清单中。2021 年 7 月发布的《2020 年中国城市轨道交通车辆市场发展报告》显示,全自动无人驾驶是城市轨道交通车辆的发展趋势。2021 年底深圳首条全自动运行地铁线路 20 号线新车调试,这是国内首次应用车-车通信技术实现智能运维,标志着我国地铁行业技术发展迈向了新高度。

车-车通信是基于运行计划和实时位置,实现自主资源管理并进行主动间隔防护的信号系统,是目前全球轨道交通重点攻关的列控技术。采用"车-车"架构,列车之间可通过无线通信完成信息交互从而直接获知前行列车的位置、速度和线路状态,犹如列车有了自己的"大脑"和"千里眼",实现主动进路、自主防护、自主调整与全自动驾驶,弱化中心依赖,自行判断路上的情况。与 CBTC 系统相比,TACS 系统更安全、更可靠、更智能。

▶项目总结

本项目主要介绍了城市轨道交通信号系统的作用、分类、特点和组成以及城市轨道交通信号系统的发展历程和发展方向。通过本项目的学习,学生熟悉了城市轨道交通信号系统的作用和发展历程,掌握了城市轨道交通信号系统的组成和分类,从而为今后的学习打下坚实的基础。

▶项目达标

一、填空题

1._____是实现行车指挥、列车运行监控和管理所需技术措施及配套装备的集合体,其作用是指挥行车,保证列车安全运行。

2.城市轨道交通信号系统通常由_____和_____两大部分组成。

3.ATC 系统是以技术手段对列车运行方向、运行间隔和运行速度进行控制的系统,它包括_____子系统、_____子系统和_____子系统。

4.ATS 子系统的核心功能包括乘客向导、列车进路及间隔控制、_____、运行图管理、_____。

5.地铁车辆段分为_____和_____。

二、选择题

1.( )子系统的功能是实现"地对车控制",即用地面信息实现对列车驱动、制动的控制,包括定位停车、列车速度调整、列车自动折返等。

A. ATP   B. ATS   C. ATO   D. CBTC

2. 列车在车辆段行驶时,一般允许列车运行的最大速度为(　　　)。

A. 20 km/h　　　　　B. 25 km/h　　　　　C. 30 km/h　　　　　D. 35 km/h

3. 2021年底深圳首条全自动运行地铁线路(　　　)号线新车调试,国内首次应用车-车通信技术实现智能运维,标志着我国地铁行业技术发展迈入新高度。

A. 20　　　　　B. 25　　　　　C. 10　　　　　D. 15

4. 城市轨道交通主要承担的是巨大的客流量,行车密度大、站间距离短,列车的运行间隔一般在(　　　)左右。

A. 1 min　　　　　B. 2 min　　　　　C. 3 min　　　　　D. 4 min

5. 城市轨道交通的区间一般不安装地面信号机,车站可不设(　　　)信号机,通常以机车的速度信号为主体信号。

A. 进站　　　　　B. 出站　　　　　C. 引导　　　　　D. 从属

三、判断题

1. 城市轨道交通的信号技术沿袭了大铁路的制式,与大铁路有着很多相似处,但也有不同处。　　　　　　　　　　　　　　　　　　　　　　　　　　　　(　　)

2. 列车自动监控(ATS)子系统的功能是对列车运行进行超速防护,对与安全有关的设备实行监控,实现列车位置检测,保证列车间的安全间隔。　　　　　　　　(　　)

3. 一般而言,1条线路设1个车辆段;线路长度超过20 km时,可考虑设2个车辆段。
　　　　　　　　　　　　　　　　　　　　　　　　　　　　　　　　　　(　　)

4. 移动闭塞是城市轨道交通当前最为成熟的闭塞制式。　　　　　　　　　(　　)

5. 车-车通信是基于运行计划和实时位置,实现自主资源管理并进行主动间隔防护的信号系统,是目前全球轨道交通重点攻关的列控技术。　　　　　　　　　　(　　)

四、名词解释

1. 联锁
2. 闭塞
3. 超速防护
4. 定位停车
5. 列车自动折返

五、简答题

1. 简述城市轨道交通信号系统的作用。
2. 简述城市轨道交通信号系统的分类。
3. 简述城市轨道交通信号系统的特点。
4. 简述城市轨道交通信号系统的组成。
5. 简述城市轨道交通信号系统的发展历程。

项目二 城市轨道交通信号基础设备

▶项目导入

2023 年 12 月 14 日 18 时 57 分,北京地铁昌平线西二旗站至生命科学园站上行区间,两辆列车发生追尾事故,造成部分乘客受伤。事故发生后,北京市多部门全力以赴抢险救援,转运伤员,转移乘客。14 日 23 时许,人员转运完毕,共有 515 人送医院检查,其中骨折 102 人,无人员死亡。据初步调查,事故原因为雪天轨道湿滑导致前车信号降级,紧急制动停车,后车因所在区段位于下坡地段,雪天导致列车滑行,未能有效制动,造成与前车追尾。通过本项目的学习,你能找出故障发生的可能原因吗? 通过本项目的学习,你可以学习和掌握继电器、信号机和转辙机这三种信号基础设备。信号基础设备是指挥列车运行,保证行车安全,提高运营效率,改善行车人员劳动条件的关键设备。

▶项目要点

1.熟悉继电器在信号系统中的作用及工作原理;

2.掌握继电器在继电电路中的应用;

3.熟悉信号机在信号系统中的作用;

4.掌握信号机的种类;

5.熟悉转辙机在信号系统中的作用;

6.掌握 ZD6 型转辙机的结构。

▶鉴定要求

1.会判断继电器的接点编号;

2.会根据图形符号判断信号机的颜色显示;

3.会在线路平面上识别出信号机的种类;

4.可熟练手动转换道岔至正确的位置。

▶课程思政

1.通过继电器、手摇道岔实训项目,提升自身的操作能力和规范意识;

2.积极参加信号以及手摇道岔演练,总结信号故障处理经验,提升故障应急处理能力,树立安全意识和风险意识;

3.在项目学习中不断提升小组合作意识,培养细心、专注的工作习惯,与团队成员积极配合,共同保障地铁的运营安全。

▶基础知识

城市轨道交通信号基础设备主要包括继电器、信号机、转辙机、轨道电路和计轴器等。

◆ 2.1 继 电 器

2.1.1 继电器的概述

继电器是自动控制系统和远程控制系统中常用的元器件,它用于接通和断开电路,用以发布控制命令、反映设备状态以及进行逻辑运算,以构成自动控制和远程控制电路。在城市轨道交通信号系统中也广泛采用各种继电器来实现自动控制和远程控制,这些继电器统称为信号继电器。

2.1.1.1 继电器的结构

继电器由电磁系统和接点系统两大部分组成。电磁系统由线圈、固定铁芯、轭铁以及可动衔铁组成,接点系统由动接点、静接点组成,如图 2-1 所示。

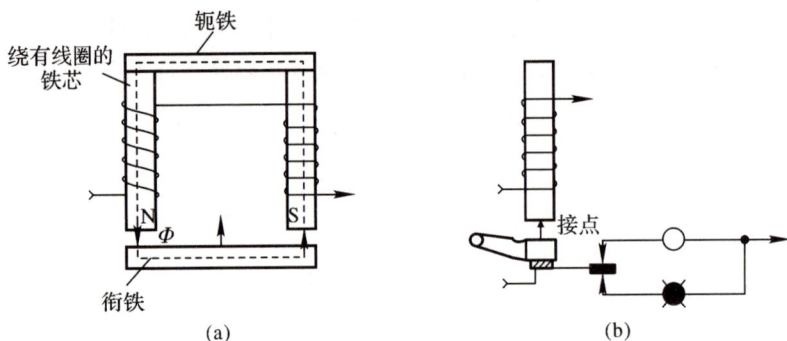

图 2-1 继电器的结构
(a)电磁系统;(b)接点系统

2.1.1.2 继电器的工作原理

继电器的工作原理:线圈通电→产生磁通(衔铁、铁芯)→产生吸引力→克服衔铁阻力→衔铁吸向铁芯→衔铁带动接点动作→前接点闭合、后接点断开,电流减小→吸引力下降→衔铁依靠重力落下→动接点与前接点断开,后接点闭合。

2.1.1.3 继电器的特性

由继电器的工作原理可知,继电器具有开关特性,利用其接点的通、断电路,构建各种控制和表示电路。图 2-1(b)所示为红绿灯的控制。

继电器还具有继电特性,即当输入量达到一定值时,输出量发生突变。因此,继电器以极小的电信号来控制执行电路中相当大功率的对象。

信号继电器动作的可靠性直接影响到信号系统的可靠性和安全性,因此,要求其具有安全可靠、动作准确、使用寿命长、足够的闭合和断开电路能力、良好的电气绝缘强度等特性。

2.1.1.4 继电器的分类

(1)按照动作原理分类

1)电磁继电器。它是通过继电器线圈中的电流在磁路的气隙(铁芯与衔铁之间)中产生电磁力,吸引衔铁,带动接点动作的。此类继电器数量最多。

2)感应继电器。它是利用电流通过线圈产生的交变磁场与另一交变磁场在翼板中所感应的电流相互作用产生电磁力,使翼板转动而动作的。

(2)按照动作电流的性质分类

1)直流继电器。它是由直流电源供电的。其按所通电流的极性,又可分为无极、偏极和有极继电器。整流式继电器虽然用于交流电路中,但它用整流元件将交流电整流为直流电,其实质上是直流继电器。直流继电器都是电磁继电器。

2)交流继电器。它是由交流电源供电的。它按动作原理,又可分为电磁继电器和感应继电器。

(3)按照输入物理量的物理性质分类

1)电流继电器。它反映电流的变化,它的线圈必须串联在所反映的电路中。该电路中必有被反映的器件,如电动机绕组、信号灯泡等。

2)电压继电器。它反映电压的变化,它的线圈由励磁电路单独构成。

(4)按照动作速度分类

1)正常动作继电器:衔铁动作时间为 0.1～0.3 s。大部分信号继电器属于此类,一般无需加此称呼。

2)缓动继电器:衔铁动作时间超过 0.3 s。它又分为缓吸、缓放继电器。缓吸继电器是利用脉冲延时电路或软件设定使之缓吸。缓放继电器则利用短路铜环产生磁通使之缓动,主要取其缓放特性。

(5)按照接点结构分类

1)普通接点继电器。它具有开断功率较小的接点的能力,以满足一般信号电路的要求,多数继电器为普通接点继电器,一般不加此称呼。

2)加强接点继电器。它具有开断功率较大的接点的能力,以满足电压较高、电流较大的信号电路的要求。

(6)按照工作可靠度分类

1)安全型(N 型)继电器。它为无需借助于其他继电器,亦无需对其接点在电路中的工作状态进行监督检查,依靠衔铁自身释放即能满足一切安全条件的继电器。

2)非安全型(C 型)继电器。它为必须监督检查接点在电路中的工作状态,以保证安全条件的继电器。

2.1.1.5　继电器的作用

(1)表示功能:表示线路占用、空闲,信号的开放、关闭,等等。

(2)驱动功能:定位操纵继电器、反位操纵继电器。

(3)实现逻辑电路:利用继电电路实现有关逻辑关系。

2.1.2　安全型继电器

在轨道交通信号系统中,凡是涉及行车安全的继电电路都必须采用安全型继电器,也就是说安全型继电器的结构必须符合故障-安全原则(发生安全侧故障的可能性远远大于发生危险侧故障的可能性;处于禁止运行状态的故障有利于行车的安全,称为安全侧故障;处于允许运行状态的故障可能危及行车安全,称为危险侧故障)。由于信号继电器在故障情况下,使前接点闭合的概率远远小于后接点闭合的概率,所以,可以用前接点代表危险侧信息,后接点代表安全侧信息。

AX 系列安全型继电器是信号继电器的主要定型产品,是我国自行设计和生产的轨道交通信号专用继电器,采用 24 V 直流系列的重力式直流电磁继电器。其基本结构属于直流无极继电器。其他各型号都是由其派生而成的。

安全型继电器的基本结构是无极继电器,在无极继电器的基础上,派生出了有极继电器、偏极继电器、整流式继电器、交流二元二位继电器等类型的继电器,以满足不同电路的要求。安全型继电器系列中绝大部分零件都能通用。

2.1.2.1 无极继电器

(1)无极继电器的结构。无极继电器由电磁系统和接点系统两大部分组成。电磁系统包括线圈、铁芯、轭铁和衔铁,具有结构紧凑、加工方便等特点,如图 2-2 所示。

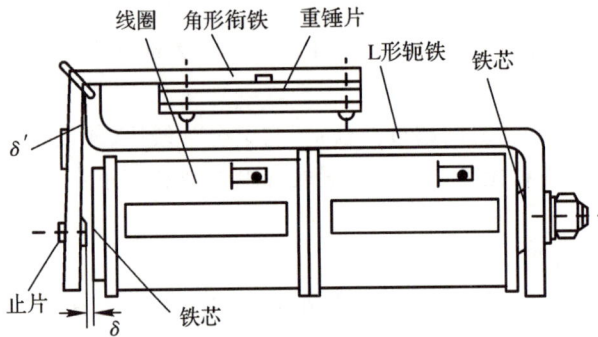

图 2-2 无极继电器的电磁系统

1)线圈。线圈水平安装在铁芯上,分为前圈和后圈,之所以采用双线圈,主要是为了增强控制电路的适应性和灵活性,可根据电路需要采用单线圈控制、双线圈串联控制或双线圈并联控制。

2)铁芯。铁芯由电工纯铁制成,其为软磁材料,具有较高的磁通密度和较小的剩磁,以利于继电器的工作;外层镀锌防护。

3)轭铁。轭铁呈 L 形,由电工纯铁板冲压成型,外表镀多层铬防护。

4)衔铁。衔铁为角形,靠蝶形钢丝卡固定在轭铁的刀刃上,动作灵活。衔铁由电工纯铁冲压成型,衔铁上铆有重锤片,以保证衔铁靠重力返回。重锤片由薄钢板制成,其片数由接点组的多少决定,使衔铁的重量基本上满足后接点压力的需要。一般 8 组后接点用 3 片,6组用 2 片,4 组用 1 片,2 组不用。

5)接点系统。接点系统处于电磁系统上方,通过接点架、螺钉紧固在轭铁上,使两个系统成为一个整体。用螺钉将下止片、电源片单元、静接点单元、动接点单元以及压片按顺序组装在接点架上。在紧固螺钉前,应将拉杆、绝缘轴、动接点轴与动接点组装好。无极继电器的接点系统如图 2-3 所示。

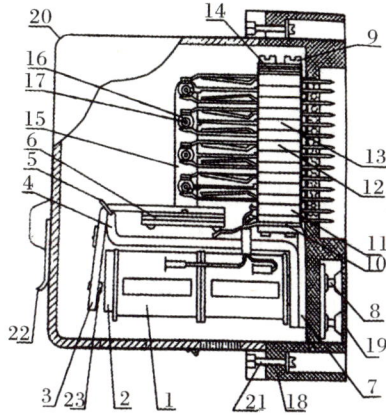

图 2-3 无极继电器的接点系统

1—线圈;2—铁芯;3—衔铁;4—轭铁;5—蝶形钢丝卡;6—重锤片;7—接点架;8、9—螺钉;10—下止片;
11—电源片单元;12—静接点单元;13—动接点单元;14—压片;15—拉杆;16—绝缘轴;17—动接点轴;
18—胶木底座;19—型别盖板;20—外罩;21—加封螺钉;22—提把;23—止片

(2)无极继电器的动作原理。无极继电器的磁系统为无分支磁路,如图 2-4 所示。在线圈上加上直流电压后,线圈中的电流 I 使铁芯磁化,在铁芯内产生工作磁通 Φ,它由铁芯极靴处经过主工作气隙进入衔铁,又经过第二工作气隙进入轭铁,然后回到铁芯,形成一闭合回路。在工作气隙处,由于磁通 Φ 的作用,铁芯与衔铁间产生电磁吸引力 F_D,当 F_D 大到足以克服机械阻力 F_J(主要是衔铁自重)时,衔铁即与铁芯吸合。此时衔铁通过拉杆带动动接点运动,使后接点断开,前接点闭合。

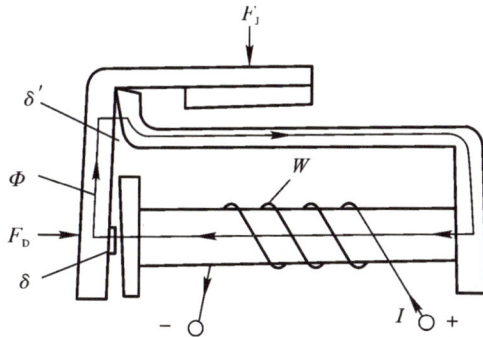

图 2-4 无极继电器磁路

当线圈中的电流减小时,铁芯中的磁通按一定规律随之减小,吸引力也减小。当电流小到一定值时,它所产生的吸引力小于机械阻力,衔铁离开铁芯,衔铁被释放。此时拉杆带动动接点运动,使前接点断开,后接点闭合。

2.1.2.2 有极继电器

有极继电器根据线圈中电流极性不同而具有定位和反位两种稳定状态,这两种稳定状态在线圈中电流消失后,仍能继续保持,故又称极性保持继电器。它的特点是磁系统中增加了永久磁铁。在线圈中通以规定极性的电流时,继电器吸起,断电后仍保持在吸起位置;通以反方向电流时,继电器打落,断电后保持在打落位置。

有极继电器衔铁位置的定位、反位规定为:衔铁与铁芯极靴之间的间隙最小时(即吸起状态)的位置规定为定位,此时闭合的接点叫作定位接点(符号为 D,相当于前接点);衔铁与铁芯极靴之间的间隙最大时(即打落状态)的位置规定为反位,此时闭合的接点叫作反位接点(符号为 F,相当于后接点)。

2.1.2.3 偏极继电器

偏极继电器是为了满足信号电路中鉴别电流极性的需要而设计的。它与无极继电器不同,衔铁的吸起与线圈中电流的极性有关,只有通过规定方向的电流时,衔铁才吸起;而电流方向相反时,衔铁不动作。但它又不同于有极继电器,它只有一种稳态,即衔铁靠电磁力吸起后,断电就落下,落下是稳定状态。

2.1.2.4 整流式继电器

整流式继电器用于交流电路中。它通过内部的半波或全波整流电路将交流电变为直流而动作。之所以如此,是为了避免在 AX 系列继电器中采用结构形式完全不同的交流继电器以提高产品的系列化、通用化程度。

整流式继电器的电磁系统与无极继电器相同,只是磁路结构参数有所不同,更主要的是在接点组上方安装由二极管组成的半波或全波整流电路。

2.1.2.5 交流二元二位继电器

交流二元二位继电器中的二元指有两个互相独立又互相作用的交变电磁系统,二位指继电器有吸起和落下两种状态。根据频率不同,交流二元二位继电器分为 25 Hz 和 50 Hz 两种。

25 Hz 交流二元二位继电器广泛用于交流电气化区段内的 25 Hz 相敏轨道电路中作为轨道继电器,主要有 JRJC - 66/345 型和 JRJC1 - 70/240 型两种。

50 Hz 交流二元二位继电器主要用于地下铁道、矿山等直流牵引区段的轨道电路中作为轨道继电器,主要有 JRJC - 40/265 型、JRJC - 45/300 型和 JRJC1 - 42/275 型三种。其结构和作用原理与 25 Hz 交流二元二位继电器基本相同,只是线圈参数有所不同,以适应不同频率需要。

(1)交流二元二位继电器的结构。交流二元二位继电器由电磁系统、翼板和接点组等部件组成,如图 2 - 5 所示。

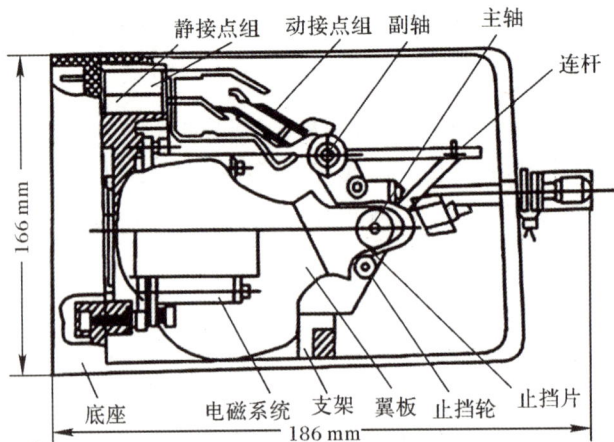

图 2 - 5 交流二元二位继电器

1)电磁系统。它包括局部电磁系统和轨道电磁系统。局部电磁系统由局部铁芯和局部线圈组成,轨道电磁系统由轨道铁芯和轨道线圈组成。铁芯均由硅钢片叠成,线圈是用高强度漆包线绕在线圈骨架上而构成的。

2)翼板。它是将电磁系统的能量转换为机械能的关键部件,由1.2 mm厚的铝板冲裁而成,安装在主轴上。翼片尾端安装有重锤螺母,对翼板起平衡作用,在翼板一侧的主轴上还安装1块2.0 mm厚由钢板制成的止挡片,与轴成一整体,使翼板转至上、下极端位置时受到限制。翼板动作灵活,不仅经久耐用,而且便于维修。

3)接点组。动接点固定在副轴上,主轴通过连杆带动副轴上的动杆单元使动接点动作。

(2)交流二元二位继电器的动作原理。交流二元二位继电器具有相位选择和频率选择两种特性。

1)相位的选择性:电→磁→涡流→力。如果仅在任一线圈通电,或两线圈接入同一电源,翼板均不能产生转矩而动作,只有当局部线圈电压相位(φ_i)与轨道线圈电压相位(φ_g)相差90°时,翼板才会产生转矩而动作。当φ_i超前φ_g90°时,在翼板上得到正方向转矩,接通前接点;而当φ_i滞后φ_g90°时,在翼板上得到反方向转矩,使后接点更加闭合。这种特性对于轨端绝缘破损能实现可靠的防护。

2)频率的选择性。当有牵引电流加在轨道线圈上或其他干扰电流混入轨道线圈时,其与50 Hz的局部线圈相作用,翼板不能产生转矩,继电器不会动作。这样不仅可以防止牵引电流的干扰,而且对于其他频率电流也有同样的作用。当轨道线圈电流频率为局部电流频率的n倍时,不论电压有多高,翼板均不能产生转矩使继电器误动。这种特性对于干扰电流能实现可靠的防护。

(3)交流二元继电器的应用。交流二元二位继电器应用于相敏轨道电路,这种故障-安全特性不仅能够解决轨道电路轨端绝缘的破损防护问题,还能防止牵引电流及其他频率电流的干扰。通过计算可以知道,当轨道线圈的电流频率为局部线圈电流频率的n倍时,不论电压多高,翼板均不能产生转矩使继电器误动。

在我国城市轨道交通系统引进的国外信号设备中,相应配套了一定数量的国外继电器。国外继电器设备与国产设备的工作原理基本一致。

2.1.3 继电器的表述

2.1.3.1 继电器的名称符号

继电器一般按照其作用来命名。例如:反映信号机灯丝状态的继电器称为灯丝继电器,记作DJ;控制信号的继电器称为信号继电器,记作XJ;下行进站信号机的列车进路按钮继电器为XLAJ。

同一继电器的线圈和触点可用在不同电路中,必须用该继电器的名称、符号来标记,以免混淆。同一继电器的各触点组还需注明其组号,防止重复使用。

2.1.3.2 继电器的定位和反位

继电器有两个状态,即吸起状态和落下状态。在电路图中只能表达这两种状态中的一种,应提前规定。电路图中继电器呈现的状态为通常状态(简称常态),或称为定位状态。在城市轨道交通信号系统中遵循以下原则来规定定位状态:

（1）继电器的定位状态必须和设备的定位状态一致。例如：信号机以关闭为定位状态，道岔以开通为定位状态，轨道电路以空闲为定位状态。

（2）继电器的落下状态必须与设备的安全侧相一致，满足故障-安全原则。例如：信号继电器落下，则信号机关闭；轨道继电器落下，则轨道电路被占用。

（3）电路中，当继电器以吸起为定位状态时，其线圈和触点处均应标记"↑"，当继电器以落下为定位状态时，其线圈和触点处均应标记"↓"。

2.1.3.3　继电器的图形符号

继电器中，涉及继电器线圈和触点组，它们的图形符号见表2-1和表2-2。对于继电器线圈，必须注明其定位状态箭头和线圈端子号。对于其接点只需标出其接点组号，而不必详细标明动、前、后接点号，但必须标出箭头方向。

表2-1　不同类型继电器的图形符号

序　号	符　号	名　称	序　号	符　号	名　称
1		无极继电器	6		有极加强继电器
2		无极继电器（两线圈分接）	7		偏极继电器
3		无极缓放继电器	8		整流式继电器
4		无极加强继电器	9		交流继电器
5		有极继电器	10		交流二元继电器

表2-2　继电器接点符号对照表

序　号	符　号		功　能
	标准图形	简化图形	
1			前触点闭合，后触点断开
2			前触点断开，后触点闭合
3			极性继电器触点组 定位触点闭合，反位触点断开
4			极性继电器触点组 定位触点断开，反位触点闭合

继电器触点组的表示必须遵循以下原则：

（1）每组触点组用两位十进制数表示，其中十位数表示接点组的编号，个位数表示前、中、后触点,用 1 表示中接点、2 表示前接点、3 表示后接点。那么,31、32、33 各表示什么含义?

（2）箭头方向表示该继电器在整个设备使用时经常所处的状态,箭头向上（↑）表示经常处于吸起状态,箭头向下（↓）表示经常处于落下状态。

（3）继电器接点的工作状态:实线表示接点闭合,虚线表示接点断开。

（4）极性保持继电器接点编号多了一个百位数 1,以区别无极继电器的接点。那么, 131、132、133 各表示什么含义?

极性保持继电器接点的状态一般总是处于定位接点闭合的状态。

2.1.4 继电器的命名

2.1.4.1 继电器名称中有关字母的含义

安全型继电器的型号采用汉字拼音字母和数字表示,字母表示继电器种类,数字表示线圈的阻值,具体情况见表 2-3。例如,JWJXC-H125/0.44:J 表示继电器,W 表示无极,J 表示加强接点,X 表示信号,C 表示插入,H 表示缓放,125 表示继电器前线圈电阻 125 Ω, 0.44 表示后线圈电阻 0.44 Ω,当两线圈阻值相同时,用二者之和表示。

表 2-3　继电器代号意义（部分）

代　号	意　义		代　号	意　义	
	安全型	其他类型		安全型	其他类型
A		安全	R		二元
C	插入	插入、传动、差动	W	无极	
H	缓放	缓放	X	信号	信号、小型
J	继电器、加强接点	继电器、加强接点	Y	有极	
P	偏极		Z	整流	整流、转换

2.1.4.2 继电器插座的触点编号

继电器插座插孔旁标注的触点编号是直流无极继电器的触点编号,如图 2-6 所示。其他类型继电器的触点系统的位置及编号与之不同,使用时需参考有关资料对照使用。

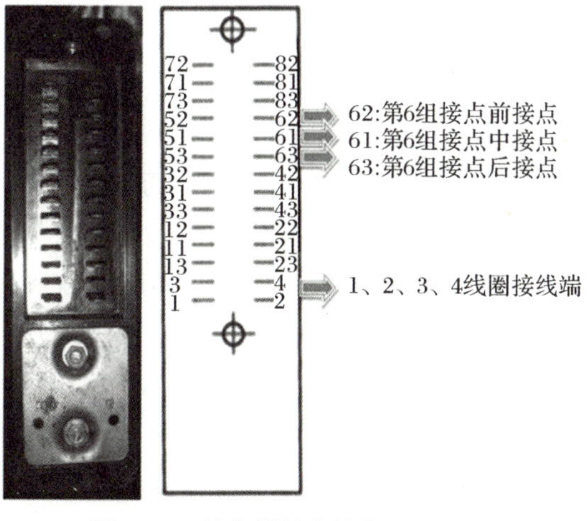

图 2-6　继电器插座触点编号举例

2.1.4.3 继电器的鉴别孔和继电器插座鉴别销

安全型继电器种类很多,为防止不同类型的继电器错误插接,在继电器插座下部铆以鉴别销,规定不同类型的继电器在型别盖上钻出鉴别孔,对应相应插座的鉴别销,如图 2 - 6 所示。

◆ 2.2 信 号 机

2.2.1 信号机概述

信号机是用来指示列车运行及调车作业的信号设备。城市轨道交通信号主要分为地面信号和车载信号。地面信号一般是指由设于车站或区间固定地点的信号机或表示器发出的信号,用于防护站内进路以及闭塞分区和道口;车载信号一般是指将地面信号通过传输设备或其他方式引入列车的信号,车载信号设备安装在列车的两端。

2.2.1.1 信号机的分类

(1)按机构类型分为:透镜式色灯信号机、LED 色灯信号机和组合式色灯信号机。

(2)按用途分为:信号机、信号表示器。信号机用来防护车站内进路、防护区间、防护危险地点,具有严格的防护意义;信号表示器对行车人员传达行车或调车意图,或对某些补充说明所用的器具,没有防护意义。

(3)按地位分为:主体信号机、从属信号机。主体信号机能够独立显示信号,指示列车或调车车列运行条件;从属信号机本身不能独立存在,只能附属于某种信号机。

(4)按安装方式分为:高柱型信号机、半高柱型信号机、矮柱型信号机、壁挂式信号机。车辆段的入段/场信号机采用高柱型信号机,其他地方一般采用矮柱型信号机。

(5)按显示数目分为:单显示信号机、二显示信号机、三显示信号机。单显示信号机一般仅用于阻挡信号机,二显示信号机和三显示信号机可单独使用,亦可组合使用。

2.2.1.2 信号机的灯光颜色

(1)基本颜色。它分为红色(字母代号 H)、黄色(字母代号 U)、绿色(字母代号 L)三种。红色灯光为停车信号,黄色灯光为注意和减速信号,绿色灯光为按规定速度运行信号。

(2)辅助颜色。它分为蓝色(字母代号 A)、白色(字母代号 B)两种。蓝色灯光作为调车禁止信号使用,白色灯光作为调车容许信号使用。

(3)组合灯光。随着列车速度的提高,要求信号显示的信息量也在不断地增加,因此采用了组合灯光进行表示。如:红灯+黄灯表示引导信号(字母代号 Y),红灯+蓝灯表示区间容许信号(字母代号 R)等。

2.2.1.3 信号机的设置原则

(1)设置于列车运行方向右侧。城市轨道交通采用右侧行车制,不论是在正线还是在车辆段,地面信号机均应设置于列车运行方向的右侧,其地下部分一般安装在隧道壁上。在某些特殊情况下,如因设备限界、线路条件或其他建筑物等影响信号机的装设时,经用户确认后其可设于线路的左侧或其他位置。

(2)信号机的限界。城市轨道交通采用右侧行车制,因此不论在正线还是车辆段,地面信号机应设置于行车方向的右侧,地下部分一般安装在隧道壁上。信号机的安装位置应遵循《地铁限界标准》(CJJ96—2003)的要求,不得侵入设备限界。设备限界是用来限制设备安装的控制线。

直线地段的设备限界是在直线地段车辆限界外扩大一定安全间隙后形成的:车体肩部横向向外扩大 100 mm,边梁下端横向向外扩大 30 mm,接触轨横向向外扩大 185 mm,车体竖向加高 60 mm,受电弓竖向加高 50 mm,车下悬挂物下降 50 mm。

曲线地段的设备限界是在直线地段设备限界的基础上,由平面曲线不同半径过超高或欠超高引起的横向和竖向偏移量,以及车辆、轨道参数等因素计算确定。

2.2.2 信号机及信号表示器的显示

信号机是表达固定信号显示所用的机具,用来防护站内进路、防护区间、防护危险地点,具有严格的防护意义。信号机按防护用途的不同又可分为进站、出站、进路、调车、驼峰、遮断、预告、复示等信号机。另有设于铁路平交道口的道口信号机。

信号表示器是对行车人员传达行车或调车意图的,或对信号进行某些补充说明所用的器具,没有防护意义。信号表示器按用途又分为发车表示器、调车表示器、进路表示器、发车线路表示器、道岔表示器、脱轨表示器等。

2.2.2.1 信号机的显示

各种信号机显示按《铁路技术管理规程》(铁道部令〔1992〕第 1 号)规定。

(1)进站信号机。进站信号机采用黄、绿、红、黄、白(引导)五灯位的色灯信号机。

进站信号机分非四显示自动闭塞(半自动闭塞或三显示自动闭塞)和四显示自动闭塞两种情况。两者的主要区别在于绿色灯光显示和绿、黄色灯光显示。

在非四显示自动闭塞区段的进站信号机的绿色灯光指示列车按规定速度由车站正线通过,表示有关的接车进路(或接发车进路)信号机及正线出站信号机开放,而且还必须保证该通过进路的有关道岔都在直向开通位置。当车站没有直向通过进路时,不允许出现绿色灯显示,若该信号机也不能出现绿、黄色灯光显示时,应将绿色灯灯位保留,予以封闭。

在四显示自动闭塞区段的进站信号机显示一个绿色灯光,表示准许列车按规定速度经道岔直向位置进入或通过车站,表示运行前方至少有三个闭塞分区空闲,不表示一定能直向通过车站。

在非四显示自动闭塞区段,进站信号机显示一个绿色和一个黄色灯光,表示准许列车经道岔直向位置,进入站内越过次架已经开放的接车进路信号机准备停车。若该车站没有进路信号机,进站信号机便不存在绿、黄色灯光显示。

而在四显示自动闭塞区段,进站信号机显示一个绿色和一个黄色灯光,表示准许列车按规定速度越过该信号机,经道岔直向位置进入站内,表示次架信号机已经开放一个黄色灯。这里的次架信号机可以是进路信号机,更多的则是出站信号机。

19

进站信号机的引导信号必须是一个红色灯光和一个月白色灯光同时点亮。

(2)出站信号机。出站信号机有三种情况,即三显示自动闭塞、四显示自动闭塞和半自动闭塞。只要是集中联锁车站,各种情况下的出站信号机均兼作调车信号机。

三种情况的出站信号机,只有红色灯光、两个绿色灯光和月白色灯光,显示意义相同,同时三显示、四显示的黄色灯光显示意义相同。同是绿色灯光,三显示自动闭塞的表示运行前方至少有两个闭塞分区空闲,四显示自动闭塞的表示运行前方至少有三个闭塞分区空闲,半自动闭塞的表示区间空闲。四显示自动闭塞与三显示自动闭塞相比,其出站信号机多一个绿、黄色灯显示,表示运行前方有两个闭塞分区空闲。半自动闭塞的出站信号机没有黄色灯显示。当有两个发车方向,且次要发车方向为半自动闭塞时,出站信号机应显示两个绿色灯。

(3)进路信号机。接车进路信号机的显示与进站信号机相同,但接车进路信号机通常带有调车信号机。发车进路信号机有红色灯光、绿色灯光、黄色灯光、绿黄色灯光以及调车白色灯光。发车进路信号机的绿色灯、黄色灯、绿黄色灯显示均与其运行前方的进路信号机或出站信号机状态相联系。

(4)通过信号机。通过信号机分三显示自动闭塞、四显示自动闭塞和半自动闭塞三种情况。三种情况只有红色灯显示意义相同。三显示自动闭塞的通过信号机的绿色灯和黄色灯分别表示运行前方至少有两个闭塞和有一个闭塞分区空闲。四显示自动闭塞的通过信号机的绿色灯、绿黄色灯、黄色灯分别表示运行前方至少有三个闭塞分区、有两个闭塞分区、有一个闭塞分区空闲。半自动闭塞区段线路所的通过信号机的绿色灯表示准许列车按规定速度运行,它没有黄色灯显示。

自动闭塞的通过信号机上设有容许信号时,容许信号显示一个蓝色灯光,准许列车在该通过信号机显示红色灯光的情况下不停车,以不超过 20 km/h 的速度通过,运行到次架通过信号机,并随时准备停车。

有分歧道岔的线路所,无论是否自动闭塞区段,该线路所通过信号机的显示方式,应与进站信号机相同,只是不允许引导接车。该信号机显示红色灯光时,不准列车越过。显示两个黄色灯光时,表示准许列车经分歧道岔侧向运行。显示一个黄色闪光和一个黄色灯光时,表示分歧道岔为 18 号及以上道岔,准许经分歧道岔侧向运行。

(5)遮断信号机。遮断信号机只有一个红色灯光。显示一个红色灯光,不准列车越过。不亮灯时不起信号作用。

(6)预告信号机。预告信号机分两种情况,即进站信号机和半自动闭塞区段通过信号机的预告信号机、遮断信号机的预告信号机。两者的显示意义不同。前者有绿色、黄色灯光两种显示,分别表示主体信号机在开放和关闭状态。后者只有黄色灯光显示,黄色灯光表示遮断信号机显示红色灯光;不亮灯时,不起信号作用。

(7)调车信号机。调车信号机一般有月白色灯光和蓝色灯光两种显示。对于平面溜放调车集中联锁区域的调车信号机增加一个月白色闪光灯光,表示准许溜放调车。不办理闭塞的站内岔线,在岔线入口处设置的调车信号机,可用红色灯光代替蓝色灯光。在尽头式到发线上,设置的起阻挡列车运行作用的调车信号机,应采用矮柱型三显示结构,用红色灯光代替蓝色灯光。当该信号机的红色灯光熄灭、显示不明或显示不正确时,应视为列车的停车信号。

(8)驼峰信号机。驼峰信号机四灯七显示。除了绿色灯光、红色灯光和月白色灯光外,有绿闪、黄闪、红闪、月白闪 4 种闪光信号。只是没有黄色灯光。

(9)驼峰辅助信号机。驼峰辅助信号机与驼峰信号机相比,多一个黄色灯光显示。一个黄色灯光,指示机车车辆向驼峰预先推送。当办理驼峰推送进路后,其灯光显示与驼峰信号机的显示相同。到达场的驼峰辅助信号机平时显示红色灯光,对到达列车起停车信号的作用。

(10)复示信号机。复示信号机有进站、出站、进路驼峰及调车复示信号机。它们平时无显示,表示主体信号机在关闭状态,主体信号机开放,复示信号机才有显示。进站复示信号机用两个月白色灯光的不同位置,分别表示进站信号机显示列车经道岔直向位置和侧向位置的接车信号。出站、进路复示信号机用一个绿色灯光,表示出站或进路信号机在开放状态。调车复示信号机用一个月白色灯光表示调车信号机在开放状态。驼峰复示信号机,当办理驼峰推送或预先推送进路后,其显示方式与驼峰辅助信号机相同。

2.2.2.2 信号表示器的显示

(1)进路表示器。出站信号机有两个及以上运行方向,而信号显示本身不能分别表示运行方向时(包括有两个发车方向,但均为自动闭塞区段时),为了使有关行车人员在信号机开放后明确列车的运行方向,在该信号机上装设进路表示器。

当只有两个进路方向而需装设进路表示器时,可用左、右两个白色灯光的表示器,以区分列车左、右的运行方向。

当有三个进路方向时,需装设三个并排的白色灯光的表示器,可用左、中、右三个灯光分别表示三个运行方向。注意:进路表示器只有在其主体信号机开放后才能亮灯,并保证其显示与进路开通方向的一致,进路表示器不能单独构成信号显示。

(2)发车表示器。发车表示器必须保证在出站信号机已开放、车站值班员和运转车长均同意发车的条件下才亮灯,显示一个白色灯。

(3)发车线路表示器。发车线路表示器在线路出站信号机开放和进路开通正确后,才能点亮月白色灯,此时准许该线路上的列车发车。

(4)调车表示器。调车表示器向调车区方向显示一个白色灯,准许调车车列自调车区向牵出线运行。自牵出线方向显示一个白色灯时,准许调车车列自牵出线向调车区运行。向牵出线方向显示两个白色灯,准许调车车列自牵出线向调车区溜放。

(5)道岔表示器。非集中联锁的道岔表示器昼间无显示,夜间显示紫色灯,表示道岔开通直向位置。昼间为中央划有一条鱼尾形黑线的黄色鱼尾形牌,夜间显示黄色灯,表示道岔开通侧向位置。

在调车区为电气集中控制时,其分路道岔的道岔表示器,平时无显示。进行溜放作业时,显示紫色灯表示道岔开通直向位置,显示黄色灯表示道岔开通侧向位置。

(6)脱轨表示器。脱轨表示器昼间显示带白边的红色长方牌,夜间显示红色灯,表示线路在遮断状态。昼间显示带白边的绿色圆牌,夜间显示月白色灯,表示线路在开通状态。

2.2.3　常用色灯信号机

2.2.3.1　透镜式色灯信号机

透镜式色灯信号机采用透镜组将光源发出的光束聚成平行光束,故称为透镜式。

透镜式色灯信号机有高柱和矮柱两种类型,高柱型信号机的机构安装在钢筋混凝土信号机柱上,矮柱型信号机的机构安装在信号机水泥基础上。

矮柱型色灯信号机如图 2-7 所示。它用螺栓固定在信号机基础上,没有托架,也不需要梯子。高柱型透镜式色灯信号机如图 2-8 所示,主要由机柱、机构、托架、梯子等部分组成。机柱用于安装机构和梯子;机构的每个灯位配备有相应的透镜组和灯泡,给出信号显示;托架用来将机构固定在机柱上,每一机构需上、下托架各一个;梯子用于信号维修人员攀登及作业。

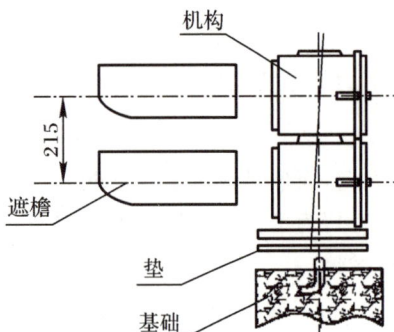

图 2-7　矮柱型色灯信号机　　　　图 2-8　高柱型色灯信号机

(1)透镜式色灯信号机机构的每个灯位都是由灯泡、灯座、透镜组、遮檐和背板等组成的,具体如图 2-9 所示。

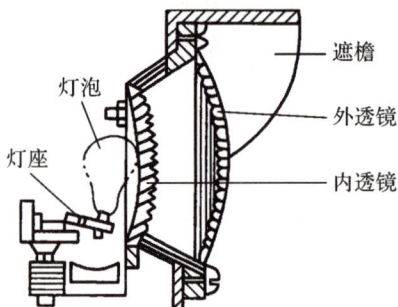

图 2-9　透镜式色灯信号机机构

(1)灯座。灯座用于安装灯泡,为了聚焦,可上下、前后、左右调节。

(2)灯泡(通俗一点就是说点光源)。它采用铁路信号专用的双灯丝(型号为 TX-30 W/12 V)。所谓双灯丝,就是有一个主灯丝和一个副灯丝。主灯丝位于副灯丝下方,并且在前方。副灯丝位于主灯丝上方,并且在后方。在正常情况下用主灯丝点灯,副灯丝不点亮。但是当主灯丝烧断后,由一个控制电路(主副灯丝转换电路)来自动地修改为由副灯丝来点灯。

（3）透镜组。透镜组包括内透镜和外透镜两种。由凸透镜经过一定的工艺制成棱梯型的光学镜片就是透镜。而内透镜和外透镜是有区别的，内透镜是由红、绿、黄、蓝、白色之一的外梯型镜片构成的，外透镜则是由无色的内梯型镜片组成的。透镜组则是将内、外透镜由一镜框组装为光学系统安装在光源的正前方，其中外透镜直径应大于内透镜的直径。当电光源发出的光经过内、外透镜两次折射形成平行的光束射向规定的方向时就形成了信号的显示。

常用的透镜式色灯信号机主要有 XSG、XSA、XSY 三种型号。字母 X 表示"信号机构"，字母 S 表示"色灯"，字母 G 表示"高柱"，字母 A 表示"矮柱"，字母 Y 表示"引导"。XSG 用于高柱型信号机，XSA 用于矮柱型信号机，XSY 用于引导信号机。

2.2.3.2　LED 色灯信号机

LED 色灯信号机如图 2-10 所示。它由红、黄、绿色发光盘组成，每个发光盘又由多个 LED 发光二极管组成。这种信号机的优点有：①用电量小；②维护工作量小；③LED 工作寿命长，便于检测，只有 30% 的 LED 损坏时，才更换发光盘。

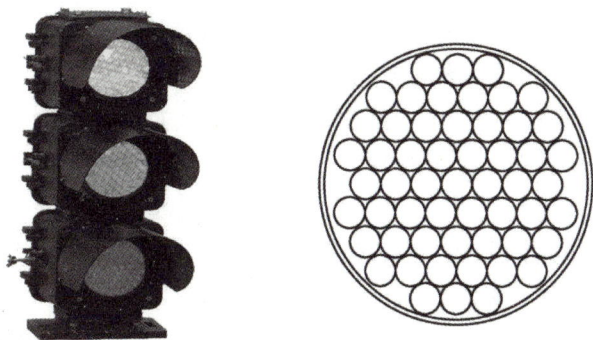

图 2-10　LED 组合式色灯信号机的组成及发光盘

与透镜式和组合式两种色灯信号机相比，LED 色灯信号机有以下特点：

（1）可靠性高。发光盘是用上百只发光二极管和数十条支路组成的，使用中即使个别发光二极管或支路发生故障也不会影响信号正常显示，这在一定程度上减少了信号灯丝双断等故障，提高了信号显示的可靠性。

（2）寿命长。发光二极管使用寿命可达 10^5 h，是信号灯泡的 100 倍，有利于实现免维修。

（3）节省能源。传统信号灯泡功率为 25 W，发光盘的功率不足信号灯泡的 1/2，考虑到城市轨道交通信号机长时间亮灯的特点，采用 LED 信号机对于节省能源具有显著效果。

（4）聚焦稳定。发光盘的聚焦状态在设计和生产中已经确定，并能够始终保持良好的聚焦状态，不需要现场调整，给安装和使用带来了方便。

（5）无冲击电流。LED 发光二极管自身特点使得信号机在点灯过程中没有信号灯泡冷丝状态的冲击电流，有利于延长供电装置使用寿命。

2.2.3.3　组合式色灯信号机

组合式色灯信号机每个机构只有一个灯室，使用时根据信号显示要求分别组装成二显示、三显示及单显示机构，故称为组合式。灯室间无窜光的可能。

如图 2-11 所示,组合式信号机由灯泡、反射镜、色片、非球面镜、偏散镜等五个部分组成。该机构中灯泡主要为提高显示距离,一般为 30 W/12 V。反射镜的作用则是将散光聚集起来,反射到显示的前方。

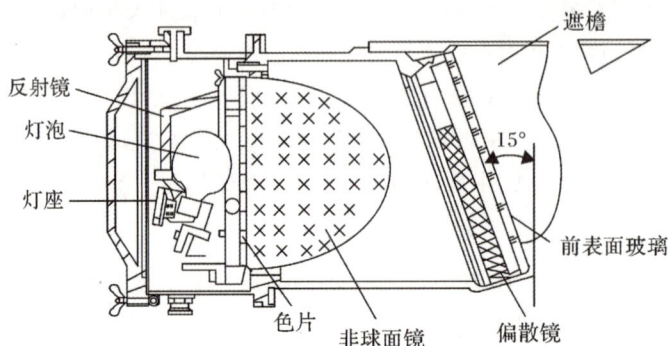

图 2-11 组合式信号机的组成

色片有红、黄、绿、蓝、月白色五种颜色,根据灯位选择颜色配置。非球面镜会将光源的光线聚焦,形成平行光束,形成主要光源,明亮的平行光束照射距离远。偏散镜由多个棱梯型镜片组成,可以解决列车在曲线上的显示近距离的显示问题。组合式色灯信号机机构按非球面透镜的直径分为 XSZ-135 型、XSZ-150 型和 XSZ-200 型,其中应用最早、最多的是 XSZ-135 型;按偏散镜的不同,分为 1 型、2 型、3 型、4 型四种类型。

组合式色灯信号机采用铝合金或玻璃钢材料,机构重量轻,便于安装、维护和调整;光系统设计合理,光能利用率高,显示效果好,有利于驾驶员瞭望信号。

2.3 道 岔

2.3.1 道岔的概念

机车车辆在运行过程中,常常需要由一条线路转入另一条线路,或跨越其他线路,这就需要设置线路的连接与交叉设备,即道岔。

道岔是铁路轨道的重要组成部分。由于道岔数量多、使用寿命短、要限制列车速度、行车安全性低,与曲线、接头并称为轨道的三大薄弱环节。

2.3.2 道岔的类型

道岔按功能和用途分类有单开道岔、对称道岔、三开道岔、交分渡线道岔等四种标准类型。其中单开道岔是最常用的类型。

2.3.2.1 单开道岔

我国最常用的为单开道岔,其主线为直线,侧线由主线向左或向右岔出,也称左开道岔和右开道岔,其数量占各类道岔总数的 95% 以上。其结构如图 2-12 所示。

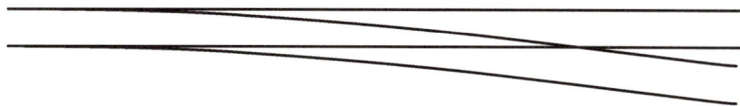

图 2-12 单开道岔

2.3.2.2 对称道岔

单式对称道岔又叫对称双开道岔或对称道岔,如图 2-13 所示,是单开道岔中一种特殊形式,具有以下特点。

(1)整个道岔关于主线的中心线或辙叉角的中分线对称,因此,列车通过道岔时无直股和侧股之分。

(2)尖轨长度相同时,尖轨作用边和主线方向所成的交角约为单开道岔的一半。这个交角愈小,列车通过时车轮对钢轨的侧向冲击力愈小,愈有利于提高过岔速度。

(3)当采用和单开道岔相同的导曲线半径时,单式对称道岔的全长较短。把导曲线半径相同的单开道岔和单式对称道岔套画在一起,就可以清楚地看出单式对称道岔全长较短的优点。

(4)当单式对称道岔与单开道岔的辙叉角相同时,单式对称道岔的导曲线半径较大,因而列车过岔速度较高。

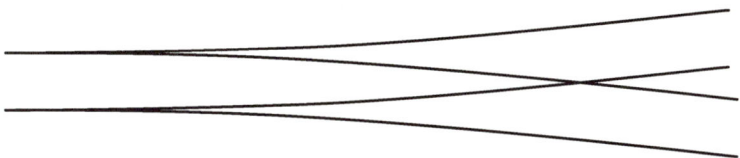

图 2-13 对称道岔

2.3.2.3 三开道岔

三开道岔指一个方向通向三个方向的道岔。由两组转辙机械操纵两套尖轨,如图 2-14 所示。当地形条件限制,不可能有足够的长度来排列两组单开道岔时,才采用三开道岔。通常在编组站、货场、机务段内铺设。

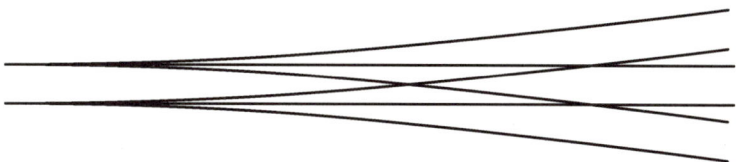

图 2-14 三开道岔

2.3.2.4 交分渡线道岔

渡线又称作横渡线、过渡线、转辙段,交分渡线道岔是指用以连接两条平行铁轨的一种道岔,使行驶于某线路的列车可以换轨至另外一条线路,如图 2-15 所示。该类轨道通常会配有一组至多组的转辙器。

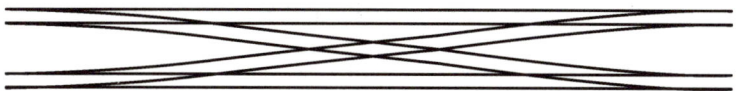

图 2-15 交分渡线道岔

以上四种道岔都是结构相对较为简单的道岔,它们都起到线路连接的作用。

2.3.2.5 菱形道岔

菱形道岔设在两线路交叉的地方,又称固定交叉道岔,它使列车在平面线路上由一条线路跨越到另一条线路,起到交叉的作用,如图 2-16 所示。

图 2-16 菱形道岔

2.3.2.6 复式交分道岔

复式交分道岔是结构较为复杂的道岔,又分为内复式交分道岔(见图 2-17)和外复式交分道岔(见图 2-18)。它们在线路中同时起到交叉和连接双重作用。

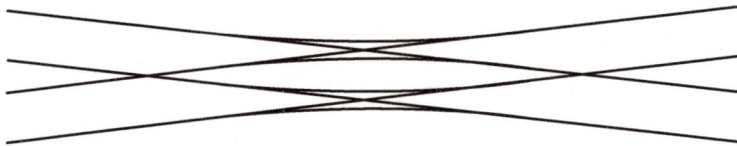

图 2-17 内复式交分道岔

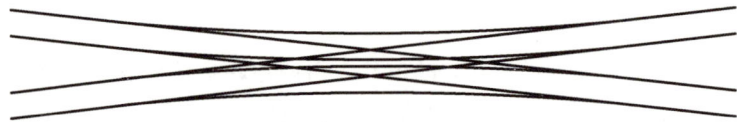

图 2-18 外复式交分道岔

复式交分道岔像 X 形,实际上相当于四组单开道岔和一副菱形交叉的组合。

2.3.3 道岔的结构

道岔由转辙器部分、连接部分和辙叉及护轨等部分组成,如图 2-19 所示。

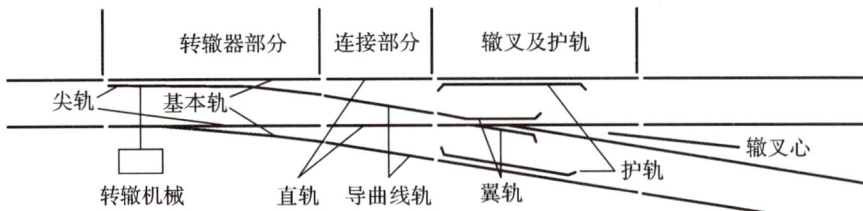

图 2-19 道岔的结构

2.3.3.1 转辙器部分

转辙器部分由基本轨、尖轨、连接零件(连接杆、滑床板、垫板、轨撑、顶铁、尖轨跟端结构)组成,主要功能是引导机车车辆的行驶方向。

2.3.3.2 连接部分

连接部分由直合拢轨、弯合拢轨、导曲线轨组成,它将转辙器部分和辙叉及护轨部分连接在一起,组成一副完整的道岔。

2.3.3.3 辙叉及护轨部分

辙叉及护轨部分由主轨、护轨、翼轨、岔心等四个部件构成,如图 2－20 所示。其中,翼轨和岔心是辙叉的主要构成部分。

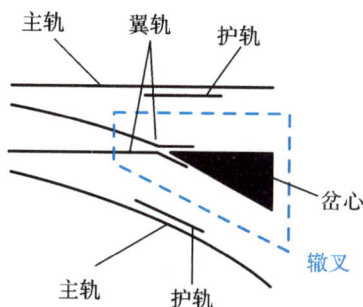

图 2－20 辙叉及护轨部分结构图

2.3.4 道岔号

道岔因其辙叉角的不同,有不同的道岔号(N),道岔号表明了道岔各部分的主要尺寸。对于道岔号我们习惯用辙叉角(α)的余切值来表示,如图 2－21 所示。即

$$N = \cot\alpha = \frac{FE}{AE}$$

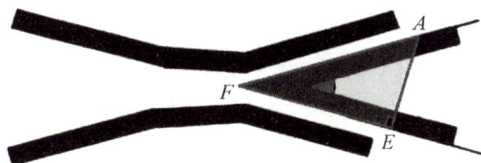

图 2－21 道岔号计算图

目前我国铁路上大多使用 9 号、12 号、18 号三个型号道岔,它们所允许的侧向通过速度分别为 30 km/h、45 km/h、80 km/h。

表 2－4 常用道岔有关尺寸及侧向允许速度

道岔号	辙叉角 α	导曲线半径/m	道岔全长/m	侧向允许通过速度/(km/h)
9	6°20′25″	180	28.848	30
12	4°45′49″	330	36.815	45
18	3°10′12.5″	800	54.000	80

理论和实践证明,辙叉角 α 越小,N 值越大,导曲线半径也就越大,道岔全长越长,侧线过岔速度越高。

27

2.4 转 辙 机

道岔的转换和锁闭,是直接关系行车安全的关键设备。道岔的操纵分为手动、电动两种方式。手动方式是作业人员通过道岔握柄在现场直接操纵道岔的转换与锁闭,这种方式效率低,劳动强度大,不能适应铁路现代化的要求。手动方式正随着非集中联锁的被改造而逐渐减少。电动方式是由各类动力转辙机转换和锁闭道岔,易于集中操纵,实现自动化,如图2-22所示。转辙机是重要的信号基础设备,对于保证行车安全、提高运输效率、改善行车人员的劳动强度起着非常重要的作用。

在联锁区内的每个道岔处都要设置一台转辙机,用以转换道岔和锁闭道岔。

图 2-22 电动转辙机

2.4.1 转辙机概述

转辙机是转辙装置的核心和主体,除转辙机本身外,还包括外锁闭装置(内锁闭方式没有)和各类杆件、安装装置。它们共同完成道岔的转换和锁闭。

2.4.1.1 转辙机的作用

(1)转换道岔的位置,根据需要转换至定位或反位。

(2)道岔转至所需位置而且密贴后,实现锁闭,防止外力转换道岔。

(3)正确地反映道岔的实际位置,道岔的尖轨密贴于基本轨后,给出相应的表示。

(4)道岔被挤或因故处于"四开"(两侧尖轨均不密贴)位置时,要及时给出报警及表示。

2.4.1.2 对转辙机的基本要求

(1)转辙机作为转换装置,应具有足够大的拉力,以带动尖轨作直线往返运动;当尖轨受阻不能运动到底时,应随时通过操纵使尖轨回复原位。

(2)转辙机作为锁闭装置,当尖轨和基本轨不密贴时,不应进行锁闭;一旦锁闭,应保证不致因车通过道岔时的震动而错误解锁。

(3)转辙机作为监督装置,应能正确地反映道岔的状态。

(4)道岔被挤后,在未修复前不应再使用道岔转换。

2.4.1.3 转辙机的分类

(1)按动作能源和传动方式分类,转辙机可分为电动转辙机、电动液压转辙机和电空转辙机。

1)电动转辙机。电动转辙机由电动机提供动力,采用机械传动的方式。多数转辙机都是电动转辙机,包括我国铁路大量使用的 ZD6 系列转辙机和 ZDJ9 型转辙机。

2)电动液压转辙机。电动液压转辙机简称电液转辙机,由电动机提供动力,采用液力传动的方式。ZY(J)系列转辙机即为电液转辙机。

3)电空转辙机。电空转辙机由压缩空气作为动力,由电磁换向阀控制。ZK 系列转辙机即为电空转辙机。

(2)按供电电源种类分类,转辙机可分为直流转辙机和交流转辙机。

1)直流转辙机。直流转辙机采用直流电动机,工作电源是直流电。ZD6 系列电动转辙机就是直流转辙机,由直流 220 V 供电。ZY 系列电液转辙机也是直流转辙机,亦由直流 220 V 供电。电空转辙机则由 24 V 直流电供电。直流电动机的缺点是,由于存在换向器和电刷,所以易损坏,故障率较高。

2)交流转辙机。交流转辙机采用三相交流电源或单相交流电源,由三相异步电动机或单相异步电动机(现大多采用三相异步电动机)作为动力。目前推广的提速道岔用的 S700K 型电动转辙机和 ZYJ7 型电液转辙机均为交流转辙机。交流转辙机采用感应式交流电动机,不存在换向器和电刷,因此故障率低,而且单芯电缆控制距离远。

(3)按动作速度分类,转辙机分为普通动作转辙机和快动转辙机。

1)普通动作转辙机。大多数转辙机转换道岔时间在 3.8 s 以上,属于普通动作转辙机,无需说明。

2)快动转辙机。ZD7 型电动转辙机和 ZK 系列电空转辙机转换道岔时间在 0.8 s 以下,属于快动转辙机。快动转辙机主要用于驼峰调车场,以满足分路道岔快速转换的要求。

(4)按锁闭道岔的方式,转辙机可分为内锁闭转辙机和外锁闭转辙机。

1)内锁闭转辙机。内锁闭转辙机依靠转辙机内部的锁闭装置锁闭道岔尖轨,是间接锁闭的方式。ZD6 系列等大多数转辙机均采用内锁闭方式。内锁闭方式的锁闭可靠程度较差,列车对转辙机的冲击大。

2)外锁闭转辙机。外锁闭转辙机虽然内部也有锁闭装置,但主要依靠转辙机外的外锁闭装置锁闭道岔,将密贴尖轨直接锁于基本轨,斥离尖轨锁于固定位置,是直接锁闭的方式。用于提速道岔的 S700K 型电动转辙机和 ZYJ7 型电液转辙机均采用外锁闭方式。外锁闭方式锁闭可靠,列车对转辙机几乎无冲击。

(5)按是否可挤分类,转辙机分为可挤型转辙机和不可挤型转辙机。

1)可挤型转辙机。可挤型转辙机内设挤岔保护(挤切或挤脱)装置,道岔被挤时,动作杆解锁,保护了整机。

2)不可挤型转辙机。不可挤型转辙机内不设挤岔保护装置,道岔被挤时,会挤坏动作杆与整机连接结构,应整机更换。电动转辙机和电液转辙机都有可挤型和不可挤型。

此外,各种转辙机还有不同转换力和动程的区别。

2.4.1.4 转辙机的设置

(1)未提速区段。在未提速的情况下,车站联锁区域内一般每组道岔岔尖处均设一台转辙机。在采用 12 号 AT 道岔时,因其为弹性可弯道岔,尖轨加长且有弹性,需要采用两台转辙机来转换道岔,一台牵引尖轨尖端(第一点),另一台牵引尖轨腰部(第二点)。可动心轨道岔的心轨需一台转辙机牵引。复式交分道岔的两组尖轨和两组可动心轨分别由一台转辙机牵引。18 号道岔尖轨亦需两个牵引点,可动心轨需两个牵引点。

(2)提速区段。在提速区段,提速道岔进一步加长了尖轨长度,为满足多点牵引多点检查的要求,需多台转辙机牵引。转辙机的数量要视道岔号、固定辙岔还是可动心轨、燕尾式外锁闭装置还是钩式外锁闭装置、S700K 型转辙机还是 ZYJ7 型转辙机而定。具体数量见表 2－5。

表 2－5 各种类型提速道岔所需交流转辙机台数

道岔类型	道岔号		尖轨长度/m	尖轨牵引点/个	可动心轨牵引点	S700K 转辙机/台		ZYJ 转辙机/台
						燕尾式外锁闭	钩式外锁闭	
单动道岔	9 号提速道岔		13.465	2	—	1	2	1
	12 号提速道岔	固定辙心	13.88	2	—	1	2	1
		可动心轨		2	2	2	4	2
	18 号提速道岔		15.68	3	2	3	5	2
	30 号提速道岔		27.98	6	3	9	9	9
双动道岔	两端提速	固定辙心	13.88	4	—	2	4	2
	12 号提速道岔	可动心轨		4	4	4	8	4
	一端提速,另一端非提速	固定辙心	13.88	2	—	1	2	1
	12 号提速道岔	可动心轨		2	2	2	4	2

对表 2－5 需说明的是,9 号提速道岔没有可动心轨的。18 号、30 号没有固定辙叉的提速道岔。两端提速,指两端道岔均在正线上;一端提速,指一端道岔在正线上,另一端不在正线上。不在正线上的道岔不提速,仍采用 ZD6 型等转辙机。采用 ZYJ7 型电液转辙机时,除 30 号道岔,均带 SH6 型转换锁闭器。对于 18 号提速道岔,采用燕尾式外锁闭装置,尖轨需 2 台,心轨需 1 台,共 3 台 S700K 型转辙机;采用钩式外锁闭装置,每个牵引点一台,共 5 台 S700K 型转辙机;采用 ZYJ7 型转辙机,无论何种外锁闭装置,均 2 台,其中一台用于尖轨,另一台用于心轨。对于 30 号提速道岔,采用各种外锁闭装置和转辙机时,均为每个牵引点一台转辙机牵引。

客运专线所用 18 号提速道岔尖轨长度 22.01 m,38 号提速道岔尖轨长度 37.632 m,它们的牵引点分别同 18 号、30 号提速道岔。

一组道岔由一台转辙机牵引的称为单机牵引,由两台转辙机牵引的称为双机牵引,由两台以上转辙机牵引的称为多机牵引。

2.4.2 ZD6 系列电动转辙机

ZD6 系列电动转辙机是我国铁路使用最广泛的电动转辙机,它用于非提速区段以及提速区段的侧线上。但 ZD6 型电动转辙机采用内锁闭方式,不适用于提速道岔。

2.4.2.1 ZD6 系列电动转辙机的主要组成

ZD6 系列电动转辙机主要由电动机、减速器、自动开闭器、主轴、动作杆、移位接触器、底壳及机盖等组成。其结构如图 2-23 所示。

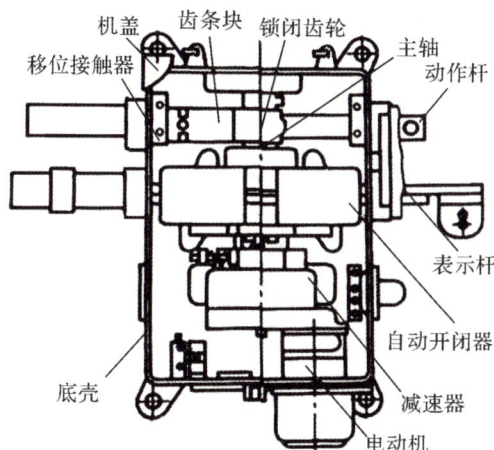

图 2-23 ZD6 系列转辙机结构

(1)电动机。为转辙机提供动力,采用直流串激电动机。

(2)减速器。减速器用来降低转速以换取足够的转矩,并完成传动。是由第一级轮、第二级行星传动式减速器组成。

为了得到足够的转矩,要求将电动机的高速旋转降下来。其由两级组成:第一级为小齿轮大齿轮,减速比为 103:27,第二级为行星传动式,减速比为 41:1,总的减速比为 4223/271=156.4。

行星减速器中内齿轮靠摩擦连接器的摩擦作用"固定"在减速器壳内,内齿轮里装有外齿轮并通过滚动的轴承装载在偏心的轴套上。

外齿轮 41 齿,内齿轮 42 齿,两者相差 1 齿。因此,外齿轮作一周偏心运动时,外齿轮的 1 齿轮里错位一齿。内齿轮静止不动,外齿轮在一周的偏心运动中反方向旋转一齿的角带动输出轴逆时针方向旋转一周,这样即可达到减速目的,如图 2-24 所示。

(3)摩擦连接器。摩擦连接器是来保护电动机和吸收转动惯量的连接装置。

(4)传动装置。传动装置包括减速齿轮、输入轴、减速器、输出轴、启动片、主轴(主轴、主轴套、轴承、止挡栓等组成),传递动能。

(5)转换锁闭装置。其由锁闭齿轮、齿条块、动作杆组成,用来把旋转运动改变为直线运动以带动道岔尖轨位移,并完成内部锁闭。

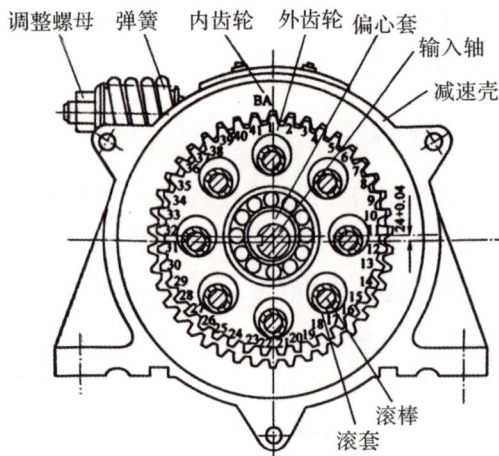

图 2-24　减速器结构

（6）自动开闭器。自动开闭器分为接点部分、动接点块传动部分及控制部分。

1）接点部分包括动接点块、静接点、接点座等。

2）动接点传动部分包括速动爪及其爪上的滚轮、接点调整架、连接板和拐轴。

3）控制部分由拉簧、检查柱、速动片组成；检查柱在正常转换过程时，对表示杆缺口起到探测作用。道岔不密贴，缺口位置不对，检查柱不会落下，它阻止动接点块动作，不构成道岔表示电路，挤岔时，检查柱被表示杆顶起，迫使动接点块转向外方，断开表示电路，如图 2-25 所示。

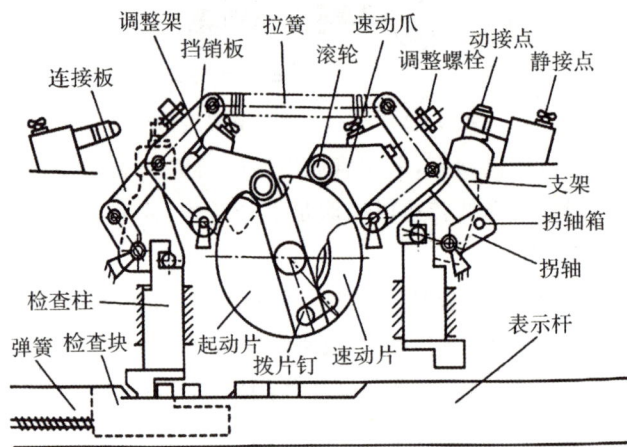

图 2-25　自动开闭器与表示杆的关系

（7）表示杆。电动转辙机的表示杆与道岔表示连接杆相连并随道岔动作，用来检查尖轨是否密贴，以及是在定位还是在反位。

（8）挤切装置。挤切装置包括挤切销和移位接触器，用来进行挤岔，并给出挤岔表示。

2.4.2.2　ZD6 系列电动转辙机的动作过程

ZD6 系列转辙机的动作过程可分为三个过程：解锁→转换→锁闭。

（1）电动机得电旋转。

（2）电动机通过齿轮带动减速器。

（3）输出轴通过起动片带动主轴。

（4）锁闭齿轮随主轴逆时针方向旋转。

（5）拨动齿条块，使动作杆带动道岔尖轨运动。

（6）转换过程中，通过自动开闭器的接点完成表示。

2.4.3　S700K 型电动转辙机

S700K 电动转辙机结构先进，工艺精良，采用道岔机械锁闭装置，道岔两根尖轨和可动心轨采用多点牵引，以三相交流电动机作为动力，没有直流电动机的整流子，不但解决了长期困扰信号维修人员的电机断线、故障电流变化、接点接触不良、移位接触器跳起和挤切销折断等惯性故障问题，还易于集中操作，实现自动化，可以做到"少维护、无维修"，从而提高了设备的可靠性和使用寿命。S700K 型电动转辙机属于交流转辙机，广泛用于城市轨道交通中。

2.4.3.1　S700K 型电动转辙机的特点

S700K 电动转辙机适用于尖轨或可动心轨处采用外锁闭道岔的情形，它主要具有以下特点：

（1）采用交流三相电动机，不仅从根本上解决了原直流电动转辙机必须设置整流子而引起的故障率高、使用寿命短、维修量大的不足，而且减少了控制导线截面，延长了控制距离。

（2）采用直径 32 mm 的滚珠丝杠作为传动装置，延长了转辙机的使用寿命。

（3）采用具有弹簧式挤脱装置的保持连接器，并选用不可挤型零件，从根本上解决了有挤切销劳损而造成的惯性故障。

（4）采用多片干式可调摩擦连接器，经工厂调整加封，使用时无需调整。

2.4.3.2　S700K 型电动转辙机的结构

S700K 转辙机主要由外壳部分、动力传动机构、检测机构、安全装置及配线接口端等五个部分组成，如图 2-26 所示。

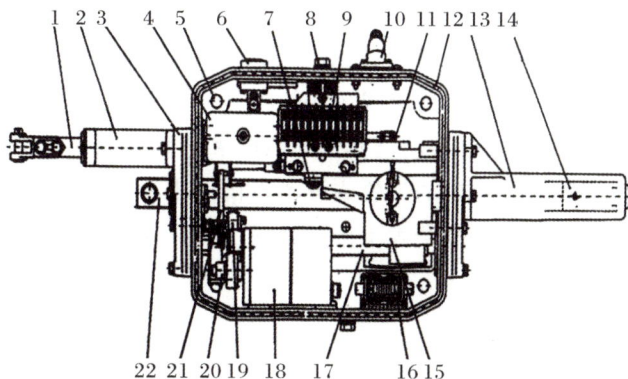

1—检测杆；2—导向套筒；3—导向法兰；4—遮断开关；5—地脚孔；6—开关锁；7—锁闭块；8—接地螺栓；9—速动开关组；10—电缆密封装置；11—指示标；12—底壳；13—动作杆套筒；14—止挡片；15—保持器；16—插座；17—滚珠丝杠；18—电机；19—摩擦连接器；20—摇把齿轮；21—连杆；22—动作杆

图 2-26　S700K 转辙机内部结构

（1）外壳部分。外壳部分主要由铸铁底壳、动作杆套筒、导向套筒、导向法兰等四部分组成。

（2）动力传动机构。动力传动机构主要由三相电机、摇把齿轮、摩擦连接器、滚珠丝杠、保持连接器、动作杆等六部分组成。

（3）检测机构。检测机构主要由检测杆、叉型接头、速动开关组、锁闭块、锁舌、指示标等五部分组成。

（4）安全装置。安全装置主要由开关锁、遮断开关、连杆、摇把孔挡板等四部分组成。

（5）配线接口端。配线接口端主要由电缆密封装置、接插件插座两部分组成。

2.4.3.3　S700K型电动转辙机的主要部件及其作用

（1）三相交流电动机：为转辙机提供动能。

（2）齿轮组：由摇把齿轮、电机齿轮、中间齿轮及摩擦连接器齿轮组成。齿轮与电机齿轮组成一个传动系统，使得能用摇把对转辙机进行人工操作。电机齿轮、中间齿轮及摩擦连接器齿轮组成一个传动系统，将电机的旋转驱动力传递到摩擦连接器上，并进行一级降速，增大驱动力。

（3）摩擦连接器：实现电动机与传动机构之间的软连接，消耗电动机惯性动能，从而保护电动机。

（4）滚珠丝杠：一方面将电动机的旋转运动变成直线运动，另一方面起到减速作用。

（5）保持连接器：是转辙机的挤脱装置，当挤岔力超过弹簧压力时，动作杆脱落，起到保护整机的作用。

（6）检测杆：随道岔尖轨或心轨转换而移动，用来监督道岔在终端位置时的状态。

（7）锁闭块和锁舌：当道岔在终端位置时，由锁舌的正常弹出阻挡转辙机保持连接器的移动，实现转辙机的内部锁闭。

（8）TS-1型接点系统：构成转辙机的控制电路。

（9）开关锁和安全接点座：操纵遮断开关的机构和断开安全接点，起到保护作用。

2.4.3.4　S700K型电动转辙机的动作原理

（1）传动过程：①电动机将动力通过减速齿轮组传递给摩擦连接器；②摩擦连接器带动滚珠丝杠转动；③滚珠丝杠的转动带动丝杠上的螺母水平移动；④螺母通过保持连接器经动作杆、锁闭杆带动道岔转换；⑤道岔的尖轨或可动心轨经外表示杆带动检测杆移动。

（2）动作过程：①解锁过程及断开表示接点过程；②转换过程；③锁闭及接通新表示接点过程。

▶项目总结

本项目主要介绍了城市轨道交通信号基础设备：继电器、信号机、转辙机（详细介绍了ZD6系列电动转辙机和S700K型电动转辙机）。通过本项目的学习，学生熟悉了信号基础设备的结构，掌握了信号基础设备的作用、功能和工作原理等，掌握了ZD6系列及S700K型电动转辙机的结构，从而为今后的学习打下了坚实的基础。

▶项目实施

实训 2.1　认识继电器

1.实训项目教师工作活页(见表 2−6)

表 2−6　实训项目教师工作活页

实训项目		实训 2.1.1　认识继电器			
学　　时		专业班级		实训场地	
实训设备					
教学目标	专业能力	(1)能通过外观区分不同继电器,理解继电器型号中各字母的含义; (2)能正确判断继电器插座的接点编号; (3)了解继电器的鉴别孔和继电器插座鉴别销的作用。			
	方法能力	(1)能综合运用专业知识、通过作业书籍、多媒体课件和图片资料获得帮助信息; (2)能根据实训项目学习任务确定实训方案,从中学会表达及展示活动过程和成果。			
	社会能力	(1)能在实训活动中保持积极向上的学习态度; (2)能与小组成员和教师就学习中的问题进行交流与沟通; (3)学会和他人资源共享,具有较好的合作能力和团队精神。			
教学活动		略(详见教学活动设计)			
绩效评价	学生活动	(1)以 4~8 人小组为单位开展实训活动,根据本组同学在实训过程中的表现及结果进行自评和组内互评; (2)根据其他小组同学在展示活动中的表现及结果进行小组互评。			
	教师活动	(1)指导学生开展实训活动; (2)组织学生开展活动评价与总结; (3)根据学生的表现和在本实训项目中的单元成绩作出综合评价。			
教学资料		(1)《城市轨道交通通信与信号》主教材及辅助教材; (2)继电器型号及有关字母的含义技术资料; (3)继电器的鉴别孔和继电器插座鉴别销技术资料; (4)教学活动设计活页。			
指导教师			实训时间	年　　　月　　　日	

2.实训项目学生学习活页(见表2-7)

表2-7　实训项目学生学习活页

实训项目	实训2.1.2　认识继电器				
专业班级		姓名		时间	

一、目标

(1)能通过外观区分不同继电器,理解继电器型号中各字母的含义;

(2)能正确判断继电器插座的接点编号;

(3)了解继电器的鉴别孔和继电器插座鉴别销的作用。

二、设备

JWXC-1700、JYJXC-135/220、JPXC-1000、JZXC-480、JSBXC-850、JRJC-66/345 等常用继电器及其插座。

三、相关资料

1.继电器型号及有关字母的含义

安全型继电器型号采用汉字拼音字母和数字表示,字母表示继电器种类,数字表示线圈的阻值(单位为Ω),例如图2-27。

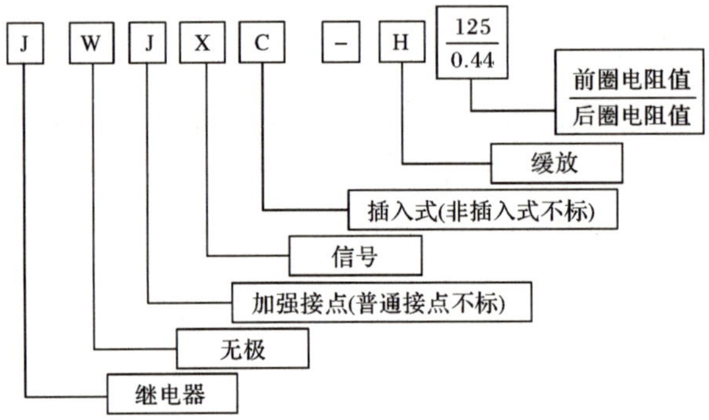

图2-27　继电器型号

继电器代号含义见表2-8。

表2-8　继电器代号含义

代号	含义		代号	含义	
	安全型	其他类型		安全型	其他类型
A		安全	R		二元
B		半导体	S		时间、灯丝、双门
C	插入	插入、传动	T		通用、弹力
D		单门、动态	W	无极	
DB	单闭磁		X	信号	信号、小型
H	缓放	缓放	Y	有极	
J	继电器、加强接点	继电器、加强接点	Z	整流	整流、转换
P	偏极				

36

续 表

2.继电器的鉴别孔和继电器插座鉴别销

安全型继电器有多种类型,为防止不同类型的继电器错误插接,在插座下部鉴别孔内铆以鉴别销。不类型的继电器由型别盖上的鉴别孔不同进行鉴别,根据规定的鉴别孔逐个钻成,以与鉴别销相吻合。

四、实训小结

_____

_____

_____

五、成绩评定

1.学生评价

评价等级	A—优秀	B—良好	C—中等	D—及格	E—不及格
学生自评					
组内互评					
小组互评					

2.教师评价

评价等级	A—优秀	B—良好	C—中等	D—及格	E—不及格
专业能力					
方法能力					
社会能力					
评价结果					

3.综合评价

评价等级	A—优秀	B—良好	C—中等	D—及格	E—不及格
综合评价					

综合评价按学生自评占10%、组内互评占20%、小组互评占20%、教师评价占50%的比例进行过程评价。其中:A(90～100)、B(80～89)、C(70～79)、D(60～69)、E(60以下)。

4.评价标准

评价等级	评价标准
A	能圆满、高效地完成实训任务的全部内容
B	能较顺利地完成实训任务的全部内容
C	能完成实训任务的全部内容,但需要相关的指导和帮助
D	只能完成实训任务的大部分内容,在教师和小组同学的帮助下,也能完成实训任务的全部内容
E	只能完成实训任务的部分内容

实训 2.2　手动摇道岔

1. 实训项目教师工作活页(见表 2-9)

表 2.9　实训项目教师工作活页

实训项目		实训 2.2.1　手动摇道岔			
学　时		专业班级		实训场地	
实训设备					
教学目标	专业能力	(1)能够说出道岔的组成及作用; (2)能够说出转辙机在信号系统中的作用; (3)能够说出道岔的构成及定反位的含义。			
	方法能力	(1)能综合运用专业知识、通过作业书籍、多媒体课件和图片资料获得帮助信息; (2)能根据实训项目学习任务确定实训方案,从中学会表达及展示活动过程和成果。			
	社会能力	(1)能在实训活动中保持积极向上的学习态度; (2)能与小组成员和教师就学习中的问题进行交流与沟通; (3)学会和他人资源共享,具有较好的合作能力和团队精神。			
教学活动		略(详见教学活动设计)			
绩效评价	学生活动	(1)以 4~8 人小组为单位开展实训活动,根据本组同学在实训过程中的表现及结果进行自评和组内互评; (2)根据其他小组同学在展示活动中的表现及结果进行小组互评。			
	教师活动	(1)指导学生开展实训活动; (2)组织学生开展活动评价与总结; (3)根据学生的表现和在本实训项目中的单元成绩作出综合评价。			
教学资料		(1)《城市轨道交通通信与信号》主教材及辅助教材; (2)道岔结构、道岔号和道岔的位置技术资料; (3)教学活动设计活页。			
指导教师			实训时间	年　　月　　日	

2.实训项目学生学习活页(见表 2－10)

表 2－10　实训项目学生学习活页

实训项目	实训 2.2.2　手动摇道岔				
专业班级		姓名		时间	

一、目标

　　(1)认识道岔的组成及作用。

　　(2)熟悉道岔转换装置——转辙机的状态。

二、设备

　　某组单动或双动道岔,手摇把。

三、实施步骤

　　(1)识别道岔所处的定位状态。

　　(2)把手摇把插入摇把孔,操纵道岔由定位到反位。

　　(3)操纵道岔由反位回到定位。

四、相关资料

　　1.道岔结构

　　道岔由转辙器部分、连接部分和辙叉及护轨部分组成。转辙器部分由尖轨、基本轨、连接零件(包括连接杆、滑床板、垫板、轨撑、顶铁、尖轨跟端结构等)组成。连接部分由导轨、基本轨组成。辙叉及护轨部分由岔心、翼轨、护轨和主轨组成。

　　2.道岔号

　　道岔辙叉角的余切值叫道岔号或辙叉号。

　　3.道岔的位置

　　道岔有两个位置:定位和反位。道岔的定位是指道岔经常开通的位置,而反位是排列进路时临时改变的位置。

四、实训小结

_____

_____

五、成绩评定

　　1.学生评价

评价等级	A—优秀	B—良好	C—中等	D—及格	E—不及格
学生自评					
组内互评					
小组互评					

　　2.教师评价

评价等级	A—优秀	B—良好	C—中等	D—及格	E—不及格
专业能力					
方法能力					
社会能力					
评价结果					

续表

3.综合评价

评价等级	A—优秀	B—良好	C—中等	D—及格	E—不及格
综合评价					

综合评价按学生自评占10%、组内互评占20%、小组互评占20%、教师评价占50%的比例进行过程评价。其中:A(90~100)、B(80~89)、C(70~79)、D(60~69)、E(60以下)。

4.评价标准

评价等级	评价标准
A	能圆满、高效地完成实训任务的全部内容
B	能较顺利地完成实训任务的全部内容
C	能完成实训任务的全部内容,但需要相关的指导和帮助
D	只能完成实训任务的大部分内容,在教师和小组同学的帮助下,也能完成实训任务的全部内容
E	只能完成实训任务的部分内容

▶ 项目达标

一、填空题

1.继电器由_____系统和_____系统两大部分组成。

2._____具有开关特性,可利用它的接点通断电路,构成各种控制和表示电路。

3._____是用来指示列车运行及调车作业的信号设备。

4.城市轨道交通信号主要分为_____和_____。

5.按机构类型信号机可分为:_____信号机、_____信号机和_____信号机三种。

6.信号机的基本颜色有红色、黄色、绿色,辅助颜色有_____和_____。

7.城市轨道交通采用_____行车制,因此不论在正线还是车辆段,地面信号机应设置于行车方向的_____,地下部分一般安装在隧道壁上。

8.道岔的_____和_____,是直接关系行车安全的关键设备。

9.按动作能源和传动方式分类,转辙机可分为_____、电动液压转辙机和电空转辙机。

10.ZD6型电动转辙机主要由_____、_____、自动开闭器、主轴、动作杆、移位接触器、_____等组成。

11.道岔主要由_____、_____和_____三部分组成。

二、选择题

1.( )动作的可靠性直接影响到信号系统的可靠性和安全性。

A.继电器　　　　B.信号机　　　　C.转辙机　　　　D.手摇道岔

2.(　　)是表达固定信号显示所用的机具,用来防护站内进路、防护区间、防护危险地点,具有严格的防护意义。

A.继电器　　　　B.信号机　　　　C.转辙机　　　　D.信号表示器

3.随着列车速度的提高,要求信号显示的信息量也在不断地增加,因此采用了组合灯光进行表示。如:红色灯＋蓝色灯表示区间(　　)信号。

A.禁止　　　　B.通过　　　　C.引导　　　　D.容许

4.(　　)是重要的信号基础设备,对于保证行车安全、提高运输效率、改善行车人员的劳动强度起着非常重要的作用。

A.继电器　　　　B.信号机　　　　C.转辙机　　　　D.手摇道岔

5.电动转辙机的(　　)与道岔表示连接杆相连并随道岔动作,用来检查尖轨是否密贴,以及在定位还是在反位。

A.摩擦连接器　　B.传动装置　　　C.自动开闭器　　D.表示杆

6.(　　)用于完成道岔的转换和锁闭,是关系行车安全的最关键设备。

A.外锁闭装置　　B.安装装置　　　C.转辙机　　　　D.信号机

三、判断题

1.继电器不仅具有开关特性,还具有继电特性。　　　　　　　　　　　　(　　)

2.车载信号一般是指将地面信号通过传输设备或其他方式引入列车的信号,用于防护站内进路以及闭塞分区和道口。　　　　　　　　　　　　　　　　　　　(　　)

3.现在大多数采用LED组合式色灯信号机,因其结构简单,安全方便,控制电路所需电缆芯线少,所以得到广泛采用。　　　　　　　　　　　　　　　　　　　(　　)

4.组合式信号机采用铝合金或玻璃钢材料,机构重量轻,便于安装、维护和调整。(　　)

5.信号机的安装位置应遵循《地铁限界标准》(CJJ 96—2003)的要求,不得侵入车辆限界。　　　　　　　　　　　　　　　　　　　　　　　　　　　　　　(　　)

6.在提速区段,提速道岔进一步加长了尖轨长度,为满足多点牵引多点检查的要求,需多台转辙机牵引。　　　　　　　　　　　　　　　　　　　　　　　　　　(　　)

7.ZD6系列转辙机的动作过程可分为三个过程:解锁→转换→锁闭。　　　　(　　)

四、名词解释

1.绝对信号

2.非绝对信号

3.信号表示器

五、简答题

1.简述继电器的基本原理。何为继电特性?继电器在信号系统中起哪些作用?

2.信号继电器如何分类?

3.信号机的作用有哪些?

4.城市轨道交通中色灯信号机的设置有哪些原则要求？

5.简述城市轨道交通信号灯的分类。

6.对转辙机有何要求？其作用是什么？其是如何分类的？

7.试说明 ZD6 型电动转辙机的结构和各部件作用。

8.S700K 型电动转辙机由什么组成？说明其各部件的作用。

项目三 城市轨道交通列车定位方式

▶项目导入

深圳地铁罗宝线采用西门子的信号系统,所有车站均装有屏蔽门,一期工程增购4列车(123♯至126♯)为长春轨道客车股份有限公司首次设计制造的A型列车,其牵引系统和制动系统的供应商分别为庞巴迪牵引公司和克诺尔公司。2011年7月23日,123♯车在正线多个站台出现ATO定位停车不准故障,此后此类故障不断发生,严重影响了列车的运营服务质量。通过本项目的学习,你能找出故障发生的可能原因吗? 通过本项目的学习,你可以学习和掌握多种列车定位设备和技术。

▶项目要点

1.掌握不同类型轨道电路的结构与工作原理;
2.掌握轨道电路、计轴器在信号系统中的作用;
3.掌握计轴器的结构与工作原理;
4.掌握应答器的功能、分类及应用;
5.熟悉轨道电路、计轴器、应答器的使用、维护与调试;
6.掌握列车通信定位设备结构组成;
7.熟悉列车通信定位功能与作用;
8.掌握列车定位基本原理。

▶鉴定要求

1.会判断上行及下行线路区段;
2.会根据现象正确识别轨道电路的工作状态;
3.会识别计轴系统的组成部件;
4.能够正确识别地面应答器;
5.能对轨道电路、计轴器、应答器等一般设备故障进行室内外判定;
6.能对轨旁信号设备局部电路布线、配线、校核、试验。

▶课程思政

1.通过计轴器、应答器实训项目,提升自身的操作能力和规范意识;
2.积极参加轨道电路故障应急处理演练,总结轨道电路故障处理经验,提升故障应急处理能力,树立安全意识和风险意识;
3.提升创新意识,自主创新、不断开发更加先进的列车定位设备及产品,推动地铁信号

技术不断进步,树立大国有我的责任感;

4.在学习和工作中提升团队协作意识,培养细心、专注的工作习惯,与团队成员积极配合,共同保障地铁的运营安全。

▶ 基础知识

◆ 3.1 轨道电路

3.1.1 轨道电路概述

3.1.1.1 轨道电路的概念

轨道电路是以钢轨为导体,两端加上机械绝缘(或电气绝缘),接上送电、受电设备和限流电阻所构成的电气回路,是自动、连续检测线路是否被机车车辆占用,用于传输信号,以保证行车安全的重要基础设备。它的性能直接影响行车安全和运输效率。

整个轨道系统路网依适当距离分成许多闭塞分区,各闭塞分区间以轨道绝缘分隔,形成一独立轨道电路。各区间的起始点皆设有色灯式信号机,当列车进入闭塞区间后,轨道电路立即反应,并传达本区间已有列车通行、禁止其他列车进入的信息至信号机,此时位于区间入口处的信号机,立即显示险阻禁行的信息。

3.1.1.2 轨道电路的结构

轨道电路的基本结构如图 3-1 所示。

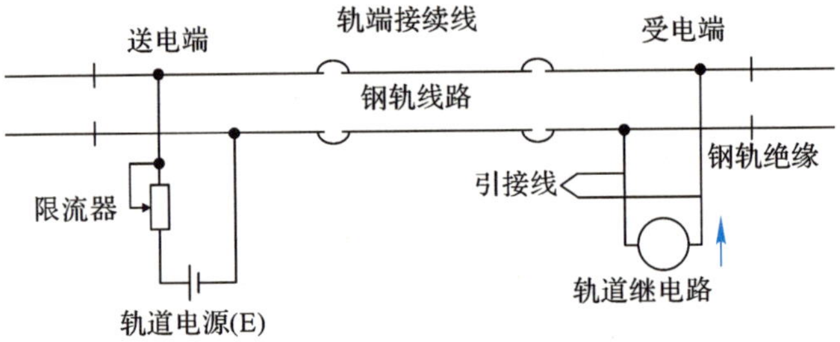

图 3-1 直流轨道电路组成示意图

(1)钢轨线路。钢轨的主要作用是传递行车信息,引导列车运行。在电力牵引区段的两条钢轨,既作为轨道电路的通路来传输信号电流,又作为牵引电流的回路来传送牵引电流。

其中,正线钢轨采用 60 kg/m 无缝长轨,车厂钢轨采用 50 kg/m 短轨,连接夹板、导接线(接续线)主要用于车厂线路和正线折返线、存车线等处。轨道电路的导体部分包括钢轨、连接夹板、导接线等。

(2)钢轨绝缘。钢轨绝缘安装在相邻两段轨道电路衔接处,也叫作绝缘节,其主要用来划分相邻的轨道区段,以保证相邻轨道电路在电气上的可靠隔离。钢轨绝缘多采用机械强度高、绝缘性能好的材料,在钢轨与夹板间垫有槽形绝缘板,夹板螺栓与夹板之间装有绝缘套管和绝缘垫圈。在两个钢轨衔接的断面间还夹有与钢轨断面相同的轨端绝缘。

正线运营轨道电路以电气绝缘方式实现相邻区段轨道电路的分割。电气绝缘是通过谐振槽路的选频方式,发送/接收本区段的中心频率,折返线/存车线及车厂区域的轨道电路以机械绝缘方式分割。机械绝缘包括轨端绝缘、槽形绝缘、绝缘套管和绝缘片等。

(3)送电设备。轨道电源,用于向轨道电路供电,也可以是能够发送一定信息的电子设备,通过轨道电路向列车传递行车信息。

车厂工频轨道电路的送电设备包括送电电源、送电(降压)变压器、熔断器等,正线数字轨道电路送电设备包括控制板、辅助板、电源板、耦合单元、感应环线、连接棒线等,实现数字信息的调制、传送等。

(4)受电设备。轨道电路的接收端设置了接收设备,主要是轨道继电器,用于反映轨道电路范围内有无列车、车辆占用和钢轨是否完整;或者当轨道电路中包含有控制信息时,也可以是能够接收并鉴别电流特性的电子设备,能够根据接收到的不同特性的电流,令有关继电器动作。

车厂工频轨道电路的受电设备包括升压变压器、连接电缆、轨道继电器等,正线数字轨道电路受电设备包括控制板、辅助板、电源板、耦合单元、感应环线、连接棒线等,与送电设备不同的是接收钢轨信息,并对多样的数字信息进行衰耗、选频和解码等,动作轨道继电器。

(5)限流电阻。限制送电端信号电流,并调整送电端信号的幅值等。当轨道电路被列车、车辆的轮对分路时,能够防止输出电流过大而损坏电源。

(6)轨端接续线。接续线安装在两条钢轨的接头处,主要作用是减小钢轨接头处的接触电阻,保持电流信息的延续性。其主要有焊接式、塞钉式(现场广泛使用)两种。

(7)钢轨引接线。其用于将送电、受电设备直接或通过电缆过轨后接向钢轨。

3.1.1.3 轨道电路的工作原理

下面以图3-1所示直流轨道电路,来说明轨道电路的工作原理。

当闭塞区间空闲,其内无列车行驶时,电流会从电源经由轨道流经继电器,并使其激磁带动动接点,接通绿色灯的电路,信号机立即显示平安通行。

当有列车驶入闭塞区间时,电流改行经列车车轴,并不会流经继电器,继电器因失去电流而失磁,接点接通红色灯的电路,信号机立即显示险阻禁行。

当轨道断裂时,轨道电路因此阻断,切断了轨道电流,造成继电器失磁,就会使继电器因供电不足而释放衔铁接通红色灯信号电路,仍可保障列车行驶安全。此时,线路虽然空闲,信号机仍然显示红色灯,从而防止列车颠覆事故。

总的来说,轨道电路在工作中有三种工作状态:

(1)调整状态。当轨道完整和空闲时,轨道继电器正常工作时的状态叫作轨道电路的调整状态,此时轨道继电器可靠吸起,如图3-2(a)所示。调整状态的最不利条件是:轨道电路参数变化使接收设备获得电流最小,即电源电压最低、钢轨阻抗电阻最大、道砟泄露电阻最小。

(2)分路状态。当列车占用时,轨道继电器应被分路而释放,这种状态叫作轨道电路的分路状态,此时继电器可靠落下,如图3-2(b)所示。分路状态的最不利条件是:轨道电路参数变化使接收设备获得电流最大,即电源电压最高、钢轨阻抗电阻最小、道砟泄露电阻最大,列车分路电阻也最大。

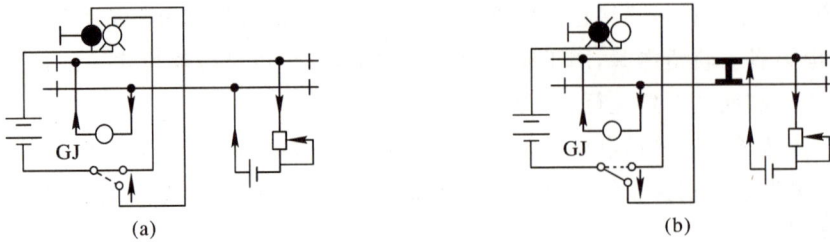

图 3-2 轨道电路基本工作原理图
(a)调整状态;(b)分路状态

(3)断轨状态。当轨道电路故障时,如钢轨断轨、绝缘破损,轨道电路处于断轨状态,此时继电器中无电流通过并可靠落下,这种状态叫作轨道电路的断轨状态。断轨状态的最不利条件是:轨道电路参数变化使接收设备获得电流最大,即电源电压最高、钢轨阻抗电阻最小。

3.1.1.4 轨道电路的作用

(1)可以检查和监督轨道是否占用,防止错误地办理进路。

(2)可以检查和监督道岔区段有无机车车辆通过,锁闭占用道岔区段的道岔,防止在机车车辆经过道岔时扳动道岔。

(3)检查和监督轨道上的钢轨是否完好,当某一轨道电路区段的钢轨折断时轨道继电器也将因无电而释放衔铁,防护这一段轨道的信号机也就不能开放等。

(4)传输不同的信息,使信号机根据所防护区段及前方邻近区段被占用情况的变化而变换显示。

电力牵引区段的轨道电路采用不同于牵引电流频率的信号电流,并在接收端装滤波器等,是防止牵引电流对轨道电路产生影响的有效措施。

> 通过该知识点的学习,掌握轨道电路作用,强化学生的安全意识,守住安全底线。

3.1.1.5 轨道电路的分类

(1)按供电方式分类,其可分为直流轨道电路和交流轨道电路。

若轨道电路电源采用直流,则称为直流轨道电路,该电路又可分为直流连续式轨道电路和直流脉冲式轨道电路两种。该轨道电路电源设备安装较困难,检修不方便,易受迷流影响,现已很少采用。

若采用交流电源供电的轨道电路,则称为交流轨道电路,该电路又可分为交流连续式轨道电路和交流电码式轨道电路。现在城市轨道交通大都采用交流供电的轨道电路。

(2)按工作方式分类,其可分为闭路式轨道电路和开路式轨道电路。

闭路式轨道电路的发送设备(电源)和接收设备(轨道继电器)分别装设在轨道电路的两端。轨道电路上没有车占用时,轨道继电器吸起。有车占用时,因车辆分路,轨道继电器落下。当发生断轨、断线等故障时,轨道继电器落下,能保证安全,符合故障-安全原理,如图3-3所示。

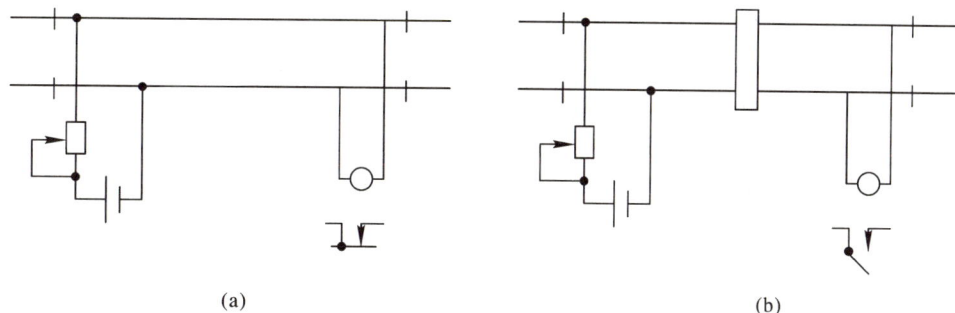

(a)   (b)

图 3-3 闭路式轨道电路

(a)无车占用;(b)有车占用

开路式轨道电路的发送设备和接收设备安装在轨道电路的同一端。轨道电路无车占用时,不构成回路,其轨道继电器落下。有车占用时,轨道电路通过车辆轮对构成回路,轨道继电器吸起,如图3-4所示。由于轨道继电器经常落下,不能监督轨道电路的完整性,遇有断轨或引接线、接续线折断等故障,不能立即发现。若此时有车占用,轨道继电器也不能吸起,不符合故障-安全原理。

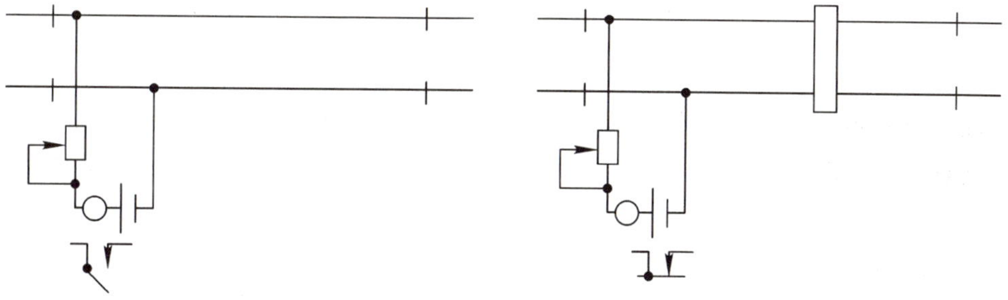

(a)   (b)

图 3-4 开路式轨道电路

(a)无车占用;(b)有车占用

(3)按所传送的电流特性分类,其可分为工频连续式轨道电路和音频式轨道电路,音频式轨道电路又可分为模拟式和数字编码式。

工频连续式轨道电路中传输的是连续的交流电。电路的唯一功能是监督轨道的占用与否,不能传送更多的行车信息。

模拟式音频轨道电路采用调幅或调频方式,可以传输较多信息,不仅能监督轨道的占用状态,还能反映列车运行前方三个或四个闭塞分区的占用情况。

数字编码式音频轨道电路采用数字调频方式,可以传输更多的信息,编码中包含了速度码、线路坡度码、闭塞分区长度码、纠错码等。

(4)按轨道电路的分割方式分类,其可分为有绝缘轨道电路和无绝缘轨道电路两种。

有绝缘轨道电路用钢轨绝缘将轨道电路与相邻的轨道电路互相隔离。

无绝缘轨道电路在其分界处不设钢轨绝缘,而采用不同的方法予以隔离。其按原理可分为三种,即电气隔离式、自然衰耗式、强制衰耗式。

电气隔离式又称谐振式,利用谐振槽路,采用不同的信号频率,谐振回路对不同频率呈现不同阻抗,来实现相邻轨道电路间的电气隔离。

自然衰耗式,利用轨道电路的自然衰耗和不同的信号特征(频率、相位等),实现轨道电路的互相隔离,在接收端直接接收或通过电流传感器接收。钢轨中的电流可沿正反两个方向自由传输,基本上靠轨道的自然衰耗作用来衰减信号。道口信号所用的道口控制器就是采用这种方式的无绝缘轨道电路。

强制衰耗式是在自然衰耗式的基础上,吸收电气隔离式的长处(谐振回路的强制性衰耗)而形成的。它采用电压发送、电流接收的方式,接收端由电流传感器接收信号。它在轨道电路受电端设置陷波器,使信号传输一个轨道电路区段后,被陷波器衰耗掉大部分,使剩余的部分不足以影响相邻区段。

> ZPW－2000A 型无绝缘移频自动闭塞是 1998 年开始在法国 UM71 无绝缘轨道电路技术引进、国产化基础上,结合我国国情进行的技术再开发。2002 年 5 月 28 日,该系统通过铁道部技术鉴定,确定推广应用,效果良好。
>
> 通过该案例的讲解,让学生知道相比于国外技术,我国技术还存在不小的差距,懂得"落后就要挨打"。要立足于世界民族之林,唯有发展与创新。

(5)按使用处所分类,其可分为区间轨道电路和站内轨道电路。

区间轨道电路主要用于自动闭塞区段,不仅要监督各闭塞分区是否空闲,而且要传输有关行车信息。一般来说,区间要求轨道电路传输距离较长,要满足闭塞分区长度的要求,轨道电路的构成也比较复杂。

站内轨道电路用于站内各区段,一般只有监督本区段是否空闲的功能,不能发送其他信息。为了使机车信号能在站内连续显示,要对站内轨道电路实现电码化,即在列车占用本区段或占用前一区段时用切换方式或叠加方式转为能发码的轨道电路。站内轨道电路除了股道外,一般传输距离不长。在客运专线的小站和大站的正线,也采用和区间制式一致的一体化轨道电路。

(6)按轨道电路内有无道岔分类,其可分为无岔区段轨道电路和道岔区段轨道电路。

无岔区段轨道电路内钢轨线路无分支,构成较简单,一般用于股道、尽头调车信号机前方接近区段、进站信号机内方、两差置调车信号机之间。

在道岔区段,钢轨线路有分支,道岔区段的轨道电路就称为分支轨道电路或分歧轨道电路。

(7)按适用区段分类,其可分为非电气化区段轨道电路和电气化区段轨道电路。

非电气化区段轨道电路,没有抗电气干扰的特殊要求,一般的轨道电路指非电气化区段轨道电路。

电气化区段轨道电路,既要抗电气化干扰,又要保证牵引回流的畅通无阻。因钢轨中已流有 50 Hz 的牵引电流,轨道电路就不能采用 50 Hz 的电流,而必须采用 50 Hz 以外的频率。我国目前站内多采用 25 Hz 相敏轨道电路,区间多采用移频轨道电路。

(8)按牵引电流的通过路径分类,其可分为单轨条轨道电路和双轨条轨道电路。

单轨条轨道电路是以一根钢轨作为牵引电流回流线,在绝缘处用回流线引向相邻轨道电路的钢轨上的一条轨道电路,如图3-5所示。因其牵引电流过钢轨时在钢轨间产生较大的电位差,成为信号电路外界的主要干扰源,牵引电流越大,钢轨阻抗越大,对信号电路造成的干扰也越大,并且由于单轨条轨道电路轨抗较大,传输距离相对缩短。但单轨条轨道电路构造简单,建设成本低,相对功耗小。

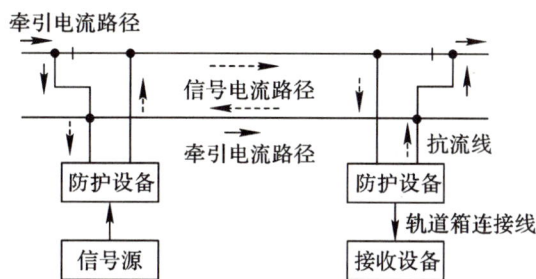

图3-5 单轨条轨道电路

双轨条轨道电路是针对单轨条轨道电路不利于信号设备稳定的缺点而设计的一种轨道电路。双轨条轨道电路的牵引电流是沿着两根钢轨流通的,在钢轨绝缘处为导通牵引电流而设置了扼流变压器,通过扼流变压器接向轨道,如图3-6所示。双轨条轨道电路是由两根钢轨并联传递牵引电流的,两钢轨间产生的不平衡电流比单轨条要小得多,因此对于牵引电流的阻抗较低,利于信号的传输,设备运行也相对稳定。其缺点是造价较高,维修较复杂。

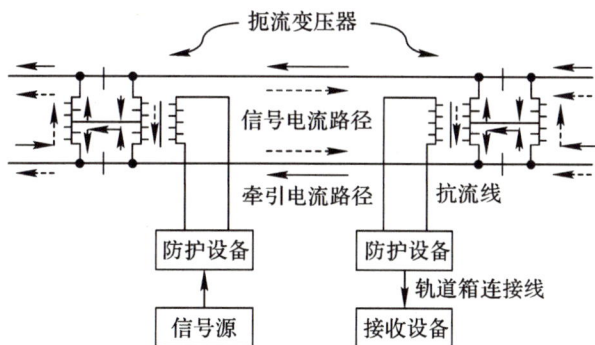

图3-6 双轨条轨道电路

3.1.1.6 钢轨绝缘的设置

1.轨道电路的极性交叉

(1)极性交叉。有钢轨绝缘的轨道电路,当钢轨绝缘双破损时,可能引起轨道继电器的错误动作,如图3-7所示。由于没有按照极性交叉的要求设置,则在1G有车占用而绝缘双破损的情况下,因两个轨道电源同时供电,且电流方向相同,则1GJ可能保持吸起而危及行车安全。

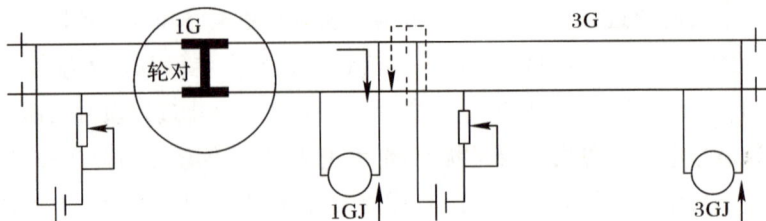

图 3-7　没有采用极性交叉的轨道电路

有钢轨绝缘的轨道电路,为了实现对钢轨绝缘破损的防护,要使绝缘节两侧的轨面电压具有不同的极性或相反的相位,这就是轨道电路的极性交叉,如图 3-8 所示。

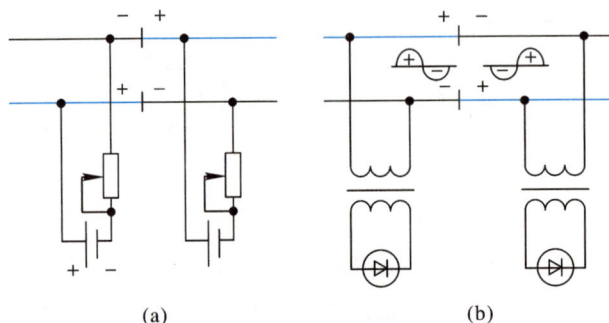

图 3-8　轨道电路的极性交叉

(a)不同的极性;(b)相反的相位

(2)极性交叉的作用。

1)极性交叉可防止在相邻轨道电路间的绝缘节破损时引起轨道继电器的错误动作。

2)对于交流供电来说,只要两相邻轨道电路的电流相位相反,则它们的瞬间极性也相反,会得到极性交叉的效果。

图 3-9 所示为按照极性交叉配置,绝缘节破损时,轨道继电器中的电流是两轨道电源所供电流之差,只要调整得当,1GJ 和 3GJ 都会落下,保证行车安全,并能及时反映设备故障,满足了故障-安全的要求。

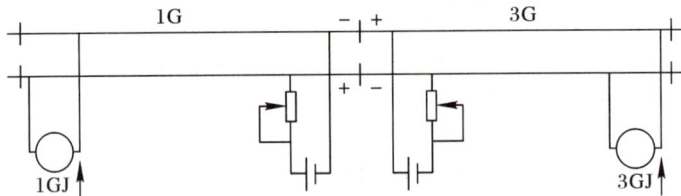

图 3-9　采用极性交叉的轨道电路

(3)极性交叉的配置。在无分支线路上,极性交叉配置比较容易,只需要依次变换轨道电路供电电源的极性。而在有分支线路上,即有道岔处,极性交叉的配置就要复杂一些。因为道岔绝缘节可以设在道岔直股,也可设在弯股,不同的设置将影响整个车站极性交叉的配置。

在一个闭合的回路中,绝缘节的数量必须达到偶数才能实现极性交叉,若为奇数,则采用移动绝缘节的方法实现。车站内要求正线电码化时,可以将绝缘节移至弯股,并且采用人工极性交叉方式。

2010年，沪宁线发生了一次站内一体化轨道电路绝缘节破损，信号向邻区段传输，造成邻段机车信号错误接收，信号升级的故障。

通过该案例的讲解，让学生知道"安全无小事"，培养学生既要有责任担当，又要有精益求精的工匠精神。

2.道岔绝缘

(1)道岔区段内部增设绝缘(道岔绝缘)。道岔区段内除各种杆件、转辙机安装装置等要加装绝缘外，还要加装切割绝缘，称之为道岔绝缘，用于防止轨道电路在调整状态下被辙叉分路，如图3-10所示。根据需要道岔绝缘可以设在直股，也可设在弯股。

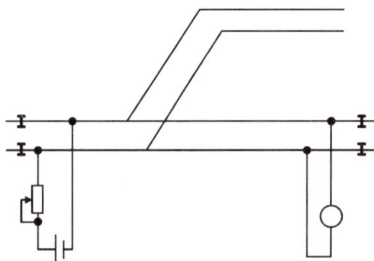

图3-10 辙叉将轨道电路短路图

(2)道岔区段内部增设跳线(道岔跳线)。为了保证信号电流的畅通，道岔区段轨道电路除了装设轨端接续线、引接线外，还需在尖轨与基本轨以及两外侧的基本轨之间增设道岔跳线，用于保证调整状态下构成闭合回路，如图3-11所示。

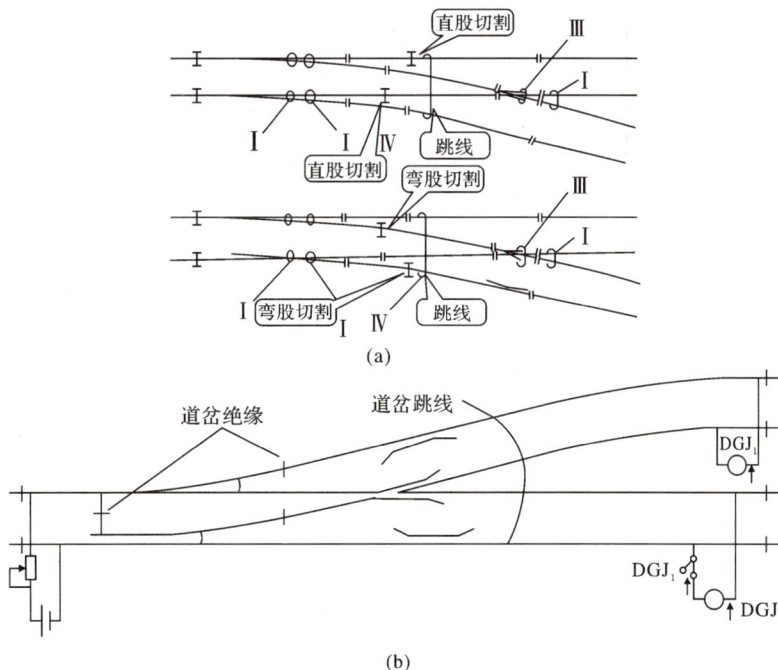

(a)

(b)

图3-11 道岔绝缘和道岔跳线

(a)道岔绝缘和道岔跳线实物图；(b)道岔绝缘和道岔跳线原理图

（3）采用一送多受轨道电路。由于具有分支电路，不仅包括道岔的直向部分线路，还包括侧向部分线路，道岔区段可采用一送多受轨道电路，包括一送两受或一送三受。当分支超过一定长度时，还必须设多个受电端，如图 3－12 所示。

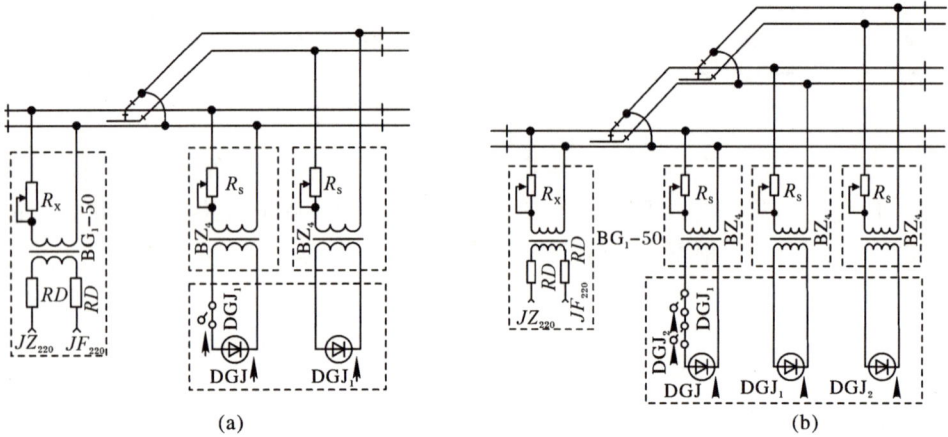

（a）　　　　　　　　　　　　　（b）

图 3－12　一送多受轨道电路

（a）一送两受；（b）一送三受

3. 超限绝缘

道岔区段轨道电路的分界绝缘应安装在道岔警冲标（警告停车列车不准越过的标志）内，距离警冲标不小于 3.5 m 的地方，如图 3－13（a）所示。

若分界绝缘与警冲标的距离小于 3.5 m，则其车钩及车身边缘可能侵入邻线的建筑接近限界，危及邻线上通过列车的安全，这是不能容许的。若实在不能满足此要求，则该绝缘节称为超限绝缘。

当相邻两组道岔警冲标之间的距离不足 7 m 时，其中间安装的分界绝缘也称为超限绝缘。

超限绝缘在信号设备平面图上以圆圈表示。无论电务作业或工务作业，在确认作业影响范围时，必须考虑有无超限绝缘，并采取相应的防护措施，如图 3－13（b）所示。

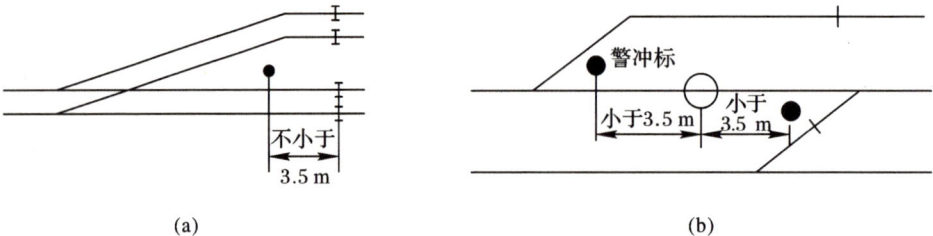

（a）　　　　　　　　　　　　　（b）

图 3－13　警冲标和超限绝缘

（a）钢轨绝缘；（b）超限绝缘

3.1.1.7　轨道电路常见故障

（1）分路不良故障。分路不良故障是指有车占用轨道电路时，轨道继电器不能可靠落下，控制台或显示器相应的区段不显示红色光带。造成这类故障的原因，多数为轨道电路生锈、潮湿等。这类故障极其危险，有可能造成列车追尾、脱轨等事故，但这类故障并不多见。

（2）红光带故障。红光带故障是指轨道区段无车占用时，控制台或显示器相应的区段显示红色光带。造成这类故障的原因有轨道电路送电电压低、道床潮湿、轨道电路有断线或断轨情况等。这类故障主要影响车站和区间的行车效率。

3.1.2　50 Hz 相敏轨道电路

用于城市轨道交通交流工频轨道的电路有 50 Hz 相敏轨道电路、PF 轨道电路、50 Hz 整流轨道电路,它们只有监督列车占用的功能,不能传输其他信息。

50 Hz 相敏轨道电路有继电式和微电子式两种,下面具体介绍这两种轨道电路。

3.1.2.1　50 Hz 继电式相敏轨道电路

50 Hz 继电式相敏轨道电路为有绝缘双轨条轨道电路,牵引回流为单轨条流通。城市轨道交通一般采用直流牵引,所以轨道电路可采用 50 Hz 电源。

1. 电路的构成

50 Hz 继电式相敏轨道电路由送电端、受电端、钢轨绝缘、接续线、回流线以及钢轨组成,如图 3-14 所示。

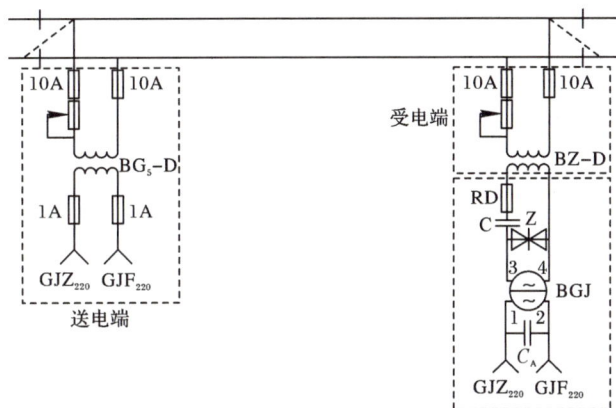

图 3-14　50 Hz 继电式相敏轨道电路的组成

(1)送电端。送电端一般安装在室外变压器箱内,包括 BG₅-D 型轨道变压器、R-2.2/220 型变阻器、熔断器,轨道电源从室内通过电缆送至送电端。

1)BG₅-D 轨道变压器。其用于为轨道电路供电。一次侧输入电压 220 V,频率 50 Hz,功率 5 W;二次侧输出电压 12 V,允许电流 10 A。通过连接不同端子可获得不同的电压值。

2)R-2.2/220 型变阻器。用于限流,调整轨道电路的电压,阻值为 2.2 Ω,功率为 220 W,容许电流为 10 A,容许温度为 105 ℃,如图 3-15 所示。

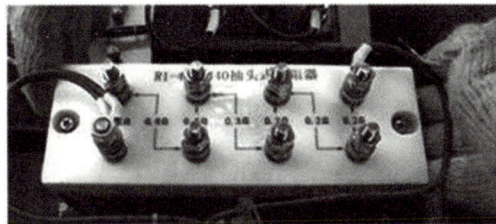

图 3-15　变阻器示意图

(2)受电端。受电端包括安装在室外变压器箱内的 BZ-D 型中继变压器、R-2.2/220 型变阻器、熔断器,安装在室内组合架上的电容器、防雷元件、交流二元继电器。

1）中继变压器。用于轨道电路受电端,为 BZ－D 型升压变压器。中继变压器和轨道变压器配合使用,可使钢轨阻抗和轨道变压器相匹配。中继变压器一次输入电压 1～2 V,允许电流 10 A,频率 50 Hz,功率 5 W,匝比 1∶70。

2）防雷元件。防雷元件采用对接的硒片,称为浪涌抑制器,用于防雷。

3）电容器。受电端有两个电容器,电容器 C 主要用于隔离直流,不使牵引电流进入轨道继电器轨道线圈,并对无功分量进行补偿,减少轨道电路传输损耗和移相的作用;电容器 C_A 提高轨道继电器局部线圈的功率因数。

4）交流二元继电器。交流二元继电器见继电器相关知识。

（3）钢轨引接线。它用于将变压器箱或电缆盒接向钢轨,分 1 200 mm、1 600 mm、2 700 mm、3 600 mm 三种。现场采用双引接线,断根不超过 1/5,如图 3－16 所示。

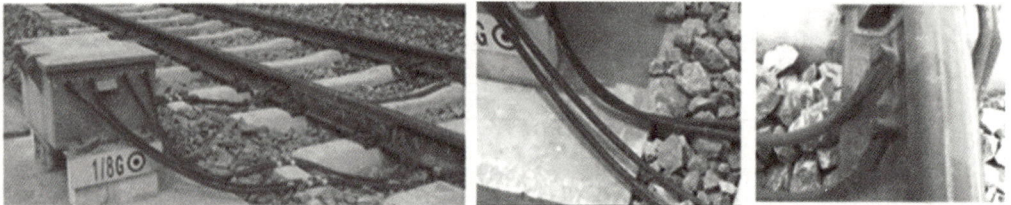

图 3－16　钢轨引接线

（4）接续线。它用于连接相邻钢轨,以减少接触电阻,有塞钉式（见图 3－17）和焊接式两种。

（5）钢轨绝缘。钢轨绝缘安装在两个相邻轨道衔接处,以保证相邻轨道电路在电气上的可靠隔离,如图 3－18 所示。

图 3－17　塞钉式接续线

图 3－18　钢轨绝缘

（6）回流线。在每个轨道电路的分割点,回流线连接相邻的不同侧钢轨,为牵引回流提供越过钢轨绝缘节的通路,并送回至牵引变电所。

2.工作原理

电源屏由室内向 50 Hz 继电式相敏轨道电路分别提供轨道电源和局部电源。

当无车占用时,轨道电源通过电缆供向室外供电,经受电端轨道变压器降压后送至钢轨,在受电端经中继变压器升压后送至轨道继电器的轨道线圈 34 端子。

轨道继电器的局部线圈 12 接局部电源,当轨道线圈和局部线圈电源满足规定的相位和频率要求时,轨道继电器（RGJ）吸起,轨道电路处于调整状态,表示轨道电路空闲。

当列车占用时,轨道电源被车辆轮对分路,使轨道继电器端电压低于其工作值,轨道继电器 RGJ 落下,表示轨道区段被占用;若频率、相位有一个或都不符合要求,则轨道继电器 RGJ 也落下。

由于 50 Hz 继电式相敏轨道电路采用了二元二位继电器,该继电器具有可靠的频率选择性和相位选择性,所以该轨道电路工作稳定,抗干扰性较强,能够满足故障-安全要求。

3.1.2.2 50 Hz 微电子式相敏轨道电路

50 Hz 继电式相敏轨道电路虽然得到了广泛的应用,但由于其接收设备为交流二元继电器,所以也存在如下问题:①继电器返还系数较低,约为 50%,对提高轨道电路传输性能不利;②由于采用的是机械结构,使用过程中会出现接点卡阻现象,当列车进入轨道区段时,不能保证继电器可靠落下,会造成重大行车事故;③该电路中继电器抗干扰能力差,当电力机车升弓、降弓、加速或减速时,在轨道电路中会产生较大的脉冲干扰,可能造成继电器错误吸起或落下,直接危及行车安全。

50 Hz 微电子式相敏轨道电路取代了 50 Hz 继电式轨道电路中的 JRJC 型交流二元继电器,彻底解决了接点卡阻和抗电气化干扰能力不强、返还系数低等问题,且与原继电器的接收阻抗、接收灵敏度相同,提高了系统的安全性和可靠性。

1. 50 Hz 微电子式相敏轨道电路的组成

50 Hz 微电子式相敏轨道电路,以 WXJ50 接收器作为接收设备。WXJ50 接收器以微处理器为基础,采用数字处理技术对轨道电路中的信息进行分析,除去干扰信息,得到有用信息,完成 50 Hz 相敏轨道电路的接收功能。图 3－19 是 50 Hz 微电子式相敏轨道电路结构图。

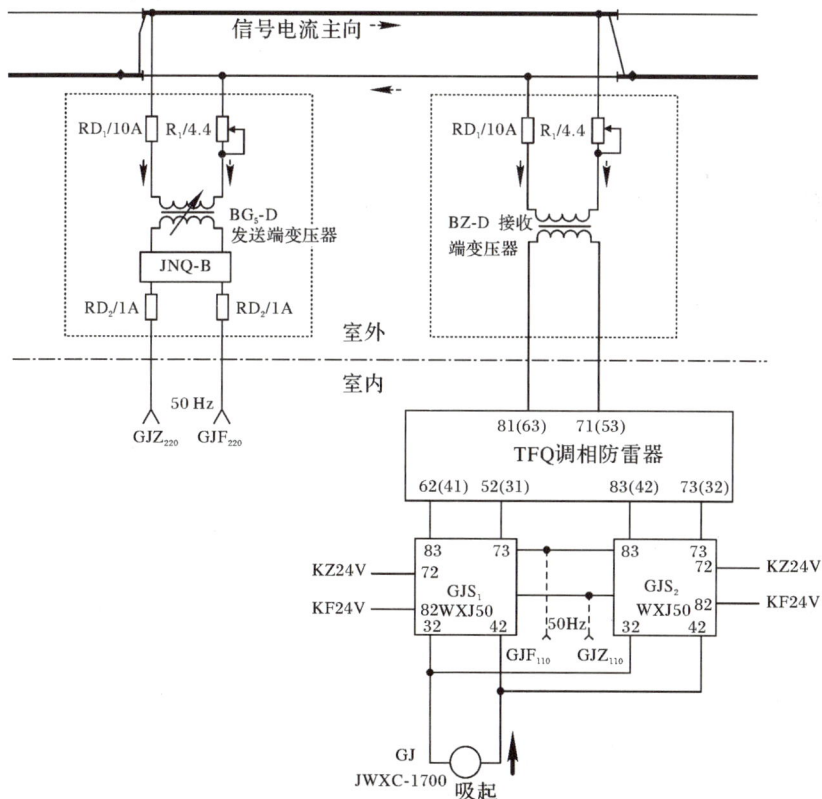

图 3－19　50 Hz 微电子式相敏轨道电路结构图

(1)50 Hz 轨道电路室内设备。50 Hz 相敏轨道电路室内部分主要由调相防雷器、微电子相敏接收器、安全型继电器、报警盒以及轨道报警继电器等组成,部分设备如图 3 - 20 所示。

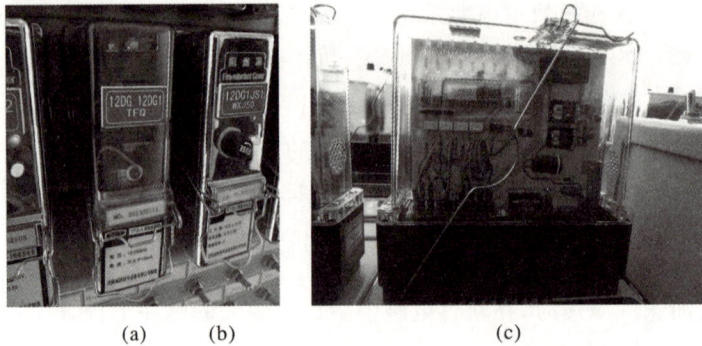

图 3 - 20 调相防雷器、微电子相敏接收器和报警盒实物
(a)调相防雷器;(b)微电子相敏接收器;(c)报警盒

1)调相防雷器(TFQ)。TFQ 用于单轨条 50 Hz 微电子相敏轨道电路的接收端,作用是轨道调相和轨道防雷。室内电源屏送出的局部电源相位超前轨道电源相位 90°,但经钢轨的传输,由于道床的泄露、分布电容、轨道电路室内外设备等因素的存在,所以相位发生偏移,这样就需要轨道调相(电容调相)。

TFQ 安装在安全型继电器罩内,每个继电器罩内安装 2 套设备,供两段轨道电路使用,其电路图及接线端子如图 3 - 21 所示。其中"轨道输入+"和"轨道输入-"接轨道电路,"轨道输出+"和"轨道输出-"接 WXJ50 接收器的"73""83"端子。

图 3 - 21 调相防雷器端子图

2)报警盒(BJH)。WXJ50 型微电子相敏轨道电路每个组合安装 4 段轨道电路设备和 1 个报警盒。报警盒采用安全型继电器结构,安装在继电器罩内,电路结构由电源部分、输入电路、输出表示电路、单片机电路组成。其接线端子图如图 3 - 22 所示,其中报警输入接各微电子相敏接收器的"BJ-",报警电源接各微电子相敏接收器"BJ+",报警盒上有报警表示灯,能明确显示哪个设备发生故障,并使报警继电器(BJJ)吸起报警,报警盒的"报警输出+"接 KZ24V,车站所有报警盒的"报警输出-"并联,接报警继电器(JWXC - 1700)的线圈"1",线圈"4"接 KF24V(每个车站采用一个 BJJ,全站 BJH 并联使用)。

输入电路:组合柜上每个组合包含 4 个轨道区段 8 台接收器,8 台接收器的 31 端接在一起并接到报警器的 71 端,8 台接收器的 41 端接到报警器的 8 个输入端,经光电隔离送至单片机。

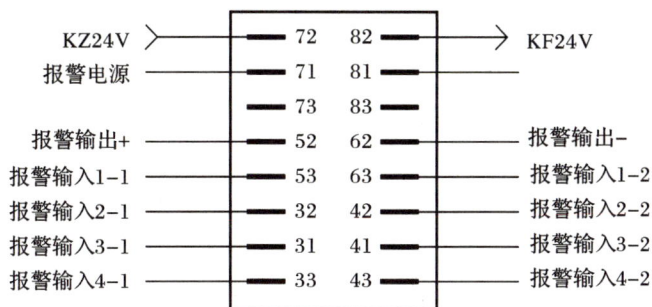

图 3 – 22 报警盒端子图

输出电路:在一个组合内,任何一个轨道区段的两台 WXJ50 相敏接收器其中的任一台故障(输出不一致)即:53、63,32、42,31、41,33、43 线中任何一对输入不一致,或没有输出一路,对应的黄灯 LED_1、LED_2、LED_3、LED_4、LED_5、LED_6、LED_7、LED_8 闪光,同时固态继电器 SSR 导通,即 52、62 导通,提供报警条件。

3)微电子相敏接收器。50 Hz 微电子相敏轨道电路接收器采用安全型继电器结构,安装在继电器罩内。电路内部结构由五部分组成,即电源部分、输入部分、相位鉴别电路、输出电路、单片机电路。

WXJ50 型微电子相敏轨道电路每段轨道电路使用两套 WXJ50 相敏接收器,共同驱动一个轨道继电器,其两套设备中只要有一套正常工作,就能保障系统正常运行,进一步提高了系统的可靠性;如果其中一套发生故障,则能及时报警,通知维修人员进行维修,而且对其中单套维修时,不影响系统使用,方便现场维修,如图 3 – 23 所示。

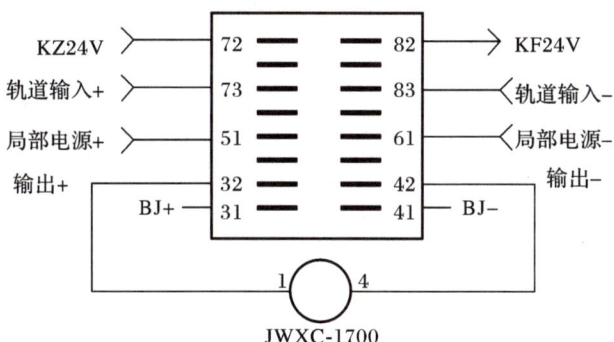

图 3 – 23 微电子相敏接收器原理图

(2)50 Hz 轨道电路室外设备。50 Hz 轨道电路室外部分主要由室外轨道变压器、室外轨道节能器、轨道抽头变阻器和 BZ – D 中继变压器等组成。

1)发送端轨道变压器。BG_5 – D 型轨道变压器用于 50 Hz 微电子相敏轨道电路的发送端供电,能够在直流磁化电流的条件下,确保轨道电路系统正常工作。可通过改变变压器二次侧的端子连接,获得不同的输出电压,具有降压、保证人身安全的作用,如图 3 – 24 所示。

BG_5 – D 型轨道变压器在其满载电流和直流磁化电流的共同作用下 50 Hz 特性不能发生过大的变化,即不能饱和。该变压器采用 $CD20 \times 40 \times 50$ 400 Hz 铁芯,为防止铁芯在直流磁化电流的条件下饱和,铁芯在组装时开有一定间隙,为保证在直流磁化电流的条件下确保轨道电路系统正常工作的要求,铁芯的功率较大。变压器线包采用两遍真空浸漆,组装后变压器又整体浸漆,提高了绝缘强度,可保证长期连续不间断的可靠使用。

2)节能器。JNQ-B型节能器用于单轨条50 Hz微电子相敏轨道电路的发收端,能够在直流磁化电流的条件下,确保轨道电路系统正常工作。

其特点:JNQ-B型节能器并接在BG₅-D型轨道变压器的一次侧,轨道变压器在其工作电流和直流磁化电流的共同作用下50 Hz特性不能发生过大的变化,即不能饱和。JNQ-B型节能器对50 Hz轨道电源经变压器传输的损耗进行补偿,节能率≥20%,确保轨道电路系统正常工作的要求,JNQ-B型节能器可保证长期连续不间断的可靠使用。

3)轨道抽头变阻器。R_1-4.4/44抽头变阻器用于地铁单轨条直流牵引50 Hz微电子相敏轨道电路的发送端和接收端,与变压器配套向轨道电路提供信息和阻抗匹配之用。

变阻器的电阻丝采用镍铬合金线绕制,在高温条件下工作,电阻值变化很小,变阻器抽头采用紫铜焊条焊接,可耐上千摄氏度高温,在长期连续不间断的使用中电阻值不会变化,可保证可靠工作,如图3-24所示。

4)接收端轨道变压器。用于轨道电路接收端,为BZ-D型升压变压器,具有使钢轨阻抗与轨道变压器相匹配、升压的作用,如图3-25所示。

5)钢轨绝缘。将轨道区段划分为不同的区段,以保证相邻轨道电路间可靠的电气绝缘,使它们互不影响。

6)钢轨引接线。用于轨道电路送至接收端变压器箱或电缆盒与钢轨的连接。

7)钢轨接续线。用于连接两钢轨轨端,降低接触电阻,有塞钉式(现场广泛使用)和焊接式。

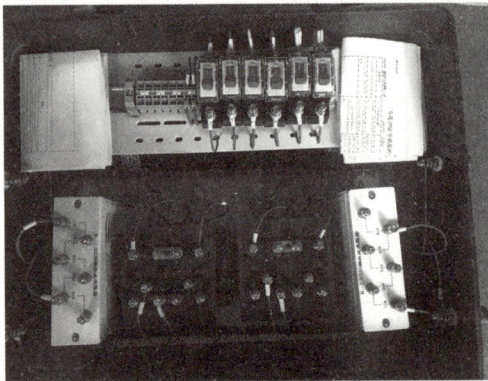

图3-24 发送端XB箱　　　　图3-25 接受端XB箱

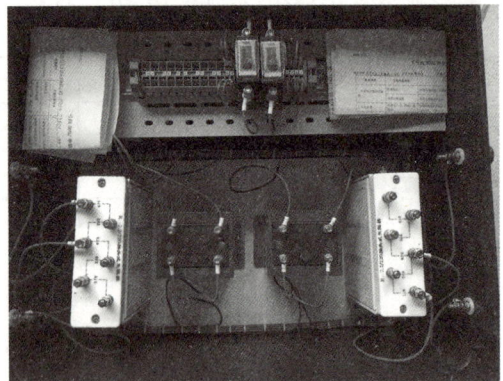

2.工作原理

电源屏的电源直接取自50 Hz工频电源,电源屏内设置变频机和定相电路,确保提供的局部电源电压相位超前轨道电源电压相位90°。由室内分别供出50 Hz轨道电源和局部电源,且相位差为0°。发送端的轨道电源GJZ₂₂₀、GJF₂₂₀经节能器JNQ-B和轨道变压器BG₅-D降压后送至钢轨,经钢轨传送至接收端。接收端经中继变压器BZ-D升压后送至室内的调相防雷器(TFQ),再送至WXJ50型微电子相敏接收器GJS₁和GJS₂。两台接收器并用,只要一台接收器正常输出,轨道继电器(GJ)即吸起,以提高轨道电路工作的可靠性。

当 WXJ50 型微电子相敏接收器接收到 50 Hz 轨道信号,且局部电源电压相位超前轨道电源电压相位一定范围的角度时,WXJ50 型微电子相敏接收器使轨道继电器(GJ)吸起。当局部电源电压相位超前轨道电源电压相位正好 90°时,WXJ50 型微电子相敏接收器处于最佳接收状态。当收到信号不满足以上条件时,轨道继电器落下。

3. WXJ50 型微电子相敏轨道电路技术条件

(1)能适应的最大牵引电流 4 000 A。

(2)轨道电路极限长度 300 m。

(3)接收器的工作电源为直流(24±3.6) V,交流分量不大于 1 V,由电源屏供给,也可另加独立整流电源提供,每台接收器耗电小于 100 mA。

(4)WXJ50 型微电子相敏轨道电路交流工作电压为 13.5~18 V,工作值为(12.5±0.5) V,轨道接收信号与局部电源为理想相位 0°时,返还系数大于 85%。

(5)WXJ50 型微电子相敏轨道电路接收器局部电源为 110 V/50 Hz,轨道信号电压滞后局部电压的理想相位角为 90°,每套接收器的局部输入阻抗为 30 kΩ,输入电流约为 3.7 mA。

(6)接收器的不可靠工作值为 10 V,轨道接收阻抗:Z=(500±20) Ω,$θ$=160°±8°。

(7)WXJ50 型微电子相敏轨道电路接收器的最后执行继电器是 JWXC-1700 安全型继电器,执行继电器两端的电压应为 20~30 V。

(8)轨道输入采用调相防雷变压器,具有较强的雷电防护能力。

(9)当环境温度为 -25~60 ℃时,微电子设备可靠工作。

3.1.3 FTGS 型数字编码式轨道电路

数字音频轨道电路具有检测列车占用和传递 ATP/ATO 信息两个功能。音频轨道电路皆为无绝缘轨道电路,用电气隔离的方式形成电气绝缘节,取代机械绝缘节,进行两相邻轨道电路的隔离和划分。

3.1.3.1 FTGS 型轨道电路概述

FTGS 为西门子数字频率轨道电路(Siemens Digital Frequency Track Circuits)的德文缩写,是德国西门子公司对远程馈送和编码无绝缘音频轨道电路的简称。自 1981 年首次在德国铁路应用,现已广泛应用于欧洲、美洲、非洲及亚洲干线铁路与城市轨道交通,在我国主要应用于广州地铁 1 号线、2 号线、3 号线以及深圳地铁、南京地铁。截至 1999 年,西门子已安装了约 15 000 套 FTGS 型轨道电路。

FTGS 型轨道电路与国内的轨道电路最大的区别是实现的方式不同。国内的轨道电路是采用机械绝缘节来划分区段的,而 FTGS 是使用电气绝缘节来划分区段的,为了防止相邻区段之间串频,使用了不同中心频率和不同位模式进行区分。对于某一轨道区段来说,只有收到与本区段相同的频率与位模式的信息才被响应。FTGS 型轨道电路有 12 种轨道电路中心频率,分配给 FTGS-46 型和 FTGS-917 型两个型号。下面介绍 FTGS-917 型轨道电路。

(1)中心频率,即载波信号的频率。FTGS-917 型轨道电路共采用了 8 种中心频率,即 9.5 kHz,10.5 kHz,11.5 kHz,12.5 kHz,13.5 kHz,14.5 kHz,15.5 kHz,16.5 kHz。

(2)位模式,即调制脉冲信号。FTGS-917 型轨道电路共采用了 15 种位模式,即 2.2,2.3,2.4,2.5,2.6;3.2,3.3,3.4,3.5;4.2,4.3,4.4;5.2,5.3;6.2。

（3）移频键控(Frequercy-Shift Keying,FSK)信号的形成。由位模式脉冲把具有一定中心频率的载波信号进行频率调制,即形成 FSK 信号,上偏频为:中心频率+64 Hz,下偏频为:中心频率-64 Hz。

由于 FTGS 轨道电路相邻区段采用了不同的中心频率和不同的位模式,因此可以防止区段之间的干扰。

（4）调制原理。采用位模式 X、Y 把一小段时间分成($X+Y$)等份,在一个周期内先是 X 份时间的高电平,然后是 Y 份时间的低电平,例如,位模式用 2.3 调制 9.5 kHz 频率得到的移频键控信号,波形如图 3-26 所示。

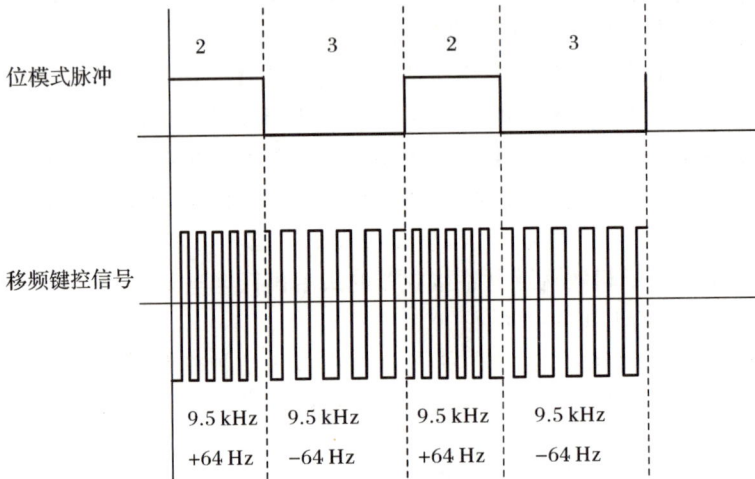

图 3-26　FSK 信号的调制

3.1.3.2　FTGS 型轨道电路的结构

FTGS 型轨道电路由室内设备和室外设备(轨旁设备)两部分组成,中间通过电缆连接,如图 3-27 所示。室内设备由发送器和接收器组成,室外设备由连接到钢轨的电气绝缘节和轨旁连接盒组成。

图 3-27　FTGS 型轨道电路结构示意图

1. 室内设备

室内设备由发送器和接收器组成。发送器由发送、放大、滤波等电路组成,接收器由接收、解调和轨道继电器等电路组成。发送器和接收器组成一个轨道电路组合,每一个组合有 2 个专门电源,分别提供 12 V 和 5 V 电压,所有电子组件都安装在控制站机械室控制机柜的机箱内。从控制室到轨道区段的最大距离可达 6.5 km。发送器、接收器和轨道继电器组件设计成即插即用单元,构成一个组匣。每个组匣安装在轨道电路组合架上,每个组合架分为 A、B、C、D、E、F、G、H、J、K、L、M、N 共 13 层。其中:A 层为电源层及熔断器层;B 层为电缆补偿电阻设置层;C 层为信息输入、输出及方向转换层;D~N 层为轨道电路标准层,每层为一个轨道电路组匣,一个轨道电路只需一个组匣,即 1 个轨道电路组合架可安装 10 套 FTGS 轨道电路,如图 3-28 所示。

在轨道上不需安装任何电子组件,只在轨旁盒内安装免维修的调谐单元,以获得高可靠性、高可用性。在组匣上有大量的运行状态指示灯,能迅速定位故障并立即替换故障功能单元,易于维修。

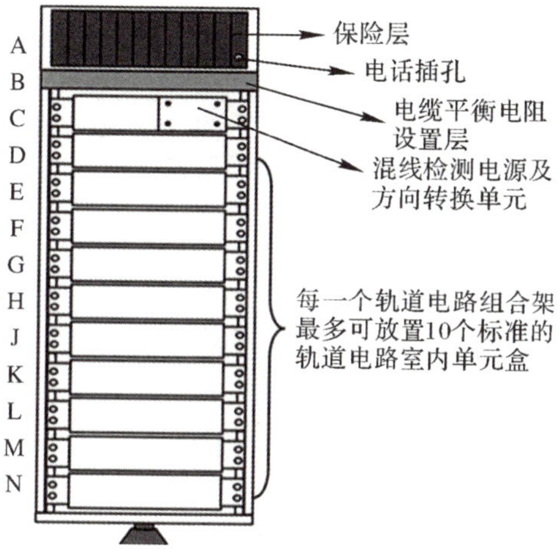

图 3-28　轨道电路组合架

每个组匣包含多个 PCB 电路板,每个轨道电路包括控制板、辅助板、电源板。控制板产生具有 ATP 功能的数字编码信息;辅助板对信息放大处理,并接受来自轨道的信息;电源板产生所需的各种电压。

2.室外设备

室外设备由电气绝缘节、轨旁盒和连接电缆三部分组成。

(1)电气绝缘节。电气绝缘节是由短路线(S 棒)和轨旁盒内的调谐单元组成的调谐回路,它是利用电磁谐振原理来实现绝缘的。调谐单元在轨旁连接箱内,是划分 FTGS 轨道区段的重要设备,也是实现相邻轨道电路中信息隔离的重要设备。它区别于一般的机械绝缘节,不需安装在轨缝中,因此应用于无缝线路。

FTGS 轨道电路可以针对轨道区段的位置不同,分别采用不同类型的电气绝缘方式。电气绝缘棒有 S 棒、短路棒、终端棒、M 棒等类型,其中最常用的是 S 棒,如图 3-29 所示。

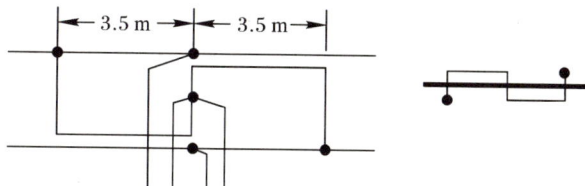

图 3-29　S 棒结构示意图

FTGS 型轨道电路除了道岔绝缘为机械绝缘节外,其他都采用电气绝缘节。

（2）轨旁盒。轨旁盒是用以连接电气绝缘节与室内设备的中间设备,每个轨旁盒内一般可分为两部分,对称布置。一部分作为一个区段的发送端时,另一部分则作为相邻区段的接收端。每部分由一个调谐单元和一个转换单元组成,调谐单元接电气绝缘节,转换单元接室内设备。每个轨旁盒用一根电缆与室内设备连接,有 4 根电缆与电气绝缘节相连,另有一根地线。

轨旁盒常用两种结构,一种是 S 棒结构,另一种是双轨条牵引回流区段的终端棒结构,分别如图 3-30 所示。

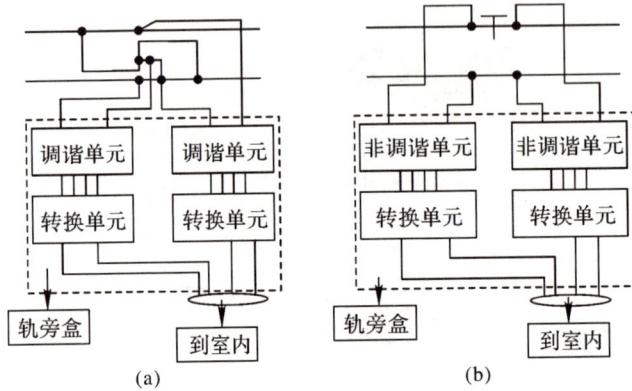

图 3-30　轨旁盒结构图

(a)S 棒结构轨旁盒;(b)终端棒结构轨旁盒

3.FTGS 型轨道电路组匣

FTGS-917 型轨道电路可分为以下三种类型。

（1）标准型。一送一受型组匣,用于一送一受轨道区段。由 8 块电路板组成,自左而右是:放大滤波板、发送板、接收 1 板、解调板、接收 2 板、继电器板、代码板、报文转换板,如图 3-31 所示。从左至右数第八块和第十块为空置。

放大滤波板	发送板	接收1板	解调板	接收2板	继电器板	代码板		报文转换板	

图 3-31　FTGS 标准型组匣

（2）道岔型。一送二受型组匣,用于一送两受的道岔区段。比一送一受型组匣多一块接收 1 板。电路板中放大滤波板、发送板构成发送器,其他构成接收器,如图 3-32 所示。从左至右数第十块为空置。

放大滤波板	发送板	接收1板	解调板	接收2板	继电器板	接收1板	解调板	报文转换板	

图 3-32　FTGS 道岔型组匣

（3）中间馈电型。用于长轨道区段,一般是站台,如图 3-33 所示。

放大滤波板	发送板	接收1板	解调板	接收2板	继电器板	接收1板	解调板	报文转换板	中间馈电转换板

图 3-33　FTGS 中间馈电型组匣

3.1.3.3 FTGS轨道电路的工作原理

为提高对牵引回流的谐波干扰,FTGS采用FSK方式。

当区段空闲时,由室内发送设备传来的移频键控(FSK)信号,通过轨旁单元在轨道电路始端馈入轨道,并由轨道电路终端接收传至室内接收设备,当接收器检测到接收回来的电压幅值足够高,检测到接收回来的电压的中心频率是正确,检测到接收回来的电压所带的模式是正确,接收器就发送一个"轨道空闲"的状态信息,这时轨道继电器吸起,表示"轨道区段空闲"。

FTGS检测轨道空闲的检测过程如下:①幅值计算,检测接收回来的电压;②调制检验,检测接收回来的电压的中心频率是否正确;③编码检验,检测接收回来的电压所带的模式是否正确。

列车占用时,由于列车车轮分路,降低了终端接收电压,以致接收器不再响应,轨道继电器达不到相应的响应值而落下,发出一个"轨道占用"状态信息。当轨道区段被占用时,发送器将ATP报文送入轨道,供车上接收。

为了确保ATP报文的发送和接收,FTGS必须能够根据列车的运行方向进行送端和受端的转换,即发送方向的切换。定义了三个发送方向:G方向(正常)、A方向(与G方向相反)、B方向(一送两受区段,反方向侧向运行)。

3.1.3.4 FTGS型轨道电路的特点

(1)可用于无岔区段和道岔区段,并针对轨道电路的不同位置,分别采用不同类型的电气绝缘节。例如,在站间采用S棒,道岔区段采用S终端棒,站台区段采用改进型短路棒,轨道终端采用短路棒。

(2)可以根据列车运行方向,自动转换轨道电路的发送端和接收端。

(3)列车占用某区段时,其发送设备转发用于控制列车运行的报文。

(4)有电缆混线监督功能。

(5)安全、可靠性较高,在接收设备中采用了双通道结构,以保护系统免遭潜在的元件故障而导致系统瘫痪。

(6)室内外设备采用电气隔离。

(7)有较多的故障表示信息,方便维修。

(8)每个区段单独供电,确保了整个系统的高可用性。

(9)标准化电路板的使用可把备件量降至最低。

(10)由于有大量的运行状态指示灯,所以能迅速定位故障并立即替换故障功能单元,易于维修。

3.2 计轴设备

计轴设备主要在CBTC系统的移动授权尚未开通使用,同时也作为无线设备故障时的备用冗余设备存在。

3.2.1　计轴设备概述

计轴设备是利用轨道传感器、计数器来记录和比较驶入和驶出轨道区段的轴数,以此确定轨道区段的占用或空闲的一种设备。它是铁路信号系统中的一个重要组成部分。

计轴设备主要功能是利用安装在钢轨上的传感器(见图3-34),来探测进入和出清轨道区段的车轮对数,进而判别轨道区段的占用和出清,其作用与轨道电路等效,除此之外还能判定列车通过计轴点的位置,自动校正列车行驶里程。根据两站办理发车进路情况及区间空闲条件,自动实现闭塞申请,同意接车及到达确认,实现站间自动闭塞,提高区间运输效率,保障行车安全。

图3-34　计轴器实物图

3.2.2　计轴设备的组成

计轴器由室内设备和室外设备两部分组成,如图3-35所示。其中,室外设备有计轴传感器、电子单元(EAK)等;室内设备有计轴评估器(Axle Counter Evaluator,ACE)等。

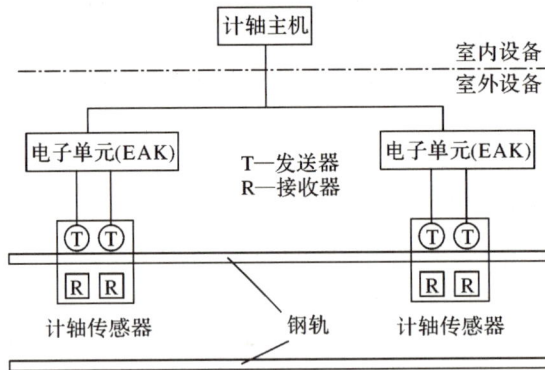

图3-35　计轴设备的构成

当车辆轴数的信息需要远距离传输时,计轴器还需采用传输设备。

3.2.2.1　计轴传感器

计轴传感器又称磁头,是计轴设备整机的心脏。常用的计轴传感器是电磁式有源传感器,由磁头、发送器、接收器三部分组成,如图3-36(a)所示。传感器系统的主要功能是采集轮轴信息并准确地把它变成可计数脉冲输送给主机。它利用的是线圈互感原理,当列车车轮通过计测点时,磁通发生变化,从而得到轮轴信号。每套磁头包括发送和接收 2 个磁头,用来采集轮轴信息和鉴别列车运行方向,发送磁头安装在钢轨外侧,接收磁头安装在钢轨内侧。

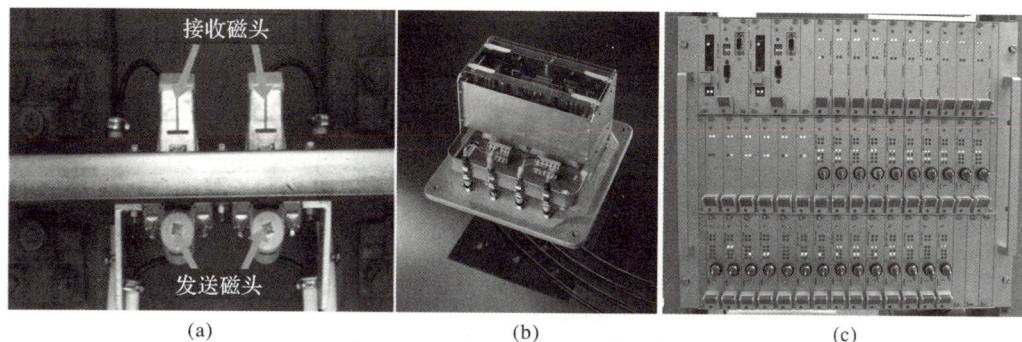

图 3－36　计轴器的组成部件
(a)计轴传感器；(b)电子单元(EAK)；(c)计轴评估器(ACE)

3.2.2.2　电子单元(EAK)

电子单元(EAK)箱是轨旁的密闭安装盒,俗称"小黄帽"。它由接地板、模拟板卡、核算器等组成,如图 3－36(b)所示。将室内提供的电源转化为各单板所需电压,向车轮传感器发送磁头提供信号电压,并将车轮传感器接收磁头中感应的信号电压送回盒内,转换成便于远距离传输的数字信号(FSK),再送往车站信号机械室计轴主机进行计轴。

3.2.2.3　计轴评估器(ACE)

安装在室内的计轴机笼内,由电源、计算机、串行输入/输出、并行输入/输出等构成,ACE 是一个安全型的二取二或三取二微机系统,一台主微机可管理配置 32 个区段,如图 3－36(c)所示。

计轴评估器接收并处理来自 EAK 的数据,判定区段占用状况,向联锁设备发送区段占用或空闲的信息,以及与诊断计算机连接并发送诊断信息。

3.2.2.4　传输设备

传输设备主要由电信号发送器和电信号接收器组成,多采用频率数码传输方式。

3.2.3　计轴器工作原理

如图 3－37 所示,在每个计轴点的轨旁架设有计轴传感器,也就是所说的磁头,为准确判别列车的运行方向,每个点的传感器配有两套磁头。

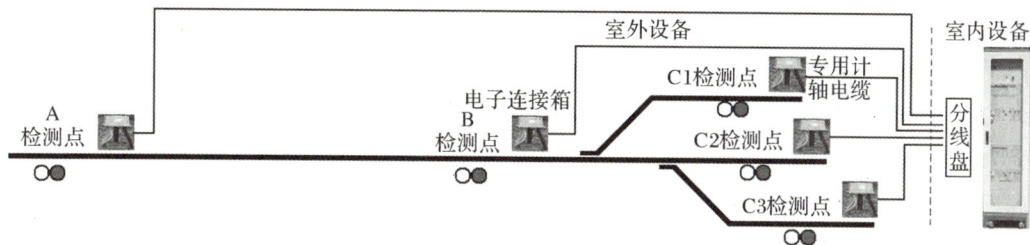

图 3－37　计轴器基本工作原理图

列车进入轨道区段,驶入端计轴器 A 对轮轴进行累加计数,结果为 A,并发出区段占用信息,同时驶入端处理器经传输线向驶出端处理器去发送驶入轮轴数,等列车全部通过驶入端计轴点时,停止计数。

当列车到达区段驶出端计轴点时,由于列车是驶出区段,驶出端计轴器 B 进行减轴运算,结果为 B,同时再传送给驶入端处理器。

列车全部通过后,两站的微机同时对驶入区间和驶出区间的轮轴数进行比较运算,两者一致,即 $A=B$ 时,则区段空闲,发出区间空闲信息表示;不一致,即 $A \neq B$ 时,则认为区间仍将处于占用状态,进而表示轨道区段是否空闲、占用或者受到干扰三种状态。其工作过程如下。

3.2.3.1 计轴磁头

计轴器实际上是电磁式有源传感器,利用线圈互感原理,当列车车轮通过计测点时,发生磁通变化,而得到轮轴信号。计轴传感器的每套磁头包括发送(T_x)和接收(R_x)两个磁头,发送磁头安装在钢轨外侧,接收磁头安装在钢轨内侧,如图 3-36(a)所示。

3.2.3.2 磁场变化

车轮发送线圈 T_x 和接收线圈 R_x 产生的磁通环绕过钢轨后,分别形成上、下两个磁通 Φ_1、Φ_2,它们以不同的路径、相反的方向穿过接收线圈 E。

图 3-38 表示计轴磁头的磁场变化过程:在无车轮经过计轴传感器时,磁通 Φ_1 远大于 Φ_2,在接收线圈内感应出一定的交流电压信号,其相位与发送电压相位相同;当车轮经过计轴传感器时,由于车轮的屏蔽作用,整个磁通桥路发生变化,此时 Φ_1 减小、Φ_2 增大,在接收线圈内感应的交流电压相位与发送电压相位相反。该相位变化经车轮电子检测器电路处理后即形成了轴脉冲。

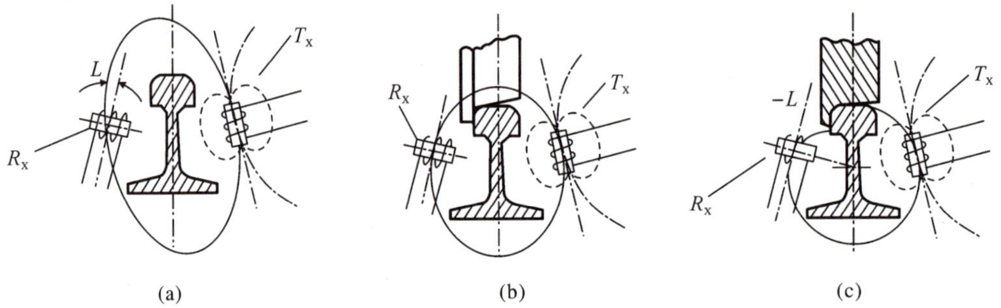

图 3-38 车轮对磁场的影响

(a)没有车轮时;(b)车轮渐近时;(c)车轮处于磁头正上方

3.2.3.3 轴脉冲编码

为了判明列车行进方向,每个计轴传感器必须由两套磁头构成。当列车先后经过两组磁头时,每组磁头分别会产生一组轴脉冲,并且产生的轴脉冲在时间上也有先后顺序,通过此时间差可以反映列车的运行方向。

由于两磁头产生的轴脉冲在时间上先后不同,两脉冲组合后形成具有五种形态的轴脉冲对,根据两脉冲的组合时序可确定列车的运行方向,从而产生相应的加轴或减轴运算。传感器轴脉冲形成过程的波形如图 3-39 所示。轴脉冲形成后,计轴过程完全由软件来完成。

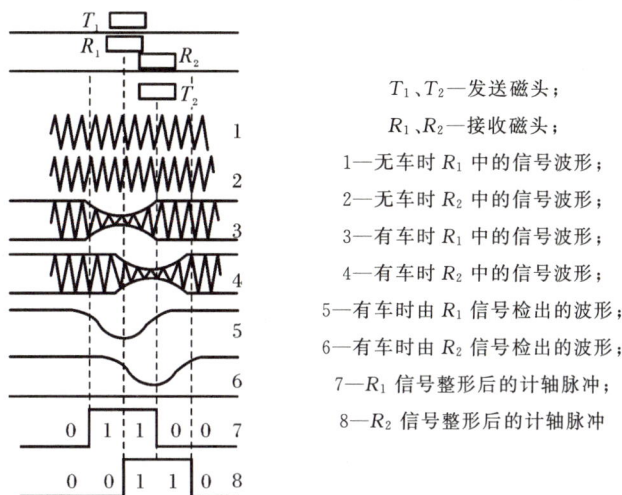

T_1、T_2—发送磁头;

R_1、R_2—接收磁头;

1—无车时 R_1 中的信号波形;

2—无车时 R_2 中的信号波形;

3—有车时 R_1 中的信号波形;

4—有车时 R_2 中的信号波形;

5—有车时由 R_1 信号检出的波形;

6—有车时由 R_2 信号检出的波形;

7—R_1 信号整形后的计轴脉冲;

8—R_2 信号整形后的计轴脉冲

图 3-39 轴脉冲波形形成图

3.2.4 计轴设备功能要求

(1)应符合铁路信号故障-安全性原则,并应符合《铁路信号计轴应用系统技术条件》(TB/T 3189—2007)的规定。

(2)应能对计轴检测器传送的轴脉冲信息进行准确计数并正确显示,且能识别列车运行方向。

(3)利用其他特定安全条件,应区分正常行车和外界干扰,并应消除±1 轴的外界干扰。

(4)在轨道区段的计入轴数和计出轴数相等时,应能输出被检测轨道区段的空闲信息;否则输出占用信息。

(5)应具备使计轴设备从轨道区段占用状态改变为空闲状态的操作手段。计轴设备应具有直接复零、预复零功能,并根据运营需要选择采用。

(6)设备初始上电或停电恢复后,在未进行人工确认复位操作前,应保持轨道区段占用状态。

(7)计轴设备应能对车辆的折返运行进行正确的检测,包括对在同一计轴传感器上前进和后退的车轮应能正确检测。

(8)计轴设备应具备自诊断与辅助维护功能,能将设备的工作状态信息及故障报警信息传送给监测设备,其监测内容应包含:①计轴区段的占用出清状态信息;②计轴区段轴数信息;③通信异常报警信息;④室外/室内设备故障信息。

3.2.5 计轴设备接口要求

(1)计轴设备与联锁、闭塞系统接口可采用铁路信号继电器、网口或串口方式,输出轨道区段的空闲或占用信息,接口电路应符合故障-安全性原则。

(2)计轴设备的复零条件可采用铁路信号继电器、网口或串口的接口方式,接口电路应符合故障-安全性原则。

(3)计轴设备与监测设备的接口应兼容,可采用串口或网口方式,应周期传送数据,传输周期不应大于 1 s。

(4)车站间的计轴主机间通信采用光(电)缆方式,具有通道冗余接口;计轴主机与车轮电子检测器间应采用光(电)缆方式。

(5)计轴主机与车轮电子检测器间通信采用内屏蔽铁路数字信号电缆方式,电缆控制距离不应小于 4.2 km。

3.2.6 检测能力及响应时间

(1)计轴设备在车轮直径不小于 840 mm,车列速度为 0~350 km/h 范围时应能正确计轴。

(2)计轴设备在车轮直径不小于 350 mm,车列速度为 0~100 km/h 范围时应能正确计轴。

(3)轨道区段由占用到空闲输出条件的响应时间不应大于 2 s。

(4)轨道区段由空闲到占用输出条件的响应时间不应大于 1 s。

3.2.7 计轴系统故障处理

3.2.7.1 计轴设备的复位操作

计轴设备运行过程中,由于干扰造成计数错误或其他原因导致计轴设备故障,在排除干扰和故障后,经行车人员确认该区间无车时可对计轴设备进行复位(清零)。计轴设备的复位方法如下:

(1)预复位。通过车站控制室控制台的按钮或人机接口(Human-Machine Interface,HMI)上的操作命令对指定的计轴区段进行预复位;也可在设备房对指定的计轴区段进行断电复位后,再进行预复位。

(2)立即复位。通过特殊的复位按钮进行复位。

(3)系统复位。系统重新关机、开机后,再进行预复位或立即复位。

3.2.7.2 计轴轨道电路故障处理方法

计轴系统故障可能发生在室内运算单元(系统计算机)、轨旁预处理单元(计轴轨旁盒)、车轮传感设备(计轴磁头)或与联锁系统相连的通信链路等。它们中任何一个出现故障都会导致计轴区段报告,即"某某计轴区段受干扰"或"某某计轴区段被占用"。处理故障时,首先从室内设备计轴主机开始,通过 LED 灯判断当前运行方式。假设能正常复位,说明室内主机正常,故障应在室外设备。维护人员应到室外检测车轴检测器参数,假设参数均在范围内,那么检查室外至室内的传输线路。

3.2.8 计轴设备的安装

为了鉴别列车运行方向,一个计轴点有两个发送磁头和两个接收磁头,它们按照出厂时已由安装部件定位好的距离并置装在轨腰上,发送磁头 T_x 装在钢轨外侧,接收磁头 R_x 装在钢轨内侧。发送磁头 T_1、T_2 和接收磁头 R_1、R_2 分别相互对应。计轴传感器采取轨腰打孔方式安装,用三个螺栓将轨道两侧的发送磁头 T_x 和接收磁头 R_x 与钢轨牢固地连接在一起,并且利用绝缘套管和绝缘板使所有的金属部件与钢轨绝缘。

根据钢轨截面,按照厂方给出的要求定位尺寸打安装孔,把磁头安装在轨腰上,向发送磁头发送设计规定的信号频率和电压,调节发送磁头于最佳位置时,接收磁头内感应电压与发送磁头的电压接近同相位,而当轮轴位于传感器磁头正上方时,接收磁头内感应的电压产生相移,计轴传感器检测有无轮轴通过计轴点,正是利用了这一相位变化的特征。

◆ 3.3 应 答 器

应答器全称为查询应答器,也称信标(beacon、transponders、tags)。应答器是欧洲标准的称谓,而信标则是北美标准的称谓。目前,在城市轨道交通信号控制系统中的应答器主要应用的是欧洲标准的 Eurobalise 产品和 Amch 公司的美国标准 TAG 产品两种。

应答器是一种采用电磁感应原理构成的高速点式数据传输设备,是 ATP 系统的关键部件,用于在特定地点实现地面与列车间的相互通信,如图 3-40 所示。

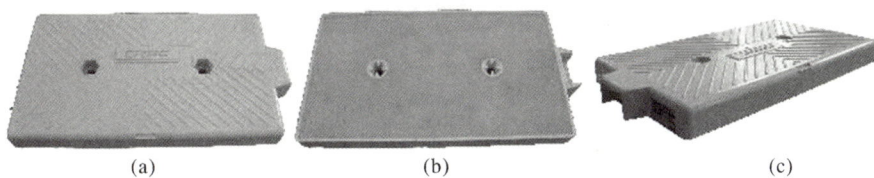

图 3-40 应答器实物图
(a)正面图;(b)背面图;(c)侧面图

3.3.1 应答器的功能

应答器的主要用途是向车载 ATP 控制设备提供可靠的地面固定信息和可变信息,主要有以下功能。

(1)列车定位。应答器内可以存储地理位置信息,当列车上的查询器与应答器耦合以后,可以得到列车精确位置信息。

(2)定位停车。在城市轨道交通中,一般有一组应答器向列车提供定点停车的位置信息,以实现精确定位停车。

(3)点式列控。

1)线路基本参数:如线路坡度、轨道区段长度等参数。

2)线路速度信息:如线路最大允许速度、列车最大允许速度等。

3)临时限速信息:如当施工等原因引起的对列车运行速度进行限制时,向列车提供临时限速信息。

4)车站进路信息:根据车站接发车进路,向列车提供"线路坡度""轨道区段"等线路参数。

5)道岔信息:给出前方道岔侧向允许列车运行速度。

6)特殊定位信息:如升降弓、进出隧道、鸣笛、列车定位。

7)其他信息：如障碍物信息、列车运行目标数据等。

3.3.2 应答器的组成

我国使用的查询应答器是按欧洲标准研制开发的，主要用于车-地之间的数据交换。查询应答器系统包括地面设备和车载设备两部分组成。其中，地面设备主要包括地面应答器；车载设备主要包括车载查询器天线和车载查询器主机，如图 3-41 所示。各个设备通过不同的接口连结。

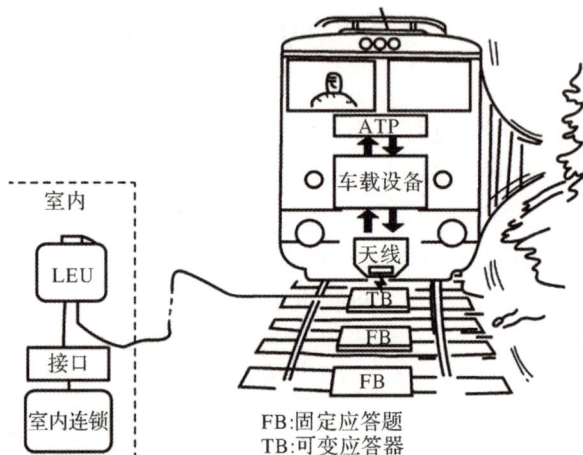

图 3-41 应答器系统组成示意图

3.3.2.1 地面应答器设备

应答器是一种可以发送数据报文的高速数据传输设备。地面应答器包含特定的地面信息，放置在轨道中间或轨旁，其实物如图 3-42 所示。当列车经过地面应答器时，通过无线射频激活应答器，使其发射预置数据，从而使列车获得公里标、限速、坡度等信息，保障列车运行平安。

信号系统为每一个地面应答器分配一个固定的坐标。地面有源应答器设备又包含地面无源应答器和轨旁电子单元（Lineside Electronic Unit，LEU）。

图 3-42 地面应答器实物图

3.3.2.2 车载设备

（1）车载查询器主机。车载查询器主机检查、校验、解码和传送接收到的报文，并选择激活位于列车两端任一天线，与列车控制系统进行双向数据传输，具有自检和诊断功能。不同厂家的产品,其结构配置稍有不同。以西门子公司产品为例,如图 3-43 所示,查询器主机包括电源板、发送器、接收器、解码板、通信板等。

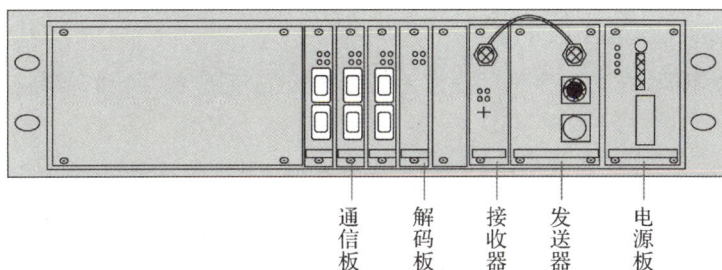

图 3-43　车载查询器主机前面板

1)电源板:将机车 110 V 电源转换为车载查询器天线所需的+24 V 和+5 V 电源。

2)发送器:能产生 27.095 MHz 的能量信号,经由天线电缆传送给车载查询器天线,并可以接收从车载查询器天线返回的应答器数据信号,再将接收到的数据信号传送给接收器。

3)接收器:能接收发送器传来的数据信号,并进行解调,然后发送给解码板。接收器同时还可以监测接收器和天线的工作状态。

4)解码板:接收来自接收器的报文数据,并对报文数据进行解码,然后将用户报文和相关状态信息发送给通信板,同时将解码板工作状态信息发送给通信板。

5)通信板:接收解码板的报文和状态数据,同时还与 ATP 进行通信,并将相关工作状态信息发送给 ATP。

(2)车载查询器天线。车载查询器天线位于列车底部,距轨道约180~300 mm,如图 3-44所示。当高频电流流过天线的导体时,该导体周围空间会产生电场与磁场。电磁场能离开导体向空间传播,形成辐射场。当地面应答器被激活后,应答器发射另一个高频信号,在其电磁波传播的方向,天线会产生感应电动势,此时与天线相连接的接收设备会产生高频电流。接收效果除取决于电波强弱外,还取决于天线方向、接收设备匹配情况等。车载查询器天线的外壳需由硬塑料保护,以防异物撞坏。

图 3-44　车载查询器天线实物图

71

3.3.3 应答器的分类

3.3.3.1 按供电来源不同分类

按供电来源不同,查询应答器可分为无源应答器(A 型应答器)和有源应答器(B 型应答器)两种。

(1)无源应答器,也称静态信标(Fixed Tags,FT)、固定应答器(Fixed Balise,FB),符号△。它用于发送固定不变的数据,用于提供线路固定参数,如线路坡度、线路允许速度、轨道电路参数、链接信息、列控等级切换等。

当列车经过无源应答器上方时,无源应答器接收到车载天线发射的电磁能量后,将其转换成电能,使地面应答器中的电子电路工作,把存储在地面应答器中的数据循环发送出去,直至电能消失(即车载天线已经离去),平常处于休眠状态。

主要功能:接收车载应答器天线传送的载波能量,同时向车载天线发送大量的编码信息。

无源应答器外形尺寸:450 mm×260 mm×40 mm,图 3-45 为无源应答器示意图。

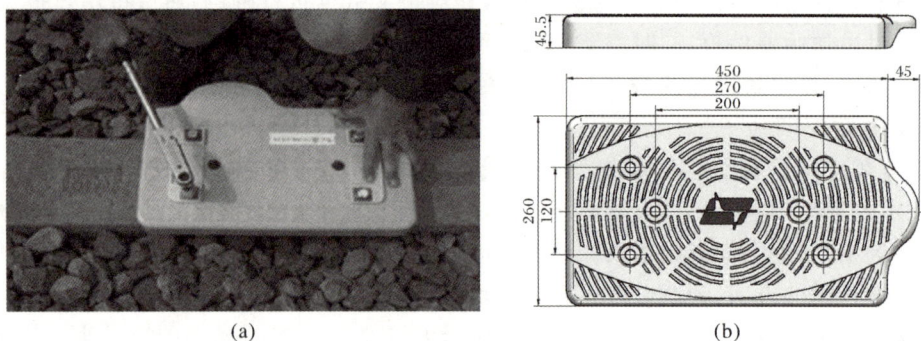

图 3-45 无源应答器

(a)无源应答器;(b)无源应答器外形尺寸图

无源应答器的技术指标如下:

下行链路功率载频接收:27.095 MHz±5 kHz。

上行链路信号发送如下:

1)调制方式:FSK。

2)上边频:3.951 MHz±1 kHz。

3)下边频:4.516 MHz±1 kHz。

3)调制速率 564.48±1 kb/s。

无源应答器的布置原则如下:

1)在车辆段/停车场至正线的转换轨附近,布置两个无源应答器,实现列车出段时的轮径校正功能。

2)车辆段/停车场的转换轨及联络线设置无源应答器,用于列车初始化。

3)车站站台、正线停车库线设置无源应答器,用于精确停车。

4)在分歧线路处设置无源应答器,用于实现重定位。

5)按照车载测距的精度要求,在区间布置位置校正应答器。

(2)有源应答器。有源应答器本身具备电源,用于传输可变信息,通过外接电缆获得电源。有源应答器通过专用电缆与地面电子单元(LEU)连接,可实时发送 LEU 传送的数据报文。

当列车经过有源应答器上方时,有源应答器接收到车载天线发射的电磁能量后,将其转换成电能,使地面应答器中发射电路工作,将 LEU 传输给有源应答器的数据循环实时发送出去,直至电能消失(即车载天线已经离去)。

在既有线提速区段,有源应答器设置在车站进站段和出站段,主要发送进路信息和临时限速信息。

有源应答器包含可变应答器和预告应答器两种。可变应答器布置在进路始端信号机前,向经过的列车发送点式移动授权(Movement Authority,MA)信息。预告应答器用以复示前方信号机的状态信息,根据牵引计算的结果进行设置,用以提高线路的通过能力。

有源应答器带有长度为 9.6 m 的尾缆,尾缆采用 WDZC - LEU - BSYPY 双绞屏蔽电缆,并有蛇皮管防护。其外形尺寸为 450 mm×260 mm×40 mm,图 3 - 46 为有源应答器。

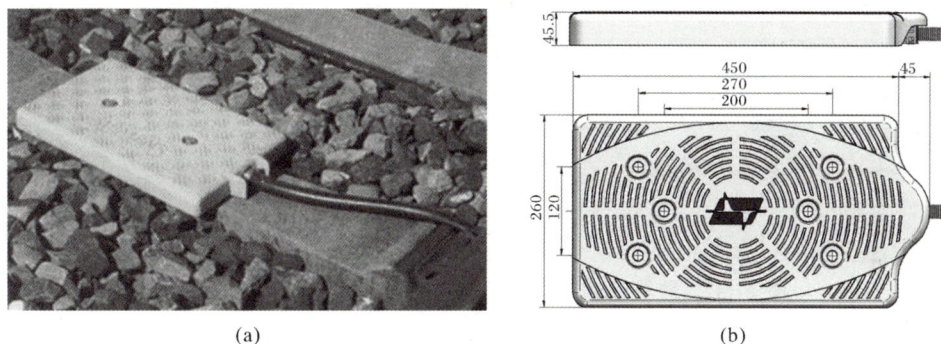

图 3 - 46 有源应答器

(a)欧式应答器;(b)应答器外形尺寸图

LEU 是"故障-平安"设备,是应答器系统的重要组成局部,它向可变信息应答器提供实时报文。LEU 收到从联锁继电器输出的信息后,根据进路信息选择相应报文,发到可变信息应答器。当列车经过可变信息应答器时,LEU 接收并读取报文。

有源应答器接收来自 LEU 的 8.82 kHz 偏置电压信号,经过整流稳压后为应答器有源部分提供电源。其主要技术参数如下:

下行链路功率载频接收:27.095 MHz±5 kHz。

上行链路信号发送:

1)上边频:3.951 MHz±1 kHz。

2)下边频:4.516 MHz±1 kHz。

3)调制速率 564.48±1 kb/s。

4)调制方式:FSK。

有源应答器的布置原则如下：

1）站台出站方向布置可变应答器，可实现列车在站台升级至点式级别。

2）区间道岔防护信号机、正向阻挡信号机和区间分隔信号机前，布置可变应答器，可实现列车在区间升级至点式级别。

3）出入段线布置可变应答器，可实现列车在转换轨升级至点式级别。

4）折返线、存车线布置可变应答器，可实现列车在相应区域升级至点式级别。

5）根据点式级别下的能力分析计算结果，布置填充应答器，以满足点式级别的能力要求。

3.3.3.2　根据地面安装位置分类

按照安装位置划分，其可分为中心安装式、侧面安装式和立杆安装式等三种。

（1）中心安装式。其应答器安装在两轨中心部位，而查询应答器安装在列车底下的中间位置，与应答器相对应耦合。

（2）侧面安装式。其指查询应答器安装在列车的侧面，与之相应应答器也安装在一根钢轨的侧面，与通过列车的查询应答器相对耦合，如图3－47所示。

（3）立杆安装式。其指应答器安装于路旁立杆上，其作用的无线电波可为无方向性，也可为有方向性。因此，道路上通过装有查询应答器的移动车辆时，它可立即发生耦合作用，传递相应信息，如图3－48所示。

图3－47　侧面安装式

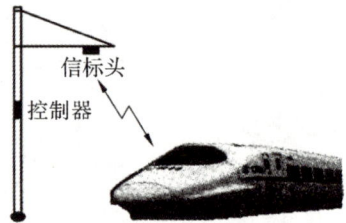

图3－48　立杆安装式

3.3.3.3　按应用功能分类

按应用功能分类，应答器可分为普通型、增长型和标定型。

（1）普通型应答器。该类应答器是应答器向查询器传送信息，包含安全信息和非安全信息。查询器与应答器的大小尺寸相同。

（2）增长型应答器。增长型应答器的查询器与普通型的类似，但应答器比其查询器增长很多，有可能增达10倍。其专门用于控制列车在车辆段、机房或机务段内的定位。

（3）标定型应答器。标定型应答器结构连续多环，专门用于标定车速度。

3.3.4　应答器的工作原理

应答器是利用无线感应原理在特定地点实现列车与地面相互通信的一种数据传输装置。如图3－49所示，在列车运行中应答器传输单元（Balise Transmission Module, BTM）天线不断地向下发送电磁能量，当列车上的查询器通过设置于地面的应答器时，该应答器被来自车上的查询器瞬态功率激活，并进入工作状态，它将向运行中的列车连续发送存于应答器中的可供列车自动控制或地面指挥用的各种数据。在查询器与应答器的有效作用范围之外,应答器将不再工作,直至下次被列车上的查询器功率激活。

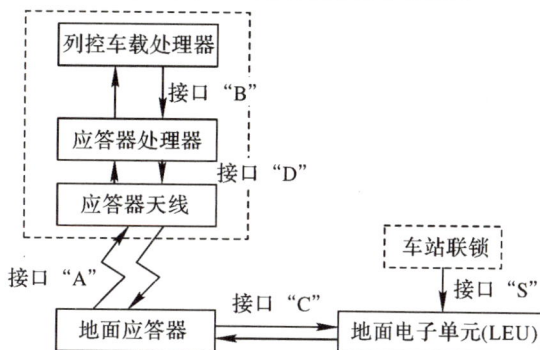

图 3-49 查询应答器的工作原理

3.3.5 查询应答器的设置原则

(1)进站信号机处设置有源应答器和无源应答器。有源应答器在接车进路建立后,进站有源应答器发送相应的接车进路信息和临时限速信息,无源应答器提供反向线路参数。

(2)车站出站口处设置无源应答器和有源应答器。无源应答器提供前方一定距离内的线路参数等信息;有源应答器提供前方一定距离内的临时限速等信息。出站信号机处(含股道)原则上不设置应答器。

(3)区间间隔 3~5 km 成对设置无源应答器,分别提供正向、反向前方一定距离内的线路参数及定位信息,原则上设置在闭塞分区分界处。

(4)根据需要可设置特殊用途的无源应答器。ATP 车载设备可通过成对的应答器识别运行方向。应答器的正线线路参数应交叉覆盖,实现信息冗余。

3.3.6 查询应答器的安装与维护

3.3.6.1 安装

安装应答器时,应答器表面应在轨面下 155~170 mm。具体安装标准请查看相应的标准作业书。

3.3.6.2 维护

(1)应答器设备属于不可维修产品,任何人为的或外部原因所造成的损坏都将使该产品无法继续使用。

(2)定期检查应答器表面是否有杂物,应答器周围 0.3 mm 范围内不能有任何金属杂物。

(3)定期检查应答器固定螺栓有无松动。如果有松动,则应及时紧固。

(4)定期检查应答器表面是否完好。若有裂纹,则应予以更换,并重新编程。

(5)应答器测试及数据校核集中检修作业包括对有源应答器电缆进行对地绝缘测试,电缆绝缘阻值大于 1 MΩ,并用应答器读写工具读出和校验应答器的报文、交验码。

(6)通过维护终端对事件日志及设备工作状态等进行查询。

(7)当现场应答器设备出现故障时,应利用报文读写工具,将相应的报文写入备用应答器,然后替换已故障的应答器。

3.4 基于通信技术的列车定位技术

列车定位是指技术人员通过已有的技术设备,确定列车实际地理位置,掌握运行速度和运行状态等关键信息,并通过传输媒介向交通指挥部门传送相关信息,如列车的实时位置。指挥人员和控制中心调度值班人员可以掌握列车的运行位置,恰当安排列车的运行密度。如有必要,技术人员可以按照实时客流、通过扣车和跳停等方式控制列车的运行密度。通过列车定位技术可以提供列车所处的位置,从而得到列车的准确位置,向信号控制系统和检测终端传输,信号控制系统以此为依据发出各种控制指令。

3.4.1 列车定位的作用与要求

3.4.1.1 列车定位的基本作用

列车位置信息在列车自动控制技术中具有重要的地位,几乎每个子功能的实现都需要列车的位置信息作为参数之一,列车定位是列控系统中一个非常重要的环节。

(1)为保证安全列车间隔提供依据。

(2)为列车自动防护(ATP)子系统提供准确位置信息,作为列车计算速度曲线、列车在车站内车门和站内屏蔽门开关的依据。

(3)为列车自动运行(ATO)子系统提供列车精确位置信息,作为实施速度自动控制的主要参数。

(4)为列车自动监控(ATS)子系统提供列车位置信息,作为显示列车运行状态的基础信息。

(5)在某些 ATC 系统中,提供区段占用/出清信息,作为转换轨道检测信息和速度控制信息发送的依据。

(6)在某些 CBTC 系统中,作为无线基站接续的依据。

(7)在高速磁悬浮交通中提供位置信息,作为道岔控制、定子绕组供电接续的依据等。

3.4.1.2 列车定位技术要求

(1)精确性。列车定位系统的精确性需满足两种不同的要求,一种是列车在同一轨道上纵向的定位精确性,另一种是列车在不同轨道之间的横向的定位精确性。

(2)连续性。定位系统必须具有执行列车定位而不发生任何间断的能力,即在时间上有很好的可用性。

(3)覆盖性。不管列车运行在任何地理区域,定位信息必须不间断地提供给 ATC 系统,即在空间上有良好的可用性。

(4)可靠性和安全性。定位系统与列车自动控制系统的其他子系统相互独立,其具有连续正常工作的能力,并能够检测和报告本身发生的失效和故障。

(5)可维护性。定位系统的设计和使用必须综合考虑预防性维护和校正性维护等因素,从而使定位系统的生命周期成本最小。

(6)故障-安全性。当定位系统出现故障时,系统不能验出"无车"的通报信息,而必须有保证列车安全的相应措施。

3.4.2 列车通信定位设备组成

3.4.2.1 车载设备组成

(1)雷达传感器。车头、车尾分别安装一个雷达传感器,与速度传感器完成冗余的列车速度和走行距离测算与验证,对在线运营列车进行连续、安全可靠的定位检测,其定位精度满足列车控制和追踪间隔要求,测速设备满足工程现有的环境和工程现场条件,并符合故障-安全性原则。双端雷达传感器互为冗余。

(2)速度传感器和加速度计。车头、车尾在不同车轴安装独立的速度传感器,实时测量车轮的转动,与雷达传感器完成冗余的速度和走行距离测算与验证,如图 3-50 所示。加速度计安装于车载控制器(Carborne Controller,CC)机柜的底部,包括两个数字加速度计和两个模拟加速度计,以避免共模故障;加速度计还可以对列车的空转打滑进行监督和补偿。

(3)BTM 应答器主机单元及其天线。BTM 应答器主机单元在车头、车尾各设置一个,与 BTM 车载天线一起,实现对应答器报文解析和列车位置矫正等;BTM 车载天线车头、车尾各设置一个,接收地面应答器发送的报文,如图 3-51 所示。

图 3-50 速度传感器

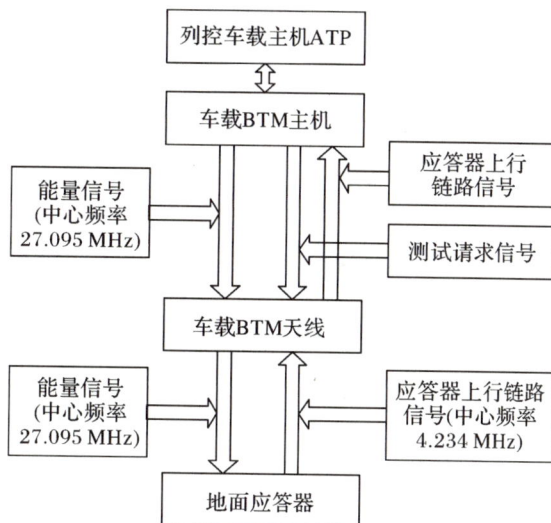

图 3-51 应答器传输系统原理

每一个查询/应答器都存储着它本身的识别号码,还存储着下一个查询/应答器的识别号码、到达下一个查询/应答器的距离以及绝对可靠和安全的列车行车间隔。列车一旦读取了定位查询/应答器的识别号码,就可以通过存储在列车上电子地图的辅助,得到列车在轨道上的绝对位置信息。查询/应答器内部的信息由列车上的查询/应答器识别装置来读取,由车载计算机判别一个查询/应答器的信息是否被成功地读取,处理后送到里程计。里程计对列车在相临两个查询/应答器之间已经走的距离进行计算,并综合绝对位置信息,产生一个完整的列车位置信息,再送往车载计算机,作为列车运行控制的依据。当列车每经过一个查询/应答器,都得到一个新的绝对位置信息,同时校正里程计的测距误差。

基于查询/应答器和里程计的定位方式的特点是：定位精度比较高，可以达到 5 m，但成本比较昂贵，需要在轨道每间隔 1 km 处、每一个道岔及道口处安装查询/应答器。由于拥有大量的地面设备，所以不利于设备的维护和保养。

（4）车载无线单元。车头、车尾各安装一套车载 LTE 无线单元，双端互为冗余。

（6）车载无线天线。车头、车尾分别设置车载 LTE 无线天线，接收/发送来自轨旁沿线无线的信号；车载无线天线包含车顶 LTE 鲨鱼鳍天线和车底平板天线。

（7）车载控制器（CC）。车载控制器（CC）是 CBTC 车载子系统的关键元件，它包括一个安全的带数字式输入/输出控制器的三取二处理器，每列列车头尾各配置一套 CC 设备。两台 CC 计算机均运行在热备状态，每台都能够独立安全地驾驶列车。

CC 与速度传感器、加速度计和查询器接口来确定列车的位置。列车司机显示器（Train Operator Display，TOD）与 CC 接口以显示相关的驾驶信息、设备状态和提供给司机的报警信息。每列列车终端安装一个移动通信系统（Measurement Report，MR），并与 CC 接口以实现 CC 和轨旁设备间的数据信息传递。

CC 通过初始化定位信标确定进入系统的位置，之后根据实时计算的列车速度计算列车走行的距离，并在每经过一个地面静态信标时，对列车的位置进行修正。

CC 根据速度传感器传来的车轮的转动信号以及加速度计的补偿信息，实时计算列车的速度。

CC 会对速度传感器和加速度计输入数据的一致性进行监控。当探测到空转/打滑现象时，CC 会根据加速度计上的实际加速或减速计算的速度值作为现有速度，并且在经过并检测到信标后，列车的位置将得到校正。

（8）车载数据通信系统。数据通信子系统（Data Communications Subsystem，DCS）是一个宽带通信系统，提供了 CBTC 系统内的三个主要列车控制子系统，包括中央控制室（OCC），轨旁子系统（ZC、MicroLock Ⅱ）和车载控制系统（CC）以及其他沿线地面设备之间双向、可靠、安全的数据交换。DCS 系统基于开放的业界标准：有线通信部分采用 IEEE 802.3 以太网标准，无线通信部分采用先进的 WLAN 技术，即 IEEE 802.11g 标准，最大程度地采用成熟的设备。

车载数据通信系统（DCS）由移动通信系统 MR 和 MR 天线构成。一个 MR 和 2 个 MR 天线安装在列车一端。MR 是用来在车载设备（如 ATP 和 ATO）和轨旁设备间传输数据的车载无线设备。车载 ATP 和 ATO 子系统通过两个独立的以太网连接到 MR。采用双绞线连接的以太网扩展设备（集成在以太网交换/扩展板上）和 CC 一起用来实现从一端到另一端的通信网络。

一套 ATP（三取二）子系统和一套 ATO 子系统安装在列车的一端（车厢 A），同样的一套设备（一套 ATP 和一套 ATO）安装在另一端（车厢 B）。所有列车上的设备通过两个独立的以太网（CN1 和 CN2）连接形成车载网络。

无线通信系统将装在 CC 机架内。MR 天线将安装在带有司机室的拖车前端顶部。

CBTC 数据车-地通信系统结构图如图 3-52 所示。

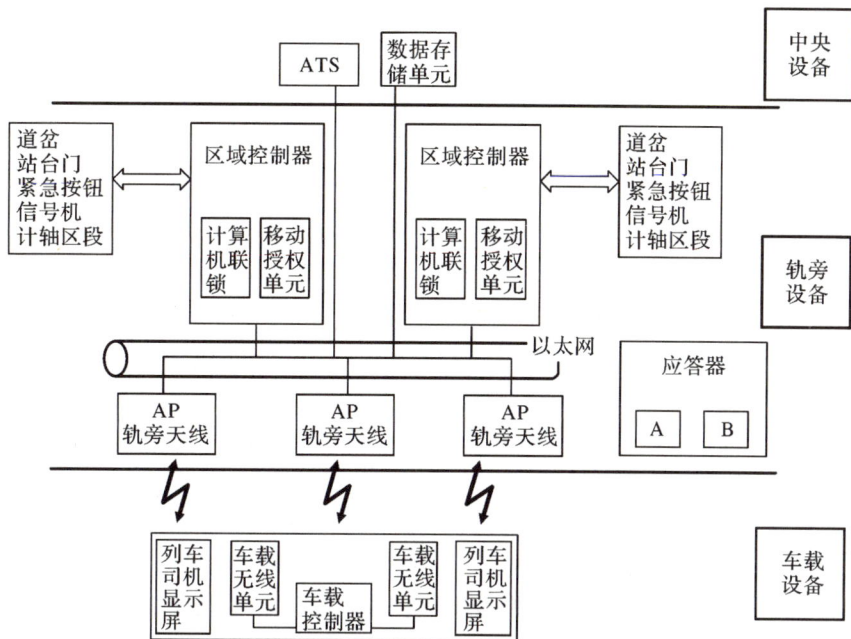

图 3 - 52　CBTC 数据车-地通信系统结构图

3.4.2.2　轨旁设备

（1）区域控制器。ZC 子系统是 CBTC 系统中 ATP 的轨旁部分，ZC 采用三取二冗余结构配置，主要功能是处理线路占用、自动防护和进路等信息。根据 CC 设备发送的列车精确位置信息，ZC 设备为列车计算保护区域，并通过车-地无线通信向 ZC 内每列车发送移动授权，如图 3 - 53 所示。

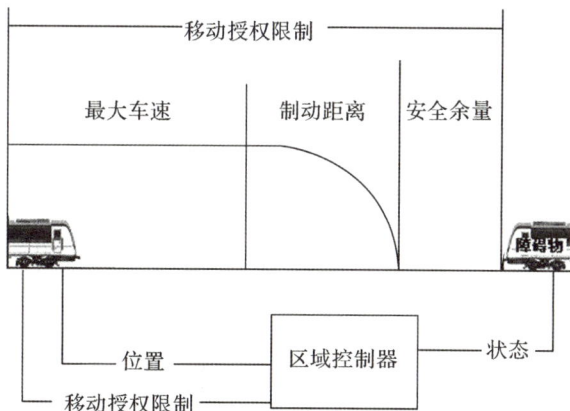

图 3 - 53　区域控制器 ZC 工作示意图

（2）数据存储单元。CBTC 系统作为一个先进的列车运行控制系统，需要一个统一数据库来实现整个系统的调度和统一，数据库存储单元（Data Strorage Unit，DSU）是其重要的组成部分。

数据库存储单元（DSU）位于 CBTC 数据通信系统的骨干网上，通过骨干网与其他子系统相连，图 3 - 54 是 DSU 在 CBTC 系统中的接口框图。它表明了 DSU 子系统与其他子系统的相互关系。其中,DSU 与 CC 和 ZC 共同构成 ATC 系统的安全控制部分。各个设备之间的通信是通过非安全的数据通信系统 DCS 来完成的数据库存储单元对整个信号系统的数据库进行管理,是 CBTC 系统的安全组成部分之一。

DSU 存储着 CBTC 系统内所有子系统所使用的所有数据信息和配置文件,数据库包括静态数据库、动态数据库、配置数据库和兼容性数据库等。静态数据库是一个非常强大、灵活的数据库,允许系统对用户的不同需求作出响应;提供了线路描述(轨道线路特征等信息),也提供允许系统实现不同功能的系统构成(如防淹门的位置以及关闭区域)。动态数据库存储轨道线路上的各种临时线路信息和控制信息,这些信息可以被 ATS 设置与修改。配置数据库包含各个子系统如 ZC 和车载控制器(Vehicle on-Board Controller,VOBC)以及系统中的各种信号设备的配置信息和变量参数,每个子系统都具有特定的子系统配置数据库,它们被用于初始化装载,使每个子系统在启动时有足够的引导信息。兼容性数据库包括子系统使用的软件、接口和数据库版本之间所有许可的兼容性,规定 TCBTC 系统中每个子系统的软件类型、软件特征,与其他系统的接口特征以及对应该子系统应用的数据库版本号。

(3)应答器。应答器是安装在线路沿线反映线路绝对位置的物理标志。它按一定间隔设置在铁路沿线上,列车经过应答器,车载查询器就会读取存储其上的位置数据信息,在线运营列车通过应答器进行安全可靠的定位检测,其定位精度满足列车控制和追踪间隔要求。优点是在地面应答器安装点的定位精度较高,其缺点是只能给出点式定位信息,存在设置间距和投资规模的矛盾。

(4)地面电子单元(LEU)。地面电子单元(LEU)是与有源应答器直接连接的设备,是在 CBTC 降级备用点式列车控制(Intermittent Train Control,ITC)模式下使用的 ATP 地面设备,LEU 向有源应答器传输点式级别下的 MA 信息,满足应答器上行链路数据传输的需要。LEU 设备如图 3-55 所示。

在点式级别下,LEU 接收联锁发送的控制命令,选择相应的点式 MA 信息,并将该点式 MA 信息发送到有源应答器,车载 ATP 接收到 MA 信息后,对列车进行 ITC 模式下的安全控制。

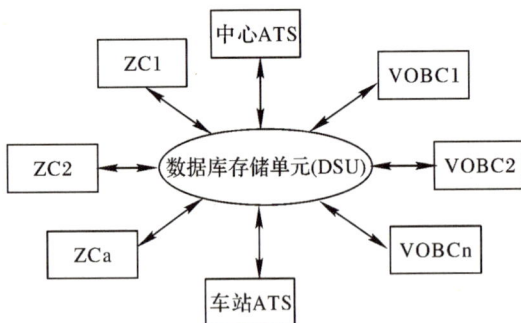

图 3-54 DSU 在 CBTC 系统中的接口框图

图 3-55 LEU 设备实物图

同时,LEU 能够将工作状态信息上传给联锁子系统,通过联锁子系统转发给维护支持系统(Maintenance Support System,MSS)。

(5)轨道电路。基于轨道电路的列车定位,可以实现列车定位,又可以检测轨道的完好情况。其优点是原理简单,经济、方便、安全可靠性高,既可以实现列车定位,又可以检测轨道的完好情况;缺点是定位精度不高,误差大,传输距离有限,设备维护量大,无法构成移动闭塞。最大误差是一个轨道电路区段长度。

（6）基于无线通信的列车定位。在列车和铁路沿线上设置扩频无线电设备,利用先进的无线扩频通信、伪码测距和计算机信息处理技术,可以实现对列车的实时定位、跟踪,如图3－56所示。无线扩频列车定位的优点是定位比较精确,但需要在沿线设置专用扩频基站,投资成本较高。

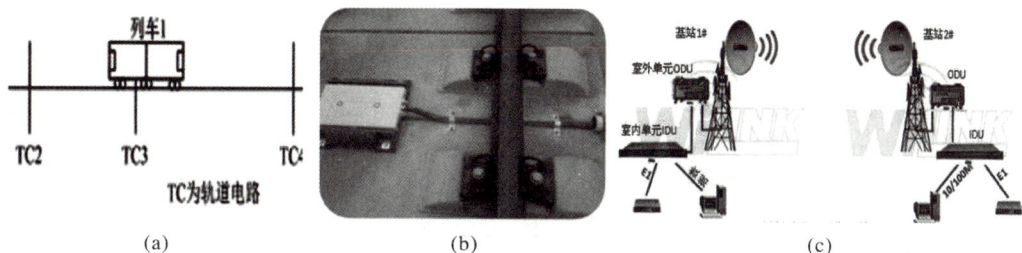

图 3－56　常用轨旁设备列车定位方法
(a) 轨道电路定位；(b) 查询应答器定位；(c) 无线通信定位

（7）次级轨道占用检测设备。次级轨道占用检测设备采用计轴设备实现,可实现轨道区段的占用检测,在正线、车辆段/停车场、试车线均采用计轴设备。

计轴设备主要是后备列车占用检测设备,当列车轮对经过计轴设备计轴点时,计轴设备对计轴点产生的脉冲进行计数,通过记录和比较驶入和驶出轨道区段的轴数,以此确定轨道区段的占用或空闲。作为CBTC级别下的重要次级轨道占用检测设备,计轴设备平时不处在工作状态,计轴设备故障不影响CBTC系统的安全及效率。

正线区间线路、车站正线、折返线、停车线、车辆段/停车场出入段/场线、车辆段/停车场、试车线、联络线均装设计轴设备。

计轴设备的配置满足以下要求:
1)车站边界设置计轴设备。
2)道岔区域设置计轴设备。
3)车辆段/停车场转换轨处设置计轴设备。
4)站台区用计轴设置固定接近区段、离去区段。
5)进路保护区段设置计轴设备,保证降级控制模式下列车运行的安全。

3.4.3　列车定位原理

系统可以测定计算走行距离,并通过里程计进行累积,在列车初始位置的基础上通过速度传感器和电子地图实现列车的持续定位,并利用线路上的应答器对列车位置进行校准以实现列车的精确定位。列车位置信息包括列车头、尾两端的位置和方向。

列车定位包括初始定位和持续定位两种过程,在持续定位过程中通过不断地进行位置校正以消除里程计的累计误差。

系统测量出的列车位置的精度参数可满足对列车控制精度的要求。列车位置最小分辨率为1 cm。

3.4.3.1　线路网络模型

在车载 ATP、ZC、DSU 各子系统数据库中,均使用完全一致的线路网络模型,在此模型中,线路网络的各目标点都有固定的特征(线路长度、坡度、线路限速等)以及一些动态特征(包括信号机显示、区段、信标、道岔位置等)。CBTC 系统将依据这些特定特征和动态状态来完成 CBTC 的整体功能,模型的固定特征被称为 CBTC 的线路静态数据库,这些特征将通过后面描述的线路区段来确定。

在线路网络描述模型中,将基于相连接的线路区段来描述。对于一个线路区段,可以认为它是线性的,由以下一些参数来确定:①线路区段的起始点;②线路区段的正常方向;③线路区段的长度。

列车的任何位置和任何障碍物可使用线路区段编号和偏移量(距离线路区段起始点的距离)来确定,如图 3-57 所示。

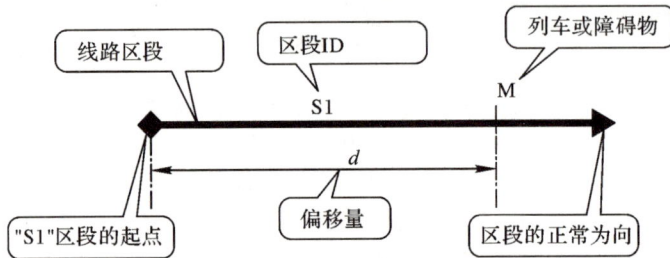

图 3-57　线路区段的基本概念

3.4.3.2　列车初始定位

列车位置信息包括列车头和车尾的位置和方向,系统在表示列车的位置时包含列车的实际长度信息。对于每个投入运营的车载 ATP 设备来说,列车定位包括两个过程,一是列车定位"初始化"阶段,另一个是列车运行过程中列车位置信息的更新阶段。

在车载 ATP 设备完成初始化后,ATP 子系统启动列车的初始定位。列车的初始位置获得有两种途径:一是列车在限制人工(Restricted Manual,RM)模式下经过两个连续的应答器;二是列车自动折返换端时尾端获得换端后的初始位置。

列车初始化定位时,为保证列车定位精度和正确性,列车初始定位应经过两个连续应答器。当列车经过应答器时,根据应答器的识别号,车载 ATP 设备利用车载数据库里的静态线路信息对应答器进行定位。

在列车折返换端时,通过两端设备间的双向通信,可以将列车换端前的位置保持到换端之后继续使用,从而使列车不因正常的折返操作而降级,提高系统的可用性和折返效率。

(1)连续应答器初始定位。列车经过两个连续的应答器或者自动换端后能获得列车的初始位置(包括方向)。初始定位的过程如图 3-58 所示,装备了车载 ATP 的列车以 RM 模式运行,在经过地面两个连续的应答器之后可以确定列车运行的位置和方向,从而得到初始定位。

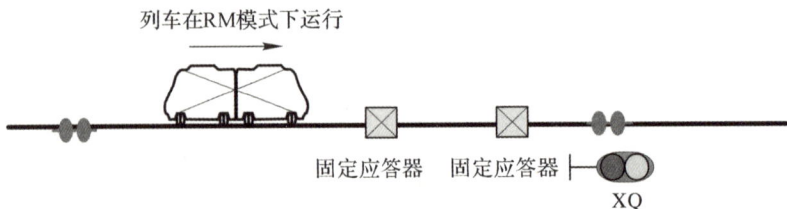

图 3-58　连续应答器初始定位

（2）列车折返后定位。按照列车折返操作的要求，正常的列车折返操作不会导致系统的降级，系统在折返换端后位置信息也不会丢失。

列车折返换端时，系统头端（折返前）会与尾端（折返前）进行双向信息交换，将列车的位置信息发送到尾端（折返前），待新的驾驶室激活后，由尾端（折返前）控制列车运行时，可继续使用折返前的位置信息（含测距误差），可按照原运行模式继续运行。

为保证折返后列车位置的正确性，列车折返过程中将实施紧急制动，防止列车移动。

（3）列车持续定位和位置校正。车载 ATP 子系统可以通过累加速度计算走行距离，在列车初始位置的基础上通过速度传感器和电子地图实现对在线运营列车进行连续、安全可靠的定位检测，并利用线路上的应答器对列车位置进行校准，以实现列车的精确定位，其定位精度满足运营行车间隔要求，如图 3-59 所示。

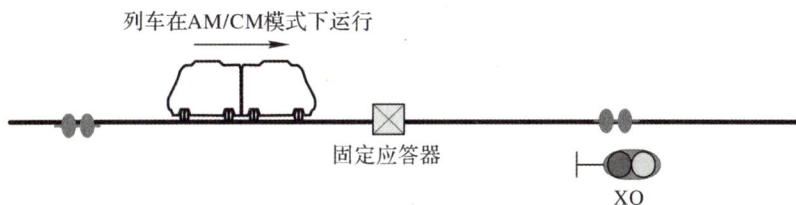

图 3-59 列车持续定位和位置校正

在自动驾驶模式（Automatic Train Operation Mode，AM）、列车自动防护模式（Coded Train Operation Made，CM）、RM 模式（车-地通信正常）时，车载 ATP 设备具备列车定位功能。系统每周期测定计算列车走行距离，在列车初始位置的基础上通过对距离的累加，结合电子地图实现列车的持续定位，并利用线路上的应答器对列车位置进行校准，以实现列车的精确定位，定位精度可精确至厘米级。经校正后的位置误差不大于 1 m，通过在线路上每隔一定距离布置的应答器可保证列车的定位误差不大于 2%，满足对列车控制精度的要求。单个位置校正应答器丢失不影响系统的正常运行。

系统接收到应答器时将进行测量位置与真实位置的比较，当位置偏差在规定的误差范围内时，系统将根据应答器的真实位置对列车测量位置进行校正；但当误差不在规定的范围内时列车将失去定位。

系统驾驶模式处于 AM、CM 模式下时，若列车失去位置信息，则系统将对列车实施紧急制动至停车，在人机界面（Man Machine Interface，MMI）上显示位置未知信息，同时进行报警和故障记录。

（4）列车轮径校正。ATP 子系统依靠安装在车轮上的速度传感器和雷达进行列车的自主测速测距，列车轮径的正确性极大地影响着系统测速测距的精度。为保证轮径值的正确，系统提供自动和人工轮径校正两种手段。

（5）自动轮径校正。为提高测速精度，系统提供自动轮径校正功能，用于列车车轮磨损或其他原因变化后获得列车最新的实际轮径值。

自动轮径校正功能通过精确布置在每个转换轨附近的两个连续应答器实现，轮径补偿范围为 $(770-5) \sim (840+5)$ mm。列车在进入正线之前，或者退出运营回库时，可完成对列车轮径的自动校正。

轮径校正发生错误时，系统可在司机台上 MMI 提示错误信息并记录。

(6)人工轮径校正。ATP 子系统提供人工轮径校正功能(人工输入新轮径值)。输入新轮径的精确度由输入人员保证,当输入的轮径值在补偿范围内时,系统使用输入的新轮径进行测速测距;当输入的轮径值不在规定的范围内时,系统拒绝使用此信息并进行记录报警。

当更换新车轮或者列车镟轮后,要求人工输入轮径值进行校正。详细内容,见相关使用手册中描述。

3.5 轨道交通车-地通信系统的网络组成结构

随着城市轨道交通的快速发展,车-地无线通信技术作为城市轨道交通的关键性技术也越来越受到各方面的重视。轨道交通车-地无线通信一般包含列车信号系统(CBTC)和乘客信息系统(Passenger Information System,PIS)两个部分,本书主要着重讲解信号系统(CBTC)车-地无线通信方面的知识。

3.5.1 概述

(1)CBTC 系统的无线网络大多采用 WLAN 技术,因此就需要避免其在各种隧道环境中产生相互干扰以及其他系统对它的影响。

(2)列车信号系统是列车运行的核心系统,其功能相对单一,主要提供可靠、高精度列车自身定位,以及连续、高容量的车地双向数据通信,CBTC 系统是车地通信系统中对于安全性能要求最高的部分。

3.5.2 种类

3.5.2.1 基于 AP 传输的架构

CBTC 无线网络传输的主要数字信息有:列车目的地码、车次号、本列车的定位信息、本列车的速度信息等,由于信息编码长度较短,数据包长度一般不会超过 1 000 b/s,信号系统供货商一般选择 40~100 kb/s 的净传输速率作为其系统必须保证的最低传输速率。图 3-60 是以无线接入点(Access Point,AP)组网结构图。

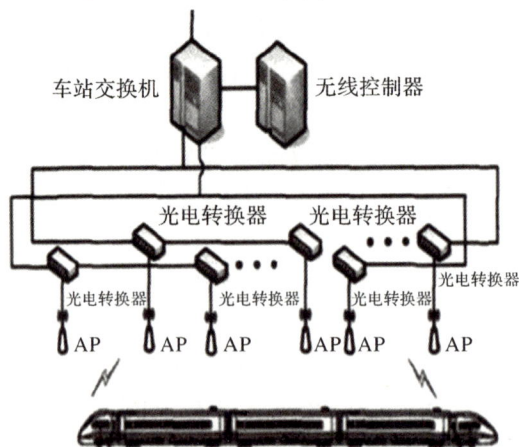

图 3-60 AP 组网结构图

3.5.2.2 基于信号 DCS 系统的 LTE 网络架构

一个完整的 TD-LTE 无线通信网络包括 UE、eNode B、MME/S-GW、PGW、HSS、网络管理设备、本地维护终端(Local Maintenance Terminal,LMT)和各种传输设备等,这些设备共同承载 TD-LTE 的各种业务。LTE 车-地无线网络系统架构分为轨旁有线传输、车-地无线传输和车载有线传输三个组成部分,如图 3-61 所示。

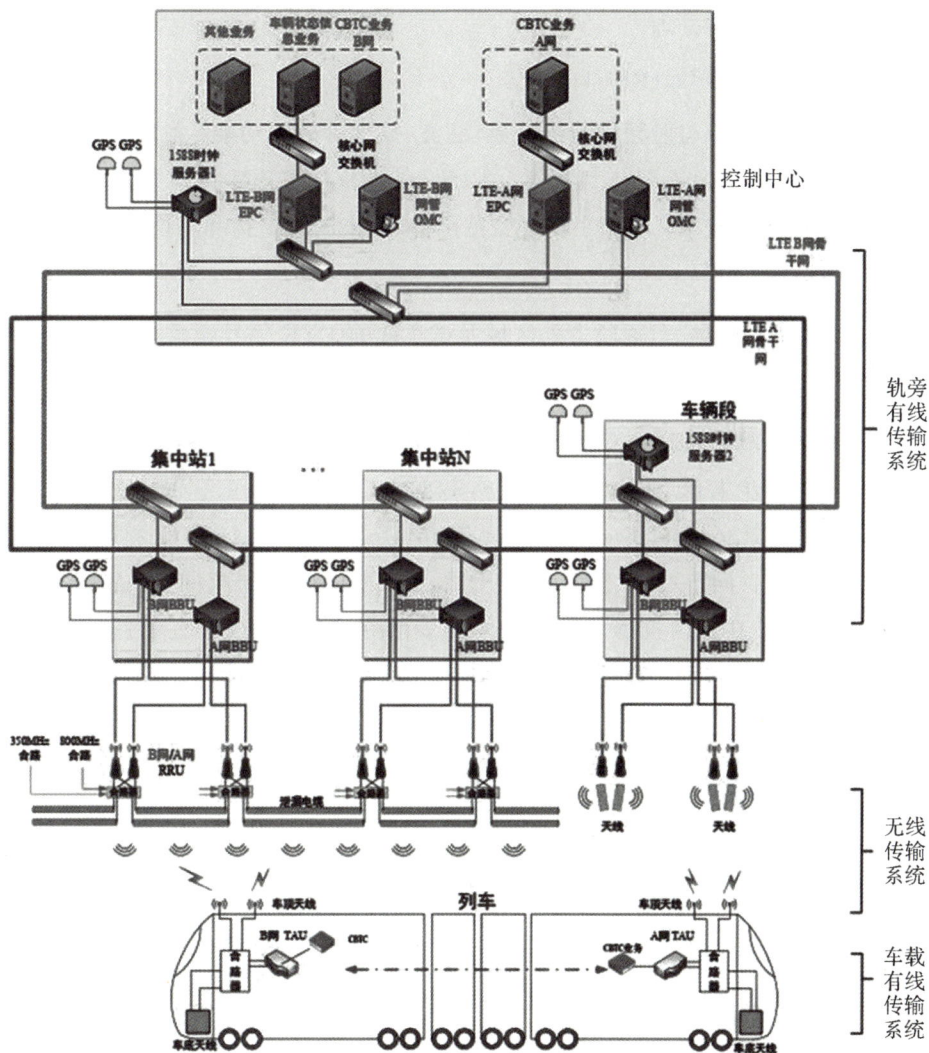

图 3-61 LTE 系统组网示意图

3.5.3 基站产品

LTE 基站(eNode B)是 LTE 无线网络侧的接入设备,沿轨旁布置,为 DCS 系统提供全线无缝接入覆盖。LTE 基站采用分布式架构设计,分为基带处理单元(Building Baseband Unit,BBU)和远端射频单元(Remote Radio Unit,RRU),BBU 和 RRU 之间通过光纤连接。

3.5.3.1 基带处理单元(BBU)

BBU负责基站基带数据处理主要功能,包括无线资源管理、数据包压缩加密、用户面到SGW的路由、MME选择、广播和寻呼消息调度和发送、无线测量配置等。BBU设备通常安装在集中站、停车场、车辆段等骨干节点的机房内,单台BBU可与多台RRU光纤连接,实现基带数据的集中处理。

3.5.3.2 远端射频单元(RRU)

RRU负责基站基带与射频信号的变频、滤波、放大等处理功能,射频接口与基站天线/泄漏电缆连接,实现轨旁无缝连续覆盖。RRU通常采用CPRI接口与BBU连接,多个RRU可采用小区合并技术,增加小区覆盖范围、减少小区间干扰和切换频率。

3.5.3.3 天线

天线主要用于停车场、车辆段室外区域及试车线的LTE信号覆盖。

3.5.3.4 时钟同步

LTE基站和终端采用时分双工(Time Division Duplex,TDD)模式,空口接口要求高精度($\pm 1.5~\mu s$)的同步LTE子系统技术规格书LYM1-2111/V1.0保证,防止上下行时隙和正交频分复用(Orthogonal Frequency Division Multiplexing,OFDM)符号传输之间相互干扰。LTE基站时钟同步可通过GPS(主用)及IEEE 1588v2协议同步(备用)来实现。

基站BBU安装在室内机房环境中,RRU安装在室外环境,通过器件选取和隔离、保护、滤波等手段,保证系统在高低温、电磁等环境下正常工作,同时不对其他设备的正常工作产生影响。

3.5.4 LTE核心网

LTE核心网由核心网服务器和核心网交换机组成。

EPC:服务器集成EPC核心网中的MME、SGW、PGW等网元以及与EPC相关的网元HSS(可选)功能,如图3-62所示。

MME:移动性管理实体,提供移动性管理、承载管理、用户鉴权和认证、非接入层(NAS)信令和安全、SGW和PGW选择等功能。

PGW:分组数据网关,管理用户设备(User Equipment,UE)和外部分组数据网络之间的连接(SGi接口),负责终端IP地址分配、用户会话管理和承载控制等功能。

SGW:服务数据网关,负责用户面数据传送、转发和路由切换等功能,同时也作为LTE基站(eNode B)之间发生切换时用户面的移动锚点。

HSS:归属地签约用户服务器,用于存储用户签约信息,包含用户配置文件,执行用户的身份验证和授权,主要负责管理用户的签约数据及移动用户的位置信息。

核心网交换机用于核心网服务器和外部业务(如 CBTC 和其他业务)、网管系统之间的接口,提供可扩展的光纤/网线连接端口。

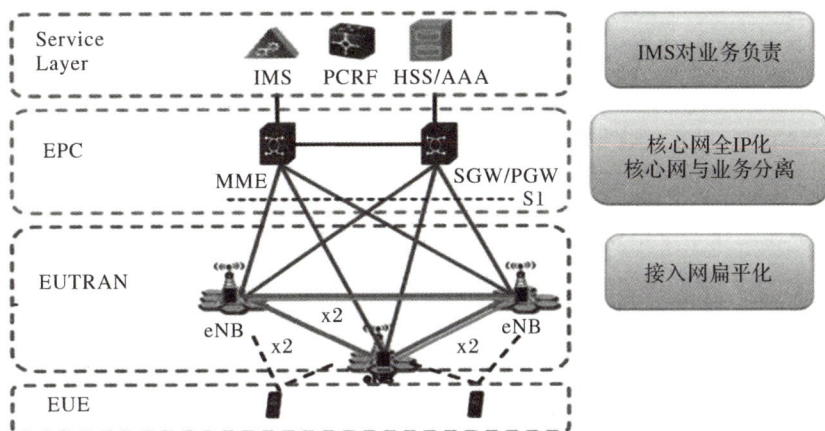

图 3 - 62　EPC 网络架构图

3.5.5　车载 TAU

LTE 车载列车接入单元(Train Access Unit,TAU)是为城市轨道交通系统无线车–地通信定制的车载数据传输设备,提供 LTE 接入功能,支持 1.8 GHz 频段和 1.4 MHz、3 MHz、5 MHz、10 MHz、15 MHz、20 MHz 无线带宽配置,能满足各种车–地通信业务系统的需要;TAU 同时提供多个 LAN 接口,能为各类业务的车载终端设备提供基于 LTE 的无线网络传输和车载有线网络传输的双向通信功能,以及路由、NAT、DHCP、VPN 穿越、QoS、安全控制、远程管理等网络功能,如图 3 - 63 所示。

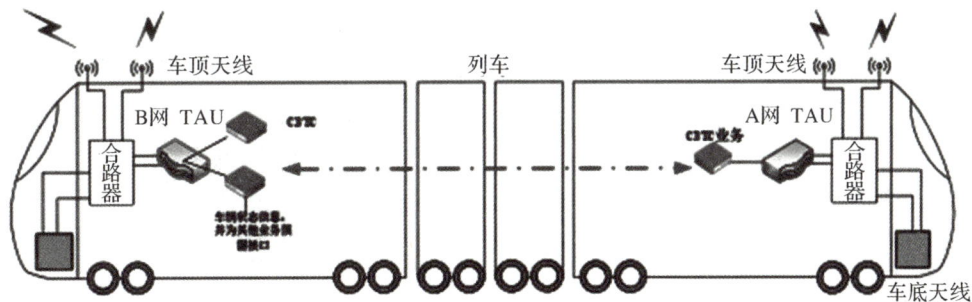

图 3 - 63　车载 TAU 设备框架图

TAU 采用专门配置的 SIM 卡实现用户终端的身份识别和入网控制,防止非法访问和入侵。

3.5.6　LTE 系统业务原理

LTE 车–地无线系统为地面 CBTC 控制系统与列车车载 CBTC 设备之间提供基于

LTE 技术的双向分组数据传输通道。

（1）地到车。地面 CBTC 控制系统发至列车的 CBTC 业务数据，通过 LTE 核心网接口，经 LTE 骨干传输网络到 LTE 基站，再通过 LTE 空中接口、传到 LTE 车载接入单元（TAU），经过 TAU 的有线网络连接，传到车载 CBTC 设备。

（2）车到地。车载 CBTC 设备发至地面 CBTC 控制系统的 CBTC 业务数据，先通过车载有线网络接口传输到 TAU，再通过无线侧 LTE 空中接口传到 LTE 基站，经过 LTE 骨干有线传输网络汇聚到 LTE 核心网，最终通过核心网路由发送到地面 CBTC 控制系统。

LTE 车-地无线系统整体上采用双网冗余架构，地面 CBTC 控制系统与车载 CBTC 设备之间的数据通道和关键网元均采用双网冗余配置，保障车-地无线传输通道稳定可靠。

3.5.7 系统设备功能

3.5.7.1 LTE 核心网功能

LTE 的核心网系统负责 LTE 网络内数据传输和外部网络的接口，主要提供以下功能：①分组数据路由；②QoS 配置；③信令控制；④终端注册和认证管理；⑤移动性管理。

3.5.7.2 LTE 基站功能

eNode B 是 LTE 网络中的无线基站，eNode B 管理基站与核心网之间的 S1 接口，同时负责空中接口相关的所有功能，LTE 基站 eNode B 采用基带射频分离的架构，由基带单元 BBU 和射频单元 RRU 组成。其包括如下功能：①无线资源管理，包括无线承载控制、无线准入控制、连接移动性控制和资源调度等；②数据包的压缩解密；③用户数据包到 SGW 的路由；④MME 选择；⑤广播消息、寻呼消息的调度和发送；⑥用于终端的测量配置以及测量报告配置。

3.5.7.3 LTE 车载设备功能

LTE 车载终端（TAU）的主要功能如下：①LTE 空中接口传输；②分组数据路由转发；③静态路由配置；④VPN（支持 IPSec，GRE，L2TP 等隧道协议）；⑤支持 VRRP 实现双机热备；⑥DHCP 功能；⑦NTP 功能；⑧基于 IP，MAC，URL 等过滤，防恶意攻击；⑨基于 Web 方式管理和远程维护；⑩支持双 SIM 卡，独立满足正线和试车线使用需要。

▶ 项目总结

本项目主要介绍了城市轨道交通列车常用定位设备，即轨道电路、计轴器和应答器。通过本项目的学习，学生熟悉了几种定位设备的结构，掌握设备的作用、功能和原理等，掌握了列车定位的方式和原理，从而为今后的学习打下坚实的基础。

▶ 项目实施

实训 3.1　认识轨道电路、计轴器与应答器操作运用

1.实训项目教师工作活页（见表 3－1）

表 3－1　实训项目教师工作活页

实训项目		实训 3.1.1　轨道电路、计轴器与应答器操作运用				
学　　时		专业班级		实训场地		
实训设备						
教学目标	专业能力	(1)能够说出轨道电路、计轴器和应答器的作用与原理； (2)能够说出轨道电路的三种状态； (3)能够正确区分各种轨道电路及其适用范围； (4)能够说出相敏轨道电路和 FTGS 型数字轨道电路的原理和特点； (5)能够说出计轴器的作用和应答器布置原则。				
	方法能力	(1)能综合运用专业知识、通过作业书籍、多媒体课件和图片资料获得帮助信息； (2)能根据实训项目学习任务确定实训方案,从中学会表达及展示活动过程和成果。				
	社会能力	(1)能在实训活动中保持积极向上的学习态度； (2)能与小组成员和教师就学习中的问题进行交流与沟通； (3)学会和他人资源共享,具有较好的合作能力和团队精神。				
教学活动		略(详见教学活动设计)				
绩效评价	学生活动	(1)以 4～8 人小组为单位开展实训活动,根据本组同学在实训过程中的表现及结果进行自评和组内互评； (2)根据其他小组同学在展示活动中的表现及结果,进行小组互评。				
	教师活动	(1)指导学生开展实训活动； (2)组织学生开展活动评价与总结； (3)根据学生的表现和在本实训项目中的单元成绩作出综合评价。				
教学资料		(1)《城市轨道交通通信与信号》主教材及辅助教材； (2)继电式和微电子式相敏轨道电路技术资料； (3)FTGS－917 技术资料； (4)教学活动设计活页。				
指导教师			实训时间	年	月	日

89

2.实训项目学生学习活页(见表3-2)

表3-2　实训项目学生学习活页

实训项目	实训3.1.2　轨道电路、计轴器与应答器操作运用			
专业班级		姓名		时间

一、实现目标

1.专业能力目标

(1)能够说出轨道电路、计轴器和应答器的作用与原理;

(2)能够说出轨道电路的三种状态;

(3)能够正确区分各种轨道电路及其适用范围;

(4)能够说出相敏轨道电路和FTGS型数字轨道电路的原理和特点;

(5)能够说出计轴器的作用和应答器布置原则。

2.方法能力目标

(1)能综合运用专业知识、通过作业书籍、多媒体课件和图片资料获得帮助信息;

(2)能根据实训项目学习任务确定实训方案,从中学会表达及展示活动过程和成果。

3.社会能力目标

(1)能在实训活动中保持积极向上的学习态度;

(2)能与小组成员和教师就学习中的问题进行交流与沟通;

(3)学会和他人资源共享,具有较好的合作能力和团队精神。

二、知识总结

1.简述轨道电路与计轴器的优缺点。

2.简述计轴系统和轨道电路进行列车检测的原理。

3.为什么一个计轴点设置两个轨道磁头?

4.简述轨道电路、计轴器和应答器的结构组成。

三、操作应用

1.标出图3-64所示轨道电路的各部分名称。

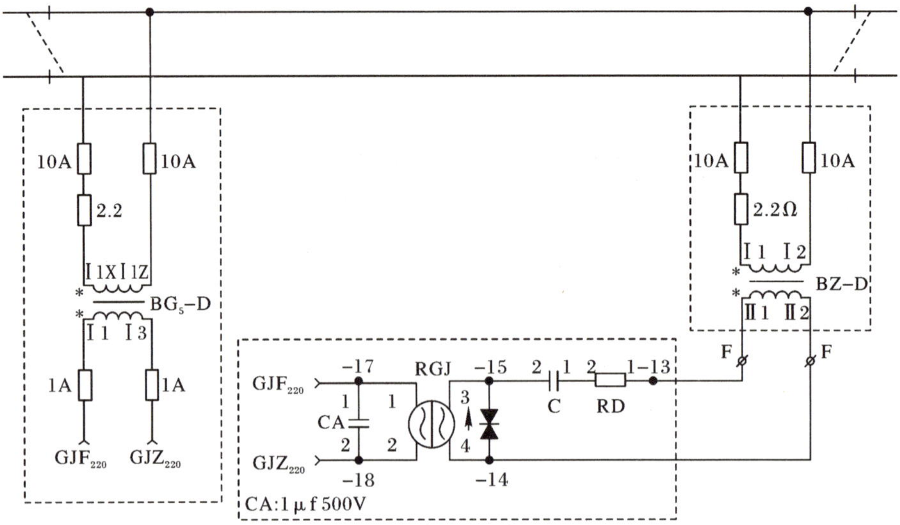

图3-64　轨道电路图

续 表

2.图 3-65 所示为轨道上某个计轴点的连个磁头,分别安装在 A、B 两处,当列车从 A 点开始运行通过 B 点时,分析在 A、B 两处磁头输出的脉冲。

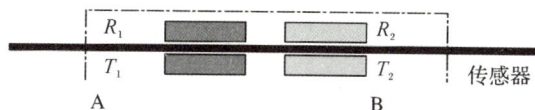

图 3-65 轨道传感器

3.如何对计轴器进行复位?

4.有源应答器与无源应答器的异同是什么?

四、实训小结

五、成绩评定

1.学生评价

评价等级	A—优秀	B—良好	C—中等	D—及格	E—不及格
学生自评					
组内互评					
小组互评					

2.教师评价

评价等级	A—优秀	B—良好	C—中等	D—及格	E—不及格
专业能力					
方法能力					
社会能力					
评价结果					

3.综合评价

评价等级	A—优秀	B—良好	C—中等	D—及格	E—不及格
综合评价					

综合评价按学生自评占 10%、组内互评占 20%、小组互评占 20%、教师评价占 50%的比例进行过程评价。其中:A(90~100)、B(80~89)、C(70~79)、D(60~69)、E(60 以下)。

4.评价标准

评价等级	评价标准
A	能圆满、高效地完成实训任务的全部内容
B	能较顺利地完成实训任务的全部内容
C	能完成实训任务的全部内容,但需要相关的指导和帮助
D	只能完成实训任务的大部分内容,在教师和小组同学的帮助下,也能完成实训任务的全部内容
E	只能完成实训任务的部分内容

▶ **项目达标**

一、填空题

1. 无绝缘轨道电路在分界处不设_____,而采用_____的方法予以隔离。

2. 轨道电路常见故障有_____和_____。

3. _____可以防止在相邻轨道电路间的绝缘节破损时引起继电器的错误动作。

4. 50 Hz 相敏轨道电路有_____和_____两种。

5. 数字音频轨道电路具有_____和传递_____信息两个功能

6. 电子单元(EAK)属于计轴器的室外设备,俗称_____。

7. 应答器也称"信标",可分为_____应答器和_____应答器。

8. 应答器按照安装位置划分,可分为_____安装方式、_____安装方式和_____安装方式三种方式。

9. 轨道交通车-地无线通信一般包含_____和_____两个部分。

10. LTE 核心网由核心网_____和核心网_____组成。

二、选择题

1. 轨道电路中绝缘节的作用是( )。

  A. 传送电信息   B. 划分轨道区段

  C. 保持电信息延续   D. 反应轨道的状态

2. 在轨道电路的分割点,( )连接相邻的不同侧钢轨,为牵引回流提供越过钢轨绝缘节的通路,并送回至牵引变电所。

  A. 引接线   B. 接续线   C. 回流线   D. 钢轨

3. 轨道电路的基本作用有( )。

  A. 监督列车占用   B. 传输行车信息

  C. 检查钢轨的完整性   D. 以上都可以

4. 计轴系统由室内设备和室外设备两部分组成,其中室外设备由( )构成。

  A. 传感器和电子连接箱   B. 传感器和评估器

  C. 电子连接箱和继电器   D. 不能确定

5. 轨道电路的计轴区段有( )状态。

  A. 占用   B. 出清   C. 受扰   D. 都可以

三、简答题

1. 画出轨道电路构成示意图,简述工作原理及其主要作用。

2. 简述 50 Hz 相敏轨道电路的组成和工作原理。

3. 什么是计轴器? 其功能有哪些?

4. 计轴器由哪些部分组成? 其工作原理是什么?

5. 简述应答器系统的组成和功能。

6. 简述有源应答器的工作原理。

项目四　城市轨道交通联锁系统

▶项目导入

　　城市轨道交通的正线及车辆段均设置联锁设备,并利用继电器构成的接口电路使转辙机、信号机、轨道占用检查设备以及屏蔽门、紧急停车按钮等之间具有相互制约关系,以保证列车在正线及车辆段的运行安全,并通过冗余结构确保系统自身的安全性和可靠性。

▶项目要点

　　1.掌握联锁的基本概念;

　　2.了解联锁设备在我国城市轨道交通信号系统中的应用;

　　3.掌握6502电气集中联锁的基本操作方式;

　　4.掌握计算机联锁的基本结构和操作方式。

▶鉴定要求

　　1.掌握进路、锁闭和解锁等基本概念;

　　2.理解并掌握联锁关系的基本内容;

　　3.了解常用联锁设备的型号;

　　4.了解联锁设备与其他设备的关系。

▶课程思政

　　1.通过项目学习,提升自身的操作能力和规范意识;

　　2.提升创新意识,自主创新,推动城市轨道交通通信技术不断进步,树立大国有我的责任和担当;

　　3.在学习和工作中提升团队协作意识,培养细心、专注的工作习惯,与团队成员积极配合,共同保障地铁的运营安全。

▶基础知识

◆ 4.1　联　锁　概　述

4.1.1　联锁的定义

　　车辆段联锁设备是城市轨道交通的重要信号设备,用于完成车辆段内建立进路、转换道岔、开放信号以及解锁进路等作业,实现道岔、信号、进路之间的联锁关系,以保证行车安全,提高作业效率。车辆段的联锁设备早期采用电气集中联锁,目前多采用计算机联锁。

4.1.1.1 联锁

进路是列车和调车机车车辆在车辆段内所经过的径路,是从一架信号机开始,至同方向次一架信号机为止的线路。按照道岔的不同开通方向可以构成不同的进路,每条进路由相应的信号机防护,列车或调车机车车辆必须依据信号的开放进入或通过进路。

办理进路,就是将有关道岔转换到进路要求的位置后锁闭,并开放防护进路的信号。但是有些进路如果同时建立会造成列车或调车车列冲突的危险,这样的进路互为敌对进路,防护这两条进路的信号互为敌对信号。

为了保证车辆段内的列车、调车作业安全,只有在进路空闲、道岔位置正确、敌对信号处于关闭状态时,防护进路的信号才能开放;当信号开放后,进路上有关道岔不能再转换,其敌对进路不能建立、敌对信号不能开放,这种信号、道岔、进路之间相互制约的关系,称为联锁关系,简称联锁。

4.1.1.2 基本联锁关系

联锁关系的基本内容包括:

(1)不允许建立会导致列车、机车车辆冲突的进路。防护进路的信号开放前,须检查其敌对信号处于关闭状态;信号开放后,应将其敌对信号锁闭在关闭状态,不允许办理与之相敌对的进路。

(2)进路上的道岔必须被锁闭在与所办理进路相符合的位置。车辆段联锁设备通过按压控制台按钮或者利用鼠标点击计算机屏幕上的有关按钮办理进路,当有关道岔转换至开通进路的位置并锁闭后,才能开放信号。图 4-1 为某车辆段出入口平面图,若图中 10 号道岔处于直向位置,则信号机 D14 不能开放。

(3)信号机的显示必须与进路的开通状态相符合。车辆段中,调车信号机的显示不表示道岔开通方向,但有些信号机,如进段信号机的显示,须指示所防护进路中道岔开通方向。如图 4-1 所示,进段信号机 XJ1 显示一个黄色灯表示允许列车进入车辆段,显示两个黄色灯表示 1 号道岔开通侧向,指示列车进入洗车线。

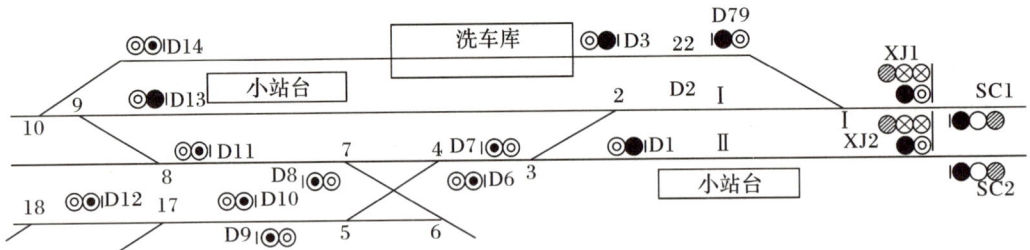

图 4-1 车辆段信号平面图(部分)

在车辆段联锁设备中,防护进路的信号机显示允许灯光时表示进路已经准备好,允许列车进入。防护进路的信号开放应满足以下技术条件:

1)进路上各区段空闲时才能开放信号。

2)进路上有关道岔在规定位置才能开放信号。

3)敌对信号未关闭时,防护进路的信号不能开放。

4.1.2 联锁设备及技术要求

4.1.2.1 联锁设备

控制车站的道岔、进路和信号,并实现它们之间联锁关系的设备称为联锁设备。

联锁设备既可以分散控制,也可以集中控制。目前使用的联锁设备有继电联锁和计算机联锁两大类。

继电联锁,又称为电气集中联锁,是用继电器逻辑电路的方法集中控制和监督段内的道岔、进路和信号,并实现车辆段联锁关系的设备。这种设备的主要特点是室外采用色灯信号机,道岔由转辙机转换,进路上所有区段均设有轨道电路,由继电电路实现对室外设备的控制并实现联锁,操作人员通过控制台集中操纵和监督全段信号设备。

计算机联锁利用计算机实现车站的联锁关系,用继电器电路作为计算机主机与室外信号机、转辙机、轨道电路的接口设备,从而实现对现场设备的控制和监督。计算机联锁充分发挥了计算机的特点,操作表示功能完善,并方便设计、施工、维修和使用,便于实现信号设备的远程监督、远程控制和自动控制,是车站联锁设备的发展方向。

4.1.2.2 联锁设备的主要技术要求

(1)基本操作原则。车辆段联锁设备采用双按钮操纵方式,办理进路、取消和人工解锁进路、单独操作道岔都要按压两个按钮才能动作设备,这样可以防止由于误操作按钮造成信号设备错误动作。

(2)进路锁闭。进路锁闭是指进路排通、防护进路的信号开放后,进路上有关道岔不能转换,有关敌对信号不能开放。控制台上办理好进路后,从防护进路的信号开始至进路的终端显示白光带,称该进路处于锁闭状态。集中联锁的道岔区段是锁闭的主要对象,进路锁闭的实质是由构成该进路的各轨道区段的锁闭构成的。

(3)接近区段的规定。进路的接近区段,一般是指信号机外方的第一轨道电路区段。进路排通、防护进路的信号开放后,接近区段空闲时的进路锁闭又称为进路的预先锁闭,接近区段有车占用时的进路锁闭又称为进路的接近锁闭。进路的锁闭程度不同,人工办理进路解锁时采用的方式也不同。

(4)信号的开放。控制台上操纵按钮办理进路后,满足下列条件信号即可自动开放:①进路空闲;②有关道岔转换至规定位置;③敌对进路未建立;④进路处于锁闭状态。

信号机应设灯丝监督装置,不间断地检查正在点亮的灯泡灯丝的完整性。信号点灯电路应具有主、副灯丝自动转换功能,主灯丝断丝后能自动转换至副灯丝继续点亮灯光,室内控制台上有相应的灯光和声音报警装置。

(5)信号的关闭。已经开放的信号,在下列情况下应能自动关闭:

1)列车信号:当列车进入该信号机内方第一个轨道区段时。

2)调车信号:当调车机车车辆全部越过开放的调车信号,即出清调车进路接近区段。若接近区段留有车辆,则车列出清调车信号内方第一个轨道区段时信号关闭。

3)当信号显示与防护进路的条件不符合时(如进路上轨道电路故障、道岔位置改变,或信号灯丝断丝等)。

4)办理取消或人工解锁进路时。

（6）进路的自动解锁。进路的自动解锁是指进路锁闭信号开放后，随着列车越过信号机进入进路或调车机车车辆的牵出、折返，进路上有关轨道区段自动解锁，控制台上相应轨道区段的白光带自动熄灭。

进路的自动解锁根据电路动作的特点不同，包括两种情况：

1)正常解锁：也称为逐段解锁，即列车或调车机车车辆顺序占用和出清进路的各轨道区段后，进路上的轨道区段自动顺序解锁。

2)调车中途返回解锁：在调车过程中，调车机车车辆未压上或部分压上的轨道区段，能够随着调车机车车辆的折返而自动解锁。

（7）人工办理解锁进路及解锁轨道区段。人工办理解锁进路是指进路建立后，不经列车或调车机车车辆运行，经人为操作将进路解锁。

1)当进路处于预先锁闭时，办理"取消解锁"，可将进路解锁。

2)当进路处于接近锁闭时，须办理"人工解锁"，才能将进路解锁。

当进路处于接近锁闭办理人工解锁进路时，进路需经过 3 min 或 30 s 的延时才能解锁。

设置延时解锁，是为了防止解锁原有进路改办其他进路时，处于接近区段的列车或调车机车车辆可能由于停车不及时冒进信号而压上正在转换的道岔。延时能够确保列车或调车机车车辆有足够的停车时间。

"取消解锁"与"人工解锁"两种方式的不同在于使用的按钮不同，操作时执行的手续不同，具体操作将在后面详细介绍。

3)当发生车站停电后恢复供电，以及进路没有完全解锁等情况时，控制台上全部或部分轨道区段显示白光带，此时有关区段均处于锁闭状态，须办理"区段人工解锁"手续，才能将有关轨道区段解锁。

（8）道岔的锁闭。除进路锁闭外，联锁道岔还有以下锁闭方式：

1)区段锁闭。道岔区段有车占用时，区段内有关道岔不能转换，称为区段锁闭，此时控制台上有关道岔区段显示红光带。

2)单独锁闭。即利用控制台上道岔按钮断开道岔控制电路，使该道岔不能转换。对道岔进行单独锁闭后，控制台上该道岔表示灯显示红灯。

3)故障锁闭。即在故障情况下道岔区段被锁闭，此时控制台上有关道岔区段显示白光带。例如，列车经过进路后，由于分路不良使部分轨道区段不能解锁，控制台遗留有白光带。

联锁道岔受到上述任一种锁闭时，应保证机车车辆通过道岔时，道岔不能起动。

上述锁闭方式均属于对道岔进行电气锁闭，即通过断开转辙机的控制电路，使转辙机不能转换。除上述锁闭方式外，当设备故障时，为保证行车安全，使用钩锁器对道岔进行现场加锁以及钉固道岔等都是车务部门常用的锁闭道岔方式。

（9）道岔的转换。在不受上述任何一种锁闭的条件下，联锁道岔允许单独操纵，根据在控制台上的操作，能够进路式选动。但单独操纵优先于进路式选动，在进路式选动过程中，如果尖轨转换遇阻不能转换到底时，为保护电动机，允许单独操纵转回原来位置。

为保证列车和调车作业安全，联锁道岔一经起动，则不受列车或调车车列进入道岔区段的影响，应继续转换到位。转换到位后控制台有相应定位或反位表示，联动道岔只有两端尖轨均转换到位才能构成位置表示。

（10）引导接车。办理列车进段时，当有关信号机、轨道电路或道岔等出现故障时，进段信号不能正常开放，应使用引导接车的方式将列车接入车辆段内。

◆ 4.2 6502 电气集中联锁

继电联锁电路有过多种制式，几经修改完善，6502 电气集中被认为是较好的定型电路，得到广泛应用。

4.2.1 设备组成

电气集中联锁设备分为室内和室外两部分。室内设有控制台、继电器组合及组合架、电源屏、区段人工解锁按钮盘和分线盘。室外有色灯信号机、电动转辙机、轨道电路和地下电缆。

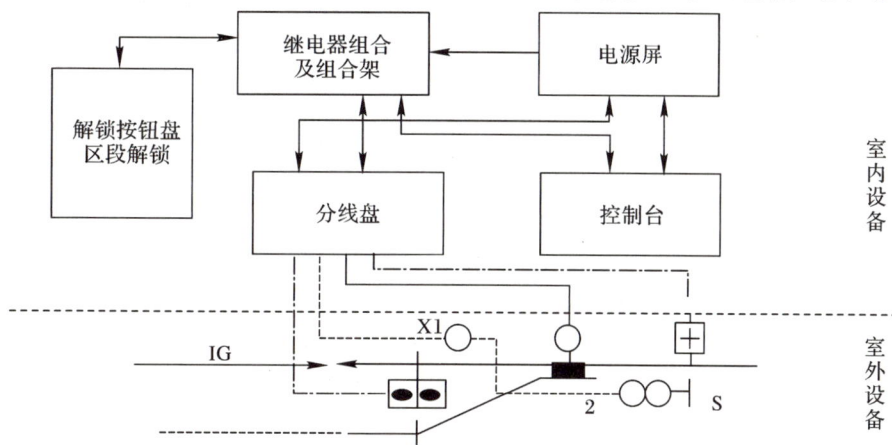

图 4-2 6502 电气集中联锁系统结构图

4.2.1.1 室内设备

（1）控制台。控制台设置于运转室内，盘面由带有按钮及表示灯的单元块拼装而成，用光带单元（每个光带单元可显示红色和白色两种灯光）组成模拟站场线路图形。值班员利用控制台盘面上的按钮操纵全站联锁区域内的道岔，排列进路，开放和关闭信号，并且通过控制台盘面上的表示灯，监督道岔位置、线路占用情况及信号显示状态。

（2）区段人工解锁按钮盘。区段人工解锁按钮盘安装在运转室，在盘面设有许多带铅封的事故按钮，每个按钮对应于一个道岔区段或有车经过的无岔区段。当轨道电路区段因故障不能按进路方式解锁时，可以利用有关按钮办理区段人工解锁。当采用取消解锁或人工解锁的办法也不能关闭信号时，可以利用区段人工解锁按钮盘关闭信号。

用于区段人工解锁的按钮可以集中设置在控制台上，也可将区段人工解锁按钮盘单独设置并与控制台隔开一定距离，操作时一人按压控制台上的总人工解锁按钮，另一人按压区段人工解锁按钮盘的按钮，避免单人误操作危及行车安全。

（3）继电器组合及组合架。6502 电气集中联锁电路由若干种继电器定型组合构成。每个定型组合电路均包含有若干固定的继电器，称为继电器组合，完成相应联锁功能。一般每个组合可以安装 10 个继电器，这些组合按设计要求安装在组合架上，如图 4-3 所示。

图 4 – 3　继电器组合及组合架

（4）电源屏。电气集中联锁车站应有可靠的供电电源，以保证不间断供电。在车站机械室内设置有电源屏，提供电气集中联锁需要的各种交流、直流电源及闪光电源等。

（5）分线盘。分线盘一般设置于继电器室内，实现室内、室外设备相互间的电气连接。

4.2.1.2　室外设备

（1）色灯信号机。城市轨道交通车辆段的各种信号机采用透镜式色灯信号机，咽喉区及运用库内的调车信号机均采用矮柱型信号机，进段、出段信号机根据需要可采用高柱型信号机。

（2）转辙机。联锁区内的每个道岔都设置一台或多台转辙机，用以转换道岔、锁闭道岔、反映道岔所处的位置。

（3）轨道电路。车辆段的咽喉区、运用库、检修库等线路，均应装设轨道电路，反映列车、调车车列的占用情况，实现联锁关系。

（4）电缆及电缆盒。室内与室外信号设备之间、室内控制台与继电器组合架之间的联系都使用电线电缆连接。电缆可分为信号电缆、道岔电缆和轨道电缆。

室外电缆的分歧点、连接点以及终点设有电缆箱盒，用以实现电缆与电缆之间接续、电缆与设备之间的连接。

4.2.2　控制台盘面介绍

4.2.2.1　进路按钮及表示灯

控制台每个信号复示器旁设置有进路按钮，其中调车按钮为白色，用于办理调车进路，进段、出段处设有绿色的进路按钮，用于办理列车进段、出段的进路。

4.2.2.2　光带

在控制台盘面上利用光带模拟站场线路，通过光带的不同状态监督进路的锁闭和解锁、轨道区段的占用、空闲和故障以及道岔的开通方向等。控制台的光带有三种状态：平时应处于灭灯状态；显示红光带时，表示对应的轨道区段被占用或故障；当办理好进路时，控制台上该进路有关轨道区段均显示白光带。

4.2.2.3　信号复示器

为监督室外信号机状态，在控制台模拟站场相应位置设置信号复示器。

信号复示器平时均处于熄灭状态，表示有关信号机处于关闭状态；控制台信号复示器点亮灯光表示相应信号机开放，例如，信号复示器显示白色灯，表示相应调车信号机开放；当信号复示器闪光时，表示相应信号机灯光熄灭。

4.2.2.4 与道岔有关的按钮和表示灯

控制台设道岔总定位按钮和总反位按钮各一个,均为二位自复式,总定位按钮上方有一个绿色灯,总反位按钮上方有一个黄色灯,按下按钮时点亮相应灯光。

每组道岔设一个道岔按钮(双动道岔合用一个道岔按钮),与道岔总定位按钮或总反位按钮配合使用,单独转换该组道岔。

每个道岔按钮上方设两个表示灯,亮绿色灯表示道岔在定位,亮黄色灯表示道岔在反位,道岔在转换中或挤岔时,其黄色灯和绿色灯均不亮。

4.2.2.5 其他按钮

除上述外,控制台上还设置有引导按钮、引导总锁闭按钮、总取消按钮、总人工解锁按钮等按钮及各种报警表示灯,用于办理引导进路、取消进路和人工解锁进路等作业。

4.2.3 设备操作说明

4.2.3.1 办理进路

6502 电气集中采用双按钮选路方式,即只需在控制台上顺序按压进路的始端和终端按钮,就能够按照操作意图自动转换道岔、锁闭进路、开放信号,而且不论进路中有多少道岔,均能自动转换,简化了操作手续,提高了效率。

4.2.3.2 进路的"取消解锁"

为了办理进路的"取消解锁",控制台下方设置有总取消按钮。

信号开放后,进路的接近区段没有被占用时进路处于预先锁闭状态,如需解锁进路关闭信号,可使用"取消解锁"的方法,同时按压进路始端按钮和总取消按钮,信号自动关闭,进路解锁,进路上白光带熄灭。

4.2.3.3 进路的"人工解锁"

控制台下方设置带有铅封的总人工解锁按钮,用于办理"人工解锁"。

信号开放后进路处于接近锁闭状态时,如需解锁进路关闭信号,只能使用"人工解锁"的方法,同时按压进路始端按钮和总人工解锁按钮,信号自动关闭,进路经延时后解锁,进路上白光带熄灭。

4.2.3.4 单独操纵道岔

当有关道岔区段未处于锁闭状态时,可以单独转换道岔,同时按压道岔按钮和"道岔总定位"按钮,道岔转换至定位,道岔表示灯显示绿色灯;同时按压道岔按钮和"道岔总反位"按钮,道岔转换至反位,道岔表示灯显示黄色灯。

4.2.3.5 切断报警

当发生挤岔、跳信号、主灯丝断丝等故障时,6502 电气集中控制台有声光报警,对于每种故障均设置有二位非自复式按钮用于切断声音报警。

例如,发生道岔挤岔或者道岔失去表示超过 13 s 时,控制台上电铃鸣响,挤岔表示灯亮,相应道岔的定、反位表示灯均熄灭。车站值班员按下"挤岔"按钮使电铃暂停鸣响,并通知维修人员及时修复。修复后,电铃再次鸣响,通知车站值班员故障修复。拉出"挤岔"按钮,电铃停止鸣响。

4.3 计算机联锁

随着计算机技术的迅速发展,尤其是对于可靠性技术和安全性技术的深入研究,出现了计算机联锁,正渐趋成熟和推广使用。它与电气集中联锁设备相比,在安全性、可靠性、经济性以及设计、施工、维修、使用等方面,具有明显的优势,更适应信号设备数字化、网络化、综合化、智能化的要求,被认为是车站联锁设备的发展方向。

4.3.1 计算机联锁的发展

20 世纪 70 年代后期,随着计算机的迅速发展和推广应用,以及可靠性技术的进步,各国相继研究计算机联锁,从软件入手,采用通用计算机,通过软件或硬件冗余实现故障-安全。1978 年,由瑞典研制的世界上第一套计算机联锁控制系统在瑞典哥德堡站的成功应用,掀开了车站联锁控制系统研究与应用的新篇章。到了 20 世纪 90 年代,不少国家已开始大面积推广计算机联锁控制系统。

在我国,20 世纪 80 年代起,中国铁道科学研究院、原铁道部通信信号总公司研究设计院、原北方交通大学等科学研究机构相继展开了计算机联锁控制系统的研制工作。1984年,原铁道部通信信号总公司研究设计院研制生产出了国内第一个车站计算机联锁控制系统,并成功地应用于地方铁路,填补了我国计算机联锁控制系统的空白。

目前通过原铁道部技术鉴定的有:

(1)原铁科院通号所的 TYJL - Ⅱ型双机热备结构计算机联锁系统和关键部件采用美国三取二安全计算机的 TYJL - TR9 型计算机联锁系统。

(2)原铁道部通信信号总公司研究设计院的 DS - Ⅱ型双机热备结构计算机联锁系统和关键部件采用日本京三公司二取二安全计算机的 DS6 - K5B 型计算机联锁系统。

(3)北京交通大学微联公司的 JD - 1A 型双机热备结构计算机联锁系统和关键部件采用日本信号株式会社专用计算机系统的 EI32 - JD 型计算机联锁系统。

(4)卡斯柯信号有限公司的 CIS - Ⅰ型双机热备结构计算机联锁系统和 VPI 型双机热备结构计算机联锁系统。

4.3.2 计算机联锁的特点

计算机联锁与传统的继电联锁的主要区别在于:

(1)利用计算机对车站值班员的操作命令和现场监控设备的表示信息进行逻辑运算后完成对信号机、道岔进路的控制,并实现联锁关系。

(2)计算机发出的控制信息和现场传回的表示信息均可实现串行传输,节省电缆。

(3)用屏幕显示代替控制台表示盘,体积小,便于使用,还可根据需要多机并用。

(4)采用模块化软件和硬件结构,便于设备改造,并容易实现故障控制、分析等功能。

与继电联锁相比,计算机联锁具有以下显著优点:

(1)随着大规模集成电路的发展,计算机联锁系统性能价格比的优势将更大。

(2)采取硬件和软件冗余技术后(如双机热备系统、三取二表决系统等),系统的安全性、可靠性得到提高。

(3)联锁功能更加完善,便于增加进路储存、自动选路等新功能,克服 6502 电气集中联锁难以解决的问题。

(4)减少系统设计、施工、维护、改造的工作量,易于实现系统自身化管理,利用自诊断、自检测功能及远距离联网,实现远距离诊断。

(5)人机界面灵活,显示内容丰富,信息量大,便于与其他系统联网,提供及交换各种信息,并协调工作,实现行车管理现代化。

作为行车安全控制的核心,计算机联锁系统应用大量电子元器件,系统中实现联锁运算的联锁计算机一旦出现硬件故障,影响面将会很大,甚至使系统不能工作,因此必须在抗电磁干扰及防止雷害等方面采取防护措施,在系统设计方面进一步提高其可靠性和安全性。

4.3.3 车辆段计算机联锁系统

下面以应用广泛的 TYJL-Ⅱ型计算机联锁系统为例介绍计算机联锁设备组成。TYJL-Ⅱ型计算机联锁系统结构如图 4-4 所示。

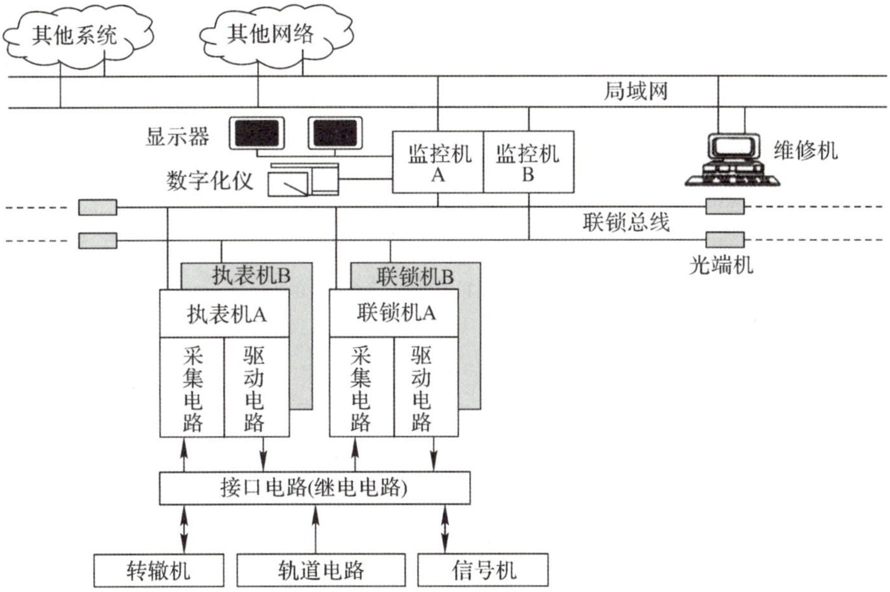

图 4-4 TYJL-Ⅱ型计算机联锁系统结构

4.3.3.1 操纵显示设备

计算机联锁的操纵显示设备有多种形式:数字化仪加显示器(见图 4-5)、鼠标加显示器(见图 4-6)以及控制表示合一的控制台等多种形式。其主要功能是供值班员办理各种行车命令,提供站场图形显示、语音和文字提示等。

图 4-5 数字化仪操作图

图 4-6 鼠标加显示器操作方式

4.3.3.2 监控机

监控机的主要功能是作为人机接口,一方面接收来自控制台的操作命令和向控制台提供图形显示、语音、文字等信息,另一方面与联锁机进行信息交换,向联锁机提供初选的操作命令并接收来自联锁机的道岔、信号、轨道电路等表示信息。除上述外,监控机还向其他系统,如电务维修机、调度监督系统等提供站场信息。

4.3.3.3 联锁机

联锁机是计算机联锁系统的核心,根据现场信号设备状态和控制台操作命令,实现信号设备的联锁逻辑处理功能,完成进路确选和锁闭、发出转换道岔和开放信号等控制命令。

4.3.3.4 执行表示机和输入/输出接口

执行表示机通过由继电电路构成的输入/输出接口接收并执行来自联锁机的控制命令,采集并向联锁机发送现场设备信息。

4.3.3.5 现场设备

现场设备保留电气集中的设备,道岔控制电路、信号机点灯电路、轨道电路等仍采用现有的成熟电路。

4.3.3.6 其他设备

计算机联锁除上述设备外,还包括与其他系统连接的网络、电务维修机等设备。其中,电务维修机能够再现一个月之内系统的操作信息、故障诊断信息等,为维修工作提供便利。

4.3.4 计算机联锁操作及显示

计算机联锁根据作业情况可办理列车、调车作业,单独操作道岔和单独锁闭道岔,引导接车等,操作方式可采用数字化仪控制台、鼠标或单元控制台,所有作业均在数字化仪上通过点压按钮或用鼠标在屏幕上按压"按钮"或在单元控制台上按压按钮进行操作。通过显示器(或控制台)显示操作的控制命令和现场的设备状态,显示器屏幕上有各种汉字提示,并通过语音代替电铃报警。当操作有误时,在屏幕上将显示办理有误的提示。

4.3.4.1 屏幕显示

屏幕显示按站场图形布置,平时显示的灰色光带为基本的轨道图形,在屏幕上绝缘用竖线表示,灰色为普通绝缘,红色带圆圈为超限绝缘。

(1)轨道区段:

灰色光带——基本图形。

白色光带——进路在锁闭状态。

红色光带——轨道区段有车占用,或区段故障。

绿色光带——区段出清后尚未解锁状态。

蓝色光带——进路初选状态。

青色光带——接通光带。

光带变细——该区段轨道继电器前、后接点校核错。

(2)信号:

关闭——红色或蓝色灯光。

开放——白色、黄色、双黄色灯光等。

灯丝断丝——红色闪光。

白色外框(方形)——表明信号处于封闭状态,按钮失效。

粉红色外框(圆形)闪光——表明信号前、后接点校核错。

信号机旁平时不显示名称号,只有在信号开放,相应股道被占用,信号前、后触点校核错,灯丝断丝或办理进路时显示。点压"信号名称"按钮可显示信号名称号。信号名称显示的含义为:

绿色闪光——办理列车作业,始端或终端按钮按下,进路尚未排通。

黄色闪光——办理调车作业,始端或终端按钮按下,进路尚未排通。

粉红色闪光——办理总取消。

红色闪光——办理总人工解锁,正在延时解锁。

黄色——提示该信号在开放状态或相应股道被占用,信号前、后触点校核错或断丝(断丝时信号复示器为红色闪光)。

浅灰色——办理总人工解锁时,等待输入口令。

深灰色——按下信号名称按钮,显示全部信号名称。

红色外框(方形,在名称外)——表明该信号的接近轨道被占用,不允许再在该区段排列进路,机车退出,占用自动消失。

(3)道岔。道岔岔尖处用缺口表示道岔位置,无缺口的一侧表示道岔开通位置。当道岔无表示时,道岔岔尖处闪白色光,挤岔时岔尖闪红色光,同时出现道岔名称。数字化仪盘面上道岔处箭头所指方向为道岔定位位置。点压"道岔名称"时,在显示器上道岔岔心处的短绿光带表示定位,短黄光带表示反位。

道岔名称有以下含义:

黄色——道岔正在转换。

红色——道岔单独锁闭。

白色——道岔封闭。

灰色——按下道岔名称按钮,显示全部道岔名称。

道岔单独锁闭的含义是指可通过该道岔锁定位置排进路,但不能操纵;道岔封闭是指不能通过该道岔排进路,但道岔可以单独操纵。道岔封闭是专为电务人员维修道岔而设。

(4)按钮。数字化仪的操作按钮设在数字化仪台面上,操作时用光笔在控制台上点压有关按钮即可。采用鼠标控制的站场,利用按压鼠标左键来实现在屏幕上按压"按钮"的功能,屏幕上设置的按钮,除信号和道岔按钮外,其他按钮平时都隐含在屏幕内。在屏幕空白处按压鼠标左键,屏幕上方和下方会出现功能按钮,在屏幕空白处按压鼠标右键或点击"清提示"按钮可消除这些按钮。屏幕上主要按钮包括:

信号按钮——屏幕上列车信号机是列车按钮,调车信号机是调车按钮。当该信号机既有列车按钮又有调车按钮时,用"左键"点击为调车按钮,用"右键"点击为列车按钮。

道岔按钮——屏幕上道岔岔尖处为道岔按钮,双动道岔两端均为道岔按钮,点压任意一个均可。

功能按钮——包括"总取消""总人解""道岔总定""道岔总反""道岔单锁""道岔单解""封闭""清封闭""区段故障解锁"等按钮。办理时,先点压功能按钮,屏幕上出现该功能的提示,再点压有关的道岔或信号按钮,办理相关作业。

其他按钮——包括"上电解锁""区段解锁""信号名""道岔名""接通光带""清提示""清按钮""车次""破封检查"等,点击后完成相应功能。例如,点压"信号名"按钮后屏幕上出现所有信号机名称,再点压一次显示消失。

4.3.4.2 操作举例

(1)办理进路。先点压始端信号按钮,例如,点压 D_{17} 信号,相应的 D_{17} 信号名称闪光,并在屏幕下端提示:"始端－D_{17},"。再点压终端信号按钮,例如,点压 D_{22} 信号,相应的 D_{22} 信号名称闪光,屏幕下端提示变为:"始端－D_{17}——终端－D_{22}"。若满足选路条件,则开始转换道岔、锁闭进路、开放信号。若选路条件不满足,则提示"——按钮不符"或"——选路不通"或"——有区段锁闭"或"——有区段占用"或"——有道岔要点"等,并给出道岔或区段名称。

(2)单独操纵和单独锁闭道岔。道岔区段在解锁状态时,允许办理单独操纵道岔。同时点压"总定位"(总反位)按钮和"道岔"按钮,屏幕提示处显示"道岔总定(总反)……Cxxx"。在道岔转换过程中,屏幕道岔岔尖处闪白色光,同时道岔号显示黄色。

点压"单独锁闭"按钮和"道岔"按钮,屏幕提示处显示"单独锁闭……Cxxx",同时显示红色道岔号。单锁后,不能再单独操纵该道岔,但还可通过该道岔排列进路。点压"单独解锁"和"道岔"按钮,该道岔解锁。

(3)封闭信号和封闭道岔。先按"封闭"按钮,再按压信号按钮或道岔按钮,这时信号机外 套上白色方框,道岔名显示白色,表明信号机按钮已不能再进行操作,也不能再通过该道岔排进路。

(4)进路的"取消解锁"和"人工解锁"。误办的进路,需要变更时,在进路未锁闭前可点压本咽喉的"总人解"或"总取消"按钮取消,然后还需点压"清按钮"按钮;锁闭后的进路需点压"总取消"或"总人解"按钮和"始端"按钮取消进路;当接近区段有车占用时,必须点压"总人解"按钮和进路始端按钮,延时 30 s 或 3 min 后解锁。

(5)对于带铅封按钮的操作。对于涉及行车安全需要慎重使用的按钮(即 6502 电气集中带铅封的按钮),点压后屏幕将提示输入口令,点压口令后操作才被执行,微机系统自动记录,并且在屏幕提示栏有记录显示。

例如,人工解锁以 D_{17} 信号为始端的调车进路:先点压"总人解",再点压 D_{17} 按钮,此时屏幕下方提示"总人解－D_{17}－请输入口令－123－",据此依次点压数字 123,正确后屏幕下方提示"OK",此时操作被执行。

4.3.5 正线计算机联锁系统

正线联锁设备与传统的车辆段联锁在原理上相似,即在信号机、道岔和进路之间建立一定的相互制约、相互依赖的关系,以保证列车在进路上的运行安全,不同之处在于正线的联锁是 ATC(列车自动控制)系统的基础,联锁功能设计的优劣直接影响 ATC 系统的行车安全、折返功能和行车间隔。

目前我国城市轨道交通正线联锁设备存在多种类型,本节以西门子计算机辅助信号系统(Siemens Computer Aided Signalling,SICAS)的计算机联锁为例介绍正线联锁设备的构成、功能及操作等。

4.3.5.1 SICAS 联锁系统

SICAS 是一个模块化的、灵活的联锁系统,可以通过单独操作、进路设置等方式实现对道岔、轨道区段、信号机等室外设备的监督和控制。SICAS 型计算机联锁被广泛地应用在干线铁路、城市铁路。

(1)设备组成与功能。计算机联锁设备普遍分为五层,即操作显示层、联锁逻辑层、执行表示层、设备驱动层以及现场设备层。SICAS 型计算机联锁分别对应为:现场操作员工作站(Local Operator Workstation,LOW)、SICAS(联锁计算机)、STEKOP(现场接口计算机)、DSTT(接口控制模块)以及现场的道岔、轨道电路和信号机,如图 4-7 所示。

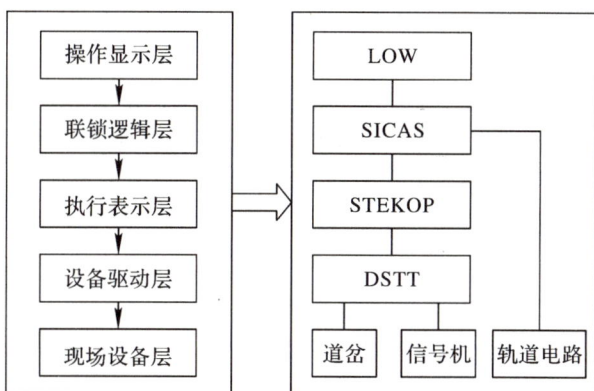

图 4-7 SICAS 型计算机联锁总体结构

1)现场操作员工作站(LOW)。LOW 是现场操作员工作站,是人机操作界面,将设备和列车运行情况图形化显示,接受操作人员的操作指令并传递给联锁计算机进行处理。

2)SICAS 联锁计算机的主要功能。SICAS 联锁计算机根据需要可采用二取二结构或三取二结构,主要功能是接收来自 LOW 的操作指令和来自现场的设备状态信息,主要功能包括:联锁逻辑运算;轨道电路信息处理;进路控制;信号机控制。

根据配置不同,SICAS 对现场设备控制部分包括 ESTT(电子元件接口模块)、STEKOP、DSTT 三部分。

(2)联锁主机的结构。为保证设备安全和提高设备可靠性,目前联锁主机主要采用两种冗余方式,即二取二系统和三取二系统。

二取二系统由两个各自独立的、相同的、对命令同步工作的计算机通道组成。过程数据由两个通道输入、比较并进行处理,只有两个通道处理结果相同时结果才能输出。独立于数据流的在线计算机监测功能在一定的周期内完成一次,一旦检测到故障此系统将停止工作,避免连续出现故障引起的危害。

三取二系统由三个各自独立的、相同的、对命令同步工作的计算机通道组成。过程数据由三个通道输入、比较并进行处理,只有当三个或两个通道处理结果相同时结果才能输出。

如果其中一个通道故障,在该检测周期内相关通道会被切除,联锁计算机按二取二系统方式继续工作,只有当又一个通道故障时,系统才停止工作。采用这种三取二的方式,提高了系统的可靠性和安全性。

4.3.5.2 进路控制

(1)进路设置。为确保城市轨道交通高密度行车下的安全,SICAS联锁系统与ATP相结合,进路由防护信号机防护,但列车在进路中的运行安全由ATP负责(列车自动防护)。SICAS联锁系统共有四种进路设置方式。

1)ATS自动列车进路。ATS按照运行图,根据列车的车次号,结合列车的运行位置,发送排列进路的命令给SICAS联锁,自动排列进路。

2)远程终端设备(Remoto Terminal Unit,RTU)的自动列车进路。当中央ATS系统故障或与控制中心(Operational Control Center,OCC)中央设备的传输通道故障时,驾驶员在列车人工输入目的地码,车站ATS的远程终端单元(RTU)能根据从轨旁PTI环线(即车-地通信轨旁接收设备)接收到的目的地码,向SICAS联锁发布排列进路命令,自动排列进路。

3)追踪进路。这是SICAS联锁自有的功能,在列车占用触发轨时,SICAS可向带有追踪功能的信号机发布排列进路命令,自动排列出一条固定的进路,开放追踪进路的信号。

4)人工排列进路。可由操作员在获得操作权的LOW(现场操作员工作站)或中央ATS的MMI上,通过鼠标和键盘输入排列进路命令,人工排列进路。

人工排列进路始终优先,自动列车进路与追踪进路功能是对立的,对于单个信号机而言,选择了自动排列进路,就不能选择追踪进路。操作员可在LOW或MMI输入命令,开放、关闭信号机的自动排列进路或追踪进路功能。

(2)进路排列的条件。

1)进路中的道岔没有被征用在相反的位置上。

2)进路中的道岔没有被人工锁定在相反的位置上。

3)进路中的道岔区段、轨道区段没有被封锁。

4)进路中的信号机没有被反方向进路征用。

5)进路中的监控区段没有被进路征用。

6)进路的非监控区段没有被其他方向进路征用。

7)从洗车厂接收到一个允许洗车的信号(只适用于排列进洗车线的进路)。

8)与相邻联锁通信正常(只适用于排列跨联锁区的进路)。

9)防淹门打开且未请求关闭(只适用于排列通过防淹门的进路)。

10)与车厂的照查功能正常(只适用于排列进车厂的进路)。

符合以上条件,进路能排列。进路在排列过程中,进路的道岔(含侧防道岔)能自动转换至进路的正确位置。

(3)进路有关概念。

1)进路组成。进路一般由三部分组成,分别为主进路、保护区段及侧面防护。主进路是指进路上从始端信号机至终端信号机的路径,分为监控区段(含道岔区段)、非监控区段。保护区段是指终端信号机后方的一至两个区段。侧面防护由道岔、信号机及轨道区段的单个元素或组合元素组成。

在图 4-8 所示的 S1→S2 进路中,始端信号机为 S1,终端信号机为 S2,监控区段为 3、4、5、6、7,非监控区段为 8,主进路的侧防元素为 W2 和 X1。

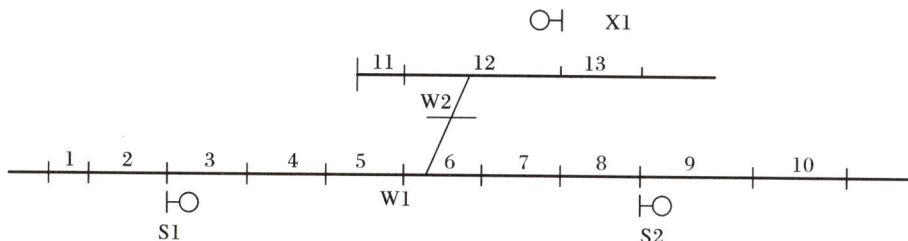

图 4-8 进路组成

2)多列车进路。SICAS 联锁中一般不设通过信号机,只设置防护信号机,有些进路包含了若干个轨道区段(多至十几个轨道区段以上)。由于城市轨道交通运行间隔小、车流密度大,列车运行安全由 ATP 系统保护,所以一条进路中允许多个列车运行。如图 4-9 所示,S 和 S2 为多列车进路,只要监控区空闲即可排出以 S 为始端的进路,开放 S1。

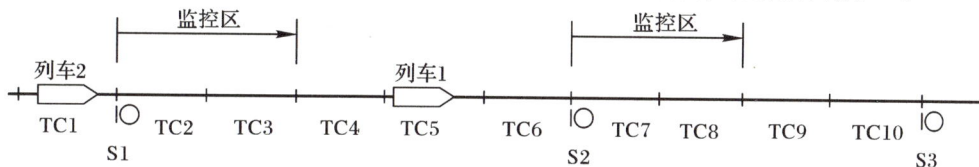

图 4-9 多列车进路组成

对于多列车进路,当列车 1 出清监控区后,即可排列第二条相同始端的进路。进路排出后,只有当列车 2 通过后才能解锁。

3)联锁监控区段。为了提高建立进路的效率,联锁系统把进路的区段分为监控区段和非监控区段两部分。进路建立后,当列车没有出清监控区段时,该进路不能再排列。当列车出清监控区段进入非监控区段时,即使非监控区段还没有全部解锁,该进路仍可再次排列,且信号能正常开放。

在无岔进路中,通常始端信号机后两个区段为监控区段,如图 4-8 所示,其他为非监控区段。

在有岔进路中,从进路的第一个轨道区段开始,一直到最后一个道岔区段的后一区段为止都是监控区段,其他为非监控区段。

4)保护区段。保护区段(overlap)也叫重叠区段,如图 4-10 所示。设置保护区段的目的是为了避免列车由于某种原因不能在信号机前方停车而冲出信号机导致危及列车安全的事故的发生。

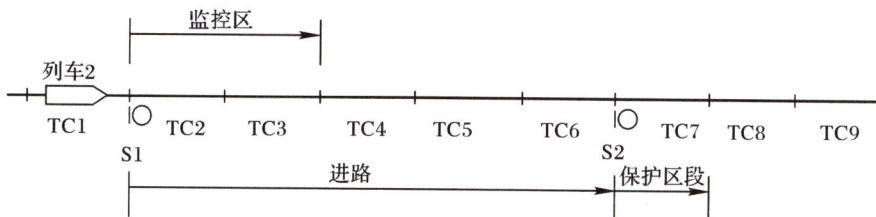

图 4-10 进路保护区段示意图

进路可以带保护区段或不带保护区段排出。对于短进路,保护区段与进路同时建立;为了不妨碍其他列车运行,对于长进路,可以通过目的轨的占用来触发使保护区段延时设置。

5)侧面防护(侧防)。SICAS 联锁中没有联动道岔的概念,所有道岔都按单动道岔处理。排列进路时通过侧面防护把相关的道岔及信号机锁闭在联锁要求的位置,以避免其他列车从侧面进入进路,确保安全。侧面防护包括主进路的侧面防护和保护区段的侧面防护,如图 4-11 所示。

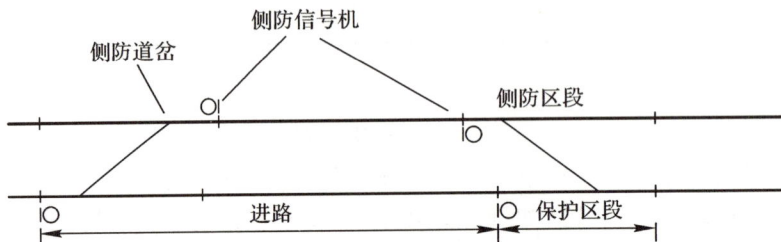

图 4-11 侧面防护示意图

侧面防护的任务是通过转换、锁闭和检查相邻分歧道岔位置,切断所有通向已排进路的路径。如果侧防道岔实际位置与要求的位置不一致,则发出转换道岔命令,当命令不被执行时(如道岔已锁闭),操作命令被储存,直到达到要求的终端位置。否则通过取消或解锁该进路来取消操作命令。

侧面防护也可由位于进路需要侧面防护方向的主体信号机显示禁止信号来完成。

道岔为一级侧面防护,信号机为二级侧面防护。排列进路是首先确定一级侧面防护,再确定二级侧面防护。没有一级侧面防护时,则将信号机作为侧面防护。

6)进路的解锁。SICAS 联锁中正常的进路解锁采用类似国内铁路集中联锁的三点检查方式,列车出清后,后方的进路元素自动解锁。

人工取消多列车进路时,进路的第一个轨道电路必须空闲。如果接近区段逻辑空闲,进路及时解锁,如果接近区段非逻辑空闲,进路延时 60 s 解锁。

多列车进路排出后,如果进路中有列车运行,则人工取消进路时只能取消最后一次排列的进路至前行列车所在位置的部分,其余部分随前行列车通过后自动解锁。

进路解锁后,相应的侧防道岔、侧防信号机及保护区段都随之解锁。

4.3.5.3 SICAS 系统的操作应用

(1)操作终端 LOW。LOW 是信号系统网络的区域终端设备,每个联锁站都有一套 LOW 设备,主要由一台电脑和一台记录打印机组成。

SICAS 联锁系统的本地操作和表示是通过 LOW 工作站来完成的。联锁设备和行车状况(轨道占用、道岔位置和信号显示等)在彩色显示器上以站场图形式显示,使用鼠标和键盘,在命令对话窗口上可以实现常规命令及安全相关命令的联锁操作。所有安全相关命令的操作、操作员登录/退出操作、设备故障报警等信息将被记录存档。根据实际控制需要,可以每个联锁系统拥有几个操作控制台,或者几个联锁系统采用一个控制台。

(2)屏幕显示。LOW 的屏幕显示由三部分组成,自上而下为:基本窗口、主窗口、对话窗口。如图 4-12 所示。

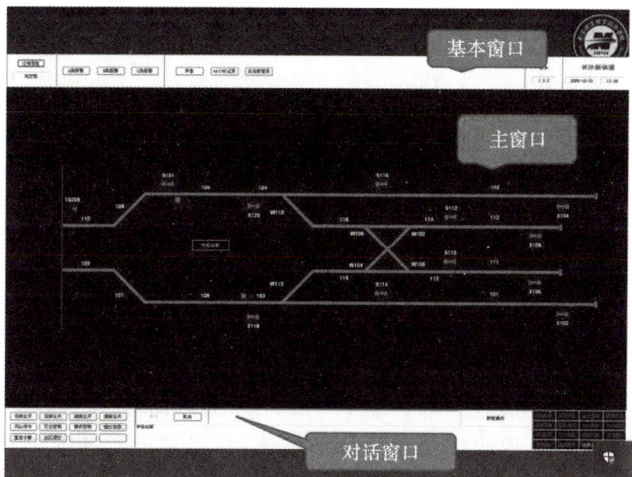

图 4-12 LOW 的屏显示意图

1)基本窗口。计算机启动进入后第一个出现的窗口为基本窗口,如图 4-13 所示。

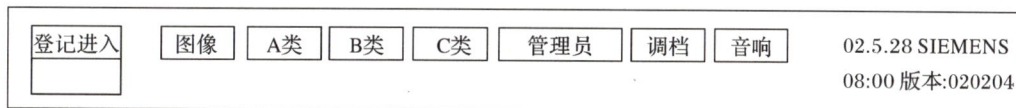

图 4-13 LOW 基本窗口

登记进入/登记退出按钮:系统将检查姓名及口令,如果正确,登记进入按钮将改为登记退出按钮,并且下面的输入框将使用者的姓名灰显,说明已成功登陆 LOW,可以根据权限对 LOW 进行操作。

a)图像按钮:用于在主窗口中显示联锁区的站场图。

b)报警按钮:分为 A、B、C 三类,A 类级别最高,C 类级别最低。如果不存在报警,报警按钮显示灰色。一旦出现报警,相应级别的报警按钮开始闪烁并发出声音报警,报警级别越高,报警声越持久,越响亮。点击相应的报警按钮即可对报警进行确认。打开相应的报警单,然后选择需要确认的报警信息,再在对话窗口中点击报警确认按钮就可以对报警进行应答。报警单中只要有一个报警未被应答,报警按钮会保持红色闪烁,当报警单中的所有报警都被应答,报警按钮呈永久红色,报警声被关闭,故障修复后红色消失。

c)管理员按钮:只有用管理员身份及密码登记进入时才显示出来,并可以设置或更改操作员的操作权利,不是管理员登陆时,此按钮会显示灰色。

d)调档按钮:用于查询、打印联锁装置 48 h 内的特别情况记录存档,如来自现场设备或联锁的信息和报警、来自 RTU/ATS 的信息和报警、LOW 内部出现的错误、登记进入/登记退出报告等。

e)音响按钮:单击该按钮可关闭报警声音,直到下一次报警出现。

f)日期和时间显示按钮:显示当前日期和时间。

g)版本号:显示现用的版本,版本号必须在故障信息报告中注明。

2)主窗口。启动 LOW 后进入主窗口,显示整个联锁区线路、信号等设备状态,并能够选择元件进行操作。

3）对话窗口。对话窗口主要由命令按钮栏、执行按钮、取消按钮、记事按钮以及综合信息显示栏组成。

a)命令按钮栏:可以显示当前的所有命令按钮,以供操作员选择,命令按钮栏可根据不同要素的选择,显示出所选要素的所有操作命令,如果没有选择任何要素,命令按钮栏显示的命令为对联锁的所有操作。

b)执行按钮:用于执行当前的操作,当点击了执行按钮,当前的操作就会被联锁记录执行。

c)取消按钮:用于取消当前的操作。

d)记事按钮:用于打开记事输入框、记录情况(平时不用)。

e)综合信息显示栏:用于显示信号系统的各种供电情况以及自排、追踪情况。供电正常,显示为绿色字体,如果出现故障则显示红色字体;自排功能关闭时,自排全开的字体为白色,否则自排全开字体为绿色;对于追踪进路,如果打开追踪功能,追踪进路字体为黄色,没有打开追踪功能,则追踪进路字体为白色。

(3)LOW 的操作命令。操作命令根据安全等级分为"常规(非安全)操作命令"(用 R 表示)和"安全相关操作命令"(用 S 表示)。

安全相关操作命令是指该命令执行后可能会影响行车安全或设备安全的命令。安全相关命令只有在 LOW 上才可以操作,其安全责任主要由操作员负责,故必须确认相关的操作前提,并且须输入正确的命令,操作完毕后必须在值班日记中做好记录。

持有 LOW 操作证者,在 LOW 工作站上的操作命令见表 4-1~表 4-4。

表 4-1　LOW 工作站联锁操作命令

按钮名称	命令含义	安全相关命令	备　注
自排全开	本联锁区全部信号机处于自动排列进路状态	否	关闭所有具有自排功能的信号机的追踪进路功能
自排全关	本联锁区全部信号机处于人工排列进路状态	否	
追踪全开	本联锁区全部信号机处于联锁自动排列进路状态	否	关闭所有具有追踪功能的信号机的自排功能
追踪全关	本联锁区全部信号机取消联锁自动排列进路状态	否	
关区信号	关闭并封锁联锁区全部信号机	否	
交出控制	向 OCC 交出控制权	否	
接收控制	从 OCC 接收控制权	否	
强行站控	在紧急情况下,车站强行取得 LOW 控制权	是	
重启令解	系统重新启动后,解除全部命令的锁闭	是	
全区逻空	设定全部轨道区段空闲	是	

表4-2 LOW 工作站操作轨道区段命令

按钮名称	命令含义	安全相关命令	备 注
封锁区段	将区段封锁,禁止通过该区段排列进路	否	
解封区段	取消对区段的封锁,允许通过该区段排列进路	是	
强解区段	解锁进路中的轨道区段	是	
轨区逻空	将该轨道区段设为逻辑空闲	是	
轨区设限	设置该轨道区段的限制速度	是	无进路状态下使用
轨区消限	取消对轨道区段的限制速度	是	
终止站停	取消运营停车点	否	只能用于正常运营方向

表4-3 LOW 工作站道岔操作命令

按钮名称	命令含义	安全相关命令	备 注
单独锁定	锁定单个道岔,阻止电操作转换	否	
取消锁定	取消对单个道岔的转换,道岔可以转换	是	
转换道岔	转换道岔	否	
强行转岔	轨道区段占用时,强行转换道岔	是	
封锁道岔	将道岔封锁,禁止通过道岔排列进路	否	道岔可以通过转换道岔命令进行位置转换
解封道岔	取消对道岔的封锁,允许通过道岔排列进路	是	
强解道岔	解锁进路中的道岔	是	接近区段有车时,延时30 s解锁
岔区逻空	将道岔区段设置为逻辑空闲	是	
岔区设限	对道岔区段设置限制速度	是	
岔区消限	取消对道岔区段设置限制速度	是	在 LCP 盘上用消限钥匙接通消限电路,并在 30 s 内完成操作
挤岔恢复	取消挤岔逻辑标记	是	

表4-4 LOW 工作站信号操作命令

按钮名称	命令含义	安全相关命令	备 注
关单信号	设置信号机为关闭状态	否	只能作用于已开放的信号机
封锁信号	封锁关闭状态下的信号机	否	只能开放引导信号
解封信号	取消对关闭状态下的信号机的封锁	是	

续 表

按钮名称	命令含义	安全相关命令	备　注
开放信号	设置信号机为开放状态	否	信号达到主信号层,没有被封锁
自排单开	设置单个信号机为自动排列进路状态	否	
自排单关	设置单个信号机为人工排列进路状态	否	信号机具备自排功能且追踪全开功能没有打开
追踪单开	设置单个信号机为联锁自动排列进路状态	否	
追踪单关	设置单个信号机取消自动排列进路状态	否	信号机具备追踪功能且自排全开功能没有打开
开放引导	开放引导信号	是	

(4)LOW 的操作命令应用举例。

1)对进路的操作。

a)排列进路。在 LOW 排列进路,只要用鼠标的左键点击 LOW 主窗口上要排列进路的始端信号机,再用鼠标的右键点击要排列进路的终端信号机,此时所选始端信号机和终端信号机都会被打上灰色底色,然后在对话窗口中的命令显示栏(在 LOW 的左下角)用鼠标的左键点击"排列进路"的命令,最后用鼠标的左键点击对话窗口中的"执行"按钮即可。

b)取消进路。在 LOW 上取消一条已排好的进路,只要用鼠标的左键点击 LOW 主窗口上该进路的始端信号机,再用鼠标的右键点击该进路的终端信号机,此时所选始端信号机和终端信号机都会被打上灰色底色,然后在对话窗口中的命令显示栏(在 LOW 的左下角)用鼠标的左键点击"取消进路"的命令,最后用鼠标的左键点击对话窗口中的"执行"按钮即可。

说明:在对 LOW 进行操作过程中,只有在排列进路及取消进路时,才会用到鼠标的右键,其他的操作都只用鼠标的左键。

2)对道岔的操作。LOW 上的道岔结构如图 4 - 14 所示,显示意义见表 4 - 5。

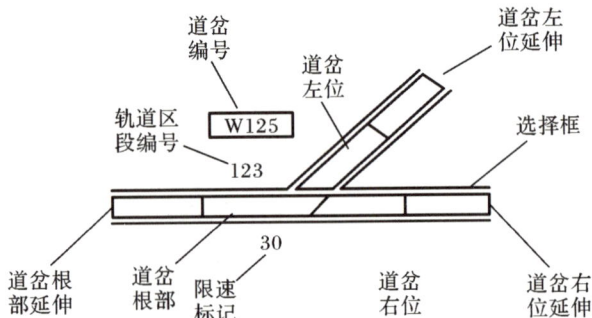

图 4 - 14　LOW 上的道岔结构

表 4 - 5 LOW 上道岔的显示意义

元 素	状 态	显示意义
道岔编号	白色	道岔无锁定
	红色	道岔单独锁定
	稳定	正常
	闪烁	出现 kick-off 储存故障
道岔编号框	显示	没有被进路征用
	不显示	被进路征用锁闭
岔体	黄色	常态、空闲、没有被进路征用
	绿色	空闲、被进路征用
	淡绿色	空闲、被进路征用为保护区段
	红色	占用、物理占用
	粉红色(中部)	占用、逻辑占用
	深蓝色(中部)	已被封锁,拒绝通过该区段排列进路
	灰色	无数据
道岔位置	有颜色显示	在左位或右位
	道岔左位闪烁(短闪)	道岔左位转不到位(左位无表示)
	道岔右位闪烁(短闪)	道岔右位转不到位(右位无表示)
	道岔左右位及延伸部分闪烁(长闪)	道岔挤岔

在 LOW 上对道岔进行操作,必须用鼠标的左键点击 LOW 主窗口上的道岔元件或道岔编号,此时所选元件被打上灰色底色,然后在对话窗口中的命令显示栏(在 LOW 的左下角)用鼠标的左键点击所需的命令,最后用鼠标的左键点击对话窗口中的"执行"按钮即可。

道岔区段设置了限速,限速的列车最高速度会以红色的 60、45、30、15 字体在相应的区段下方显示出来。此时,列车通过该道岔区段的最高速度不能大于此限制速度,可设置的速度分别为 60 km/h、45 km/h、30 km/h、15 km/h 等四种。

3)对轨道区段的操作。LOW 上的轨道区段各部分如图 4 - 15 所示。LOW 上轨道区段的显示意义见表 4 - 6。

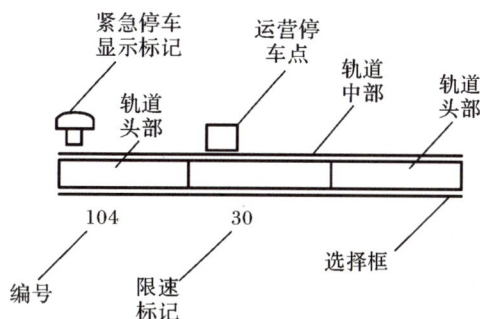

图 4 - 15 LOW 上轨道区段的组成

表4-6 LOW上轨道区段显示的意义

元　素	显示及状态	显示意义
轨道区段	黄色	常态、空闲、没有被进路征用
	绿色	空闲、被进路征用
	淡绿色	空闲、被进路征用为保护区段
	红色	占用、物理占用
	粉红色(中部)	占用、逻辑占用
	深蓝色(中部)	已被封锁,拒绝通过该区段排列进路
	灰色	无数据
	稳定	表示正常
	闪烁	表示在延时解锁中
运营停车点	红色	常态,设置了停车点
	绿色	取消了停车点
紧急停车标记	站台区段会出现一个红色闪烁的 ■	按压了紧急停车按钮,紧急停车生效
	红色闪烁的 ■ 消失	按压了取消紧急停车按钮,列车可正常运行
区段限速标记	区段下方显示红色字体的60、45、30、15	列车以不大于此限速通过该区段

对轨道区段进行操作,必须用鼠标的左键点击LOW主窗口上的轨道元件或轨道编号,此时所选元件被打上灰色底色,然后在对话窗口中的命令显示栏用鼠标的左键点击所需的命令,最后用鼠标的左键点击对话窗口中的"执行"按钮即可。

4)对信号机的操作。LOW的信号机各部分如图4-16所示。LOW上信号机各部分的显示意义见表4-7。

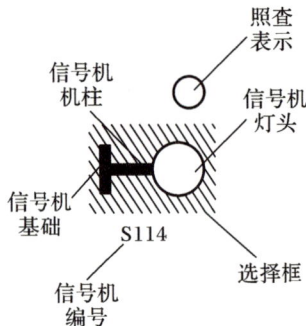

图4-16 LOW上信号机的组成

表4-7 LOW上信号机的显示意义

元　素	显示及状态	显示意义
信号机编号	红色	处于人工排列进路状态
	绿色	处于自动排列进路状态
	黄色	处于追踪进路状态
	稳定	信号机正常
	闪烁	信号机红灯断主丝故障或绿灯/黄灯灭灯

续　表

元　素	显示及状态	显示意义
信号机基础	绿色	主信号控制层(处于监控层:在进路状态)
	黄色	引导信号控制层(处于监控层:在进路状态)
	红色	非监控层(无进路状态或进路未建立)
	稳定	信号机正常
	闪烁	在延时中(进路延时取消.进路延时建立或保护区段延时解锁)
信号机机柱	绿色	信号机开放,且开放主信号
	黄色	信号机开放引导信号
	红色	信号机关闭,且未开放过(针对本次进路)
	蓝色	信号机关闭,但曾经开放过(针对本次进路:在重复锁闭状态)
信号机灯头	绿色	信号机处于开放主信号状态
	红色	信号机处于关闭状态(但可以开放引导信号)
	蓝色	信号机处于关闭状态,且被封锁(但可以开放引导信号)
照查显示	绿色	可排列相应进路入车辆段
	红色	不能排列相应进路入车辆段(车辆段已排列了进路)
	灰色	无数据

对信号机进行操作,必须用鼠标的左键点击 LOW 主窗口上的信号机元件或信号机编号,此时所选元件被打上灰色底色,然后在对话窗口中的命令显示栏用鼠标的左键点击所需的命令,最后用鼠标的左键点击对话窗口中的"执行"按钮即可。

当现场不设置信号机时,会由于进路过长导致运营效率降低,为解决这一问题,引入了虚拟信号机。虚拟信号机在 LOW 上的显示跟正常的信号机是一样的,功能也一样,只是在编号前加了一个"F",如 FX302 等。

需要说明的是:虚拟信号机在现场设备中是不存在的。

4.3.6　计算机联锁的采集电路和驱动电路

目前,我国计算机联锁与室外设备的结合仍然以继电器作为接口,计算机联锁系统通过采集电路获得室外设备状态,通过驱动电路完成对室外设备的控制。

4.3.6.1　采集电路原理

状态信息采集接口电路有两种形式:一种是对静态信息的采集,另一种是对动态信息的采集,两种都是故障-安全性输入电路。下面以采集轨道继电器 GJ 的状态为例介绍动态故障-安全性输入接口的电路,如图 4-17 所示。

图 4-17 中使用了两个光电耦合器 G_1 和 G_2。G_1 的输入极和 G_2 的输出极串联。G_2 导通时,由 GJ 的前触点控制 G_1 的导通与截止。G_2 的输入极由计算机的输出口控制其通断,G_1 的输出口则接至计算机的输入口。在 GJ 前触点闭合的情况下,若计算机输出高电平"1"信号,则 G_2 导通,从而使 G_1 也导通,于是 G_1 的输出将低电平"0"信号送入计算机。反之,若计算机输出一个低电平"0"信号,则 G_2 与 G_1 均截止,读入计算机的是高电平"1"信号。因此 GJ 吸起时计算机的输入输出互为反向关系。

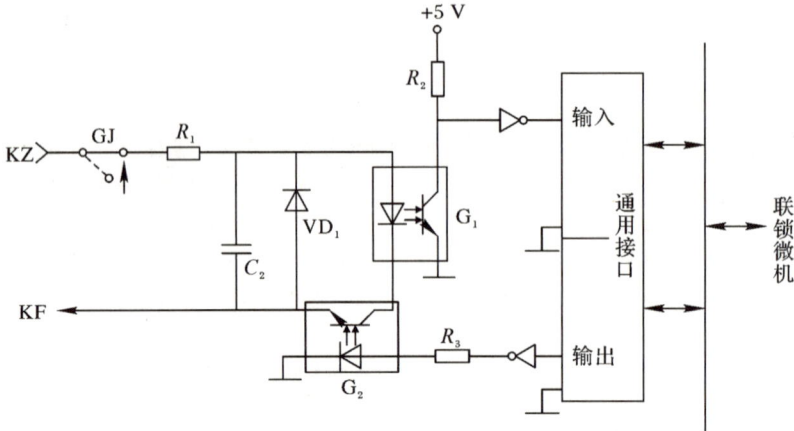

图 4-17 动态故障-安全性输入接口原理图

当系统需要采集 GJ 状态信息时,由计算机输出脉冲序列,如 101010,当 GJ 前触点闭合且电路无故障情况下,返回计算机的是相反的脉冲序列,即 010101;当 GJ 落下或电路发生故障时,G_2 的输出端是稳定电平信号"0"或者"1",计算机读到稳定电平信号,表示继电器处于落下状态。

动态输入接口电路实际上是一个闭环形式的动态脉冲电路,通过计算机校验输入代码是否畸变来判断输入电路是否故障,从而实现故障-安全性。

4.3.6.2 驱动电路原理

计算机输出的控制信息用于控制执行部件的继电器,为了实现故障-安全,大多采用动态输出驱动方式,即采用动态继电器。各厂家实际的动态继电器控制电路不完全相同,但基本原理如图 4-18 所示。

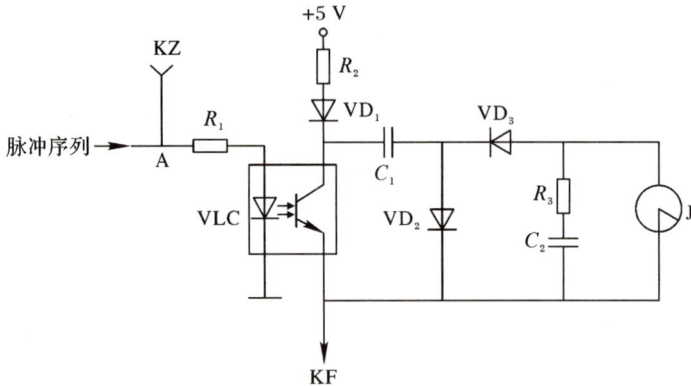

图 4-18 动态继电器原理图

在电路正常情况下,当计算机没有控制命令输出时,A 端为低电平,光电耦合器 G_1 截止,由控制电源经由 R_2、VD_1 和 VD_2 向电容 C_1 充电。当充电电压接近电源电压时,充电过程结束,此时电路处于稳定状态。由于 R_3 和 C_2 没有电流流过,电容 C_2 两端没有电压,偏极继电器处于落下状态。

当有控制命令输出时,传送到 A 端的则是脉冲序列。当 A 处于高电位时,G_1 导通,电容 C_1 放电,放电电流一方面通过 G_1 的集—射极、偏极继电器 J 的线圈、VD_3 形成回路,使 J

吸起;另一方面经 R_3 向电容 C_2 充电。当 A 处于低电位时,G_1 重新截止,电容 C_1 恢复充电,依靠 C_2 的放电使继电器 J 保持吸起。这样在脉冲序列的作用下,随着 A 端电平的高低变化,G_1 不断导通截止,C_1 和 C_2 不断充放电,使继电器 J 励磁并保持吸起,

直到 A 端无脉冲序列(即控制命令)输入,G_1 截止,C_2 得不到能量补充,待其端电压降至继电器落下值,J 失磁落下。该电路不仅能够防止由于一两个脉冲的干扰使继电器误动,同时由于采用了偏极继电器,所以能够鉴别电流方向,防止 C_1 和 VD_3 被击穿时造成继电器错误吸起。

4.3.7 计算机联锁系统的冗余结构

由于计算机联锁系统不仅需要昼夜不停地连续运转,而且一旦出现故障就会对行车安全和效率产生不利影响,所以,计算机联锁系统既要有比较高的可靠性,又要有比较高的安全性。

可靠性是指系统在规定时间内、在规定条件下完成规定功能的能力。度量可靠性的定量标准是可靠度,可靠度用自身的平均故障间隔时间(Mean Time Between Failure,MTBF)来表征。根据有关技术标准,计算机联锁系统的 MTBF 应达到 10^7 h。安全性是指当系统的任何部分发生故障时,其后果不会导致人身伤亡或财产重大损失的性能。度量系统安全性的技术指标是系统产生不安全性输出的平均间隔时间。根据有关技术标准,计算机联锁系统产生不安全性输出的平均间隔时间为 10^{10} h 以上。

为达到上述要求,计算机联锁系统从核心硬件结构上一般都采用冗余结构。所谓冗余结构是指为了提高系统的可靠性、安全性而增加的结构。

图 4-19 是可靠性冗余结构,模块 A 和模块 B 经或门输出,两个模块只要有一个模块正常输出即可保证整个系统不停机,提高了系统工作的可靠性。在实际应用中,对安全性要求不高,处理人机对话信息的上位机一般采用可靠性冗余结构。

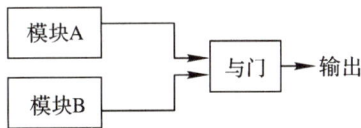

图 4-20 是安全性冗余结构,模块 A 和模块 B 经与门输出,两个模块同步工作,只有两个输出一致才能保证整个系统不停机,只要有一个模块故障,系统将不能正常输出。这样提高了系统的安全性,减少了危险侧输出的概率。在实际应用中,对安全性要求较高的联锁控制机采用安全性冗余结构。

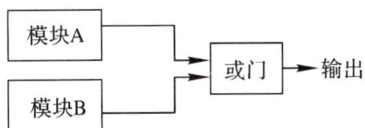

图 4-19 可靠性冗余结构   图 4-20 安全性冗余结构

目前计算机联锁为了提高可靠性和安全性,主要采用了双机热备系统、三取二系统、二乘二取二系统来达到上述指标要求。

4.3.7.1 双机热备系统

这种方式是冗余系统的基本结构,如图 4-21 所示,采用双套相互独立、结构相同、指令或周期同步工作、编程相同的系统同时工作,双机互为热备,相互监测,通过比较器确定系统正常工作后,才能输出控制指令。当一套系统发现自身出现故障时,就给出控制信号,自动切换到另一套系统上并给出故障报警和提示。双机热备系统在工作时有如下几种工作模式:

（1）一个系统工作，另一个系统热备，两个系统都无故障。

（2）一个系统工作，另一个系统待修，系统可以完成规定功能。

（3）两个系统都故障，系统失效。

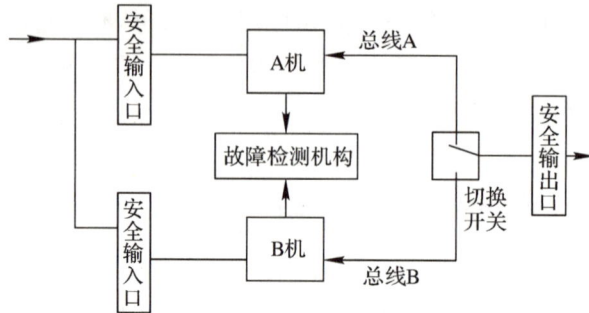

图 4 - 21　双机热备系统

采用双机热备系统提高可靠性、安全性的基础是：在极短的时间内，两台计算机同时发生错误而且错误呈现同一模式的概率极低。

4.3.7.2　二乘二取二系统

为了使计算机联锁系统既具有可靠性又具有安全性，可采用多重冗余结构，如图 4 - 22 所示，二乘二取二系统采用了四台计算机，一般分为系统Ⅰ、系统Ⅱ，双系互为热备关系。二乘二取二联锁系统通过"单系保证安全，双系提高可靠性"实现整体系统的安全性和可靠性。双系中的每一单系均包括双套计算机实时校核工作，每一单系中必须双机工作一致才能对外输出，实现整体系统的安全性，任一单系检出故障均可立即导向热备系统工作，实现全部系统的可靠性。二乘二取二联锁机应用软件和操作系统进行松散耦合，并且系统具有完备的自检功能，保证了整体系统具有较高的安全性。

4.3.7.3　三取二系统

三取二系统，又称为三机表决系统，如图 4 - 23 所示，采用三台计算机同时工作，三取二系统 CPU 之间是通过两两相互比较保证整体系统的安全性，当有两个结果相同（包括三个结果相同）时，认为正确无误方可输出。当某一个 CPU 故障或运行产生差错时，该 CPU 将被屏蔽，另外两个 CPU 相当于组成一个二取二的系统，不需要切换，在没有降低系统安全性的前提下保证了整体系统的高可靠性。

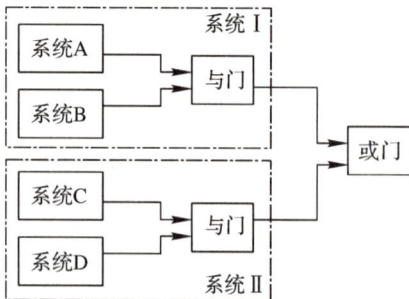

图 4 - 22　二乘二取二系统结构

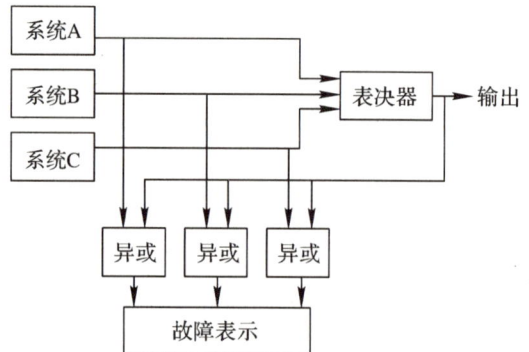

图 4 - 23　三取二系统结构

除硬件冗余,在系统内还可采用软件冗余技术,如双套软件冗余、信息冗余等,进一步提高系统安全性和可靠性。

▶项目总结

本项目主要介绍了联锁、联锁设备的基本概念以及联锁设备在我国的应用和主要技术要求,同时对 6502 电气集中联锁和计算机联锁进行了讲解。通过对本项目的学习,学生掌握 6502 电气集中联锁和计算机联锁的基本结构和操作方式,从而为今后的学习打下坚实的基础。

▶项目实施

实训 4.1 6502 电气集中联锁操作

1. 实训项目教师工作活页(见表 4-8)

表 4-8 实训项目教师工作活页

实训项目	实训 4.1.1 6502 电气集中联锁操作			
学　时		专业班级		实训场地
实训设备				
教学目标	专业能力	(1)掌握 6502 电气集中联锁操作方法; (2)掌握采用 6502 电气集中联锁设备时《城市轨道交通行车组织规定》有关规定。		
	方法能力	(1)能综合运用专业知识、通过作业书籍、多媒体课件和图片资料获得帮助信息; (2)能根据实训项目学习任务确定实训方案,从中学会表达及展示活动过程和成果。		
	社会能力	(1)能在实训活动中保持积极向上的学习态度; (2)能与小组成员和教师就学习中的问题进行交流与沟通; (3)学会和他人资源共享,具有较好的合作能力和团队精神。		
教学活动	略(详见教学活动设计)			
绩效评价	学生活动	(1)以 4~8 人小组为单位开展实训活动,根据本组同学在实训过程中的表现及结果进行自评和组内互评; (2)根据其他小组同学在展示活动中的表现及结果,进行小组互评。		
	教师活动	(1)指导学生开展实训活动; (2)组织学生开展活动评价与总结; (3)根据学生的表现和在本实训项目中的单元成绩作出综合评价。		
教学资料	(1)《城市轨道交通通信与信号》主教材及辅助教材; (2)采用 6502 电气集中联锁设备时《城市轨道交通行车组织规定》有关规定; (3)6502 电气集中控制台; (4)教学活动设计活页。			
指导教师		实训时间	年　　　月　　　日	

2.实训项目学生学习活页(见表4-9)

表4-9　实训项目学生学习活页

实训项目	实训4.1.2　6502电气集中联锁操作			
专业班级		姓名		时间

一、目标

(1)了解城市轨道交通通信网的各个组成部分及相关设备;

(2)了解如何实现控制中心调度与车站之间的通话。

二、相关资料

1.规章

采用6502电气集中联锁设备时《城市轨道交通行车组织规定》有关规定。

2.设备

6502电气集中控制台。

三、实施步骤

(1)6502电气集中基本操作:办理进路、解锁进路、操作道岔、道岔的锁闭和解锁等;

(2)6502电气集中非正常办理:在设备故障情况下,如道岔不能转换、轨道区段红光带等,办理列车作业、调车作业;

(3)学习城市轨道交通车辆段采用6502电气集中设备时关于列车、调车作业的有关规定。

四、实训小结

_____

_____

_____

五、成绩评定

1.学生评价

评价等级	A—优秀	B—良好	C—中等	D—及格	E—不及格
学生自评					
组内互评					
小组互评					

2.教师评价

评价等级	A—优秀	B—良好	C—中等	D—及格	E—不及格
专业能力					
方法能力					
社会能力					
评价结果					

3.综合评价

评价等级	A—优秀	B—良好	C—中等	D—及格	E—不及格
综合评价					

综合评价按学生自评占10%、组内互评占20%、小组互评占20%、教师评价占50%的比例进行过程评价。其中:A(90～100)、B(80～89)、C(70～79)、D(60～69)、E(60以下)。

续 表

4.评价标准

评价等级	评价标准
A	能圆满、高效地完成实训任务的全部内容
B	能较顺利地完成实训任务的全部内容
C	能完成实训任务的全部内容,但需要相关的指导和帮助
D	只能完成实训任务的大部分内容,在教师和小组周学的帮助下,也能完成实训任务的全部内容
E	只能完成实训任务的部分内容

实训 4.2　计算机联锁操作

1.实训项目教师工作活页(见表 4-10)

表 4-10　实训项目教师工作活页

实训项目		实训 4.2.1　计算机联锁操作			
学　时		专业班级		实训场地	
实训设备					
教学目标	专业能力	(1)掌握计算机联锁操作方法; (2)掌握采用计算机联锁设备时《城市轨道交通行车组织规定》有关规定。			
	方法能力	(1)能综合运用专业知识、通过作业书籍、多媒体课件和图片资料获得帮助信息; (2)能根据实训项目学习任务确定实训方案,从中学会表达及展示活动过程和成果。			
	社会能力	(1)能在实训活动中保持积极向上的学习态度; (2)能与小组成员和教师就学习中的问题进行交流与沟通; (3)学会和他人资源共享,具有较好的合作能力和团队精神。			
教学活动		略(详见教学活动设计)			
绩效评价	学生活动	(1)以 4～8 人小组为单位开展实训活动,根据本组同学在实训过程中的表现及结果进行自评和组内互评; (2)根据其他小组同学在展示活动中的表现及结果,进行小组互评。			
	教师活动	(1)指导学生开展实训活动; (2)组织学生开展活动评价与总结; (3)根据学生的表现和在本实训项目中的单元成绩作出综合评价。			

121

续 表

教学资料	(1)《城市轨道交通通信与信号》主教材及辅助教材； (2)采用计算机联锁设备时《行车组织规定》有关规定； (3)计算机联锁设备、计算机联锁模拟软件； (4)教学活动设计活页。				
指导教师		实训时间	年	月	日

2.实训项目学生学习活页(见表4－11)

表4－11　实训项目学生学习活页

实训项目	实训4.2.2　计算机联锁操作			
专业班级		姓名		时间	

一、目标

(1)了解城市轨道交通通信网的各个组成部分及相关设备；

(2)了解如何实现控制中心调度与车站之间的通话。

二、相关资料

1.规章

采用计算机联锁设备时《城市轨道交通行车组织规定》有关规定。

2.设备

计算机联锁设备、计算机联锁模拟软件。

三、实施步骤

(1)计算机联锁基本操作:办理进路、解锁进路、转换道岔、道岔的锁闭和解锁、道岔的封锁和解封锁等；

(2)非正常情况下计算机联锁设备的操作；

(3)学习城市轨道交通车辆段采用计算机联锁设备时关于列车、调车作业的有关规定。

四、实训小结

_____

_____

五、成绩评定

1.学生评价

评价等级	A—优秀	B—良好	C—中等	D—及格	E—不及格
学生自评					
组内互评					
小组互评					

2.教师评价

评价等级	A—优秀	B—良好	C—中等	D—及格	E—不及格
专业能力					
方法能力					
社会能力					
评价结果					

续 表

3.综合评价

评价等级	A—优秀	B—良好	C—中等	D—及格	E—不及格
综合评价					

综合评价按学生自评占10%、组内互评占20%、小组互评占20%、教师评价占50%的比例进行过程评价。其中:A(90~100)、B(80~89)、C(70~79)、D(60~69)、E(60以下)。

4.评价标准

评价等级	评价标准
A	能圆满、高效地完成实训任务的全部内容
B	能较顺利地完成实训任务的全部内容
C	能完成实训任务的全部内容,但需要相关的指导和帮助
D	只能完成实训任务的大部分内容,在教师和小组同学的帮助下,也能完成实训任务的全部内容
E	只能完成实训任务的部分内容

实训 4.3　模拟车辆段作业

1.实训项目教师工作活页(见表4-12)

表 4-12　实训项目教师工作活页

实训项目		实训 4.3.1　模拟车辆段作业			
学　　时		专业班级		实训场地	
实训设备					
教学目标	专业能力	(1)掌握城市轨道交通车辆段联锁设备的操作方法; (2)在作业中准确执行《城市轨道交通行车组织规定》有关规定。			
	方法能力	(1)能综合运用专业知识、通过作业书籍、多媒体课件和图片资料获得帮助信息; (2)能根据实训项目学习任务确定实训方案,从中学会表达及展示活动过程和成果。			
	社会能力	(1)能在实训活动中保持积极向上的学习态度; (2)能与小组成员和教师就学习中的问题进行交流与沟通; (3)学会和他人资源共享,具有较好的合作能力和团队精神。			
教学活动		略(详见教学活动设计)			

续 表

绩效评价	学生活动	(1)以 4~8 人小组为单位开展实训活动,根据本组同学在实训过程中的表现及结果进行自评和组内互评; (2)根据其他小组同学在展示活动中的表现及结果,进行小组互评。
	教师活动	(1)指导学生开展实训活动; (2)组织学生开展活动评价与总结; (3)根据学生的表现和在本实训项目中的单元成绩作出综合评价。
教学资料		(1)《城市轨道交通通信与信号》主教材及辅助教材; (2)《城市轨道交通行车组织规定》有关规定; (3)城市轨道交通车辆段沙盘、与沙盘连接的联锁设备; (4)教学活动设计活页。
指导教师		实训时间　　　　年　　　月　　　日

2.实训项目学生学习活页(见表 4－13)

表 4－13　实训项目学生学习活页

实训项目		实训 4.3.2　模拟车辆段作业			
专业班级		姓名		时间	

一、目标

(1)了解城市轨道交通通信网的各个组成部分及相关设备;

(2)了解如何实现控制中心调度与车站之间的通话。

二、相关资料

1.规章

《城市轨道交通行车组织规定》有关规定。

2.设备

城市轨道交通车辆段沙盘、与沙盘连接的联锁设备。

三、实施步骤

能够正确完成以下操作:

(1)电动列车进入车辆段洗车线;

(2)电动列车从正线进入车辆段停车线;

(3)电动列车从车辆段停车线进入正线;

(4)轨道车在车辆段内的调车作业;

(5)在设备故障情况下正确执行有关规定,办理车辆段内作业。

四、实训小结

续 表

五、成绩评定

1.学生评价

评价等级	A—优秀	B—良好	C—中等	D—及格	E—不及格
学生自评					
组内互评					
小组互评					

2.教师评价

评价等级	A—优秀	B—良好	C—中等	D—及格	E—不及格
专业能力					
方法能力					
社会能力					
评价结果					

3.综合评价

评价等级	A—优秀	B—良好	C—中等	D—及格	E—不及格
综合评价					

综合评价按学生自评占10%、组内互评占20%、小组互评占20%、教师评价占50%的比例进行过程评价。其中:A(90～100)、B(80～89)、C(70～79)、D(60～69)、E(60以下)。

4.评价标准

评价等级	评价标准
A	能圆满、高效地完成实训任务的全部内容
B	能较顺利地完成实训任务的全部内容
C	能完成实训任务的全部内容,但需要相关的指导和帮助
D	只能完成实训任务的大部分内容,在教师和小组同学的帮助下,也能完成实训任务的全部内容
E	只能完成实训任务的部分内容

▶ **项目达标**

一、填空题

1.车辆段联锁设备是城市轨道交通的重要信号设备,用于完成车辆段内建立进路、_____、_____以及_____等作业,实现_____、_____、之间的联锁关系,以保证行车安全,提高作业效率。

2.办理进路,就是将有关道岔转换到进路要求的位置后_____,并开放_____的信号。

3.联锁设备既可以_____控制,也可以_____控制。目前使用的联锁设备有

_____联锁和_____联锁两大类。

4.防护进路的信号开放前,须检查其敌对信号处于_____状态;信号开放后,应将其敌对信号锁闭在_____状态,不允许办理与之相敌对的进路。

5.接近区段空闲时的进路锁闭又称为进路的_____,接近区段有车占用时的进路锁闭称为进路的_____,或称为完全锁闭。

6.SICAS的中文含义为_____,LOW的中文含义为_____。

7.进路一般由三部分组成,分别为_____、_____、_____,而主进路是由_____区段和_____区段两部分组成。

8.LOW的屏幕显示由三部分组成,自上而下分别为_____、_____、_____。

二、名词解释

1.进路

2.联锁设备

3.进路的自动解锁

三、简答题

1.什么是联锁? 联锁关系的基本内容是什么?

2.简述联锁设备在信号系统中的作用。

3.简述计算机联锁与传统的继电联锁的主要区别。

4.SICAS联锁系统由哪些部分组成? 其中最核心的是哪一层?

5.SICAS联锁系统的进路设置方式有哪些?

6.SICAS联锁系统的进路由哪些部分组成? 说明各部分的作用。

7.LOW的屏幕显示由哪几部分组成? 每部分都包含哪些按钮和栏目?

项目五 列车自动控制系统

▶项目导入

在列车运行控制技术方面,计算机、通信、控制技术与信号技术集成为一个自动化水平很高的列车自动控制系统(ATC 系统)。ATC 系统不仅在行车安全方面提供了根本保障,而且在行车自动化控制、运营效率的提高及管理自动化等方面,提供了完善的功能,并向着运输综合自动化的方向发展。

ATC 系统包括列车自动防护系统(ATP 系统)、列车自动监控系统(ATS 系统)、列车自动驾驶系统(ATO 系统)三个子系统。这三个子系统通过信息交换网络构成闭环系统,实现地面控制与车上控制结合、现地控制与中央控制结合,构成行车指挥、运行调整、列车驾驶自动化、安全等功能为一体的列车自动控制系统。

▶项目要点

1. 熟悉 ATC 系统的组成及基本功能;
2. 熟悉 ATC 系统的分类和控制模式;
3. 熟悉基于通信的列车控制系统的功能和特点。

▶鉴定要求

1. 会使用 ATP 系统设备;
2. 会操作 ATS 系统。

▶课程思政

通过了解我国地铁信号系统的研究成果以及与其他国家在信号系统研究方面存在的差距,增强自身的职业使命感,努力提高自主研发效果和技术水平,加快我国城市轨道交通行业发展。

▶基础知识

◆ 5.1 列车自动控制系统概述

5.1.1 ATC 系统的作用和构成

5.1.1.1 ATC 系统的作用

(1)保障行车安全。列车行车安全是由 ATC 系统中的列车自动防护系统(ATP 系统)

来完成的。ATP 系统与列车的牵引制动系统一起控制列车运行速度,防止列车超速行驶。

(2)提高运营效率。ATC 系统能实现列车自动驾驶,列车根据运营计划可自动完成运营作业,有效减少列车驾驶员、调度和车站人员的工作强度,确保列车正点运营,有效提高运营作业效率。

5.1.1.2 ATC 系统的构成

ATC 系统监控和管理的列车数量应按最小追踪能力所需列车数量设计,并留有不小于30％的余量;系统监控容量除应满足本工程范围内的正线线路、车站、车辆段的建设规模外,还须在满足本工程远期最小运行间隔能力要求的基础上。

(1)按功能组成分。

1)列车自动防护系统(Automatic Train Protection,ATP),主要作用是防止列车追尾、冲突事故的发生,并控制列车的运行速度不超过允许的最高速度。

2)列车自动驾驶系统(Automatic Train Operation,ATO),主要作用是实现列车自动驾驶,并使列车在设定的车站自动停车。

3)列车自动监控系统(Automatic Train Supervision,ATS),主要作用是对线路上运行的所有列车进行监督和管理,控制列车根据列车运行图完成运营作业。

(2)按设备安装位置分。

1)轨旁设备:包括线路上、信号设备室内信号设备,如图 5-1 中的车站联锁、轨旁设备等。

2)车载信号设备:指安装在车上的信号设备,如图 5-1 中的车载 ATP、车载 ATO 等。

3)控制中心设备:指安装在控制中心的 ATS 设备,如图 5-1 中的调度员终端、服务器等。

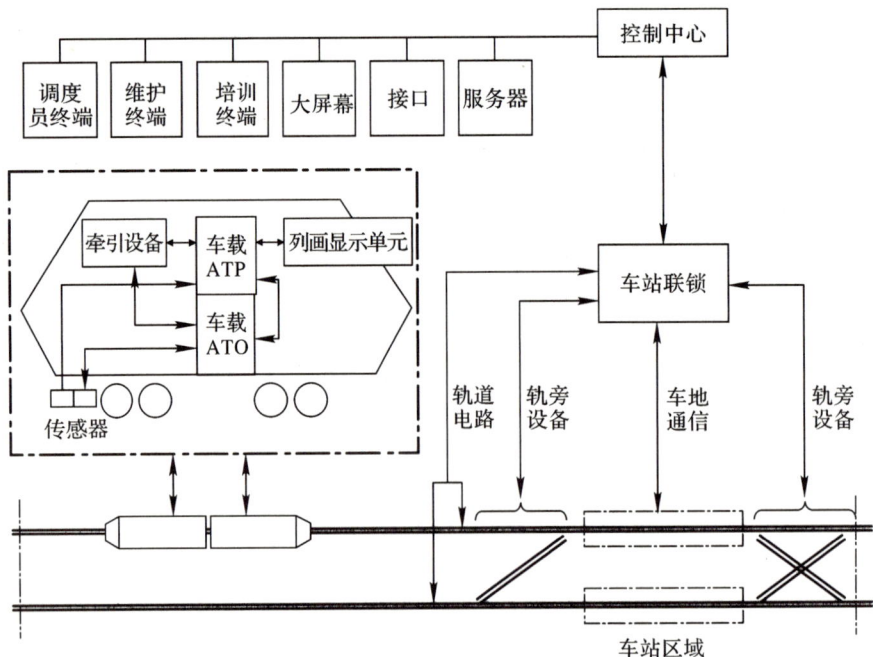

图 5-1 ATC 系统组成及安装示意图

5.1.2 ATC 系统的功能

ATC 系统包括 ATS 功能、联锁功能、列车检测功能、列车运行控制功能和列车识别 (Positive Train Identification,PTI)功能等五个原理功能。

5.1.2.1 ATS 功能

该功能可自动或由人工控制进路,进行行车调度指挥,并向行车调度员和外部系统提供信息。ATS 功能主要由位于 OCC(控制中心)内的设备实现。

5.1.2.2 联锁功能

该功能响应来自 ATS 功能的命令,在随时满足安全准则的前提下,管理进路、道岔和信号的控制,将进路、轨道电路、道岔和信号的状态信息提供给 ATS 和 ATC。联锁功能由分布在轨旁的设备来实现。

5.1.2.3 列车检测功能

它一般由轨道电路完成。

5.1.2.4 列车运行控制功能

其指在联锁系统的约束下,根据 ATS 的要求实现列车运行的控制。列车运行控制有三个子功能,即 ATP/ATO 轨旁功能、ATP/ATO 传输功能和 ATP/ATO 车载功能。

(1)ATP/ATO 轨旁功能:负责列车间隔和报文生成。

(2)ATP/ATO 传输功能:负责发送感应信号,包括报文和 ATC 车载设备所需的其他数据。

(3)ATP/ATO 车载功能:负责列车的安全运营、列车自动驾驶,且给信号系统和司机提供接口。

5.1.2.5 PTI 功能

该功能指通过多种渠道传输和接收各种数据,在特定的位置传给 ATS,向 ATS 报告列车的识别信息、目的号码和乘务组号和列车位置数据,以优化列车运行。

5.1.3 ATC 系统的分类

5.1.3.1 按闭塞制式分类

按闭塞制式不同,ATC 系统可分为固定闭塞式、准移动闭塞式和移动闭塞式三种。

(1)固定闭塞式 ATC。固定闭塞将线路划分为固定的闭塞分区,用轨道电路检测和表示列车位置及列车间距。

轨道电路提供分级速度信息,实施阶梯式速度监督,列车只需要获得轨道电路提供的速度信息即可完成列车超速防护,使列车由最高速度逐步降至零,其制动安全性依靠合理安排自动闭塞分区长度来保证。

固定闭塞的闭塞长度较大,并且一个分区只能被一辆列车占用,不利于缩短行车时间间隔。无法知道列车的具体位置,需要在两列车之间增加一个防护区段,如图 5-2 所示,这使得列车间的安全间隔较大,影响线路使用效率。

图 5 - 2　固定闭塞式 ATC 示意图

（2）准移动闭塞式 ATC。准移动闭塞对前后列车的定位方式是不同的。如图 5 - 3 所示，前行列车的定位仍沿用固定闭塞的方式，而后续列车的定位则采用连续的或称为移动的方式，即后续列车可以定位更加精确。

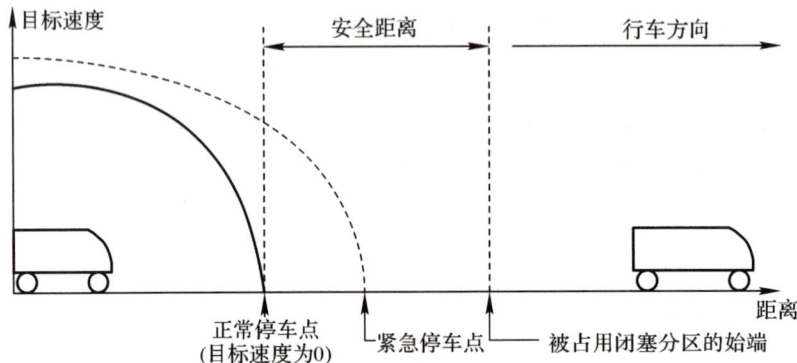

图 5 - 3　准移动闭塞式 ATC

为了提高后续列车的定位精度，目前各系统均在地面每隔一段距离设置 1 个定位标志（即轨道电路的分界点、信标或计轴器等），列车通过时提供绝对位置信息。

在相邻定位标志之间，列车的相对位置由安装在列车上的轮轴测速装置连续测得。由于准移动闭塞同时采用移动和固定两种定位方式，所以它的速度控制模式既具有连续的特点又具有阶梯的性质，由于被控列车的位置是由列车自行实时（移动）测定的，所以其最大允许速度的计算只能在车载设备上实现。

（3）移动闭塞式 ATC。如图 5 - 4 所示，移动闭塞式 ATC 的特点是前后两车均采用移动式的定位方式，即前后两辆列车均可精确定位，列车之间的安全追踪间距随着列车的运行而不断变化。移动闭塞式 ATC 可使列车以较高的速度和较小的间隔运行，运营效率大大提高。

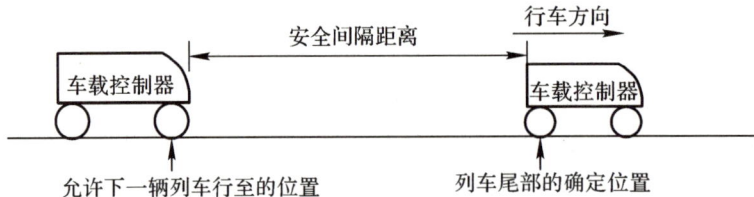

图 5 - 4　移动闭塞式 ATC

5.1.3.2　按车-地之间信息传递的方式分类

ATC 系统按照其传递下行的方式可分为点式 ATC 系统和连续式 ATC 系统。

（1）点式 ATC 系统。点式 ATC 系统采用应答器实现车-地之间点式传递信息，用车载计算机进行信息处理，实现列车的超速防护，又被称为点式 ATP 系统。点式 ATC 系统结构如图 5 - 5 所示，系统主要包括车载设备和地面设备。车载设备主要由车站查询器、测速传感器和中央控制单元组成；地面设备包括地面应答器和轨旁电子单元（LEU）。

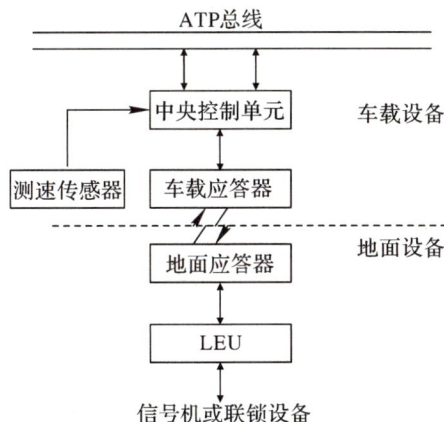

图 5-5　点式 ATC 系统结构图

(2)连续式 ATC 系统。地-车间实现连续传递信息的 ATC 系统称为连续式 ATC 系统。连续式 ATC 系统又有两种分类方式:按地-车间信息传输所用的媒体分类和按地-车传输内容分类。

按车-地间信息传输所用的媒体分类,连续式 ATC 系统可分为基于有线传输的 ATC 系统和基于无线通信的 ATC 系统,前者又可分为基于轨间电缆的 ATC 系统和基于轨道电路的 ATC 系统,这里不再一一赘述。

5.2　ATC 系统的控制模式和运营模式

5.2.1　ATC 系统的控制模式

ATC 系统的控制模式有控制中心自动控制模式(Control Automation,CA),控制中心自动控制时的人工介入控制或利用调度集中系统的人工控制模式(CM),车站自动控制模式,车站人工控制模式。

一个系统在同一时间只能处于一种模式。它们的优先级别是:车站人工控制优先于控制中心人工控制,控制中心人工控制优先于控制中心的自动控制或车站自动控制。

5.2.1.1　控制中心自动控制模式(CA)

在控制中心自动控制模式下,列车进路命令由 ATS 进路自动设定系统发出,其信息来源是时刻表及列车运行自动调整系统。控制中心调度员可以对列车运行自动调整系统进行人工干预,使列车运行按调度员意图进行。

5.2.1.2　控制中心自动控制时的人工介入控制或利用 ATC 系统的人工控制模式(CM)

在控制中心自动控制时,控制中心调度员也可关闭某个联锁区或某个联锁区内部分信号机或某一指定列车的自动进路设定,直接在控制中心的工作站上对列车进路进行控制。在关闭联锁区自动进路设定时,控制中心调度员可发出命令,利用联锁设备自动进路控制功能,根据前行列车的运行,自动排列一条后续列车的固定进路。在自动进路功能出现故障的情况下,调度员可以人工设置进路。

131

在 CM 模式中,车站的人工控制转到 ATS 子系统。一旦车站工作于该模式,则由 ATS 子系统启动控制而不由车站控制计算机启动控制。然而,车站控制计算机继续接收表示,更新显示和采集数据。

5.2.1.3 车站自动控制模式

在控制中心设备故障或通信线路故障时,控制中心将无法对联锁车站的远程控制终端进行控制,此时将自动进入列车自动监控后备模式,由列车上的车次号发送系统发出带列车去向的车次信息,通过远程控制终端自动产生进路命令,由联锁设备的自动功能来自动设定进路,即随着列车运行,自动排列一条固定进路。

5.2.1.4 车站人工控制模式

当 ATS 因故不能设置进路(不论人工方式还是自动进路方式),或由于某种运营上的需要而不能由中心控制时,可改为现地操纵模式,在现地操纵台上人工排列进路。

车站自动控制和车站人工控制也可以合称为车站控制(LC)。当车站工作于 LC 模式时,不能由 ATS 子系统启动控制。然而 ATS 子系统将继续收到表示,更新显示和采集数据。对车站控制计算机而言,这是唯一可用的控制模式。

5.2.2 信号系统的运营模式

5.2.2.1 ATS 自动监控模式

正常情况下 ATS 系统自动监测在线列车的运行,自动向联锁设备下达列车进路命令,列车在 ATP 的安全保护下由驾驶员按规定的运行图时刻表驾驶列车运行。控制中心行车调度员仅需监督列车和设备的运行状况。每天开班前,控制中心调度员选择当日的行车运行图/时刻表,经确认或作必要的修改,作为当日行车的依据。

5.2.2.2 调度员人工介入模式

调度员可以通过工作站发出有关行车命令,对全线列车运行进行干预。调整列车运行计划,包括对列车实施"扣车"、终止"站停",改变列车进路、增减列车,等等。

5.2.2.3 列车出入车厂调度模式

车辆调度员可以根据当日运行图/时刻表编制车辆运行计划和段内行车计划,并传至控制中心。车辆段值班员按车辆运用计划设置相应的进路,以满足列车出入段要求。

5.2.2.4 车厂控制模式

列车出入车辆段和段内的作业由车辆段值班员根据用车计划,直接排列进路。车辆段与正线之间设置转换轨,出入段线与正线间采用联锁照查联系保证行车安全。

5.2.2.5 车站现地控制模式

除设备集中站外,其他车站不直接参与运营控制,车站联锁和车站 ATS 系统相结合,实现车站和中央两级控制权的转换。

在中央 ATS 设备故障或经车站值班员申请,中央调度员同意放权后,可改由车站现地控制。

在现地控制模式下,车站值班员可直接操纵车站联锁设备,可将部分信号机置于自动模式状态,控制中心行车调度员应通过通信调度系统与列车驾驶员保持联系。

5.2.3 试车线

试车线设置在车辆段内。其主要功能是在列车安装及检修完 ATP 和 ATO 设备后的静态、动态测试。

试车线的设备主要是轨道电路设备、与正线相同的 ATO/ATP 轨旁设备、精确停车环线、PTI 环线、试车线试验计算机、电源系统、故障诊断及维修工作站等。

▶项目总结

本章通过学习列车自动控制系统,让我们了解了列车自动控制系统的组成、基本结构及作用,掌握了列车自动控制系统重要设备的构成,列车自动控制系统维护实施的内容。

▶项目实施

实训 5.1 了解 ATC 系统现场教学

1.实训项目教师工作活页(见表 5-1)

表 5-1 实训项目教师工作活页

实训项目		实训 5.1.1 认识 ATC 系统			
学　　时		专业班级		实训场地	
实训设备					
教学目标	专业能力	了解 ATC 系统各部分设备的组成			
	方法能力	综合运用专业知识,根据实训项目学习任务确定实训方案,从中学会表达及展示活动过程和成果			
	社会能力	(1)能在实训活动中保持积极向上的学习态度; (2)能与小组成员和教师就学习中的问题进行交流与沟通; (3)学会和他人资源共享,具有较好的合作能力和团队精神。			
教学设备		城市轨道交通车站轨旁设备及室内设备,车载 ATP 及 ATO 设备、调度中心 ATS 设备			
绩效评价	学生活动	(1)以 4～8 人小组为单位开展实训活动,根据本组同学在实训过程中的表现及结果进行自评和组内互评; (2)根据其他小组同学在展示活动中的表现及结果,进行小组互评。			
	教师活动	(1)指导学生开展实训活动; (2)组织学生开展活动评价与总结; (3)根据学生的表现和在本实训项目中的单元成绩作出综合评价。			
教学资料		(1)《城市轨道交通通信与信号》主教材及辅助教材; (2)车载 ATP 及 ATO 设备、调度中心 ATS 设备等技术资料; (3)教学活动设计活页。			
指导教师			实训时间	年　　月　　日	

2.实训项目学生学习活页(见表5-2)

表5-2　实训项目学生学习活页

实训项目	实训5.1.2　认识ATC系统			
专业班级		姓名		时间

一、目标

1.专业能力目标

了解ATC系统各部分设备的组成。

2.方法能力目标

综合运用专业知识,根据实训项目学习任务确定实训方案,从中学会表达及展示活动过程和成果。

3.社会能力目标

(1)能在实训活动中保持积极向上的学习态度;

(2)能与小组成员和教师就学习中的问题进行交流与沟通;

(3)学会和他人资源共享,具有较好的合作能力和团队精神。

二、设备

城市轨道交通车站轨旁设备及室内设备,车载ATP及ATO设备、调度中心ATS设备。

三、实施步骤

(1)车站教学:参观了解车站轨道电路及轨旁设备;

(2)车上教学:参观电动列车ATP及ATO设备;

(3)调度中心教学:参观调度中心ATS设备。

四、实训小结

_____

_____

_____

_____

五、成绩评定

1.学生评价

评价等级	A—优秀	B—良好	C—中等	D—及格	E—不及格
学生自评					
组内互评					
小组互评					

2.教师评价

评价等级	A—优秀	B—良好	C—中等	D—及格	E—不及格
专业能力					
方法能力					
社会能力					
评价结果					

续 表

3.综合评价

评价等级	A—优秀	B—良好	C—中等	D—及格	E—不及格
综合评价					

综合评价按学生自评占 10%、组内互评占 20%、小组互评占 20%、教师评价占 50% 的比例进行过程评价。其中:A(90~100)、B(80~89)、C(70~79)、D(60~69)、E(60 以下)。

4.评价标准

评价等级	评价标准
A	能圆满、高效地完成实训任务的全部内容
B	能较顺利地完成实训任务的全部内容
C	能完成实训任务的全部内容,但需要相关的指导和帮助
D	只能完成实训任务的大部分内容,在教师和小组同学的帮助下,也能完成实训任务的全部内容
E	只能完成实训任务的部分内容

▶ 项目达标

一、填空题

1.ATC 系统按闭塞方式可分为_____、_____和_____;ATC 系统按车-地之间信息传输方式可分为_____、_____和_____。

2.ATC 系统的作用是_____和_____。

3.ATC 系统包括五个原理功能,它们分别是_____、_____、_____、列车运行控制功能和 PTI(列车识别)功能。

二、选择题

1.固定闭塞的速度控制模式是(   )的。

A.分级   B.分级和连续

C.连续   D.间断

2.轨旁地面电子单元是地面应答器与(   )之间的电子接口设备。

A.轨道电路   B.信号机   C.转辙机   D.电缆

3.点式 ATC 系统的主要功能是实现(   )。

A.列车自动控制   B.列车自动监控

C.列车超速防护   D.列车自动驾驶

三、简答题

1.ATC 系统由哪几个系统组成?其主要功能有哪些?

2.ATC 系统是如何分类的?

3.ATC 信号系统的运营模式有哪几种?

4.ATC 系统的控制模式有哪些?

项目六 列控设备 ATP/ATO

某线路在运营中,17:07 115 车某站下行 ATO 模式过标 3 m,于 17:36 下线回段,22:00 恢复故障。经分析,其原因为 115 车 1 车端 TI 主机功率过低,调整后恢复。另一起故障报修为地铁公司 7:55 接到通知,103 车 1 车端查询/应答器故障,该车计划于 7:51 下线回段。11:31 恢复故障,其故障原因为查询/应答器主机功率偏低,调整主机功率后恢复。这些都是在地铁运营中 ATO 系统故障导致列车不能在线运营,只能返回车辆段进行检修。

▶项目要点

1.掌握 ATP 的基本概念;
2.掌握 ATP 设备的组成及功能;
3.熟悉 ATP 的基本工作原理;
4.掌握 ATO 系统基本概念和组成;
5.了解 ATP、ATO 系统的主要功能;
6.掌握 ATP、ATO 系统基本工作原理;
7.了解 ATO 与 ATP 的关系。

▶鉴定要求

1.能根据图纸识别 ATP/ATO 系统设备及模块;
2.能识别车载信号设备主要显示灯位的表示含义;
3.能操作车辆接口分工界面;
4.能检查车载信号设备的安装、运行情况;
5.能对车载信号设备进行内外部清扫、紧固、电缆线整理、标识更新;
6.能通过维修支持系统查看在线列车车载信号设备运行状态;
7.能选用合适的工具仪表对车载信号设备进行测试和调整。

▶课程思政

1.通过列车控制系统的实训项目,提升自身的操作能力和规范意识,树立安全意识和风险意识;

2.在学习和实践中提升团队协作意识,培养细心、专注的工作习惯,与团队成员积极配合,共同保障城市轨道交通的运营安全;

3.提升创新意识,自主创新、不断开发更加先进的列控设备及产品,推动城市轨道交通通信技术不断进步,树立大国有我的责任和担当。

▶**基础知识**

列控设备是现代城市轨道交通的信号系统的核心,基于无线通信的列车控制系统(CBTC)已成为主流的城市轨道交通信号系统,取代了基于轨道电路以及地面环线的列控系统,在 ATP 设备的基础上实现了列车自动驾驶(ATO),并逐步向无人驾驶方向发展,实现了城市轨道交通高速度、高密度、高安全性、高可靠性运行。它通过实现列车指挥和列车运行自动化,能最大限度地保证列车运行安全,提高运输效率,减轻运营人员的劳动强度,从而充分发挥城市轨道交通的通过能力。

ATP 子系统是保证行车安全、防止列车进入前方列车占用区段和防止超速运行的设备。ATP 子系统负责全部的列车运行保护,是列车安全运行的保障。ATO 子系统主要用以实现"地对车控制",即用地面信息实现对列车驱动、制动的控制,包括列车自动折返,根据控制中心指令自动完成对列车的启动、牵引、惰行和制动,发送车门和站台门同步开关信号,使列车按最佳工况正点、安全、平稳地运行。

◆ 6.1 ATP 系统

列车自动防护(ATP)系统是保证行车安全、防止列车进入前方列车占用区段和防止超速运行的设备,用于实现列车运行安全间隔防护和超速防护。ATP 系统负责全部的列车运行保护,是列车安全运行的保障。

6.1.1 ATP 系统的组成

列车自动防护系统所包含的设备分别安装于列车上的车载设备和安装于轨道旁的轨旁设备或是地面设备,如图 6-1 所示。

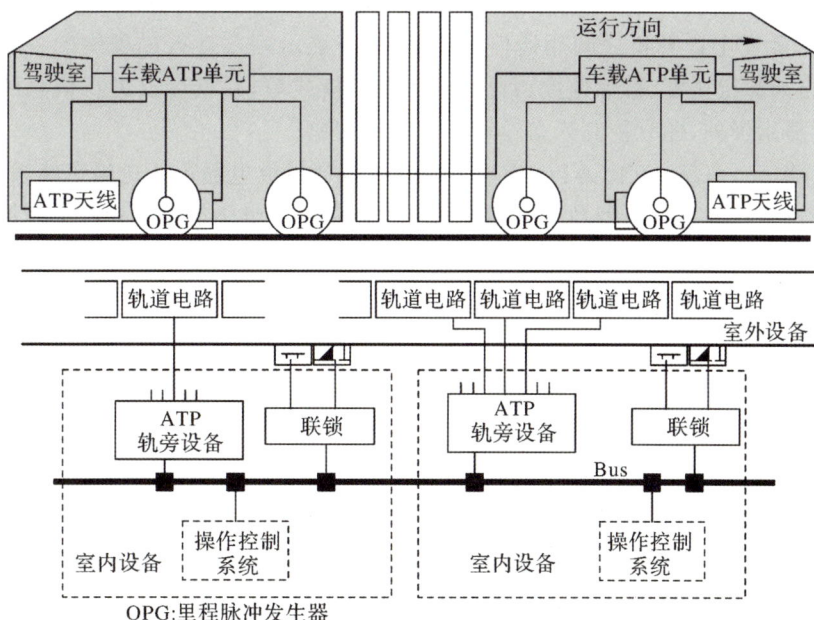

OPG:里程脉冲发生器

图 6-1 ATP 系统组成

6.1.1.1 车载 ATP 设备

车载 ATP 系统主要由车上设备、车底设备和车顶设备三部分组成,主要包括车载主机、司机显示器、速度传感器、列车地面信号接收器、列车接口电路、电源和辅助设备灯等,如图 6-2 所示。

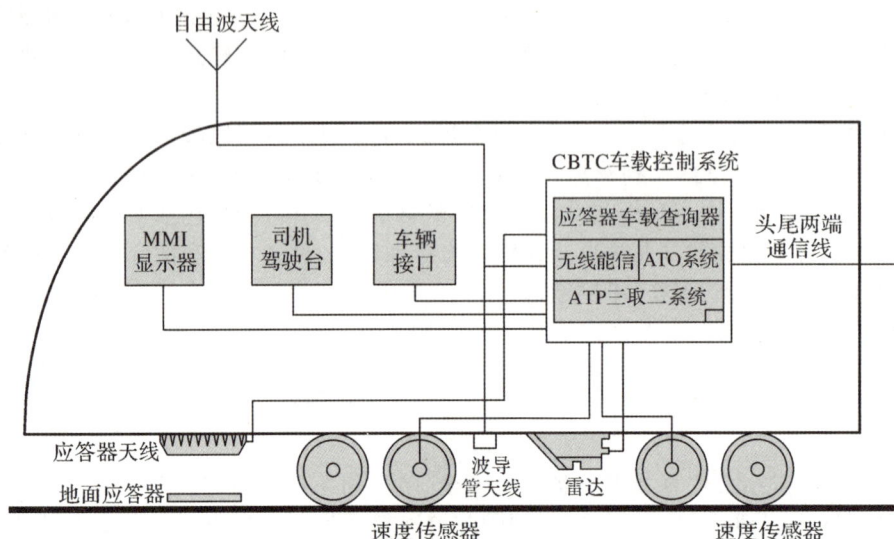

图 6-2 车载 ATP 系统结构组成图

(1)车上设备。

1)车载主机(VATC 机柜、CC 机柜)。车载主机由 VATP、VATO 及 VO 电子接口等组成,具备生成速度防护曲线、速度监督、显示信息输出、自动驾驶列车等功能。

2)司机显示器(TOD)。司机控制台的状态显示单元是车载系统与列车司机之间的人机界面,与车载安全计算机之间用通信线相连,用于显示列车运行过程中的各种参数和信息,如列车当前运行速度、目标速度、目标距离、驾驶模式等,并且可以进行信息的查询和参数设置。除显示屏外,还有控制列车运行及车门的按钮。

3)继电器柜。车载 ATP/ATO 发出的制动指令通过继电器单元送给车辆系统,同时车辆自身的状态信息通过继电器单元反馈至车载控制单元。继电器单元还作为驾驶台输入条件到车载控制单元的接口。

4)电源和辅助设备等。列车为车载设备提供所需的电源,以及列车运行模式选择开关、各种电源开关等辅助设备。

(2)车底设备。列车速度和位置测定功能由信标读取器、测速装置和多普勒雷达等完成。

1)信标读取器(见图 6-3)。信标读取器主要用于读取地面有源、无源信标的信息,提供列车位置精确校正功能并辅助补偿列车轮径误差。

2)测速装置。信号系统在列车的轮轴上安装一个或多个速度传感器和加速度计,如图 6-4 所示,通过测量车轮转数计算列车的运行速度、列车运行距离及列车运行方向的判定。

3)多普勒雷达。利用多普勒原理用于测量列车 5 km/h 以上的对地速度信号并检测空转/打滑,克服车轮磨损、空转、滑行造成的测量误差。

根据信号系统设计,列车底部还可以安装其他地面信号接收器,用于接收从轨道上传来的信息,如轨道电路信息、地面环线信息等。

(3)车顶设备。车顶设备包括漏缆天线和 LOS(Line of Sight)天线,作用均为发送列车的位置和状态信号,接收轨旁 AP 发送过来的轨旁列车控制信号。

图 6-3 信标读取器

图 6-4 速度传感器

6.1.1.2 轨旁设备

轨旁设备主要由 ATP 轨旁单元和相关的发送/接收器组成。它们向列车传递有关信息,由安装在列车上的装置接收和处理这些信息。

轨旁单元主要是计算机,负责对所获得信息的处理和信息的发送以及接收。

根据轨道交通信号系统的不同制式,发送和接收的设备可以设置成应答器或轨道电路,或 CBTC 系统下的无线通信设备。

点式应答器中包含的信息有线路位置、列车运行距离、基于线路参数、速度限制等。应答器安装在线路上,调试和安装工艺比较简单,容易实施,成本相对较低,应用广泛。

6.1.2 ATP 系统的主要功能与工作原理

ATP 系统应具有下列主要功能:检测列车位置、停车点防护、超速防护、列车间隔控制(移动闭塞时)、临时限速、测速、测距、车门控制、记录司机操作等。

6.1.2.1 列车检测

实现列车定位的主要设备有车载控制器、信标读取系统、速度传感器和加速度计、地面信标等。

车载控制器首先通过初始化定位信标确定进入系统的位置,然后根据实时计算的列车速度计算列车走行的距离,并在每经过一个地面静态信标时,对列车的位置进行修正。

6.1.2.2 列车自动限速

ATP 轨旁单元从联锁和轨道空闲检测系统获得驾驶指令,形成计划数据后传输至 ATP 车载设备。驾驶指令主要包括目标坐标(目标速度和目标距离)、最大允许线路速度和线路坡度。ATP 车载设备通过此数据计算现有位置的列车允许速度。驾驶列车所需的数据经由驾驶室显示器指示给司机。

实际的列车速度和驶过的距离由测速装置连续进行测量。

ATP 车载设备将列车实际速度与列车允许速度进行比较:当列车速度超过列车允许速

度时,ATP 的车载设备就发出制动命令,发出报警后控制列车进行常用全制动或实施紧急制动,使列车自动地制动;当列车速度降至 ATP 所指示的速度以下时,便自动缓解,而运行操作仍由司机完成。

ATP 不仅可用来保证列车之间的运行安全,还用于受曲线等线路条件,通过道岔、行区间等限制而需要限速的区段。因此限速等级是根据后续列车和先行列车之间的距离、线路条件等来决定的。ATP 可对列车运行速度进行分级或连续监督。

6.1.2.3　目标速度和目标距离

ATP 轨旁设备向在其控制范围内的列车分配一个"目标距离",再由轨道电路生成代码,通知列车前方有多少个未占用的区段;接着,车载 ATP 设备调用存储器里的信息,决定列车在任何时刻的运行速度和可以运行的最远距离,确保在抵达障碍物或限制区之前安全停车。目标距离原理如图 6-5 所示。

列车 B 可获得其精确的位置,这一信息与保存在 ATP 和 ATO 设备存储器中的线路图数据相结合,可推算出列车的最大安全距离或目标距离。这样,列车 B 就能安全地进入列车 A 所占用的轨道区段后方的空闲轨道区段。列车的实际行驶速度不断与计算出来的最高速度进行比较,如果实际车速超过最高速度,则自动启用紧急制动。

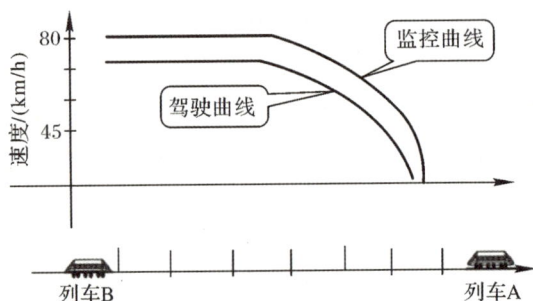

图 6-5　目标距离原理图

列车除了必须遵循通过轨道传来的指示目标距离的编码外,在线路的某些区域,由于某种特殊情况或临时性原因,如轨道临时性作业等,还有一些速度限制要求。ATP 将充分考虑到各种限速条件,选择最严格的条件来执行。

6.1.2.4　制动模式

列车制动控制模式分为分级制动模式和一级制动模式。

(1)分级制动。分级制动是以闭塞分区为单元,根据与前行列车的运行距离来调整列车速度,各闭塞分区采用不同的低频频率调制,指示不同的速度等级,在此基础上确定限速值。分级制动模式又分为阶梯式制动模式和曲线式制动模式。

阶梯式分级制动模式俗称大台阶式,它将一个列车全制动距离划分为 3~4 个闭塞分区,每一闭塞分区根据与前行列车的距离确定限速值。当列车速度高于检查值时,列车自动制动,其为滞后监督方式,即在闭塞分区出口才监督是否超速。为确保安全,必须设有"保护区段"。阶梯式分级制动模式的速度曲线如图 6-6 所示。固定闭塞制式的 ATC 通常采用阶梯式分级制动模式。

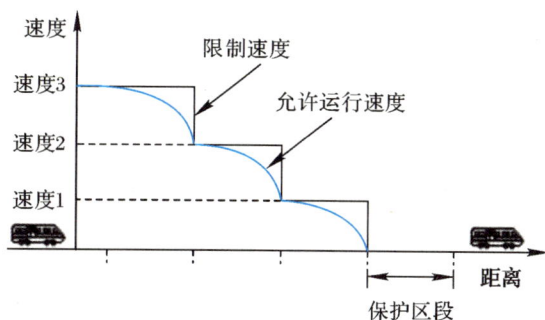

图 6-6　阶梯式分级制动模式的速度曲线

阶梯式分级制动模式不能满足高密度行车的需要,于是改为速度-距离曲线式分级制动模式。

模式曲线是根据该闭塞分区提供的允许速度值以及列车参数和线路常数由车载计算机计算出来的(或将各种制动模式曲线储存调用)。曲线式分级制动模式的速度曲线如图6-7所示。准移动闭塞制式的 ATC 通常采用曲线式分级制动模式。

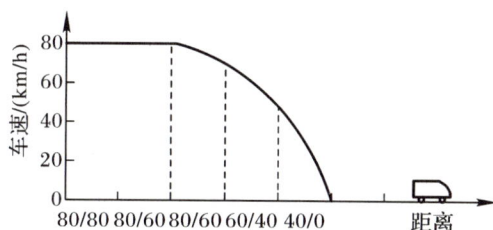

图 6-7　曲线式分级制动模式的速度曲线

(2)一级制动。一级制动是按目标距离制动的。根据距前行列车的距离或距运行前方停车站的距离由控制中心根据目标距离、列车参数和线路参数计算出列车制动模式曲线,或由车载计算机予以计算,按制动模式曲线控制列车运行。信息传输有数字编码轨道电路传输和无线传输两种方式。无论何种方式,传输的信息必须包括线路允许速度、目标速度、目标距离。一级制动方式能合理地控制列车运行速度,是列车自动控制技术的发展方向。一级制动模式速度曲线如图 6-8 所示。移动闭塞制式的 ATC 通常采用一级制动模式。

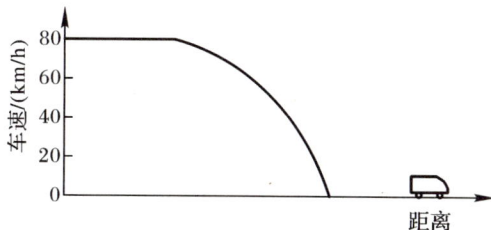

图 6-8　一级制动模式的速度曲线

6.1.2.5　测速与测距

(1)测速。列车运行速度的测量非常重要,列车实际运行速度是速度控制的依据。该速度值的准确性和精度直接影响调速效果。

测速有车载设备自测和系统测量两种方法。测速常采用的设备有：①测速发电机；②里程脉冲发生器；③光电式传感器；④霍尔式脉冲转速传感器。目前城市轨道交通多用里程脉冲和雷达测速等方法。

（2）测距。在目标距离模式中，列车位置对于安全性至关重要。如果列车无法掌握其在线路中的准确位置，那么它就无法保证在抵达障碍物或限制区之前停下或减速。如何测量距停车点的精确距离是列车运行超速防护系统的重要任务。通过连续确定列车行驶距离，ATP 车载设备可以随时查找列车的精确位置。距离信息以音频轨道电路的分界来定位，当列车经过轨道电路的分界时，距离测量被同步。

测距是通过测速与轮径完成的，距离测量系统记录车轮旋转的次数，考虑运行方向和车轮直径，计算出列车走行的距离。距离测量系统利用两个速度传感器测得的数据，通过两个通道进行比较。如果结果不一致，为可靠起见，取其中的最大值。ATP 系统允许输入正确车轮直径，由此来确保正确测量速度和距离。

在跨越轨道电路时，如果已经接收到带有有效时间标记的新报文，则距离测量装置复位为零。

6.1.2.6　速度限制

速度限制分为固定限速、临时限速、在道岔或道岔前方的限速、具有短安全轨道停车点的限速。下面重点介绍固定限速和临时限速。

（1）固定限速。固定限速是在设计阶段设置的。车载 ATP 和 ATO 设备都储存着整条线路上的固定限速区信息，其速度梯降级别为 1 km/h。它决定了"目标距离"工作模式下可能给出的最优行车间隔。

（2）临时限速。限制速度在某些条件下（施工现场、临时危险点）可被降低。临时速度限制区段的范围总是限制在一个或多个轨道电路。在紧急情况下，通过特殊速度码，可将任何一段轨道电路上的速度设置为 25 km/h。如果需要设置临时性限速区，可以在地面安装应答器。这些应答器允许以 5 km/h 为一个阶梯，降到 25 km/h。在带有允许临时速度限制的编码的轨道电路里，可通过设置信标来实施。ATP 通过设置区域限速或闭塞分区限速来设置速度限制。

6.1.2.7　常用制动和紧急制动

ATP 车载设备具有常用制动和紧急制动两级防护控制的能力。

常用制动是直接控制列车主管压力使机车制动与缓解，不影响原有列车制动系统的功能。它缩短了制动空走时间，大大减小了制动时的纵向冲击加速度，使列车运行更安全

紧急制动是将压缩空气全部排入大气，使副风缸内压缩空气很快推动活塞，施行制动，使列车很快停下来。紧急制动时，列车冲击大，中途不能缓解，充风时间长，不能使列车安全平稳地运行。ATP 车载设备收到紧急停车命令后，将发送给影响区域内的列车的数据信息中的"线路速度""目标速度"设置为零。而且一旦发出紧急制动指令时，中途不得缓解，直到停车。紧急制动的实施可通过下列三种基本方式的任何一种来实现：

（1）在列车超速、后退、移动时车门打开等情况下，直接由 ATP 功能提供防护。

（2）在故障情况下（如在需要报文时不能接收到报文），直接由 ATP 功能作为安全防护。

（3）由司机或由牵引控制设备执行，不依靠 ATP 功能。如果由 ATP 功能直接启动，但不能被缓解地紧急制动，这说明 ATP 车载设备出现了完全的故障。在这种情况下，必须通过使用故障开关来隔离故障设备。

6.1.2.8 停站

停站包括车站程序停车和车站定位停车。

6.1.2.9 车门控制

通常情况下，在车辆没有停稳靠在站台或在车辆段转换轨上时，ATP 不允许车门开启。当列车在车站的预定停车区域内停稳且停车点的误差在允许范围内时，地面定位天线会收到车载定位天线发送的停稳信号，列车从 ATP 轨旁设备收到车门开启命令，ATP 才会允许车门操作、车载对位天线和地面对位天线才能很好地感应耦合并进行车门开关操作，这需要地面和车载 ATC 设备以及车辆门控电路共同配合。有了车门开启命令后，使 ATP 轨旁设备改发打开站台门信号，当站台定位接收器收到此信号，便打开与列车车门相对的站台门。

左右车门选择由车门开启命令来执行，此命令通过轨旁 ATP 系统取得。地面 ATP 设备还将列车停准、停稳信息送至控制中心作为列车到站的依据。车门关闭后，车载 ATP 才具备安全发车条件。车站在检查了站台门已关闭好后，才允许 ATP 子系统向列车发送运行速度命令信息，列车收到速度命令，同时检查了车门已关闭后，可按车载 ATP 收到的速度命令出发。

◆ 6.2 ATO 系统

列车自动驾驶系统（ATO）主要实现"地对车控制"，即用地面信息实现对列车驱动、制动的控制，包括列车自动折返，根据 OCC 指令自动完成对列车的启动、牵引、惰行和制动，送出车门和站台门同步开关信号，使列车按最佳工况正点、安全、平稳地运行。

人工驾驶列车运行时，列车司机操纵列车驾驶手柄，控制列车运行，实现列车加速、减速和列车停车。ATO 为非故障-安全系统，其控制列车自动运行，主要目的是模拟最佳司机的驾驶实现正常情况下高质量的自动驾驶，提高列车运行效率，提高列车运行的舒适度，节省能源。

ATP 系统是城市轨道交通列车运行时必不可少的安全保障，ATO 系统则是提高城市轨道交通列车运行水平（准点、平稳、节能）的技术措施。

6.2.1 ATO 系统的组成

虽然各公司的 ATO 系统结构不尽相同，但 ATO 系统的基本组成相同，即都由轨旁设备和车载设备组成。ATO 轨旁设备通常兼用 ATP 轨旁设备，由地面信息接收发送设备和轨道环线组成，接收与列车自动运行有关的信息。车载设备包括车载 ATO 模块、ATO 车载天线、人机界面。

6.2.1.1 车载 ATO 模块

车载 ATO 模块是 ATO 系统的核心组成部分,它包含硬件和软件两部分。车载 ATO 模块从车载 ATP 子系统获得必要的信息,如列车运行速度和列车位置等,车载 ATO 模块软件对这些数据进行实时处理,计算出列车当前所需的牵引力或制动力,向列车发出请求,列车牵引或制动系统收到请求指令后,对列车施加牵引或制动,对列车进行实时控制。

车载 ATO 模块与列车的牵引和制动系统相互作用,实现列车在站台区精确对位停车。车载 ATO 系统主要完成的是非安全功能,故未采用冗余设计,但是整个系统设计为若处于人工驾驶模式或不满足 ATO 的启动条件,即使 ATO 故障,ATP 也能将 ATO 所有的输出切除掉,使 ATO 不会干扰正常的司机驾驶。当 ATO 设备在运行过程中发生故障,ATP 也能立即切除 ATO 的控制,保证系统的安全。

6.2.1.2 ATO 车载天线

ATO 系统的车载模块与地面设备之间的信息交换是通过 ATO 车载天线来完成的,以实现 ATO 系统与 ATS 系统之间的信息交换。

ATO 车载天线一般安装在列车第一列编组的车体下,它接收来自 ATS 系统的信息,同时向 ATS 系统发送有关的列车状态信息。这些信息一般包括以下内容:

(1)从列车向地面发送的信息。ATO 系统车载模块通过 ATO 车载天线向地面 ATS 系统发送的信息有列车识别号信息。该列车识别号信息包括了列车的车组号、车次号、目的地编码等内容。列车向地面发送的信息还有列车运行方向、列车车门状态、车轮磨损指示、列车车轮打滑和空转、车载 ATO 模块状态和报警信息等。

(2)从地面向列车 ATO 车载设备发送的信息。从地面向列车 ATO 车载设备发送的信息有列车开关门命令、列车车次号确认、列车测试指令、门循环测试、主时钟参考信号、跳停/扣车指令和列车运行等级等。

6.2.1.3 人机界面

列车司机通过人机界面可以将列车运行的模式选择为"ATO",起动列车在 ATO 模式下运行。

6.2.2 ATO 系统的主要功能与工作原理

6.2.2.1 列车自动驾驶

和 ATP 系统一样,ATO 也存储了轨道布局和坡度信息,能够优化列车控制命令。ATO 中有一套最大安全速度数据,与 ATP 的最大安全速度数据互相独立。这样,为了保证乘坐的舒适性,ATO 可按照最大速度行驶,不过这一速度要小于 ATP 的最大安全速度。ATO 的最大速度可以任意设置,递进精度为 1 km/h。

ATO 利用通过地面 ATP 设备传来的编码得知前方未被占用的轨道电路数目或者前行列车的位置,知道当前本次列车的位置,列车就可以在到达安全停车点之前,综合考虑安全因素,尽量以全速行驶。

ATO 系统的自动驾驶功能通过 ATO 车载设备控制列车牵引和制动系统而实现。为此 ATO 需要 ATP 的数据,包括从 ATP 轨旁单元接收到全部 ATP 运行命令、测速单元提供的当前列车位置和实际速度信息、位置识别和定位系统的信息、列车长度、ATS 通过向 ATP 轨旁单元发送的出站命令和到下一站的计划时间等。

如果 ATO 自检测成功完成,且 ATP 设备释放了自动驾驶,则信号显示"ATO 启动"就可以实施 ATO 驾驶。

由 ATO 系统执行的自动驾驶过程是一个闭环反馈控制过程,其基本关系框图如图 6-9 所示。测速单元通过 ATP 向 ATO 发送列车的实际位置信息。反馈环路的基准输入是从 ATP 数据和运营控制数据中得出的。ATO 向牵引和制动控制设备提供数据输出。

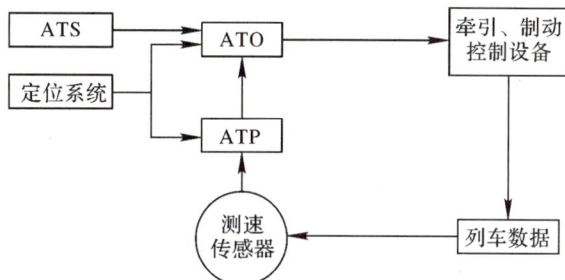

图 6-9 自动驾驶的闭环控制框图

6.2.2.2 车站发车控制功能

列车在 ATO 模式下运行时,列车驾驶员按压发车按钮启动列车运行,ATO 根据列车自动防护系统 ATP 发送的控制速度和列车自动监控系统 ATS 发送的运行等级,自动运行到下一车站。

ATO 模式在以下条件下被激活:①ATP 在 SM 模式中;②已过了车站停车时间;③联锁系统排列了进路;④车门关闭;⑤驾驶手柄处于零位。司机通过按压启动按钮开始 ATO 模式,列车加速达到计算的速度曲线。假如其中一项条件不能满足,则启动无效,ATP 关闭 ATO 至牵引的控制信号。

6.2.2.3 列车区间运行速度控制

ATO 系统车载模块接收到从车载 ATP 发出的列车速度控制指令后,它向列车的牵引系统或制动系统发出请求,以施加牵引力将列车加速到控制速度,保持列车的运行速度在一个速度控制窗口内,如图 6-10 所示。在达到计算速度时,系统根据速度曲线控制列车运行。当接近制动启动点时,ATO 设备将自动控制常用制动,使列车运行跟随制动曲线。

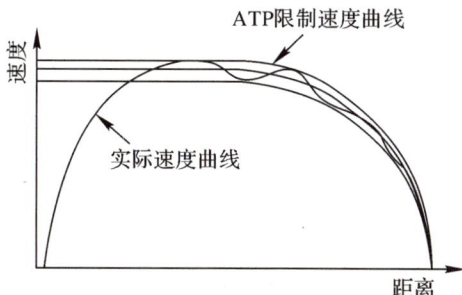

图 6-10 ATO 模式下的速度距离曲线

列车在 ATO 模式下,其实际运行速度曲线在 ATP 限制速度曲线以下,在一个较小的速度范围内波动,使得列车以接近 ATP 限制速度运行,最有效提高列车运行效率,降低列车能耗,减少列车在牵引、惰行和制动状态之间的不断切换次数,有效提高乘客的舒适度。

6.2.2.4 车站程序停车

线路上的车站都有预先确定的停站时间间隔。控制中心 ATS 监督列车时刻表,计算需要的停站时间以保证列车正点到达下一个车站。集中站 ATS 通过 ATO 环线传送给 ATO 车载设备。控制中心通过集中站 ATS 缩短或延长车站停站时间。如果控制中心离线,集中站 ATS 预置一个缺省的停站时间,该时间可编程实现。在控制中心要求下,列车可跳过某车站。这一跳停命令由控制中心通过集中站 ATS 传给列车。

6.2.2.5 车站定位停车

车站精确停车通过车站区域的轨道电路标识、分界过渡和 ATO 环线变换进行。轨道电路标识被用来确定停车特征的合适起始点。轨道电路分界过渡和轨旁 ATO 环线变换提供了距离分界。该距离分界用于达到要求的位置精度。

当停车特征启动后、ATO 基于列车速度、预先确定的制动率和距停止点的距离计算制动特征。ATO 遵循此特征,根据要求改变牵引和制动需求。制动率调整值通过 ATO 环线轨旁 ATO 取得。根据异常线路情况作出动态的调整,并可从 CC 或 SCR(车站控制室)中进行选择。一旦列车停车,ATO 会保持制动,避免列车运动。ATO 可以与站台门(PSD)的控制系统全面接口,保证列车的精确和可靠地到站停车。

车站精确停车是列车自动驾驶系统非常重要的功能,它实现列车在车站站台区精确对位停靠,可以有效提高列车运营效率,有利于引导乘客上下车。

6.2.2.6 车门控制

ATO 只有在自动模式下才执行车门开启。在手动模式下,由司机进行车门操作(ATP 仍会提供一种安全的车门使用功能)。

当列车驶抵定位停车点,列车的定位天线(它接至车辆定位发送器和接收器)位于站台定位环线上方,连向站台定位发送器和接收器。只有当列车停于定位停车的允许精度范围内,车辆定位接收器收到站台定位发送器送来的列车停站信号,ATO 系统确认列车已到达确定的定位区域;这时 ATO 系统发出"列车停站"信号给 ATP 系统,以保证列车制动;ATP 系统检测到零速度,通过车辆定位发送器发送 ATP 列车停车信号给地面站台定位接收器,站台定位接收器检测到此信号,将其译码,使地面"列车停站"继电器工作;此时车站轨道电路 ATP 发送器发送允许打开左车门(或右车门)的调制频率信号;车辆收到允许打开车门信号,使相应的门控继电器工作,并提供相应的广播和允许开门的信号显示;这时司机按压与此信号显示相一致的门控按钮,才可以打开规定的车门。

有了车门打开信号以后,车辆定位发送器改发打开站台门信号,当站台定位接收器收到此信号,使打开站台门继电器吸起,打开与列车车门相对的站台门(包括站台门的数量及位置)。

列车停站时间结束(或人工终止),地面停站控制单元启动车站 ATP 模块,轨道电路停发开门信号,车辆收不到开门信号,使门控继电器落下;司机按压关门按钮,关闭车门;与此同时,车辆停发打开站台门信号,车站打开站台门继电器落下;车站在检查站台门已关闭及锁闭好后,才允许 ATP 系统向轨道电路发送运行速度命令信息,车辆收到速度命令信息的同时,检查车门已关闭和锁闭、ATO 发车表示灯点亮后,列车可按车载 ATP 收到的速度命令进行出发控制。

车门控制系统在发出车门关闭请求后,如果发生车门关闭被阻止时,车门将会循环关闭。如果车辆在"x"秒后还探测不到车门关闭,将告知车辆告警系统(Vehicle Alarm System,VAS),同时产生一条关于关闭车门被阻止的告警。然后,车门在"y"秒的延迟后请求关闭。在"z"秒后,如果车门还是被检出未关闭,车门将会打开,一条关门受阻的告警就送到轨旁设备。"x""y""z"的时间从 1 s 到 15 s 可改变。

6.2.2.7 列车自动折返

列车在 ATO 运行模式下,可以实现在运营线路两端实现列车自动折返作业,控制列车回到下一个运营作业的站台区。

在这种驾驶模式下无须司机控制列车,而且列车上的全部控制台被锁闭。接到自动折返运行许可后自动进入 AR 模式,司机通过驾驶室 MMI 的显示确认得到授权。只有按下站台的 AR 按钮后,才实施列车自动折返运行。ATC 轨旁设备提供所需的数据以控制列车进入折返轨,列车运行至出发站台后,ATC 车载设备自动退出 AR 模式。

6.2.2.8 执行跳停和扣车功能

(1)跳停作业是指在线路上运营的列车,在某一指定车站不停车,而以规定的速度通过该车站。ATO 系统收到来自 ATS 系统发出的跳停指令后,完成跳停作业。

(2)扣车作业是指列车在某站台停靠,不允许列车继续运行。ATO 系统收到来自 ATS 系统发出的扣车指令后,完成扣车作业。

6.2.3 ATO 系统运行

如果在"距离码 ATP 系统"的基础上安装了 ATO 系统,列车就可采用手动方式或自动方式进行驾驶。在选择自动驾驶方式时,ATO 系统代替司机操纵,如列车启动、加速、惰行、制动等基本驾驶功能均能自动进行。然而,不论是由司机手动驾驶还是由 ATO 系统自动驾驶,ATP 系统始终是执行其速度监督和超速防护功能。可以这样认为:手动驾驶=司机人工驾驶+ATP 系统;自动驾驶=ATO 系统自动驾驶+ATP 系统。

三种制动曲线如图 6-11 所示。曲线①表示列车的紧急制动曲线,由 ATP 系统计算及监督。列车速度一旦触及该制动曲线,立即启动紧急制动,以保证列车停在停车点。曲线①对应于列车的最大减速度,一旦启用紧急制动,列车务必停稳后经过若干时间才能重新启动。因此,这是一种非正常运行状态,应尽量避免发生。曲线②表示由 ATP 系统计算的制动曲线,在驾驶室内显示出最大允许速度,它略低于紧急制动曲线(之间的差值通常为3~

5 km/h)。当列车速度达到该曲线值时,应给出告警,但不启用紧急制动。显然,曲线②对应的列车减速度小于曲线①的减速度,一般取与最大常用制动对应的减速度。曲线③则是由 ATO 系统动态计算的制动曲线,也即正常运行情况下的停车制动曲线。通常将与此曲线对应的减速度设计为可以达到平稳地减速和停车的目的。

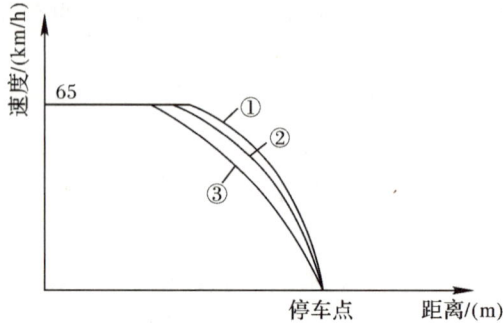

图 6-11 三种制动曲线

从这三条制动曲线可以明显地看出:ATP 系统主要负责"超速防护",起保证安全的作用;ATO 系统主要负责正常情况下列车高质量地运行。

因此,ATP 是 ATO 的基础,ATO 不能脱离 ATP 单独工作,必须从 ATP 系统获得基础信息。而且,只有在 ATP 的基础上才能实现 ATO,列车安全运行才有保证。ATO 是 ATP 的发展和技术延伸,ATO 在 ATP 的基础上实现自动驾驶,而不仅仅停留在超速防护的水准上。

6.2.4 列车运行节能控制

列车运行能耗约占轨道交通总耗能的 50% 左右,在保障城市轨道交通安全、效率和服务的前提下,降低列车运行牵引能耗,是列车运行控制系统的最新发展方向。

6.2.4.1 基本要求

(1)ATO 系统应与 ATS 系统和 ATP 系统结合,合理控制牵引、惰行、制动工况转换的频度。

(2)ATS 系统根据节能计划运行图规定的列车进站/出站时间,统筹控制同一牵引供电分区内的列车运行,适当调整进出站时间,充分利用再生制动能量。

(3)当列车运行正点时,列车运行控制应充分利用惰行工况;当列车运行晚点时,应结合运行秩序、服务水平和节能策略,以渐进的方式恢复运行计划。

(4)ATO 系统自动控制列车运行的曲线应平滑,避免出现尖峰。

(5)ATO 系统控制列车运行过程中,应结合线路节能坡的设计,合理控制牵引/制动的转换时机。

6.2.4.2 列车运行等级的划分

按照《城市轨道交通列车运行节能控制导则》的要求,ATO 系统应能设定不同列车运行等级,见表 6-1。

表 6 - 1　列车运行等级对应允许速度设置参照表

单位:km/h

运行等级	列车最高运行速度	允许速度
列车运行等级 4	80	100
列车运行等级 3	72	90
列车运行等级 2	64	80
列车运行等级 1	56	70

ATO 系统能按照 ATS 计划运行图规定的站停时间和区间运行时间控制列车运行,在高峰时段避免行车间隔不均匀引起列车运行调整、区间停车、再起动;在平峰时段适当减小牵引加速度。列车运行控制曲线站间距较小的区间采用牵引—惰行—制动工况,站间距较大的区间采用牵引—巡航—惰行—制动运行工况,维持合理运行速度,减少再牵引次数。

6.3　列 车 运 行

在正常的运行模式下,列车接收移动授权报文保证列车安全地运行。该移动授权报文随着每个无线报文更新,一般是每秒钟更新一次。

如果由于干扰作用或暂时性无线通信中断,列车损失一个或两个无线通信报文,列车将以允许的速度继续运行至最后一个已知的移动授权限制点,若无线通信重新建立了,则列车将得到一个更新的移动授权限制报文,从而可以无干扰地继续运行。

若由于某些原因,无线通信中断变成永久性的,则列车在运行至上一个已知的移动授权限制点之前,采用常用制动停车,列车司机可以切换至人工驾驶模式继续运行。

6.3.1　列车运行控制

6.3.1.1　自动运行

ATO 的主要功能是进行列车定位和速度控制,以实现精确停车、追踪间隔最小及节能。为了适用不同的坡道,ATO 使用了位置、速度和加速度三种传感器。其中,加速度计的信息用于检查和修正空转和滑行。空转或滑行开始时,列车使用空转或滑行开始前的速度,利用加速度计进行补偿,来计算当前的速度和位置。一旦空转或滑行结束,速度和位移的测量将切换回速度传感器。为了提高旅客的乘坐舒适度,ATO 的定位和速度控制算法还要增加对于急加速冲击的控制。

6.3.1.2　站停控制

根据 ATS 的运行图,CC 会按照站停程序控制列车在每个车站站台停靠,并且只有在正方向上才能提供自动停车。

依靠传感器和站台信标的位置输入数据,列车实现了站台精确停车,其中,位置数据输入通常用来确定停车曲线的起始点,站台信标可提供距离分界,以满足位置精度要求。

6.3.1.3 跳停控制

CC 可在需要跳站的前站通过数据传输子系统(DCS)从 ATS 处接收跳至下一站的指令,当 ATS 命令跳过某个车站或指定仅有的几个车站为停靠点时,CC 控制车辆继续运行并通过车站。

6.3.1.4 扣车控制

扣车是指列车停车后保持零速的状态。收到 ATS 的"关门(停站结束)"指令后,扣车会禁止列车司机控制台上的停站结束指示灯闪亮。

ATS 向调度员(含车站值班员)提供人工扣车功能,可对停靠在当前车站的列车实施扣车,若来不及在当前车站扣车,可在列车进入下一车站时实施扣车。列车停下后,车门保持打开,直至调度员(含车站值班员)取消扣车,此时,列车驶离车站,并按照运行图开始运行。

6.3.2 驾驶模式

ATC 系统为列车驾驶提供了 AM、SM、RM、NRM 等不同的驾驶模式,有的信号系统在具体应用中,将其细化为以下模式。

6.3.2.1 ATO 模式(AM)

驾驶模式选择开关处于"ATO 模式"位置时,车载信号设备自动控制列车运行的加速、巡航、惰行、制动、精确停车、开关车门/屏蔽门以及折返等功能,不需司机操作。

车载信号设备对列车门的控制方式包括:自动开/自动关、自动开/人工关、人工开/人工关,且手动开关门的操作优先于自动开关门。列车停站、上下乘客、关闭车门后,在给出车门关闭且锁紧信息后,按压"启动"按钮,然后车载信号设备自动起动列车离站发车。

车载信号设备连续监控列车速度,超过预定速度时实施常用制动,在超过最大允许速度时实施紧急制动。一旦车载信号设备实施紧急制动,不得中途缓解,直至列车停止,由司机确认设备状况后,按压"启动"按钮人工解除紧急制动状态,车载信号设备才能自动起动列车,继续 ATO 模式的运行。

6.3.2.2 ATP 模式(ATPM、SM)

驾驶模式选择开关处于"ATP 模式"位置时,列车的运行操作(起动、加速、惰行、减速、制动停车)由司机人工控制,车载信号设备对列车的实际运行速度实施连续监控,有的系统称为编码模式(CM)。

当列车速度接近速度安全限制曲线时,车载信号设备给出声、光报警提示信号,超过最大允许速度值,则启动紧急制动。

列车的精确停车和开/关车门由司机控制,但开车门的操作仅在列车停准停稳、车载信号设备给出(左或/和右)车门释放信号时才能有效。

6.3.2.3 点式 ATO 模式(PAM)

驾驶模式选择开关处于"点式 ATO 模式"位置时,车载信号设备在点式 ATP 的安全防护下,完成与 AM 模式相同监控功能。车门/屏蔽门的关闭需要司机人工确认及操作,车载信号设备对列车门的控制方式包括自动开/人工关、人工开/人工关。

6.3.2.4 点式 ATP 模式(PATPM)

驾驶模式选择开关处于"点式 ATP 模式"位置时,车载信号设备只根据接收到的点式有源应答器所发出的信息,生成当前列车位置至下一个停车点的列车速度安全监控曲线,实现车载信号设备对列车的实际运行速度实施监控。

6.3.2.5 限制人工驾驶模式(RM)

驾驶模式选择开关处于"限速人工驾驶模式"位置时,列车的运行操作由司机人工控制,车载信号设备仅对列车的运行速度设置一个上限(如 25 km/h),进行连续速度监控,当接近上限时,给出声、光报警提示,若仍然超过限速,将启动紧急制动,迫使列车停车。

列车的精确停车和开/关车门由司机控制,开车门的操作同样要求列车停准停稳、车载信号设备给出(左或/和右)车门释放信号时才能有效。

6.3.2.6 非限制人工驾驶模式(ATP 切除 NRM/EUM)

驾驶模式选择开关处于"非限制人工驾驶模式"位置时,列车的运行操作由司机人工控制,车载信号设备不再对列车的实际运行速度进行监控,没有任何超速防护功能。

非限制人工驾驶模式不属于 ATC 驾驶模式,应由旁路开关通过阻断 ATP 常用制动、紧急制动和车门控制输出,实现断开超速防护设备制动输出的功能。此种模式下,司机负责列车的精确停车,车载信号设备不再监控列车是否停准停稳,开关车门完全由司机控制。

6.3.2.7 关断模式(OFF 模式)

模式选择开关位于 OFF 档位,关闭车载 ATP 电源,对列车实施连续的紧急制动,防止列车无计划移动,适用于停于停车线上的列车。

6.3.3 折返模式

列车到达折返站,在完成开车门、下乘客、关闭车门和站台屏蔽门的作业后,列车从到达站台折返至发车站台。信号系统可以提供以下五种折返模式。

6.3.3.1 无司机的 ATO 自动折返模式

自动折返模式只能在指定的车站运行,通常在线路的终点站,当所有乘客离开列车时可执行自动折返作业,在无人操作情况下进行更换列车运行方向(调头)作业。

在这种模式下,当列车在折返站规定的停车时间结束及旅客下车完毕,车门和站台安全门关闭后,由司机按压站台的自动折返 AR 按钮启动折返程序。列车可在无人驾驶的情况下,由车载设备驾驶车辆,并自动选择工作状态的驾驶室(考虑到驾驶方向)。列车从到达站台开始运行,到达调头区域,停在指定位置并更换工作状态的驾驶室,最后列车进入发车股道自动打开车门和站台安全门。

列车到达出发站台停稳,确保司机进入另一端驾驶室后方可起动列车。

6.3.3.2　有司机的 ATO 自动折返模式

当列车在折返站规定的停车时间结束及乘客下车完毕,车门和站台屏蔽门关闭后,由司机按压车上相关的折返按钮,列车以 ATO 模式自动驾驶进入折返线,返回发车站台后,自动打开车门和站台屏蔽门。司机在列车折返过程中任何时间均可终止自动折返,关闭本端驾驶台,开启反向端驾驶台,进行人工折返。

6.3.3.3　有 ATP 监督的人工折返模式

在有 ATP 监督的人工折返模式下,司机采用"控制手柄"控制列车运行,司机人工驾驶列车运行到折返线并停车,人工关闭本驾驶端驾驶台,并启动反向端驾驶台,之后人工驾驶列车进入发车股道并定位停车。司机按压开门按钮打开车门和站台屏蔽门,在整个过程中,列车速度在 ATP 的监督下运行。

6.3.3.4　限制人工折返模式

在限制人工折返模式下,司机采用"控制手柄"控制列车运行,司机人工驾驶列车运行到折返线并停车,关闭本驾驶端驾驶台并启动反向端驾驶台,之后驾驶列车进入发车股道并定点停车,司机按压开门按钮打开车门和站台屏蔽门。整个折返过程中,车载 ATP 限制列车按照某一固定的低速(如 25 km/h)运行。

6.3.3.5　非限制人工折返模式

司机根据调度命令和地面信号的显示,人工驾驶列车运行到折返线并停车,再驾驶列车进入发车股道并定位停车,司机按压开门按钮打开车门和站台屏蔽门。

▶ **项目总结**

本项目主要介绍了城市轨道交通车载控制设备,即 ATO、ATP。通过本项目的学习,学生熟悉了几种系统设备的结构,掌握设备的结构、功能和原理等,掌握了列车运行的方式,从而为今后的学习打下坚实的基础。

▶ **项目实施**

实训 6.1　CBTC、ATP 基本认知

1.实训项目教师工作活页(见表 6-2)

表 6-2　实训项目教师工作活页

实训项目		实训 6.1.1　CBTC、ATP 基本认知			
学　　时			专业班级		实训场地	
实训设备					
教学目标	专业能力	(1)能够说出 CBTC 系统的结构组成及性能; (2)能够说出 ATP 系统的组成、功能及工作原理; (3)能够正确区分城市轨道交通列车驾驶模式及其转换; (4)能够说出 ATO 系统的组成、功能及工作原理; (5)能够说出 ATS 系统的组成、功能及工作原理			

续表

教学目标	方法能力	(1)能综合运用专业知识、通过作业书籍、多媒体课件和图片资料获得帮助信息； (2)能根据实训项目学习任务确定实训方案,从中学会表达及展示活动过程和成果
	社会能力	(1)能在实训活动中保持积极向上的学习态度； (2)能与小组成员和教师就学习中的问题进行交流与沟通； (3)学会和他人资源共享,具有较好的合作能力和团队精神
教学活动		略(详见教学活动设计)
绩效评价	学生活动	(1)以 4～8 人小组为单位开展实训活动,根据本组同学在实训过程中的表现及结果进行自评和组内互评； (2)根据其他小组同学在展示活动中的表现及结果,进行小组互评
	教师活动	(1)指导学生开展实训活动； (2)组织学生开展活动评价与总结； (3)根据学生的表现和在本实训项目中的单元成绩作出综合评价
教学资料		(1)《城市轨道交通通信与信号》主教材及辅助教材； (2)CBTC 系统技术资料； (3)FTGS-917 技术资料； (4)教学活动设计活页
指导教师		实训时间 年 月 日

2.实训项目学生学习活页(见表 6-3)

表 6-3　实训项目学生学习活页

实训项目	实训 6.1.2　CBTC、ATP 基本认知		
专业班级		姓名		时间	

一、实现目标

1.专业能力目标

(1)能够说出 CBTC 系统的结构组成及性能；

(2)能够说出 ATP 系统的组成、功能及工作原理；

(3)能够正确区分城市轨道交通列车驾驶模式及其转换；

(4)能够说出 ATO 系统的组成、功能及工作原理；

(5)能够说出 ATS 系统的组成、功能及工作原理。

2.方法能力目标

(1)能综合运用专业知识、通过作业书籍、多媒体课件和图片资料获得帮助信息；

(2)能根据实训项目学习任务确定实训方案,从中学会表达及展示活动过程和成果。

续表

3.社会能力目标

(1)能在实训活动中保持积极向上的学习态度;

(2)能与小组成员和教师就学习中的问题进行交流与沟通;

(3)学会和他人资源共享,具有较好的合作能力和团队精神。

二、知识总结

1.简述 CBTC 系统结构及其主要功能。

2.简述 ATP 系统的结构组成及功能。

3.简述 ATO 系统的主要功能及其工作原理。

4.简述列车制动模式的主要内容。

5.简述 ATS 系统主要实现的功能。

三、操作应用

1.观察司机操作台上与 ATP/ATO 相关按钮功能及表示灯显示含义;并通过模拟驾驶,了解司机基本操作。

2.观察车控室综合后备盘(Integrated Backup Panel,IBP)组成,通过操作掌握扣车、紧急停车等按钮的功能。

3.典型驾驶模式的基本功能是什么?

4.扣车按钮、紧急停车按钮的使用时机是什么?

续表

四、实训小结

五、成绩评定

1.学生评价

评价等级	A—优秀	B—良好	C—中等	D—及格	E—不及格
学生自评					
组内互评					
小组互评					

2.教师评价

评价等级	A—优秀	B—良好	C—中等	D—及格	E—不及格
专业能力					
方法能力					
社会能力					
评价结果					

3.综合评价

评价等级	A—优秀	B—良好	C—中等	D—及格	E—不及格
综合评价					

综合评价按学生自评占 10％、组内互评占 20％、小组互评占 20％、教师评价占 50％的比例进行过程评价。其中：A(90～100)、B(80～89)、C(70～79)、D(60～69)、E(60 以下)。

4.评价标准

评价等级	评价标准
A	能圆满、高效地完成实训任务的全部内容
B	能较顺利地完成实训任务的全部内容
C	能完成实训任务的全部内容,但需要相关的指导和帮助
D	只能完成实训任务的大部分内容,在教师和小组同学的帮助下,也能完成实训任务的全部内容
E	只能完成实训任务的部分内容

▶项目达标

一、填空题

1.ATS 系统功能主要包括：_____、_____、_____和排列进路等。

2. ATS 系统主要是实现对列车运行的_____和_____。

3.运营控制中心,有三种基本类型的 ATS 工作站,分别是 _____、_____、_____。

4.列车运行的自动和人工监控由 _____ 和 _____ 共同完成。

二、选择题

1.车载子系统主要包括下列设备有( )。

A.ATP/ATO 机箱　　　　　　　B.外围设备的机笼

C.接口板　　　　　　　　　　D.列车司机显示器

2.列车司机显示器显示信息包含下列( )。

A.停站时间结束　　　　　　　B.当前驾驶模式、超速、速度表

C.车载设备状态　　　　　　　D.目标距离

3.对于配有 CTBC 设备的列车,该 CTBC 可确定列车( )。

A.位置　　　　　　　　　　　B.速度

C.运行方向　　　　　　　　　D.列车的间隔

三、简答题

1.简述列车制动模式的主要内容。

2.正线列车有哪几种驾驶模式?

3.ATP 系统的主要功能有哪些?

4.ATO 系统的主要功能有哪些?

项目七 列车自动监控系统

▶ 项目导入

某日,新晋升的行车调度员小 A 在学习列车自动控制系统后,他有很多疑惑,如何清楚全线列车的运行情况,一旦出现列车晚点或者列车故障时,如何确保列车运行中的安全?以及作为一名行车调度员应该在列车运行过程中承担哪些工作?如何进行操作?请在完成本次任务的学习后,帮助其解开疑惑使其尽快适应工作岗位。

▶ 项目要点

1.认识 ATS 系统;
2.熟悉 ATS 系统的设备组成、主要功能;
3.掌握 ATS 系统对列车运行进行调整的方法;
4.掌握 ATS 系统的控制模式。

▶ 鉴定要求

1.能够识读 ATS 系统设备组成框图;
2.能够梳理 ATS 的监督和控制功能;
3.能够在 ATS 系统上对列车运行进行调整;
4.能够在故障情况下实现 ATS 控制级别转换。

▶ 课程思政

1.阅读材料,学习控制中心"最强大脑"行车调度员坚守岗位,为列车运营保驾护航的工匠精神。

2.提升创新意识,自主创新、不断开发更加先进的列车控制系统,推动城市轨道交通信号技术不断进步,树立大国有我的责任和担当。

▶ 基础知识

7.1 列车自动监控系统概述

7.1.1 列车自动监控系统概述

列车自动监控系统(ATS)是整个城市轨道交通运营的核心,利用可靠的网络结构,与列车自动防护系统(ATP)和列车自动驾驶系统(ATO)一起完成对全线列车运营的管理和监督功能。

列车自动监控系统(ATS)主要是实现对列车运行及所控制的道岔、信号机等设备运行状态的监督和控制,给行车调度员显示全线列车的运行状态,监督和记录运行图的执行情况,在列车因故偏离运行图时及时作出调整,辅助行车调度员,完成对全线列车运行的管理。

列车自动监控系统(ATS)作为地铁信号控制系统的一个重要组成系统,与微机联锁、轨旁 ATP 设备、车载 ATP/ATO 设备等其他信号系统一起工作,实现信号设备的集中监控,并控制列车按照预先制定的运营计划在正线内自动运行。

同时,ATS 子系统与时钟、无线、广播、PIS、ISCS、SCADA 等接口,获取外部系统采集的数据,与信号系统的数据相综合,为控制中心和车站的行车调度/值班员提供一个丰富的现场状况显示,供其制定调度决策。ATS 通过接口向外部系统提供信号和列车运行的相关数据,供这些系统完成自身的工作。

列车自动监控系统负责监控列车的运行,是非故障-安全系统,列车安全运行是由列车自动防护系统来保证。

7.1.2　列车自动监控系统设备组成

ATS 子系统是一个分布式的计算机监控系统,分散管理,集中控制,主要分布于控制中心 OCC、正线车站、车辆段/停车场,并配有列车识别系统及列车发车计时器等。系统采用热备冗余的方式,保证系统有高度的可用性。其设备组成如图 7-1 所示。

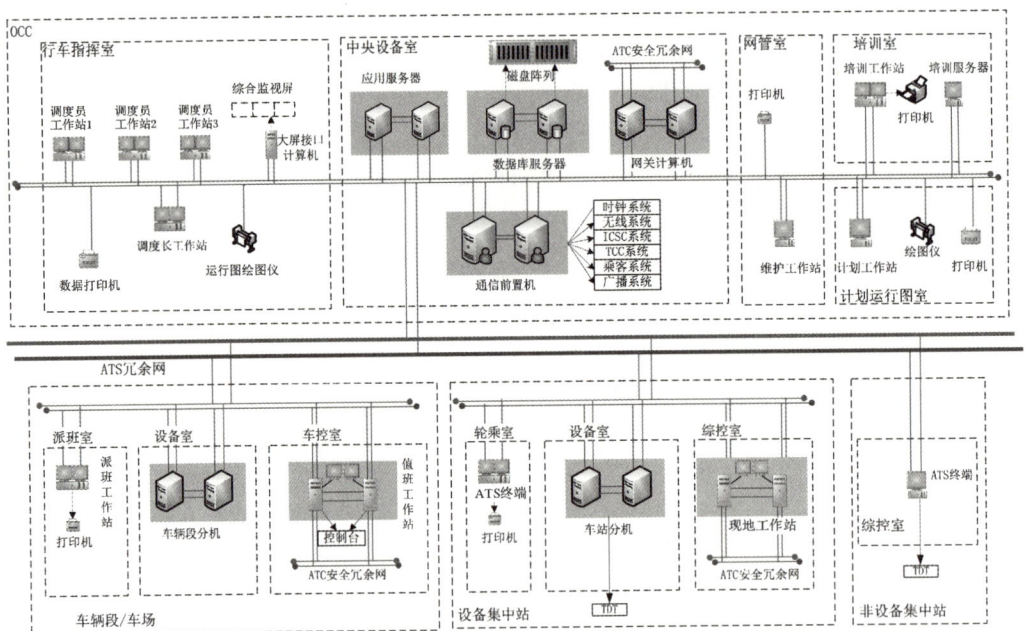

图 7-1　ATS 系统组成结构图

7.1.2.1　控制中心 ATS 设备

控制中心设备是 ATS 的核心,用于状态表示、运行控制、运行调整、车次追踪、时刻表编辑及运行图绘制、运行报告、调度员培训、与其他系统的接口等。控制中心 ATS 系统设备组成如图 7 - 2 所示。

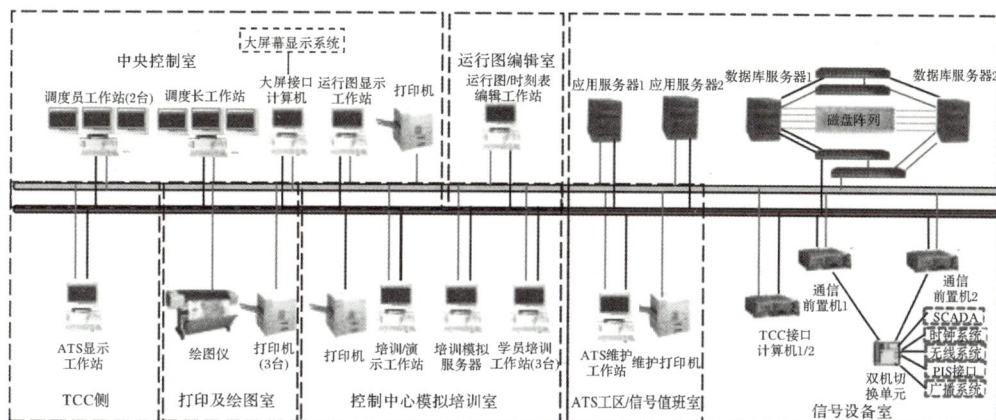

图 7 - 2　控制中心 ATS 系统设备构成

控制中心 ATS 设备主要包括:设于中央控制室的行车调度员工作站、调度长工作站、运行图显示工作站、综合显示屏;设于设备室的数据库服务器、应用服务器、通信服务器、系统管理服务器等中心计算机系统;设于运行图编辑室的运行图/时刻表编辑工作站;设于信号值班室的 ATS 维护工作站;设于培训室的 ATS 培训工作站、学员培训工作站;还设有配套的绘图仪、打印机、UPS 及蓄电池等。

(1)中心计算机系统。为保证系统的可靠性,主要硬件设备均为主/备双套热备方式,可自动或人工切换。系统能满足自动控制、调度员人工控制及车站控制的要求。应用服务器是自动调整功能的核心部分,负责全线 ATS 功能。通信服务器提供有其他子系统和外部系统间的接口和协议转换,如时钟系统、通信传输系统、综合监控系统等,以保证数据在不同的设备间可靠传递。数据库服务器用来存储列车运行的相关数据。系统管理服务器用于系统数据存储,处理所有不受运行事件影响的数据,如系统配置、计划时刻表、计划运行图等,通常在系统启动或询问指令或对某一设备的参数进行设置时才需要。时刻表服务器建立离线时刻表的操作者平台。

(2)综合显示屏。综合显示屏用来监视正线列车运行情况及系统设备状态,由显示设备和相应的驱动设备组成。

(3)调度工作站。其用于行车调度员完成调度和运营作业,是控制中心的重要设备。行车调度员通过调度终端屏幕,实时了解和掌握列车的实际运行情况,可以在调度工作站上发出指令,用于直接指挥列车运行。根据运营需求可设置多个,调度长与调度员在不同工作站操作,硬件配置完全相同,但管理权限不同。

(4)培训工作站。配有列车运行仿真软件,与调度工作站显示相同,有相同的控制功能,仿真列车运行和异常,但不参与实际列车控制,用于培训人员作业。

(5)维护工作站。其用于设备维护和检修人员,对全线信号系统设备和列车进行监督,对信号系统中所检测到的故障及时处理,以保证信号系统设备稳定可靠运行。

(6)运行图/时刻表编辑工作站。其用于编辑某天或某一时段内所有运营列车的运营计划。列车运行计划编辑完成后,ATS 将控制列车按照所确定的运行计划运行。

7.1.2.2 车站 ATS 设备

车站 ATS 设备分为正线集中联锁站和非集中联锁站,如图 7 - 3 所示。集中联锁站设有一台 ATS 分机(LATS),是 ATS 与 ATP 地面设备和 ATO 地面设备的接口,用于连接联锁设备和其他外围系统,采集车站设备信息、传送控制命令,使车站联锁设备能接收 ATS 系统的控制。非集中联锁站不设 ATS 分机,列车识别系统(PTI)、发车计时器(Departure Time Indicator,DTI)、乘客信息系统(PIS)均通过集中联锁站的 ATS 车站工作站与 ATS 系统联系,道岔和信号机由集中联锁站计算机控制,通过集中联锁站的 ATS 分机接收 ATS 系统的控制命令。

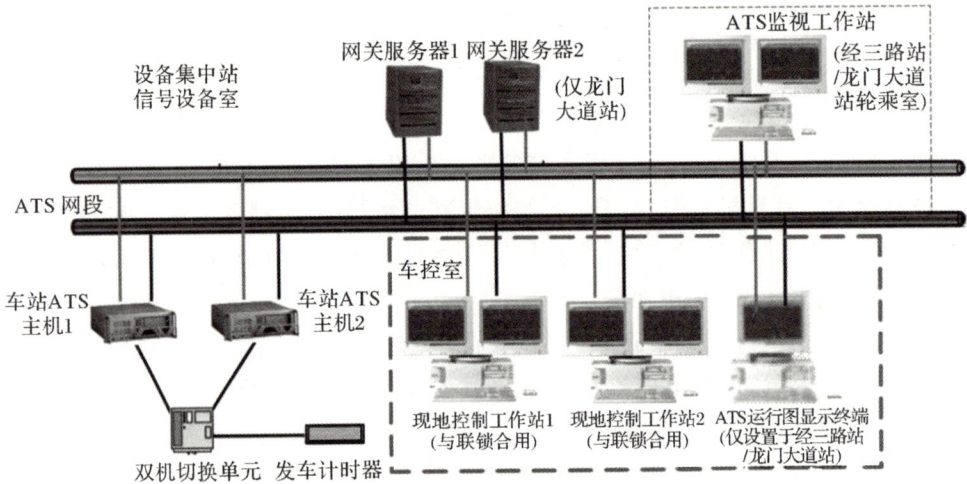

图 7 - 3 车站 ATS 系统设备构成

车站 ATS 设备主要包括工作站、打印机、网络接口、不间断电源(Uninterruptible Power System,UPS)等设备,如图 7 - 3 所示。集中联锁站 ATS 子系统设置车站 ATS 工作站,提供列车运行的本地显示和经由 ATS 授权后的联锁区域控制功能。车站值班员通过车站 ATS 工作站终端屏幕,实时了解和掌握本站所辖范围内列车的实际运行情况,在本站取得对车站控制权的情况下,车站值班员可以在工作站上发出指令,直接指挥列车在本站管辖范围内安全运行。

7.1.2.3 车辆段 ATS 设备

车辆段/停车场设一台 ATS 分机,无控制功能,只用于采集车辆段/停车场内存车库线的列车占用及进/出车辆段信号机的状态,在控制中心显示屏上显示采集的信息,以便控制中心及车辆段值班员及车辆管理员了解段内停车库线列车的车次及车组运用情况,正确控制列车出段。

车辆段/停车场派班室和信号楼控制台室各设一台 ATS 终端,根据来自控制中心的实际时刻表建立车辆段作业计划和通过联锁控制终端排列相应的进路。另外,车辆段/停车场 ATS 工作站还与车辆段/停车场计算机联锁的接口相连接,以获取车辆段/停车场轨道占用情况,车辆段和转换轨之间、停车场和转换轨之间进路情况以及报警情况。

车辆段 ATS 系统设备构成如图 7-4 所示。

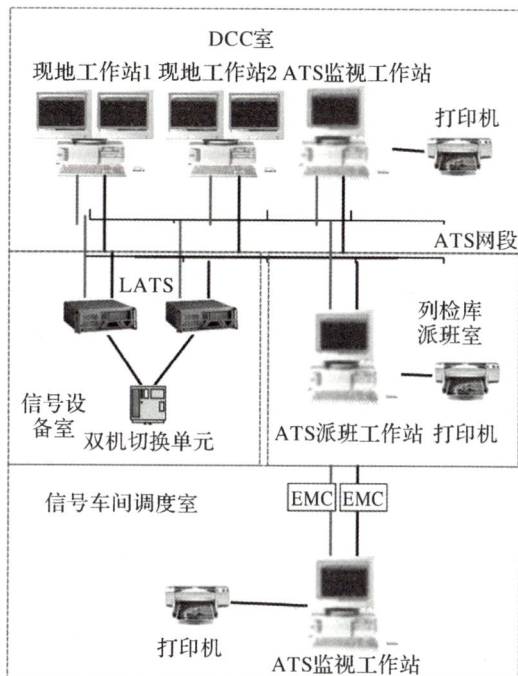

图 7-4 车辆段 ATS 系统设备构成

7.1.2.4 列车识别系统(PTI)和列车发车计时器(DTI)

PTI 设备是 ATS 车次识别及车辆管理的辅助设备,其由地面查询器环路和车载应答器组成。地面查询器环路设于各站。PTI 设备用于校核列车车次号。当列车经过地面查询器时,地面查询器可采集到车载应答器中设定的列车车次号,并经车站 ATS 设备送至控制中心,校核是否与中心计算机列车计划中的车次号一致,若不相同则报警并进行修正。

DTI 设备设于各站,为列车运行提供车站发车时机、列车到站晚点情况的时间指示,提示列车按计划时刻表运行。正常情况下,在列车整列进入站台后,按系统给定站停时间倒计时显示距计划时刻表的发车时间,为零时指示列车发车;若列车晚点发车,则 DTI 增加停站时间的计时。在特殊情况下,若实施了站台扣车控制,DTI 给出"H"显示;如有提前发车命令,DTI 立即显示零;列车通过车站时 DTI 显示"="。

◆ 7.2 列车自动监控系统的功能

列车自动监控(ATS)子系统是列车自动控制(ATC)系统的重要组成子系统之一。它为地铁运营调度员提供了一个对全线列车和现场信号设备的监控平台。一方面,通过信号系统的其他子系统,ATS 可获得现场信号设备和列车运行的实时状态信息,并把这些信息如实地展示给调度员。另一方面,ATS 还提供了人机交互界面,方便调度员根据现场情况进行列车运行控制;同时,ATS 还根据不同的运营模式提供了自动化的控制手段,以减轻运营调度员作业负担,提升地铁运营的效率和服务水平。

7.2.1 列车运行情况的集中监视和跟踪

ATS 系统根据 ATP/ATO 报告的精确列车位置来跟踪移动列车的运行信息,通过对在线所有的运行列车进行实时的监视和跟踪,并在相应的轨道图上显示列车的位置和状态。列车监视和跟踪功能包括以下几方面。

(1)列车监视。列车监视是用计算机来显示列车的运行,列车运行由轨道空闲和占用信号来驱动,列车由车次号来识别。通过 ATS 车站设备,能够采集轨旁及车载 ATP 提供的轨道占用状态、进路状态、列车运行状态以及信号设备故障等控制和监督列车运行的基础信息。ATS 给 MMI、乘客信息显示系统、模拟线路表示盘提供列车位置和车次号。

(2)自动列车跟踪。系统通过区段占用状态和列车汇报的位置信息对列车实施追踪。当列车由车辆段或其他地点进入正线运行时,ATS 系统将根据当日计划运行图/时刻表自动为列车分配车次号,并利用车-地通信系统的传输通道进行校核。若出现不一致情况,则系统给出提示信息,由人工可确认是否继续分配车次号;若未确认,60s 倒计时后赋予车次号发车。车次号从列车在车辆段开始至全部正线连续追踪,在中心表示盘及显示器上的车次窗内随着列车运行的位置动态显示。列车识别号随着列车的走行,自动跟踪,并可由调度员人工修改,包括设定、删除、移位、变更。

(3)列车运行识别。ATS 检测到轨道电路的状态由"空闲"变为"占用"时,检测到列车在运行,同时自动识别读取列车车次号,将列车状态信息发送运营控制中心,ATS 确认接收数据与跟踪列车号数据一致。

(4)集中显示。控制中心调度终端显示屏(见图 7-5)上可以直观地显示正线全线列车运行及信号设备的工作状况,如列车位置及车次号、信号显示、道岔位置、轨道电路状态、进路状态及开通方向、车站控制状态、行车闭塞方式、站台扣车状态、信号设备报警等,以及根据调度员的需要在显示器上显示车辆段内列车运用状况及各种报告。

图 7-5 控制中心大显示屏的示意图

7.2.2 自动排列进路

为实现列车运行的自动控制,ATS 系统追踪列车运行轨迹,根据列车有效的目的地标识和计划运行路径,自动办理列车运行前方的进路。

控制中心能对列车进路、信号机、道岔实现集中控制,可根据当日列车运行计划时刻表自动控制列车运行,包括:自动办理正线各种进路并控制办理的时机,自动控制列车驶入、离开正线的时机,自动控制车站列车停车时间及发车时机。必要时,通过办理控制权转移手续,可将控制权转移至车站。调度员可在任何时候都绕过列车进路系统,用手动方式办理进路,包括人工建立及取消正线各种进路等,人工控制命令在执行前均由中心计算机检查其合理性,并给出提示。

ATS 根据联锁表、计划运行图及列车位置,自动生成输出进路控制命令,传送至车站联锁设备,设置列车进路、控制列车停站时分,实现了进路的自动排列,可节约调度员大量的操作工作量。

7.2.3 列车运行自动调整功能

由于许多随机因素的干扰,列车运行难免偏离基本运行图,尤其是在列车运行密度高的城市,一辆列车晚点往往会波及许多其他列车。当列车出现故障或其他情况时,列车运行紊乱程度更加严重,这就需要从整体上调整已紊乱的运行秩序,尽快恢复正点运行。列车运行的调整包括自动调整和人工调整,正常情况下的列车运行调整应为自动调整,主要方法为按计划调整(即时刻表调整)和运行等间隔调整。

(1)按计划调整模式。系统根据计划计算列车运行命令,分配计划任务。当列车到站时,ATS 根据列车计划偏离情况(早/晚点时间)和运行时刻表,可以自动调整列车在下一个站间的 ATO 运行等级,自动地缩短或延长列车停站时间,以使列车实际的运行时刻尽可能地接近计划时刻。列车停站时间的自动调整有范围限制,其最大停站时间和最小停站时间可根据需要配置。

(2)等间隔调整模式。系统按照选择的交路运行、按照操作设定的运行间隔计算列车运行命令,分配运行任务。当列车运行发生大规模晚点,与当日的计划运行图偏离时间超过规定范围后,控制中心调度员可以选择将列车调整模式切换到等间隔调整。ATS 系统可以自动判断线路上所有列车运行的交路,并自动计算各交路的间隔时间,经调度员确认后即按指定的间隔时间对全线列车进行调整。

调度员认为有必要对计划运行图/时刻表进行修改时,可人工介入调整列车运行计划,系统自动执行调整计划并控制列车运行。

7.2.4 时刻表的编辑

系统提供时刻表编制用的数据库,通过调度员的人工设置如站停时间、列车间隔、轨道电路布置等数据产生计划时刻表。每天运营前将当日使用的计划时刻表从控制中心传至车站 ATS 分机,控制中心 ATS 根据列车运行的实际情况自动绘制列车实迹运行图。

系统储存适合于不同运行情况的多套时刻表,根据时刻表自动完成列车车次号的跟踪与更新,自动生成时刻表。

系统随时对时刻表的状态进行比较,利用车次号和列车位置对列车的实际位置和计划位置进行比较,当列车发生偏离时通过适当的显示给行车调度员,如图 7 - 6 所示。

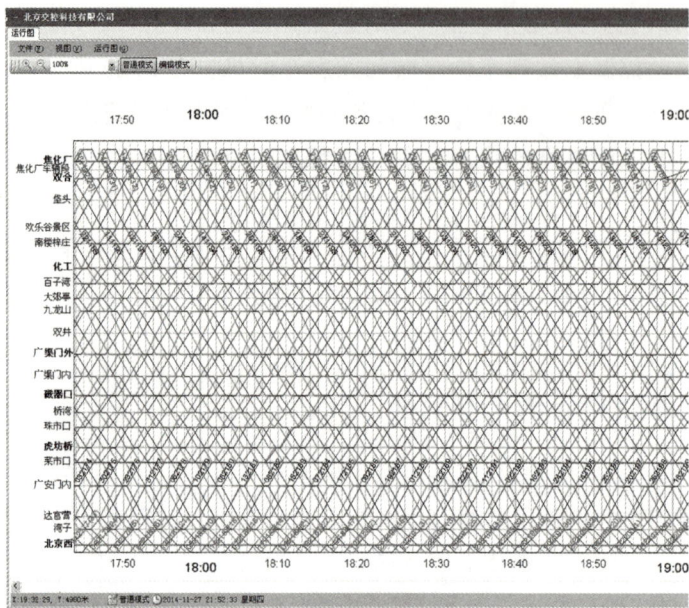

图 7 - 6　运行图界面显示

7.2.5　提供列车运行报告

系统采用列车识别号、列车图标的移动和有关信号设备的状态变化来自动模拟和描述在线列车的实际运行,同时记录大量与运行有关的数据,如列车运行里程数、实际列车运行图、列车运行与计划时间的偏差、重大运行事件、操作命令及其执行结果、设备的状态信息、设备的故障信息等。ATS 系统所记录的事件都应该有备份,通过选择,可回放已被记录的事件。ATS 系统提供数据备份和恢复功能,并可回放和查询。

ATS 中心提供多种报告,辅助调度员了解列车运行情况,以及系统工作情况。调度员还可调用列车运用计划并进行修改,并可登记、记录、统计数据、离线打印。ATS 系统可按用户的要求提供各种统计功能,以完成各种统计报表(如日报表、周报表、月报表等)。

7.2.6　维护支持功能

(1)设备状态监视。控制中心 ATS 各工作站实时显示控制中心主要 ATS 设备的工作状态,包括主/备服务器状态,显示控制中心外部系统(时钟、无线、ISCS 等)与 ATS 的连接状态、显示车站 LATS 与控制中心的连接状态。

(2)告警与事件。系统能及时记录被监测对象的状态,有预警、诊断和故障定位能力;监测列车是否处于 ATP 保护状态;监测信号设备和其他设备的接口状态;具有在线监测与报警能力等,监测过程应不影响被监测设备的正常工作。ATS 系统以文字形式记录各种信号维护信息和告警,在相应工作站上,报告所有故障报警的状况并予以视觉提示、也能对告警事件等进行事后的查询和分析。

(3)历史回放。列车在实际运行时,列车自动监控系统的数据库服务器会储存列车运行的各种信息、调度员发布的调度命令、以及线路信号设备的实际工作状态信息等。

列车运行重放功能允许用户查看一段时间内的列车运行数据,再现过去某一时间段内线路上信号设备状况、列车运行情况以及调度员操作等信息。

(4)系统管理。ATS 操作人员在使用 ATS 工作站的各项功能前必须用自己的用户名登录。不同的用户具有不同的功能操作权限。在 ATS 维护员工作站上可以进行用户创建、修改、删除的操作,用户信息的修改将被保存到后台数据库中。在线 ATS 系统和培训 ATS 系统的用户数据库是独立的,在培训 ATS 工作站上可单独创建、修改、删除培训系统的用户。

(5)模拟培训。在培训服务器上运行正常的 ATS 服务器软件,在培训模拟器上运行若干集中站 ATS 软件和模拟器软件,该模拟器软件响应控制指令及模拟列车的运行和信号设备的工作。离线工作状态时可作为培训列车调度员及维修人员之用。培训人员可以通过模拟器软件的人机界面增加和删除列车、模拟联锁设备、ATC 设备的状态及模拟列车的自动运行,模拟产生信号设备的故障等,满足 ATS 系统培训需求。

◆ 7.3　列车自动监控系统的控制模式

ATS 子系统提供了三种控制模式以满足不同的需求,即遥控、站控、紧急站控。遥控即控制中心 ATS 控制,该模式下由 ATS 系统完成整个运营组织,包括根据运行时刻表实现列车运营的管理和调整、列车追踪、进路自动排列。站控模式下 ATS 只完成列车运营管理和列车追踪。控制中心 ATS 与车站调控权转换以设备集中站为单位,控制中心可实现对车辆段/停车场整个站场情况的监控,车辆段/停车场全自动控制区域可由控制中心或车辆段/停车场自动或人工控制,非全自动控制区域仅可由车辆段/停车场人工控制。

(1)遥控模式。遥控是 ATS 系统正常运行模式,大部分情况下自动进行,无须行车调度员干预。由控制中心 ATS 自动根据当日计划和列车运行信息,自动为列车办理前方进路,根据计划运行图自动控制列车运行时分和停站时分,同时也允许调度员在调度工作站上对列车进行控制操作,车站值班员只监不控。

如果正常的自动运行发生问题,ATS 分机向 OCC 发出报警信号,行车调度员要人为干预,此为控制中心 ATS 人工控制方式。控制中心 ATS 人工控制包括以下情况:信号机人工控制状态;非自动调整列车;调度工作站给联锁设备进路控制命令;列车实际运行和计划运行图严重偏差;"扣车";"跳停"及人工设定列车识别号;等等。

（2）站控模式。在站控模式下，人工控制功能主要由车站值班员在现地控制工作站完成，ATS子系统具备进路自动控制功能；当控制中心ATS完全故障，而车站ATS分机和联锁工作正常时，设备集中站现地控制工作站上给出中心故障表示，车站值班员可紧急切换到站控模式，一般情况下，须经控制中心调度员电话授权后，才能实现站控。此时控制中心不能进行向联锁发送命令相关的操作（除了扣车功能），其他ATS特有功能均具备（如列车识别号操作、发车列表操作等）。

车辆段/停车场总是处于站控模式下，ATS系统只监不控，ATS站机实现车辆段/停车场内列车的车组号追踪。

（3）紧急站控模式。当车站ATS分机故障情况时，此时现地控制工作站仅作为联锁上位机，车站值班员仅能通过现地控制工作站进行联锁级功能操作。ATS子系统失去进路自动控制权，可通过设置联锁自动进路及联锁自动折返进路实现进路的自动控制。

（4）控制模式的切换。控制模式的切换可在现地控制工作站、调度工作站执行。切换操作可由车站值班员、调度员发起进行。调控权转换时，不影响列车的正常运行并提示调控权位置信息。若调控权转换命令无效，并提供操作失败信息。站控转遥控时，需要行车调度员和车站值班员电话确认，具备转换条件后，由车站值班员实施站控转中央ATS控制。站中控模式的切换不影响ATS对列车的调度和调整功能。

◆ 7.4 列车自动监控系统的基本操作

7.4.1 办理/取消进路

在调度工作站和菜单式现地工作站上办理进路的操作步骤如下：

（1）鼠标移动至需要办理进路的始端信号机处，鼠标图标变为手形图标后，右键点击进路始端信号机，弹出如图7-7所示菜单。

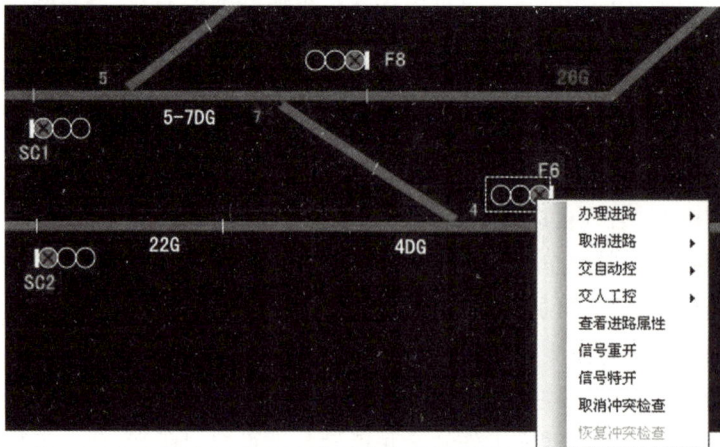

图7-7 办理进路菜单

（2）鼠标移动至【办理进路】处,弹出二级菜单如图 7－8 所示。

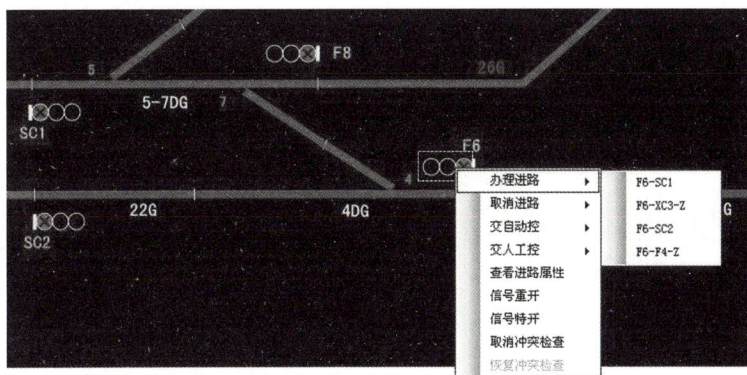

图 7－8 办理进路二级菜单

二级菜单中显示所有以该信号机为始端信号机的进路,进路名称黑显表示可以对其进行办理进路操作,进路名称灰显表示不可以对其进行操作。其中:"F6－SC1"表示通过进路;"F6－XC3－Z"表示折返进路。

（3）选择并点击待办理进路,如"F6－SC1"进路。系统弹出提示对话框,操作人员需确认提示信息对话框中的信息是否正确,点击【确定】,并所有联锁条件检查成功后,进路办理成功。

（4）取消进路与办理进路的方法一致。

7.4.2 设置站台扣车

调度工作站和菜单式现地工作站上设置站台扣车的操作步骤如下:

（1）在工作站站场界面的站台处点击鼠标右键,在弹出菜单中选择【扣车】,如图 7－9 所示。

（2）在弹出的设置扣车对话框中,类型选项中选择扣车的方向,功能选项中选择扣车,点击【确定】按钮,如图 7－10 所示。

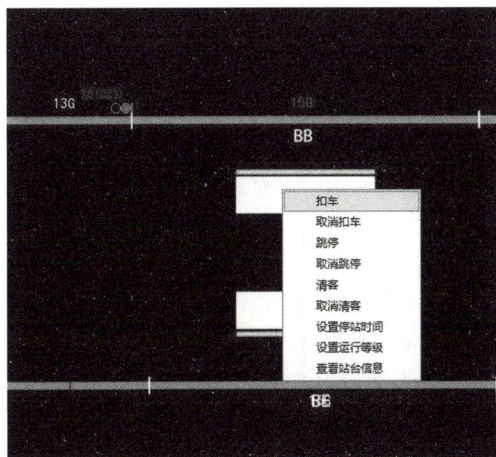

图 7－9 扣车菜单

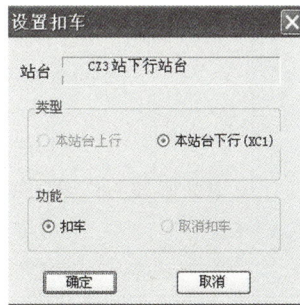

图 7－10 选择扣车

（3）在弹出提示信息窗口,点击【确定】按钮,如图7-11所示。

（4）若设置成功,则在站台上显示扣车状态（绿色字母 H）,如图7-12所示。

图7-11　确认扣车

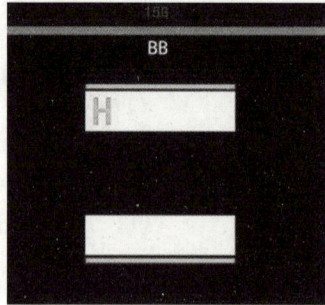

图7-12　扣车成功

▶ 项目总结

本项目主要介绍了城市轨道交通列车控制系统的重要组成,即ATS系统。通过本项目的学习,学生熟悉了列车自动监控系统的设备组成,掌握ATS系统的主要功能、控制模式等,可灵活操作列车运行调整、进路排列,从而为今后的学习打下坚实的基础。

▶ 项目实施

实训7.1　ATS系统的操作

1.实训项目教师工作活页（见表7-1）

表7-1　实训项目教师工作活页

实训项目		实训7.1.1　ATS系统的操作			
学　时			专业班级		实训场地
实训设备					
教学目标	专业能力	（1）能够说出ATS系统的设备组成; （2）能够说出ATS系统的主要功能及其应用; （3）能够熟练完成ATS系统中办理进路、取消进路、站台扣车等操作。			
	方法能力	（1）能综合运用专业知识、通过作业书籍、多媒体课件和图片资料获得帮助信息; （2）能根据实训项目学习任务确定实训方案,从中学会表达及展示活动过程和成果。			
	社会能力	（1）能在实训活动中保持积极向上的学习态度; （2）能与小组成员和教师就学习中的问题进行交流与沟通; （3）学会和他人资源共享,具有较好的合作能力和团队精神。			
教学活动		略（详见教学活动设计）			

续 表

绩效评价	学生活动	(1)以4～8人小组为单位开展实训活动,根据本组同学在实训过程中的表现及结果进行自评和组内互评; (2)根据其他小组同学在展示活动中的表现及结果,进行小组互评。
	教师活动	(1)指导学生开展实训活动; (2)组织学生开展活动评价与总结; (3)根据学生的表现和在本实训项目中的单元成绩作出综合评价。
教学资料		(1)《城市轨道交通通信与信号》主教材及辅助教材; (2)ATC系统、CBTC系统及城市轨道交通ATS系统技术规范等资料; (3)教学活动设计活页。
指导教师		实训时间　　　年　　月　　日

2.实训项目学生学习活页(见表7-2)

表7-2　实训项目学生学习活页

实训项目	实训7.1.2　ATS系统的操作				
专业班级		姓名		时间	

一、实训目标

1.专业能力目标

(1)能够说出ATS系统的设备组成;

(2)能够说出ATS系统的主要功能及其应用;

(3)能够熟练完成ATS系统中办理进路、取消进路、站台扣车等操作。

2.方法能力目标

(1)能综合运用专业知识、通过作业书籍、多媒体课件和图片资料获得帮助信息;

(2)能根据实训项目学习任务确定实训方案,从中学会表达及展示活动过程和成果。

3.社会能力目标

(1)能在实训活动中保持积极向上的学习态度;

(2)能与小组成员和教师就学习中的问题进行交流与沟通;

(3)学会和他人资源共享,具有较好的合作能力和团队精神。

二、知识总结

1.ATS系统的设备组成。

2.ATS系统对列车运行情况的监视和跟踪。

3.列车运行调整的方式。

4.ATS系统的控制模式。

三、操作应用

1.作为行车调度员,我们能通过ATS系统开展哪些工作?

2.请查阅资料,说明ATS系统自动排列进路的原理,人工排列进路需要具备什么条件?

3.在装有ATS软件控制的计算机上,操作办理进路—取消进路—站台扣车,并指出工作站显示屏上显示的信息有哪些?

4.ATS系统的遥控与站控有什么区别?什么情况下可实现遥控至站控转换?

续 表

四、实训小结

_____

_____

_____

五、成绩评定

1.学生评价

评价等级	A—优秀	B—良好	C—中等	D—及格	E—不及格
学生自评					
组内互评					
小组互评					

2.教师评价

评价等级	A—优秀	B—良好	C—中等	D—及格	E—不及格
专业能力					
方法能力					
社会能力					
评价结果					

3.综合评价

评价等级	A—优秀	B—良好	C—中等	D—及格	E—不及格
综合评价					

综合评价按学生自评占 10%、组内互评占 20%、小组互评占 20%、教师评价占 50%的比例进行过程评价。其中:A(90~100)、B(80~89)、C(70~79)、D(60~69)、E(60 以下)。

4.评价标准

评价等级	评价标准
A	能圆满、高效地完成实训任务的全部内容
B	能较顺利地完成实训任务的全部内容
C	能完成实训任务的全部内容,但需要相关的指导和帮助
D	只能完成实训任务的大部分内容,在教师和小组同学的帮助下,也能完成任务的全部内容
E	只能完成实训任务的部分内容

▶项目达标

一、填空题

1.列车自动监控系统是城市轨道交通信号系统的重要组成部分,简称_____,主要实现对列车运行的_____与_____。

2.列车自动监控系统设备主要位于_____、_____、_____。

3.根据 ATS 系统硬件设备,按工作岗位在可控制中心设置调度工作站、_____、_____和_____。

4.列车追踪间隔调整,可以有两种方式来实现:_____和_____。

5.ATS 主要有三种控制模式:_____、_____、_____。

二、选择题

1.控制中心设备属于 ATS 系统,是( )的核心。

A. ATC   B. ATS   C. ATP   D. ATO

2.ATS 系统的自动排列进路功能具体是由( )实现的。

A.联锁设备   B.列车进路系统

C.控制中心   D.中心计算机系统

3.ATS 系统对列车运行情况的监视和跟踪功能包括( )。

A.系统自动识别,读取车次号   B.列车运行计划时刻表自动产生车次号

C.人工输入、变更、删除车次号   D.集中显示信息,报告列车信息

4.在 ATC 系统中负责完成进路排列的子系统是( )。

A. ATS   B. ATO   C. ATP   D. DTI

5.( )可在任何时候都绕过列车进路系统,用手动方式办理进路。

A.行车调度员   B.调度主任   C.工程师   D.值班员

三、判断题

1.ATS 在 ATP 和 ATO 系统的支持下,根据运行时刻表完成对全线列车运行的自动监控,可自动或由人工监督和控制正线(试车线除外)列车进路,并向行车调度员和外部系统提供信息。 ( )

2.ATS 作为多层体系结构,其方式为分散管理,集中控制。 ( )

3.列车发车计时器(DTI)是 ATS 车次识别及车辆管理的辅助设备,其由地面查询环路和车载查询器组成。 ( )

4.列车识别系统(PTI)设于各站,为列车运行提供车站发车时机、列车到站晚点情况的时间指示,提示列车按计划时刻表运行。 ( )

5.调度员不能通过人工命令调整列车停站时间来调整列车运行。 ( )

四、简答题

1.列车自动监控系统的主要功能包括哪些?

2.列车自动监控系统的硬件设备有哪些?设置在哪里?

3.简述列车自动监控系统中心控制到站控的转换。

项目八 信号维护支持系统

▶项目导入

伴随着轨道交通的蓬勃发展,对轨道交通的运营能力要求日益提高,建立一套高效快捷的设备维护管理和故障诊断处理的维护支持系统,以显著提升维护维修的效率和准确性,确保轨道交通线路的平稳、安全、高效的运营,成为了众多信号厂商和城市轨道交通运营商的共识。而信号维护支持系统(MSS 系统)的出现,则实现了信号系统维护管理的智能化和实时性,其强大的设备状态实时监控和故障诊断预警功能,能够有效简化维护维修流程,节省维护人力物力。

▶项目要点

1.掌握信号维护支持系统 MSS 的功能;

2.熟悉信号维护支持系统 MSS 的结构及设备组成;

3.掌握信号维护支持系统 MSS 的监测项目;

4.掌握信号维护支持系统 MSS 的报警级别及处理方式;

5.掌握信号维护支持系统 MSS 的数据采集与存储;

6.熟悉信号维护支持系统 MSS 的操作运用。

▶鉴定要求

1.会判断模拟量与开关量的监测;

2.根据工作站的地点不同,区分工作站的功能;

3.会识别 MSS 系统的故障报警信息及对应级别;

4.操作运用 MSS 系统的智能监测功能,分析故障曲线,排除故障;

5.熟练运用 MSS 系统的特色功能,如信息回放、统计报表、运行日志、健康评价等。

▶课程思政

1.通过信号维护支持系统 MSS 的实训项目,提升自身的操作能力和风险意识;

2.操作运用 MSS 系统,总结各信号设备的故障曲线分析,提升故障应急处理能力,树立安全意识和风险意识;

3.提升创新意识,自主创新、不断开发更加先进的信号维护支持系统,推动地铁信号技术的进步。

▶ **基础知识**

◆ 8.1 信号维护支持系统概述

8.1.1 信号维护支持系统概述

8.1.1.1 信号维护支持系统

信号维护支持系统(Maintenance Support System,MSS),也称信号集中监测系统,是 CBTC 信号系统的重要子系统之一,作为信号系统中的非安全系统,其功能在于通过将各信号子系统的维护单元进行有效组织利用和整合,实现对信号设备及其他各子系统的状态监测和维护管理。它是保障轨道交通运营安全、加强信号设备结合部管理、监测信号设备状态、发现信号设备隐患、分析信号设备故障原因、辅助故障处理、指导现场维修、提高维保部门维护水平和维护效率等的重要系统。

8.1.1.2 信号维护支持系统功能认知

MSS 子系统可对控制中心、维修中心、车站、车辆段/停车场的整个信号系统的所有设备进行在线监视和远程监视,并对所有在线运行的信号设备进行维护管理和支持。MSS 子系统主要实现了如下监测功能:

(1)对道岔/转辙机、计轴、信号机、电源设备等基础信号设备的模拟量、开关量状态进行实时监测,并及时给出报警。

(2)对 ATC、ATS、CBI、DCS 设备状态进行实时监测,并及时给出报警。

(3)对站场运用状况、信号设备运用情况、作业操作记录进行实时监视、记录存储和历史回放。

(4)对报警/预警信息可进行实时及历史调阅查看,对故障及自定义时刻进行回放。

(5)以设备图形化展现方式,显示主要设备的运行状态及给出报警。

(6)对信号设备监测信息进行智能分析,诊断故障原因及处所,提示隐患预警。

(7)具备智能维护功能,提示故障可能原因,给出维护建议。

(8)信号监测子系统不论其工作或故障时,不影响被监测设备的正常工作。

(9)维修中心的监测报警设备满足对信号系统设备的监测报警和统计报表的功能,还可对信号系统的各设备进行维护信息分析,提供维护支持。

8.1.2 MSS 子系统的主要技术条件

信号维护支持系统综合应用了计算机技术、微电子技术、网络技术、现场总线技术、自动控制技术、传感测试技术、接口技术、软件编程技术等,实现对系统的监测。

8.1.2.1 主要技术要求

(1)MSS 应组建单一、独立的维护支持网络,以适应不同系统供应商提供的不同制式

（准移动闭塞、移动闭塞）、不同类型的信号系统。配备的设备应小型化、模块化,适应城市轨道交通设备集中站、非设备集中站、车辆段/停车场、控制中心等现场配置的不同要求。

（2）MSS 应采用成熟可靠的技术手段,实现信号设备运用过程的动态实时监测、数据记录、统计分析,监测范围应包括计算机联锁、ATS、ATP、ATO、智能电源屏、UPS（不间断电源）、计轴系统、数据传输系统（DCS）、转辙机、信号机等所有信号设备。

（3）MSS 应能监督、记录信号系统与电力、通信、屏蔽门等系统结合部的有关状态。

（4）MSS 可通过对信号设备工作信息的实时采集和智能分析,评估信号系统的运行质量,当信号设备的主要电气性能或机械特性偏离预定界限时应及时预警。

（5）MSS 应能及时记录监测设备的异常状况,并对设备故障进行分类及报警。

（6）MSS 应具有一定的故障诊断能力,当信号设备出现故障时,能根据设备的电气参数变化和关联信号设备的状态信息,给出故障定位和故障处理建议。

8.1.2.2 数据采集要求

（1）MSS 采集设备与被监测设备间必须有良好的电气隔离措施,任何情况下不得影响信号设备的正常工作。

（2）采集的数据应满足实时性、完整性、准确性的要求,采集的信息应能与其他系统互联互通,实现资源共享。

（3）MSS 模拟量采集器须经过标准计量器具校核,测试精度应满足技术要求。针对道岔、信号机等不同的信号设备使用不同的采集单元,输出数字量不受电磁干扰。

（4）MSS 监测站机以通过 CAN 总线方式与采集分机之间通信,采集分机的通信接口分机,接收并处理各采集单元传输来的数据信息,同时通过网络通信方式将数据传给站机。

（5）MSS 与 ATS、ATC、DCS、联锁、电源屏、智能灯丝报警仪、计轴等智能设备接口,实现对智能设备的远程监测功能。

◆ 8.2 MSS 子系统的结构

8.2.1 MSS 子系统体系结构

MSS 子系统是基于 B-S 架构（浏览器-服务器架构）的分布式信息管理系统,维护监测服务器作为此架构的核心单元承担该架构中"服务器"的角色,维护工作站与维护服务器进行数据交互并分别完成相应的工作任务,作为此架构的"工作站"直接与用户沟通,如图 8-1 所示。

维护监测服务器负责采集、处理和存储维护数据,为各工作站提供数据和服务支持。工作站负责向用户提供数据查询、数据显示和维护指令操作的接口。

工作站

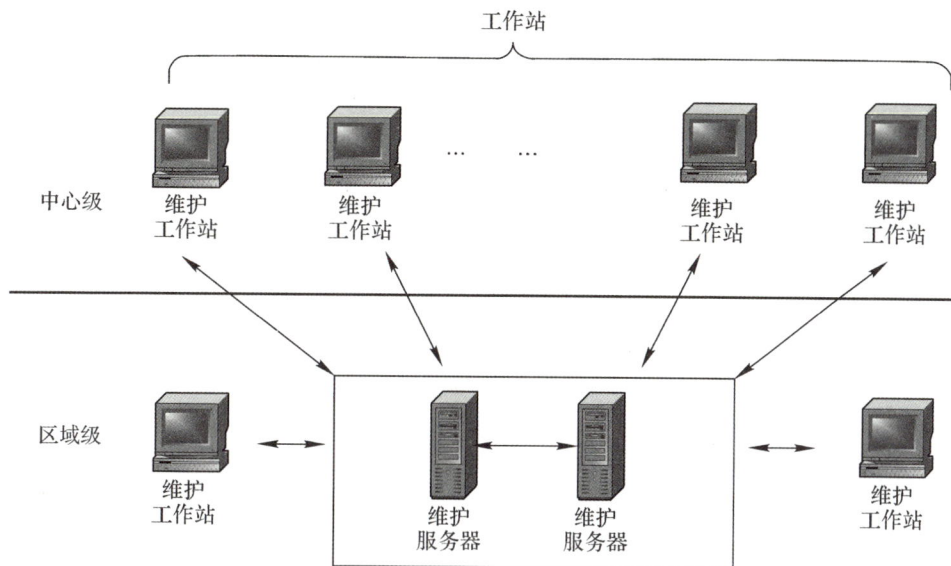

图 8－1 "服务器-工作站"架构

8.2.2 MSS 子系统的设备组成

MSS 子系统的设备根据线路状况、信号系统的构成及分布等情况进行配置,由线网中心设备、线路中心设备和车站设备组成。在控制中心、维修中心、各设备集中站、车辆段/停车场等配置 MSS 子系统设备,包括维护监测服务器、维护管理工作站、维护工作站、数据存储设备及构成维护网络的网络设备等。

MSS 子系统采用三层系统架构,即中心服务层、站机层、维护工作站层,系统总体结构如图 8－2 所示,设备组成见表 8－1。

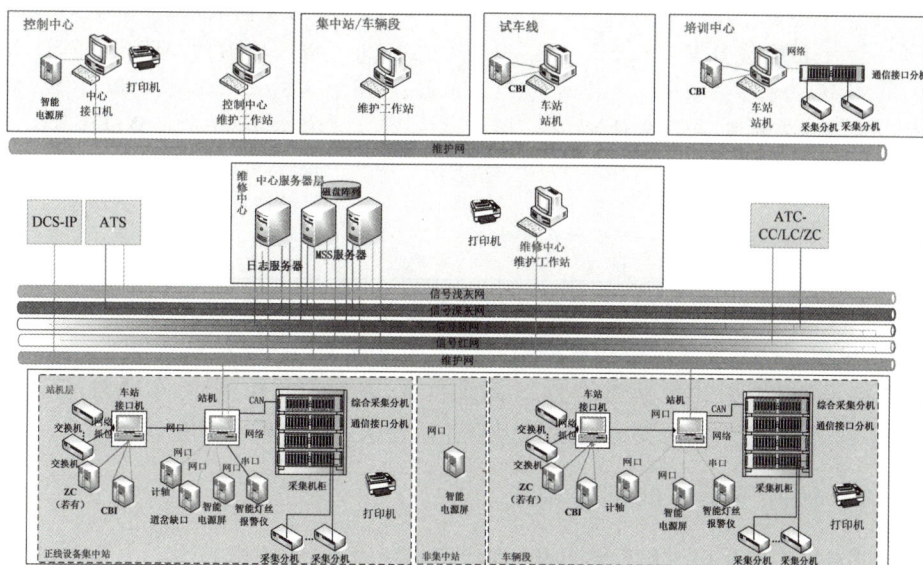

图 8－2 MSS 系统总体结构图

表 8－1　MSS 子系统设备简况

三层结构	地点	设备组成	功能
中心服务层	控制中心	维修服务器、日志服务器、磁盘阵列、ATS 维护工作站及 A3 激光打印机等设备	控制中心完成对列车运行的监视和整个信号系统所有设备的集中报警功能和操作记录等，并对本项目所有在线运行的信号设备进行维护管理和支持
站机层	正线集中站、车辆段	站机(含工控机、显示器)、采集机柜、道岔缺口监测设备、综合采集分机、通信接口分机、各种传感器和隔离转换单元、现场总线控制模块、数据处理单元、接口设备和打印机等	站机是车站监测的核心，负责车站信号维护监测子系统所需开关量、模拟量等信息数据的采集、分类、逻辑分析处理、报警输出、数据统计等功能，并以图形、列表及曲线等方式给用户提供最有价值的维修状态信息，实现用户实时地、交互式浏览和查询。同时将车站采集的实时数据和报警传送到上层维修服务器，并接受上级的控制命令
维护工作站层	正线信号工区、控制中心工区、车辆段、停车场	工作站主机、显示器、应用软件等	负责向维护服务器请求并显示所管辖区域内的 ATS、ZC、DSU、VOBC、DCS、LEU、联锁、电源、计轴、微机监测等子系统的报警信息和各种统计报表，可以接受维护任务并向用户提供维护技术支持

(1)维护服务器设在维修中心，负责采集并处理来自 ATS、联锁、微机监测、VOBC、ZC、DSU、DCS、电源、计轴、站台门等系统的运行状态和设备工作状态信息。

(2)网络设备工作站由数据通信 DCS 系统负责，管理和监控正线、车辆段/停车场所有的网络设备的工作状态，同时接收网络管理服务器发送的所有网络设备状态信息。

8.2.3　MSS 子系统的网络构成

　　MSS 子系统采用二层三级网络结构，即线网维护中心、线路维修中心二层维护网；线网维护中心、线路维修中心、车站三级网络，如图 8－3 所示。

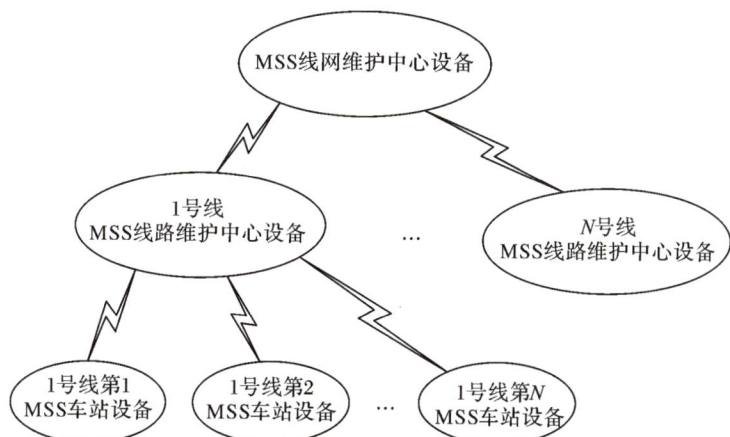

图 8 - 3 MSS 子系统的网络构成

8.2.4 MSS 子系统的数据采集和存储

城市轨道交通 CBTC 信号系统具有完善的自检和自诊断功能。各子系统均具备独立的自诊断模块,并能将故障和异常定位到板级,同时将这些诊断信息发送给 MSS 子系统,如图 8-4 所示。

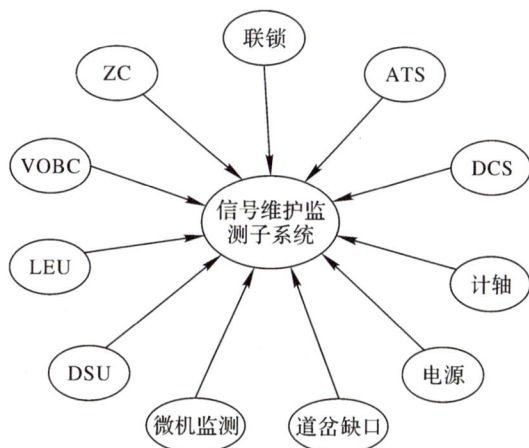

图 8 - 4 信号各子系统维护数据

信号各子系统汇报的维护信息见表 8 - 2。

表 8 - 2 信号各子系统维护信息

子系统	维护信息
ATS	设备工作状态(定位到板级)、ATS 系统运行状态信息以及与其他子系统通信状态
ZC	设备工作状态(定位到板级)、ZC 系统运行状态信息以及与其他子系统通信状态
VOBC	车载设备工作状态(定位到板级)和通信状态
联锁	联锁设备工作状态(定位到板级)和信号机、转辙机等基础信号设备的工作状态(开关量)
微机监测	信号机、转辙机等基础信号设备工作状态(模拟量)
DSU	设备工作状态(定位到板级)以及与其他子系统通信状态

续 表

子系统	维护信息
DCS	设备工作状态(交换机)
电源	电源设备工作状态
LEU	设备工作状态(定位到板级)
计轴	报警信息和用户操作记录信息
道岔缺口	道岔缺口设备工作状态

8.2.4.1　数据的采集

各子系统维护模块通过维护网将维护信息传输给维护服务器,并通过维护工作站进行显示,从而实现对信号系统的中央设备、车站设备、轨旁设备、车载设备以及车-地通信设备进行实时监督、记录和集中报警的功能。MSS子系统能以实际线路图、设备间拓扑图、设备分布图以及设备结构图等图形形式更直观、更形象地向用户展示设备故障状况以及异常定位。

CBTC信号系统各子系统的自诊断信息的检测以及维护信息的传输原理如图8-5所示。

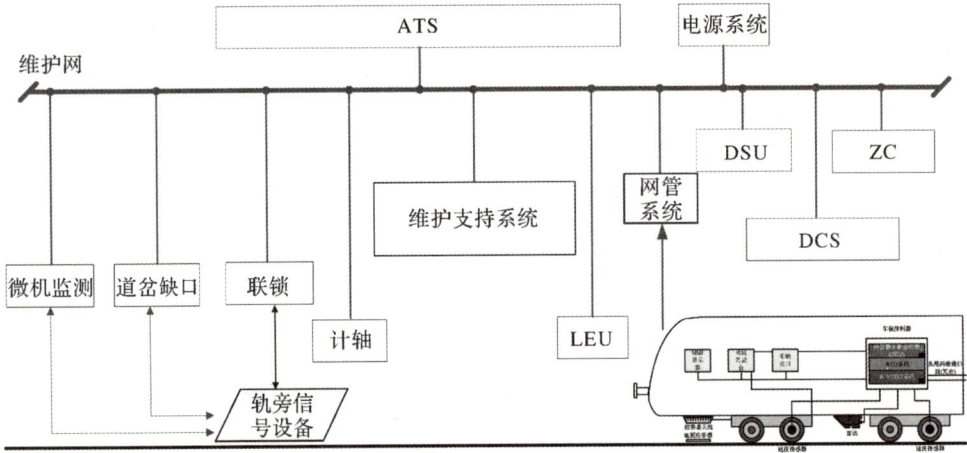

图 8-5　维护信息的传输原理

8.2.4.2　数据的存储

维护信息存储在MSS子系统的数据库中。该数据库具备故障恢复、用户定期拷贝和历史数据转存以及数据库合并的能力。数据库备份工具支持手工备份和自动(定时)备份两种备份方式。维护服务器将采集到的ATS、ZC、DSU、VOBC、DCS、LEU、联锁、电源、计轴、微机监测等子系统的维护信息进行存储和运算,并向各显示终端提供运算的结果。

◆ 8.3　信号维护支持系统的功能

信号维护支持系统以主要信号设备为对象,以融合的现代传感器、现场总线、计算机网络通信、软件工程及数据库等技术为手段,监测并记录设备运行状态,统计分析相关数据,加强设备管理,为信号维护管理部门掌握设备当前状态、进行故障分析、指导现场作业和管理等提供科学依据,从而提高信号设备维护效率和维护水平。

8.3.1 模拟量与开关量监测功能

控制中心、车辆段、车站等具备对信号设备运行的工作状态和主要电气性能指标进行在线监测功能。当设备的工作状态异常或电气性能指标偏离预定界限时,系统实时地给出报警。用户也可以通过模拟量曲线查询指定时间段的设备状态信息。

(1)对基础信号设备的模拟量在线检测主要包括但不限于以下内容:①外电网;②电源屏输入状态、输出电压;③UPS监测;④电源对地漏泄电流;⑤转辙机动作电流、动作电压、转辙机油压/油位(如有)、道岔转换阻力;⑥信号机LED损坏率监测及报警,故障报警定位到灯位;⑦计轴设备检测;⑧道岔缺口监测;⑨融雪装置监测;⑩电缆绝缘测试。

(2)对基础信号设备的开关量在线检测主要包括但不限于以下内容:①基础信号设备的运行状态;②按钮状态、控制台表示状态;③信号机灯丝断丝报警;④挤岔;⑤转辙机动作;⑥道岔状态(每个转辙机状态能在维护工作站上独立表示);⑦电源设备的工作状态;⑧熔丝报警;⑨发车计时器设备状态;⑩融雪装置设备状态。

8.3.2 故障报警功能

MSS子系统在监测到报警后向各工作站发送报警内容并以报警列表、图形和声光报警等形式呈现。MSS子系统各工作站的设备监视页面以实际线路图、设备间拓扑图以及设备结构图等图形为用户提供最直观的设备故障状况以及定位显示。

8.3.2.1 故障报警信息

MSS能提供并不限于以下各类报警信息。

(1)ATS、ZC、DSU、DCS、LEU、联锁、电源(含UPS)、计轴子系统室内设备硬件故障;

(2)信号机、道岔、计轴等轨旁设备硬件故障;

(3)车载设备硬件故障;

(4)ATS、ZC、DSU、VOBC、DCS、LEU、联锁、电源、计轴子系统的系统间通信故障;

(5)ATS、ZC、DSU、VOBC、DCS、LEU、联锁、电源(含UPS)、计轴的子系统功能故障;

(6)熔丝报警、站台紧急停车按钮等开关量报警。

8.3.2.2 故障报警分类

信号维护支持系统根据故障性质分为三级报警(A、B、C级)及预警。

MSS子系统根据接收到的维护数据提取报警信息,按照不同的等级分类,见表8-3。

表8-3 报警分类

报警类型	报警原因	报警方式	报警种类
A级	涉及行车安全的报警信息	在相应维护工作站报警,采用弹出式声光报警,须经人工确认后才能停止报警	挤岔报警,列车信号非正常关闭报警,火灾报警,防灾异物侵线报警,【故障通知】按钮报警
B级	影响列车运行和设备正常工作的报警信息	在相应维护工作站报警,采用图形闪烁报警,采用黄色显示报警信息	外电网输入电源断电,三相电源错序,电源屏输出断电,列车信号主灯灯丝断丝,道岔表示缺口,信号监测通道中断,与CI、计轴、电源屏等通信故障,CI故障报警等

续 表

报警类型	报警原因	报警方式	报警种类
C 级	设备的电气特性指标超过规定范围等	在相应维护工作站报警,采用蓝色显示报警信息,恢复正常后自动停报	各种模拟量的电气特性超限,与其他接口通信故障报警
预警	根据电气特性变化趋势,设备状态及运用趋势等进行逻辑判断并预警	蓝色显示报警	模拟量变化趋势预警,道岔运用次数超限预警,室外道岔表示电压故障预警

注:A 级报警和 B 级报警除在维护工作站进行报警外,同时在相应的行车调度员工作站进行报警。

8.3.2.3 报警信息显示

报警分等级显示在 MSS 子系统各工作站上,MSS 子系统将报警和设备进行关联,用户可迅速到监视页面查看设备的故障状态和定位,如图 8-6 所示。报警信息显示包含:年/月/日/时/分/秒;报警名称;报警内容;报警类型;报警地点;故障码信息(ZC 和 VOBC);对应解决措施;等等。报警根据报警级别显示为不同的颜色,并给出提示信息。维护工作站监视各自管辖范围内的信号设备状态和报警,接收并确认报警。

图 8-6 报警列表示意图

8.3.3 智能诊断功能

智能诊断功能基于维护监测采集的基础数据,基于智能化的专家诊断和分析方法,实现对信号设备的故障诊断和预警分析,提供故障处所定位、故障原因分析、处理维护指导等智能维护功能,同时基于设备健康状态实现对设备的质量评价分析,结合问题闭环管理流程实现智能化、集成化的综合智能分析功能。

8.3.3.1 故障详细分析

基于智能分析结果,通过对故障时刻数据的集成化展示,可有利于对故障成因的准备分析判断及原因追溯。故障详细分析功能通过图表、曲线、不一致比对、文本展示等多种方式实现对故障的可视化分析,如图8-7所示。

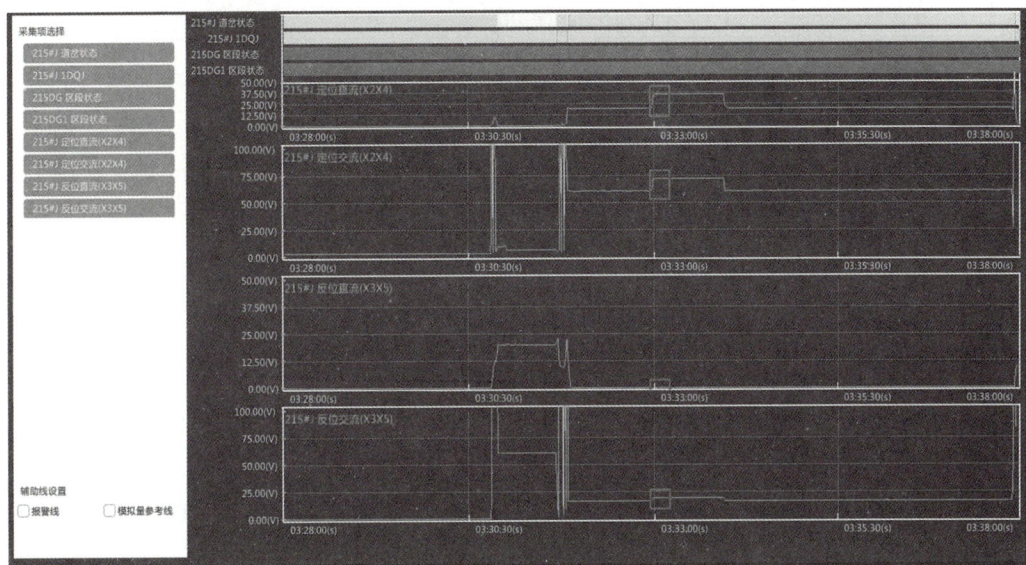

图 8-7　故障分析示意图

8.3.3.2 实时异常预警分析

智能分析通过对信号设备电气特性不间断的监测,可以自动捕捉曲线异常,对电气特性的突变、异常波动以及趋势变化进行分析,代替人工调阅数据,有效提高劳动效率,提前发现设备故障隐患,有助于实现预防修,如图8-8所示。

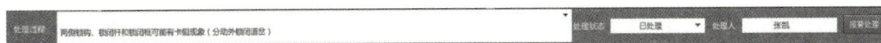

图 8-8　实时异常预警示意图

8.3.3.3 故障定位

在采集数据信息足够满足精准定位的条件下,通过智能分析可准确定位故障的回路或故障点,通过基于原理图的展现方式,可实现对故障处所的可视化指示,迅速辅助维护人员定位故障并快速进行排故作业,如图8-9所示。

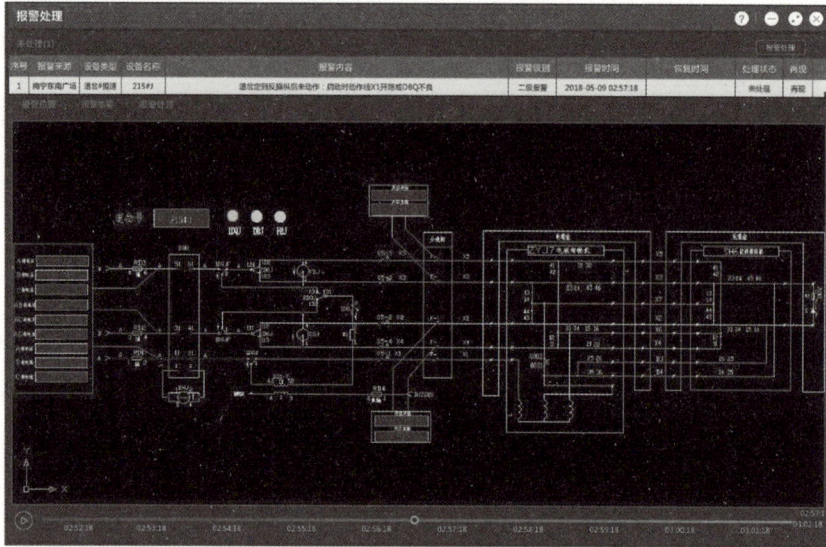

图 8 - 9　故障定位示意图

8.3.3.4　故障根因搜索分析

故障根因搜索分析,用于辅助解决复杂查询、关联分析、根因追踪等场景的需求。最后,结合数据分析手段,通过多级数据反馈结果,完成对故障根源的搜索定位,如图 8 - 10 所示。

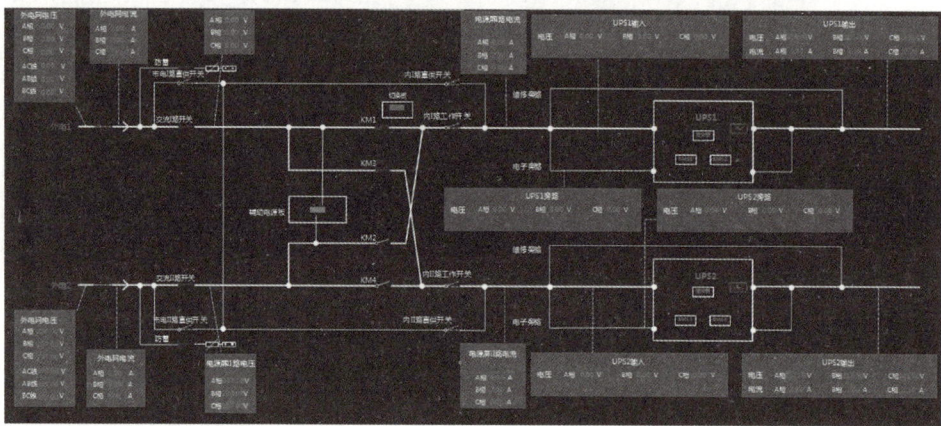

图 8 - 10　故障根因搜索分析示意图

8.3.3.5　报警整合功能

传统的故障告警没有对具有因果性、衍生性或者并发性的报警进行处理,往往因为一个故障引发衍生性故障,产生很多报警。智能分析利用故障根因搜索分析的结果对归并关系的报警信息进行整合,并将多条报警归并为一条报警进行提示。

8.3.3.6　报警处理指导

基于历史故障处理经验,可实现具有指导意义的报警处理维护建议,维护人员通过维护建议可大概率地确定维护方案及维护方法,从而有效提升维护效率,如图 8 - 11 所示。

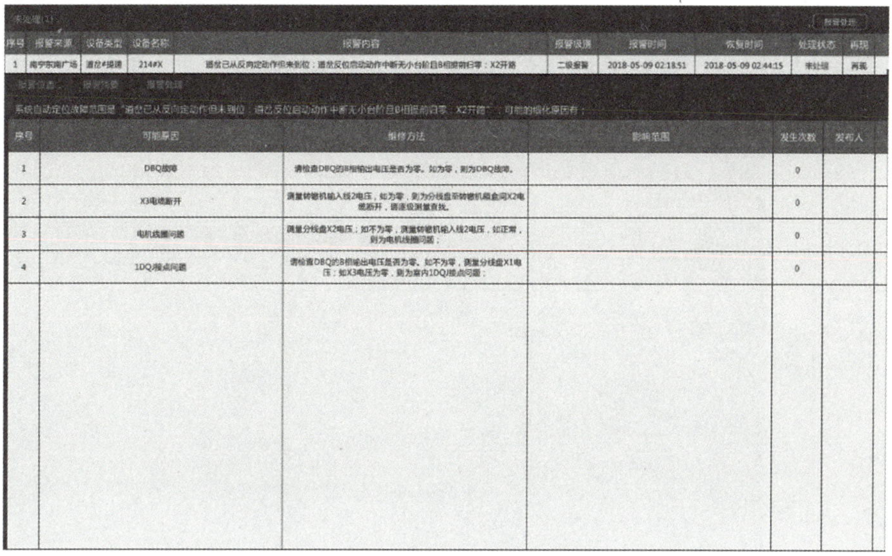

图 8‑11　报警处理指导示意图

8.3.3.7　维护建议报告

维护建议报告用于显示管辖范围内信号设备的总体运用状态,通过该报告可呈现一个作业周期内当前依然存在的问题,更便捷地完成交接班及维护整体性的报告,如图 8‑12 所示。

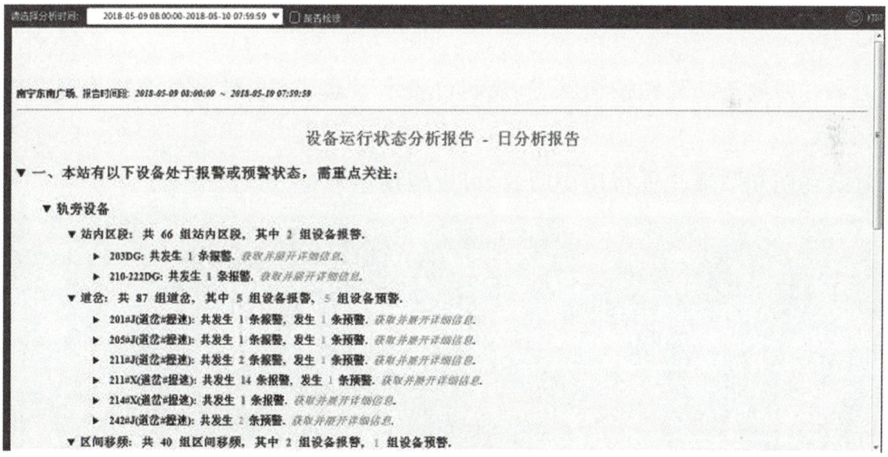

图 8‑12　维护建议报告示意图

8.3.4　特色功能

8.3.4.1　曲线功能

系统提供丰富的曲线功能,主要包括道岔启动、动作的电流曲线、功率曲线、信号机综合信息月曲线、电源屏信息日曲线等,如图 8‑13 所示。

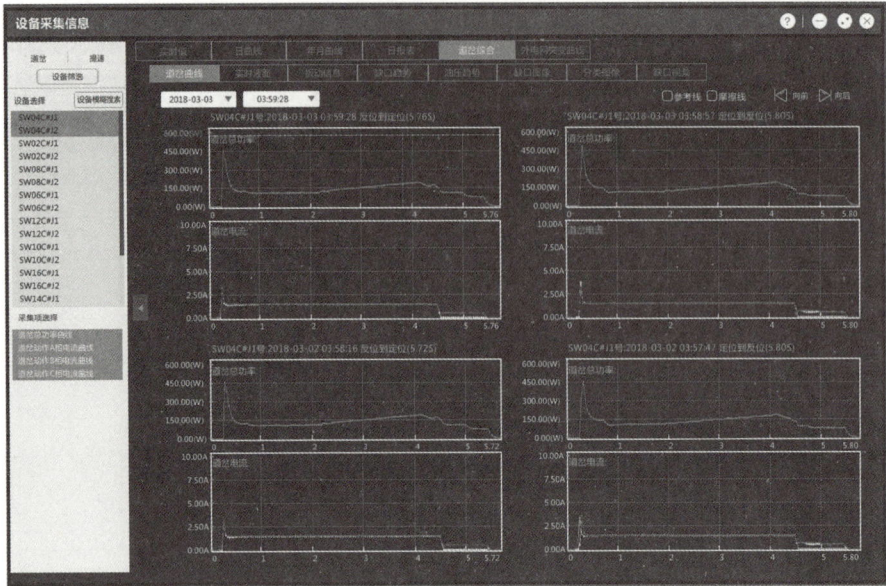

图 8－13　曲线功能示意图

8.3.4.2　站场图显示及回放

在设备集中站的站机及各维护工作站上都具备站场图显示及回放功能(见图8－14),既可动态跟踪当前的站场信息,也可查看过去的作业情况记录,具体如下:

(1)调阅车站联锁按钮状态、控制台表示状态、继电器状态等开关量及模拟量的实时信息显示。

(2)记录并回放车站联锁按钮状态、控制台表示状态、继电器状态等开关量及模拟量的历史信息显示。

(3)对站场图和图形化进行历史回放,可以辅助用户进行故障分析。

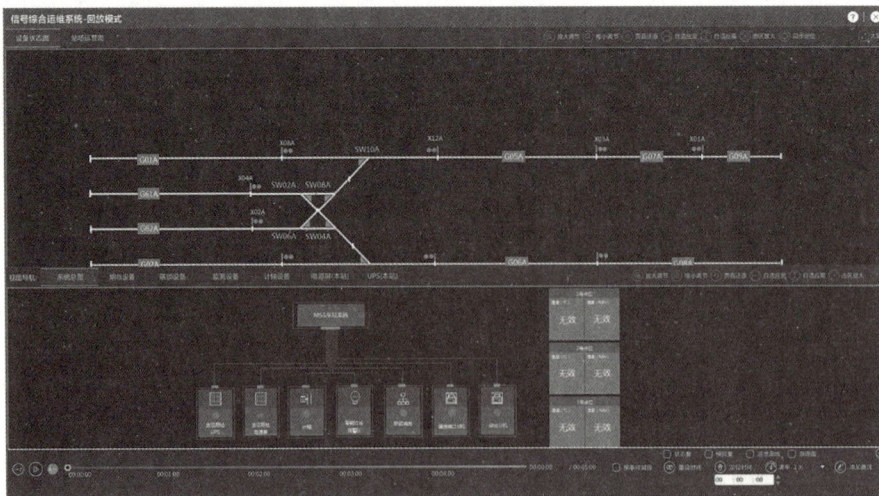

图 8－14　站场图回放示意图

8.3.4.3 图形化显示

在各维护工作站上都具备设备状态图形化显示及回放功能,具体如下:

(1)在线路图上,查阅全线路各站的设备故障情况,如图 8-15 所示。

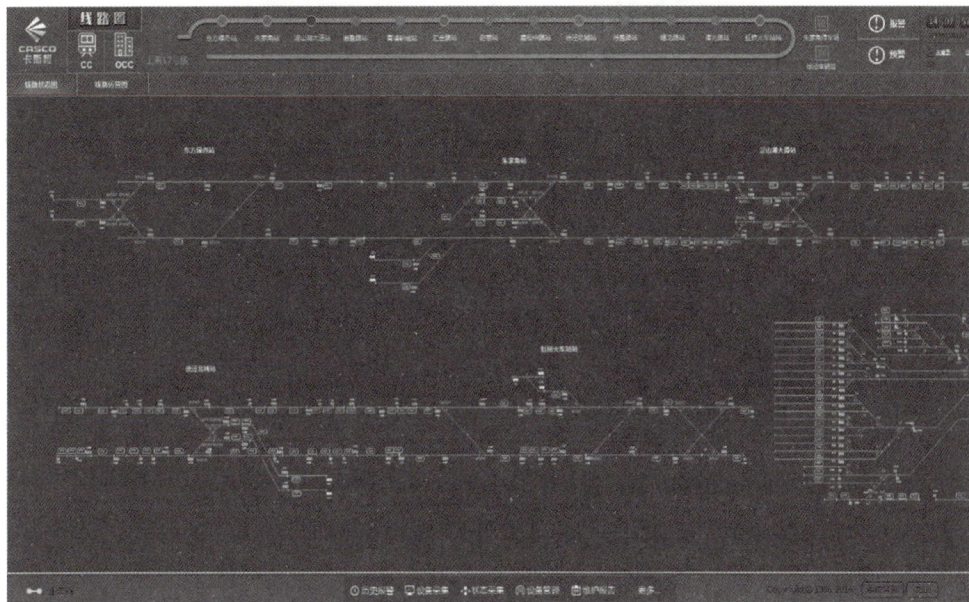

图 8-15 线路图监测示意图

(2)在车载状态图中,查阅车载设备板卡运行情况和历史报警,如图 8-16 所示。

图 8-16 车载监测示意图

(3)在 ZC 状态图中,查阅 ZC 板卡运行情况和历史报警,如图 8-17 所示。

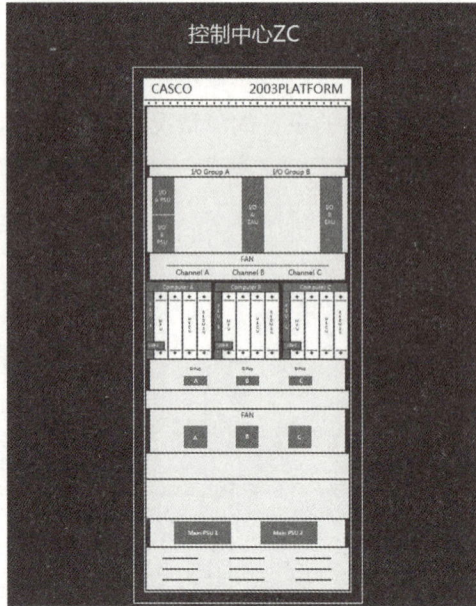

图 8 - 17 ZC 监测示意图

(4)在 LC 状态图中,查阅 LC 设备板卡运行情况和历史报警。

(5)在 DCS 状态图中,查阅 DCS 交换机等设备运行情况和历史报警,如图 8 - 18 所示。

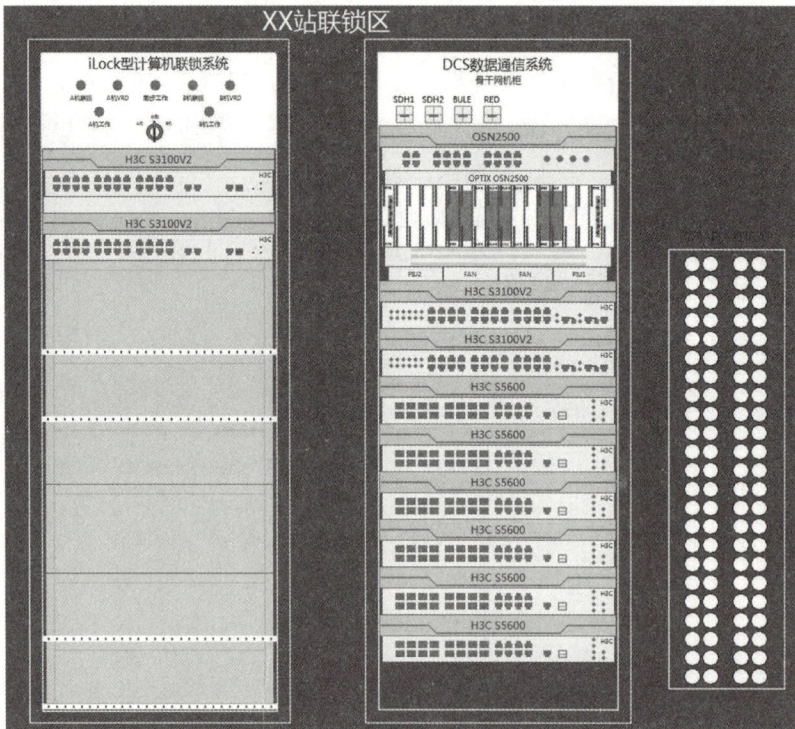

图 8 - 18 DCS 监测示意图

(6)在 ATS 状态图中,查阅 ATS 设备运行情况和历史报警,如图 8 - 19 所示。

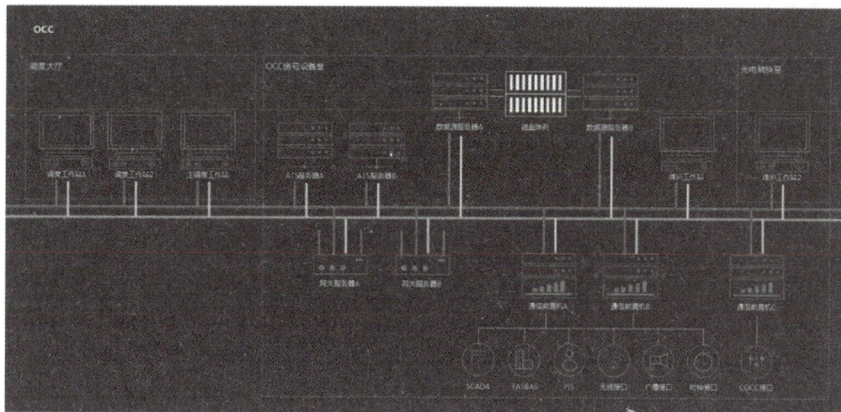

图 8-19　ATS 监测示意图

（7）在联锁状态图中,查阅联锁设备板卡运行情况和历史报警,如图 8-20 所示。

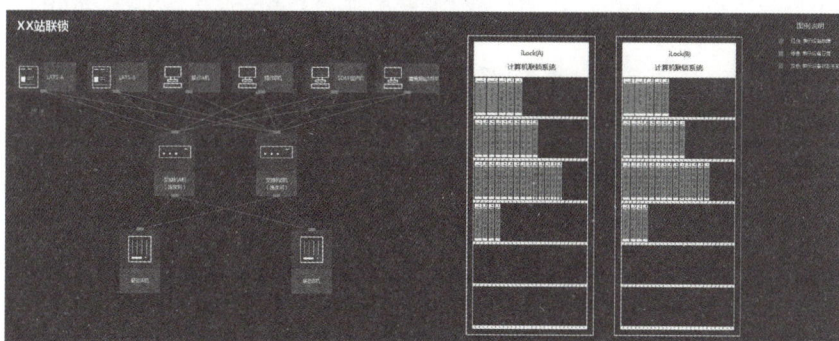

图 8-20　联锁监测示意图

（8）在电源屏状态图中,查阅电源屏设备运行情况和历史报警,如图 8-21 所示。

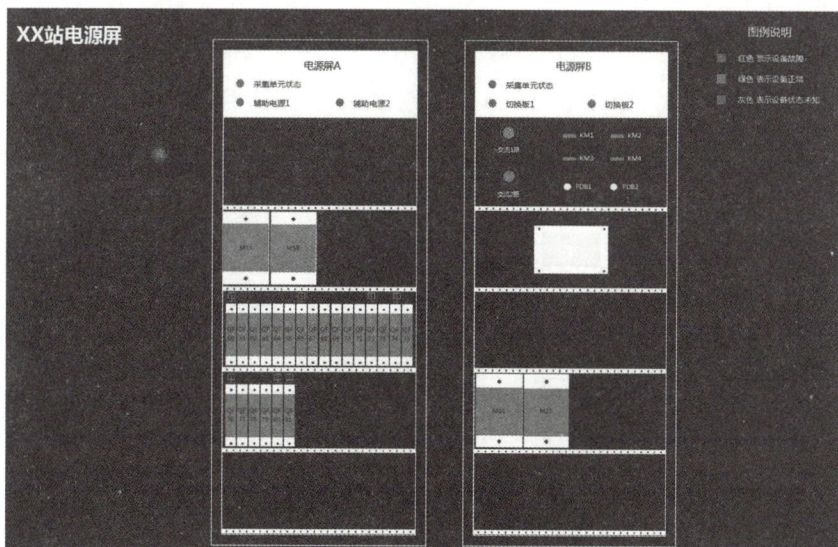

图 8-21　电源屏监测示意图

（9）在计轴设备状态图中，查阅计轴设备/板卡运行情况和历史报警，如图 8-22 所示。

图 8-22　计轴监测示意图

8.3.4.4　统计和报表

综合维修中心的监测报警设备接收、统计和处理整个信号系统的故障报警信息，具备设备故障报警的统计功能和历史数据回放功能。

▶ **项目总结**

本项目主要介绍了信号维护支持系统 MSS 的结构、设备组成、功能。通过本项目的学习，学生认识了城市轨道交通信号监测系统，掌握 MSS 系统的结构、功能和数据采集原理等，能够操作运用 MSS 系统的报警分析、智能监测及曲线分析等功能。

▶ **项目实施**

实训 8.1　MSS 子系统操作运用

1. 实训项目教师工作活页（见表 8-4）

表 8-4　实训项目教师工作活页

实训项目		实训 8.1.1　MSS 子系统操作运用			
学　时		专业班级		实训场地	
实训设备					
教学目标	专业能力	（1）能够说出 MSS 的含义； （2）能够识别 MSS 系统的故障报警信息及对应级别； （3）能够正确区分系统设备组成及工作区域； （4）能够判断模拟量与开关量的监测； （5）能够操作运用 MSS 系统的智能监测功能，分析故障曲线，排除故障。			

续 表

教学目标	方法能力	（1）能综合运用专业知识、通过作业书籍、多媒体课件和图片资料获得帮助信息； （2）能根据实训项目学习任务确定实训方案，从中学会表达及展示活动过程和成果。
	社会能力	（1）能在实训活动中保持积极向上的学习态度； （2）能与小组成员和教师就学习中的问题进行交流与沟通； （3）学会和他人资源共享，具有较好的合作能力和团队精神。
教学活动		略（详见教学活动设计）
绩效评价	学生活动	（1）以 4～8 人小组为单位开展实训活动，根据本组同学在实训过程中的表现及结果进行自评和组内互评； （2）根据其他小组同学在展示活动中的表现及结果，进行小组互评。
	教师活动	（1）指导学生开展实训活动； （2）组织学生开展活动评价与总结； （3）根据学生的表现和在本实训项目中的单元成绩作出综合评价。
教学资料		（1）《城市轨道交通通信与信号》主教材及辅助教材； （2）资料； （3）教学活动设计活页。
指导教师		实训时间	年 月 日

2.实训项目学生学习活页（见表 8-5）

表 8-5　实训项目学生学习活页

实训项目	实训 8.1.2　MSS 子系统操作运用				
专业班级		姓名		时间	

一、实现目标

1.专业能力目标

（1）能够说出 MSS 的含义；

（2）能够识别 MSS 系统的故障报警信息及对应级别；

（3）能够正确区分系统设备组成及工作区域；

（4）能够判断模拟量与开关量的监测；

（5）能够操作运用 MSS 系统的智能监测功能，分析故障曲线，排除故障。

2.方法能力目标

（1）能综合运用专业知识、通过作业书籍、多媒体课件和图片资料获得帮助信息；

（2）能根据实训项目学习任务确定实训方案，从中学会表达及展示活动过程和成果。

3.社会能力目标

（1）能在实训活动中保持积极向上的学习态度；

（2）能与小组成员和教师就学习中的问题进行交流与沟通；

（3）学会和他人资源共享，具有较好的合作能力和团队精神。

续 表

二、知识总结

1. 什么是信号维护支持系统？

2. MSS子系统监测报警可分为三个级别和预警,分别说明如何划分的？

3. MSS子系统的功能有哪些？

4. 简述 MSS子系统的设备组成。

5. MSS子系统如何进行数据采集和存储的？

三、操作应用

1. 按照 MSS子系统操作界面,调出工具条—曲线,查看道岔表示电压日曲线,分析纵坐标和横坐标的含义、曲线变化趋势的原因。

2. 请根据 MSS子系统的智能诊断功能,对某日某时的道岔状态、轨道电路状态、信号机点灯电路、区段状态等进行智能分析和故障报警判断、定位。

四、实训小结

五、成绩评定

1. 学生评价

评价等级	A—优秀	B—良好	C—中等	D—及格	E—不及格
学生自评					
组内互评					
小组互评					

2. 教师评价

评价等级	A—优秀	B—良好	C—中等	D—及格	E—不及格
专业能力					
方法能力					
社会能力					
评价结果					

3. 综合评价

评价等级	A—优秀	B—良好	C—中等	D—及格	E—不及格
综合评价					

综合评价按学生自评占10%、组内互评占20%、小组互评占20%、教师评价占50%的比例进行过程评价。其中:A(90～100)、B(80～89)、C(70～79)、D(60～69)、E(60以下)。

4. 评价标准

评价等级	评价标准
A	能圆满、高效地完成实训任务的全部内容
B	能较顺利地完成实训任务的全部内容
C	能完成实训任务的全部内容,但需要相关的指导和帮助
D	只能完成实训任务的大部分内容,在教师和小组同学的帮助下,也能完成实训任务的全部内容
E	只能完成实训任务的部分内容

▶项目达标

一、填空题

1.信号集中监测系统监测的项目/类型,大体可分为_____和_____。

2.涉及行车安全的信息报警为_____级报警。

3.影响行车或影响设备正常工作的信息报警为_____级报警。

4.设备的电气特性指标超限或其他报警属于_____级报警。

5.MSS系统采用_____网络结构,其设备组成包括中心服务层、_____、_____。

6.维修中心配置的服务器需采用_____技术,以提高系统的可靠性。

二、选择题

1.监测系统中,下列对象属于模拟量的是( )。

A.轨道电路电压　　B.控制台按钮　　　C.灯丝状态　　　　D.继电器状态

2.监测系统中,下列对象属于开关量的是( )。

A.轨道电路电压　　　　　　　　B.道岔动作电流

C.灯丝状态　　　　　　　　　　D.电缆绝缘

3.微机监测系统采集机和站机间是通过( )总线通信的。

A. CAN　　　　　　B. RS485　　　　　C. RS232　　　　　D. RS422

4.信号维护支持系统MSS应能及时记录监测对象的异常状况,具有一定的( )。

A.故障诊断能力　　　　　　　　B.自记忆功能

C.网络诊断管理　　　　　　　　D.数据存储功能

5.( )是车站监测的核心,负责车站信号维护监测子系统所需信息数据的采集、处理、显示、数据分析、存储等功能。

A.站机　　　　　　　　　　　　B.维护监测服务器

C.维护工作站　　　　　　　　　D.采集设备

三、简答题

1.什么是信号维护支持系统?

2.MSS系统监测报警可分为三个级别和预警,分别说明如何划分的?

3.MSS系统的功能有哪些?

项目九　城市轨道交通信号图纸

▶项目导入

　　图纸不仅仅是信号工程施工的依据，也是信号设备维护的依据。如何看懂施工图纸？学习这些基本知识，为看懂现场真正的施工图纸做准备。

▶知识要点

　　1.熟悉城市轨道交通信号图纸的作用和种类；

　　2.掌握常见信号设施及设备的命名原则与含义；

　　3.熟悉常见图纸元素及其含义，常见缩写及其含义；

　　4.掌握信号布置图中图形符号意义，能看懂各种信号布置图，做到图物对照；

　　5.能看懂组合内部、组合侧面、零层电源、接口柜、分线盘配线图，做到图物对照；

　　6.理解室内配线图间的关系；

　　7.掌握城市轨道交通图纸识图方法与技巧。

▶鉴定要求

　　1.能够区分不同种类的图纸；

　　2.能够识别图纸中常见设施设备及各种图纸元素；

　　3.借助有关工具书，能看懂城市轨道交通常见信号图纸。

▶课程思政

　　1.培养细察、刻苦钻研的认真精神；

　　2.培养学生诚实守信、遵章守纪、坚守规范的工程素养；

　　3.培养精致绘图、精益求精、勇于担当的工匠精神。

▶基础知识

◆ 9.1　城市轨道交通信号图纸基础知识

9.1.1　图纸作用

　　图纸是铁路、城市轨道交通施工建设的重要依据，是投标报价、工程结算的依据，也是编制工程施工计划、材料采购计划、劳动力组织计划等的依据，还是维护人员进行设备维护的主要技术资料。

　　图纸的形成主要经过总体设计、初步设计、设计联络、施工图出图、施工等五个阶段。施工图自初步设计开始，需要不断完善、纠错，在各个阶段不断创新和修改，最终在竣工时，形成一份准确的竣工图纸。

目前城市轨道交通信号图纸主要由中铁工程设计咨询集团有限公司、中铁第四勘察设计院集团有限公司、北京城建设计发展集团股份有限公司等设计院设计出图。全国既有线路中因设计院、集成商、设备结构、用户需求不同,各线路间图纸会略有差别,但图纸内部基本的模块内容、原理及分类基本一致,下面主要对图纸的分类及内容进行介绍,掌握后有助于下一步的学习。

9.1.2 图纸种类

城市轨道交通信号专业常见图纸种类见表 9-1。

表 9-1 信号专业图纸种类

序 号	图纸名称	备 注
1	《××站联锁区信号系统室外部分图纸》	
2	《××站联锁区信号系统室内部分图纸》	
3	《×× kg/m 钢轨×号道岔整体道床转换设备安装图册》	因厂商、制式等不同,命名和内容略有差异
4	《正线轨旁设备通用安装图》	
5	《试车线信号系统施工图》	
6	《培训中心、控制中心及维修中心信号系统施工图》	
7	《电源屏图纸》	

9.1.3 图纸主要内容

(1)《××站联锁区信号系统室外部分图纸》主要内容见表 9-2。

表 9-2 《××站联锁区信号系统室外部分图纸》主要内容

序 号	目 录	序 号	目 录
1	设计说明	14	站台自动折返按钮室外电缆配线图
2	轨旁信号设备平面布置图	15	IBP 电缆配线图
3	固定应答器安装位置对应表	16	站台门电缆配线图
4	光/电缆径路图	17	信号机室外箱盒配线图
5	站内电缆连接图	18	转辙机室外箱盒配线图
6	信号机室外电缆配线图	19	计轴室外箱盒配线图
7	转辙机室外电缆配线图	20	TRE 室外箱盒配线图
8	计轴室外电缆配线图	21	站厅层电缆线缆敷设路由图
9	应答器室外电缆配线图	22	站台层电缆线缆敷设路由图
10	TRE 室外光缆配线图	23	主要工程数量表
11	TRE 室外电缆配线图	24	室内设备接地图
12	站台紧急关闭按钮室外电缆配线图	25	站联配线图
13	发车计时器室外电缆配线图		

该图册主要对本联锁区室外设备配线、线缆路由、工程量进行说明,在施工安装阶段是施工单位进行室外设备施工安装主要依据,其中工程量是计价的重要依据。

(2)《××站联锁区信号系统室内部分图纸》主要内容见表 9-3。

表 9-3 《××站联锁区信号系统室内部分图纸》主要内容

序号	目录	序号	目录
1	设计说明	45	非集中站综合柜配线图
2	信号设备平面布置图	46	室内机柜网络配线图
3	联锁表	47	与其他线站间联系电路图
4	名称代码对照表	48	通信光纤配线架 ODF 配线图
5	系统结构示意图	49	发车指示器室内串口连接示意图
6	室内设备布置图	50	信号组合内部配线图
7	室内设备接地示意图	51	信号组合内部采集模块安装示意图
8	室内线缆敷设路由示意图	52	道岔组合内部结配线图
9	组合柜设备布置图	53	道岔组合内部监测模块安装示意图
10	信号机点灯电路图	54	GJ 组合内部结配线图
11	灯丝报警、采集电路及配线图	55	紧停组合内部结配线图
12	信号机驱动及采集电路图	56	屏蔽门组合内部结配线图
13	道岔控制电路图	57	复位组合内部结配线图
14	道岔驱动及采集电路图	58	DY 组合内部结配线图
15	IBP 盘道岔表示灯电路图	59	LS 组合内部结配线图
16	计轴机柜布置图	60	MSS 机柜布置示意图
17	计轴轨道区段电路构成示意图	61	信号集中监测系统联接图
18	计轴轨道继电器接口配线原理图	62	信号集中监测采集组合排列表
19	计轴轨道区段电路图	63	通信分机端口配线图
20	计轴复位电路图	64	外电网电源综合质量采集原理图
21	计轴采集电路图	65	外电网电源综合质量采集端子配线图
22	CI 系统电源接口电路图	66	列车信号机回路电流采集模块编码表
23	断路器报警及采集电路图	67	站台门综合采集原理图
24	电源报警及采集电路图	68	站台门综合采集组合侧面配线图
25	站台门控制及连锁采集电路图	69	站台门综合采集组合内部配线图
26	紧急关闭控制及联锁采集电路图	70	熔丝报警擦积极开入板配线图
27	信标编码器（LEU）接口电路图	71	电源屏采集保险组合端子排列图
28	自动折返按钮控制及联锁采集电路图	72	电源屏采集保险端子配线表
29	IBP 盘信号设备布置示意图	73	10 型道岔表示电压采集原理图
30	ATS 车站机柜设备布置图	74	2 合 1 道岔表示电压采集组合侧面配线图
31	ATS 系统架构示意图	75	2 合 1 道岔表示电压采集组合内部配线图
32	DCS 机柜布置示意图	76	三相交流道岔功率及分表示采集原理图
33	ZC 机柜布置及配线图	77	三相交流道岔功率及分表示采集组合侧面配线图
34	DCS 机柜以太网布线示意图	78	三相交流道岔功率及分表示采集内部配线图
35	非集中站综合分线柜布置示意图	79	温湿度监测采集图
36	联锁机柜布置示意图	80	机柜 C10 层电源端子布置图
37	电源屏及电源电缆配线图	81	机柜 C0 层 D1－D2－D3 配线图
38	组合柜零层端子配线图	82	512 路绝缘漏流测试组合排列表
39	组合柜零层电源环线图	83	512 路绝缘漏流测试接线图
40	组合柜侧面配线	84	512 路绝缘漏流测试控制配线图
41	接口柜配线表	85	512 路绝缘漏流组合侧面配线图
42	分线柜设备布置图	86	512 路绝缘漏流测试组合内部配线图
43	防雷分线柜防雷保安器选型表	87	主要工程数量表
44	防雷分线柜配线图		

该图册为信号系统室内设备安装图册,主要包含联锁设备所控制设备的驱动/采集、终端设备的控制/表示的原理和配线图,以及电源、监测等的原理和配线图。该图册基本包含室内所有重要的配线,是施工安装和设备维护工作重要依据。该图册也是信号专业识图的重点部分。

(3)《正线轨旁设备通用安装图》主要内容见表9-4。

表9-4 《正线轨旁设备通用安装图》主要内容

序 号	目 录	序 号	目 录
1	设计说明	14	高架车站站台紧急关闭按钮箱安装图
2	矩形隧道信号机及弱电电缆支架安装图	15	站台紧急关闭按钮箱尺寸图
3	圆形隧道信号机及弱电电缆支架安装图	16	站台自动折返按钮箱安装图
4	马蹄形隧道信号机及弱电电缆支架安装图	17	信号机标识牌加工图
5	地下站站台区信号机及弱电电缆支架安装图	18	立柱式信号机支架加工图
6	双线U形槽段信号机及弱电电缆支架安装图	19	壁挂式信号机支架加工图
7	区间地面线弱电电缆支架安装位置图	20	声屏障支柱信号机安装图
8	U型梁段信号机及弱电电缆支架安装位置图	21	通信、信号线缆过人防门分配断面图
9	高架站站内弱电电缆支架安装位置图	22	转辙机位置安装示意图
10	接点桥线槽安装位置示意图	23	转辙机安装基础坑预留示意图
11	区间5层弱电电缆支架加工图	24	光电缆敷设干线路由示意图
12	车站10层弱电电缆支架加工图	25	轨旁设备接地示意图
13	地下车站站台紧急关闭按钮箱安装图		

该图册对室外设备安装规范给出详细说明,是施工单位在进行设备安装时的主要依据,安装时应注意避开同高度的消火栓、广告灯箱等障碍物;若在施工安装时位置有冲突且无法避开时应与相关施工单位及时协调沟通。

(4)《各站电源屏图纸》主要内容见表9-5。

表9-5 电源屏图纸主要内容

序 号	目 录	序 号	目 录
1	配置图	5	电源屏原理图
2	端子分配表	6	电源屏接线图
3	柜间接线示意图	7	电池架接线图
4	地址拨码图		

该图册主要是室内电源系统图纸,对电源系统内各设备内部原理及配线,及设备间配线进行说明,是信号系统施工和维护工作重要依据。

(5)其他相关图纸。《试车线信号系统施工图》、《培训中心、控制中心及维修中心信号系统施工图》按照相应线路配置设计。

注意:各类图纸主要内容应包括但不限于表中要求内容。

9.1.4 常见设施及设备命名与含义

信号设备编码命名原则:设备名称缩写＋车站编号＋设备编号。以下为各设施或设备一般编号原则,实际应用中根据现场实际情况和要求不同,会略有差异。

9.1.4.1 线路

每一条线路按国家批复的线路编号从 01 开始顺序递增编号,二期工程线路编号与一期工程的保持一致。如:1 号线线路编号为 01。

以郑州市为例,根据郑州市城乡规划局公示的《郑州市城市轨道交通线网规划修编(2015—2050)》和郑东新区管委会发布的《郑东新区龙湖地区控制性详细规划部分地块修改必要性论证报告》方案显示,规划到 2050 年,郑州将有地铁线路 22 条,总里程达 1 050 千米,车站 560 座。截至 2023 年年底,郑州已经开通的地铁线路共有 11 条,其中郑许线已经在 2023 年底正式投入运营。

9.1.4.2 车站

车站编号一般从小里程开始,第一个车站编号从 01 开始依次递增。部分业主方或设计院有特殊规定的,可按照实际情况进行调整。

9.1.4.3 轨道电路

(1)轨道电路的划分。

1)轨道电路的长度。相邻两个绝缘节之间的钢轨线路(即从送电端到受电端之间)称为轨道电路的控制区段,也就是轨道电路的长度。

2)正线轨道电路划分。正线大多数采用无绝缘轨道电路,每隔一段距离划分一个闭塞分区。

(2)车辆段轨道电路的划分原则。

1)凡有信号机的地方,均装设钢轨绝缘,将信号机的内、外方划分为不同区段。

2)凡能平行运行的进路,其间应设钢轨绝缘。

3)岔前岔后适当地点,应设钢轨绝缘。

4)在一个轨道电路区段内包含的道岔原则上不应超过三组。

5)为了提高咽喉区的使用效率,应将轨道区段适当划短,从而满足行车、调车作业效率的提高。

(3)轨道电路命名。

1)无岔区段。

方法一:以联锁区为单位,跳过有岔区段,上行为双数,下行为单数,从小里程向大里程,从小到大依次编号。例如:WG2101 表示区段名称,"WG"代表该区段为无岔区段,"21"代表其所在联锁区的编号,"01"代表其所在联锁区内的序号,即该区段位于该联锁区下行线路。

方法二:

a)停车线股道轨道电路。按照股道编号命名,一般停车线划分为两个轨道区段,可停放两列车,如图 9-1 所示。两个轨道区段分别命名为 1A、1B 或 2A、2B 等。

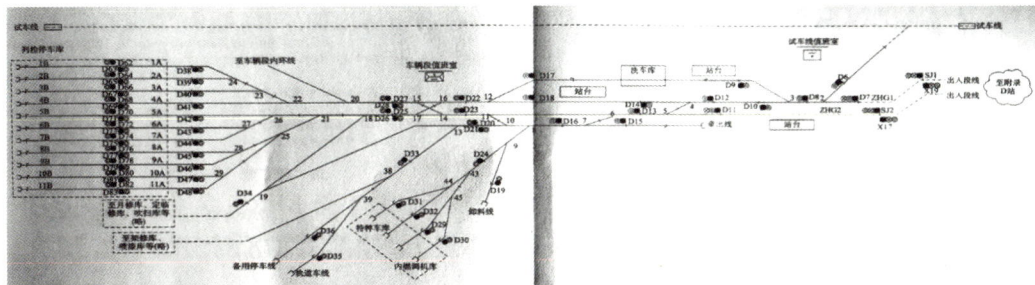

图 9-1 停车线股道轨道电路示意图

b)进、出段口处的无岔区段。应根据其功能等命名,图9-1中,进、出车辆段处的轨道电路为转换轨,分别命名为 ZHG1、ZHG2。

c)牵出线、机待线、机车出入库线、专用线等调车信号机外方的接近区段,用调车信号机编号后加 G 来表示,如图9-1中的 D15G。

d)位于咽喉区的差置信号机之间无岔区段:以两端道岔编号写成真分数形式加 G 表示,如图9-1中 D14 与 D18 间的无岔区段为 4/12G。

2)有岔区段。

方法一:一个轨道区段含有一组道岔时,轨道区段采用"DG+车站+道岔编号",一个轨道区段含有两组道岔时,轨道区段采用"DG+车站+道岔编号+道岔编号"。例如:DG2103,"DG"代表该轨道区段为有岔区段,"21"代表其所在联锁区的编号,"03"代表区段内含有一组道岔,编号为"03";DG211311,"DG"代表该轨道区段为有岔区段,"21"代表其所在联锁区的编号,"1311"代表区段内含有两组道岔,编号"13"和"11"。

方法二:道岔区段轨道电路区段根据所包含的道岔名称来命名。

a)包含一组道岔:如图9-2中,包含1号道岔的轨道区段命名为1DG,包含7号道岔的轨道区段命名为7DG。

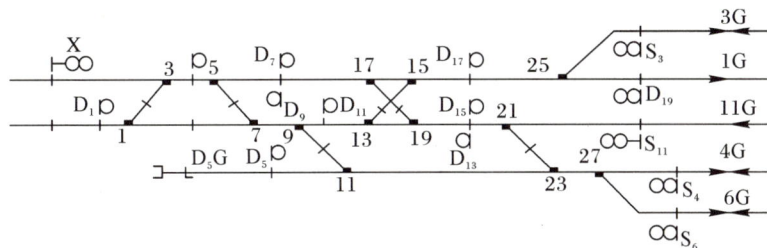

图 9-2 轨道电路的命名

b)包含两组道岔:如图9-2中,包含15号、17号两组道岔的轨道区段命名为15-17DG,包含7号、9号两组道岔的轨道区段命名为7-9DG。

c)三组道岔:当轨道区段中包含三组道岔时,用两端的道岔编号连缀来命名。如图9-2所示,包含11号、23号、27号道岔的轨道区段为11-27DG。

9.1.4.4 计轴器

以联锁区为单位,一般情况下上行为双数,下行为单数,从小里程向大里程,从小到大进行编号。例如:JZ0101代表该设备为计轴磁头,"JZ"代表该设备为计轴磁头,第1个"01"代表其所在车站联锁区的编号,第 2 个"01"代表其所在联锁区内的序号,即该计轴点位于该联锁区下行线路。

9.1.4.5 道岔

以车站为单位,上行咽喉(大里程端)为双数,下行咽喉(小里程段)为单数,由远及近,由上到下依次编号。例如:P2106 代表该设备为道岔编号,"P"代表该设备为道岔,"21"代表其所在车站编号,"06"代表其对应的道岔编号,表明该道岔在该车站的上行咽喉。

9.1.4.6 信号机

以车站为单位,上行为双数,下行为单数,从小里程向大里程,从小到大依次编号。首字母"S"代表信号机开放方向为上行,"X"代表信号机开放方向为下行。例如:S2102 代表该设备为信号机,"S"代表信号机开放方向为上行,"21"代表其所在车站编号,"02"代表其所在车站内的序号,且表明该信号机位于该线路的上行线。

9.1.4.7 发车计时器

以车站为单位,按上、下行站台进行编号,上行站台为双数,下行站台为单数。例如:DTI2102 代表该设备为发车计时器,"21"代表其所在车站的编号,"02"代表其所在车站内的序号,表明该设备位于上行站台。

9.1.4.8 紧急关闭按钮

以车站为单位,以"ESB"开头,按上、下行站台进行编号,上行站台为双数,下行站台为单数,一般由 4 位数字编号,前 2 位为车站号,后 2 位为按钮号,按照列车运行方向依次递增。例如:ESB2103 代表该设备为紧急关闭按钮,"21"代表其所在车站的编号,"03"代表其所在车站内的序号,表明该设备位于下行站台。

9.1.4.9 无人自动折返按钮

以车站为单位,按上、下行站台进行编号,上行站台为双数,下行站台为单数。

例如:ATB2101 代表该设备为无人自动折返按钮,"21"代表其所在车站的编号,"01"代表其所在车站内的序号,表明该设备位于下行站台。

9.1.4.10 屏蔽门

以车站为单位,按上、下行站台进行编号,上行站台为双数,下行站台为单数。例如:PSD2102 代表该设备为屏蔽门,"21"代表其所在车站的编号,"02"代表其所在车站内的序号,表明该设备位于上行站台。

9.1.4.11 转辙机

以"C"代表转辙机,编号由 4 位数字组成,前两位为车站编号,后两位为道岔号。上行咽喉编双数,下行咽喉编单数,相对车站中心自远而近由小而大编号,双动道岔需连续编号。当上、下行离车站距离相同的位置上均有道岔时,再按从上到下的顺序编号。

9.1.5 常见缩写及含义

城市轨道交通图纸常见部分缩写及含义见表 9 - 6。

表 9 - 6 城市轨道交通图纸常见部分缩写及含义

序 号	缩 写	定 义	含 义
1	AC	Axle Counting	计轴
2	ACS	Axle Counting System	计轴系统
3	ANSI	American National Standards Institute	美国国家标准学会
4	APa	Access Point A	A 网无线接入点
5	VR	Vehicle Regulation	列车调整
6	CENELEC	European Committee for Electrotechnical Standardization	欧洲电工标准化委员会
7	ARS	Automatic Route Setting	自动进路设置
8	AS	Access Switch	接入交换机
9	ATB	Automatic Turnback Button	自动折返
10	BAS	Building Automation System	设备监控系统
11	CBTC	Communications-Based Train Control	基于通信的列车控制
12	ATC	Automatic Train Control	列车自动控制
13	DCS	Data Communication Subsystem	数据通信子系统
14	ATO	Automatic Train Operation	列车自动运行
15	ATOM	Automatic Train Operation Mode	列车自动驾驶模式
16	ATP	Automatic Train Protection	列车自动防护
17	ATPM	Automatic Train Protection Mode	ATP 监督下人工驾驶模式
18	ATS	Automatic Train Supervision	列车自动监控
19	ATSA	Alstom Transport S. A	阿尔斯通交通股份有限公司
20	ESA	Emergency Stop Area	紧急停车区域
21	HMI	Human-Machine Interface	人机界面(现地控制工作站)
22	IBP	Integrated Backup Panel	综合后备盘
23	LEU	Lineside Electronic Unit	欧式编码器(地面电子单元)
24	PIS	Passenger Information System	乘客信息系统
25	TOD	Train Operator Display	司机显示器
26	ZC	Zone Controller	区域控制器

更多的城市轨道交通图纸常见缩写及含义见附件 A。

9.1.6 常见图纸元素及意义

城市轨道交通图纸元素及意义(部分)见表 9 - 7。

表 9 - 7　城市轨道交通图纸元素及意义

序　号	图纸来源	名　称	附　图	设备名称
1	正线站场平面布置图	信号机	⊘	黄灯
2			○	绿灯
3			●	红灯（点亮）
4			◎	白灯
5			⊗	此显示信号机空灯位
6			◎○⊘	出站信号机/区间间隔信号机/道岔防护信号机
7			◎⊗⊗	出段信号机/入段信号机/道岔防护信号机
8			◎⊗⊗	阻挡信号机
9		信标	R	RB（固定信标）
10			V	VB（可变信标）
11			⊠	MTIB（动态初始化信标）
12			⊞	IB（填充信标）

更多的城市轨道交通图纸元素及意义见附件 B。

◆ 9.2　信号设备布置图识图

9.2.1　车辆段信号平面布置图识图

车辆段信号平面布置图是根据委托单位提供的站场缩尺平面图绘制成的有关信号设备布置情况的技术图纸。它应能正确反映出道岔直向位置、列车和调车信号机的布置情况及设置地点、轨道电路区段的划分及股道的运用情况。

9.2.1.1　集中区

集中区就是确定站场内哪些信号设备由信号楼集中控制，用"⌐"来进行划分区分。

9.2.1.2 设备坐标

在信号平面布置图最上方有一表格，表格内坐标为信号机或道岔岔尖至信号楼中心的距离，如图 9-3 所示。

坐标 Coordinate		1348			1201	1193			1157 1128	1105
设备 Device		Z1			A155/D35	73			A157/D37 A169	22

图 9-3　信号设备坐标

在信号平面布置图中，信号楼的坐标定为 0 坐标，信号机一栏中，第一行填写信号机坐标值，第二行填写信号机名称，如 Z1 为试车线尽头阻挡信号机，其距离信号楼中心距离为 1 348 m；A155/D35，分别是计轴器和调车信号机，它们处于同一坐标位置，距离信号楼中心距离都是 1 201 m；73 是道岔编号，距离信号楼中心距离为 1 193 m。警冲标坐标则直接在图中警冲标附近标注。其他不再一一赘述。

信号机处的两钢轨绝缘，原则上应当和信号机并列。安装信号机处的钢轨绝缘允许在一定范围内变动。进站、调车信号机处钢轨绝缘允许安装在信号机前方或后各 1 m 的范围内；出站信号机的钢轨绝缘可安装在信号机前方 1 m 或后方 6.5 m 范围内。如钢轨绝缘处无信号机，需在其上添加该钢轨绝缘坐标，如 52 号道岔前方有钢轨绝缘节，但该处无信号机需在钢轨绝缘上方标注(120)，如图 9-4 所示。

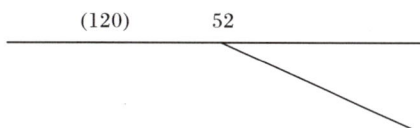

图 9-4　绝缘节坐标

9.2.1.3 轨道区段划分

轨道区段由 2 个或 2 个以上的钢轨绝缘构成，包括道岔区段和无岔区段。道岔区段轨道电路一般不超过 3 组单开道岔或 2 组交分道岔，无岔区段还要加注区段名称。

9.2.1.4 图纸信息表

在信号施工或竣工图纸中，每页右下角都有该图纸的信息表，施工图或竣工图主要内容包括绘制单位、设计人员信息、工程名称、图别、日期、图号等。图号是快速查找所需图纸的重要标记，在每本图册的目录中都有每页图的图号，查找时只需比对图号，就可快速找到相应图纸。图 9-5 是举例车辆段施工图的图纸信息。

设计		图　号	U888-A520011-DD-01
复核	刘富村车辆段信号平面图	版　本	1.5.0
审核		张　次	第1页，共1页
项目负责人			
审定	卡斯柯信号有限公司CASCO SIGNAL LTD.	日　期	2021年10月22日

图 9-5　图纸信息示意图

9.2.1.5 库线有效长度

车辆段停放列车是其重要功能之一,存放列车股道的长度,对于车辆段内停车数量有着决定作用。目前国内地铁列车一般按 4 节或 6 节编组,所需的库线有效长度一般不小于140 m。图 9 - 6 是车辆段信号平面图(停车库部分),车辆段的停车库股道名称中分别命名AG、BG,说明该车库每个股道可以停放两列列车,一般以入段方向第一区段命名为 AG,第二区段命名为 BG。

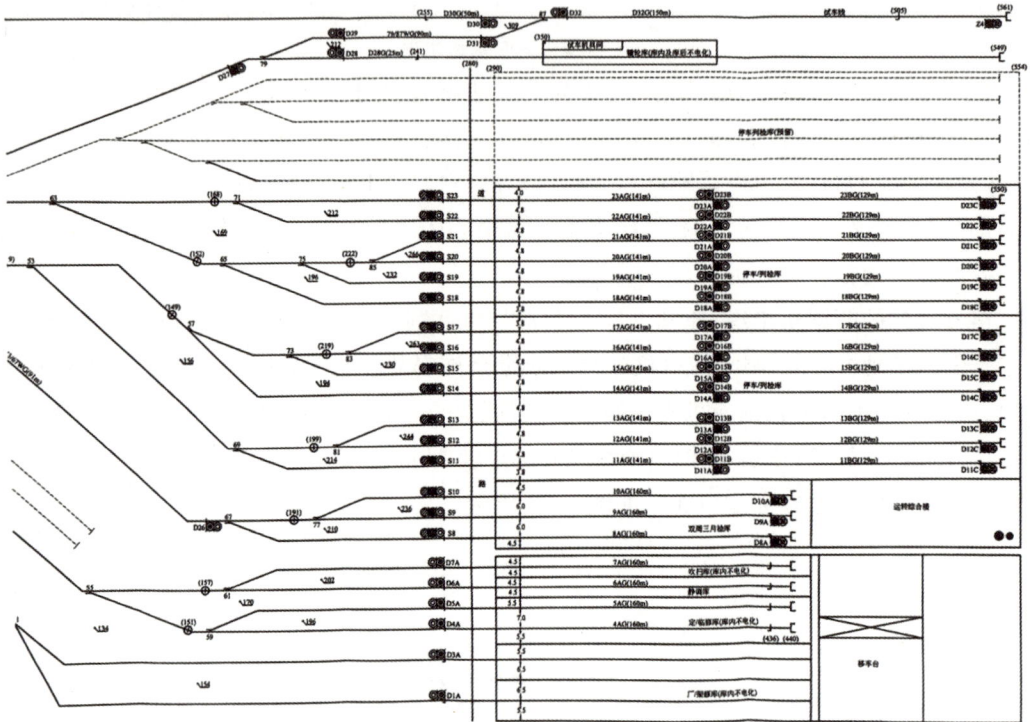

图 9 - 6 车辆段信号平面图(停车库部分)

库线有效长度见车辆段用于停放列车的股道有效长度表(表 9 - 8)。表中一般包含股道名称,股道的起止位,有效长度数值等内容。库线有效长度在铁路信号中也叫股道有效长度。根据图 9 - 6 车辆段信号平面图(停车库部分)和表 9 - 8 可知车辆段股道有效长度。

表 9 - 8 库线有效长度表

股道名称	起	止	有效长度/m
6AG～7AG	D6A～D7A	绝缘节	160
8AG～10AG	S8～S10	绝缘节	160
11AG～23AG	S11～S23	D11A～D23A	141
6AG～7AG	D11B～D23B	D11C～D23C	129

9.2.1.6 道岔类型表

平面布置图中附有道岔类型表见表 9 - 9,该表主要列出了车辆段对应编号道岔的钢轨规格、辙岔号信息。

表 9-9 道岔类型表

曲线/直线尖轨	道岔型号		道岔编号	单位	数量
曲线 尖轨	1/7	单动	25、27、29、31、33、35、37、39、41 43、45、47、49、51、53、55、57、59 61、63、65、67、69、71、75	组	25
		双动	1/3、5/7、17/19、21/23	组	8
		交叉渡线	9/11、13/15	组	4
曲线 尖轨	1/9	单动	73	组	1
合 计				组	38

辙岔号是道岔尖轨长短的表示数据,分母越大说明尖轨越长,道岔曲线半径越大,更适应速度较高的列车运行。

9.2.1.7 超限绝缘

为了满足平行作业需要,两组道岔之间即使距离很近,也必须用绝缘节隔开,如果该绝缘节与警冲标之间的距离小于 3.5 m,则称为超限绝缘,该绝缘节在平面图上画有圆圈,同时在该绝缘节处标明坐标值,如图 9-7 所示中(52)为超限绝缘节的坐标值。

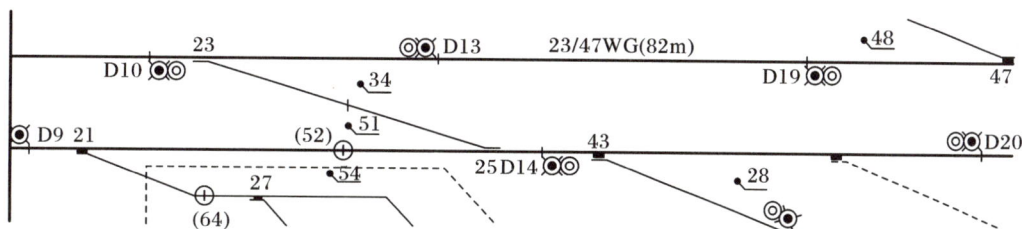

图 9-7 超限绝缘节示意图

超限绝缘在电路中需要进行特殊防护,保证侧向行车安全。维护人员在对超限绝缘进行检修和故障处理时,应注意对相邻区段的影响,避免作业不当造成妨碍。如:办理好 D10~D20 进路后,维护人员在 21DG 处检修作业时,注意不能造成 21DG 轨道继电器落下,否则将导致 D10 信号关闭,影响行车。

9.2.1.8 车辆段正线接口

下面的平面布置图显示了车辆段与正线接口,分界点在出、入段信号机处,以彩色双线将正线轨道电路设备与车辆段轨道电路设备分开,如图 9-8 所示。双线右侧(含进段信号机)为车辆段信号设备,双线左侧(含出段信号机)为正线信号设备。图中箭头表示其车辆运行方向,双线双向运行时,用双箭头表示。

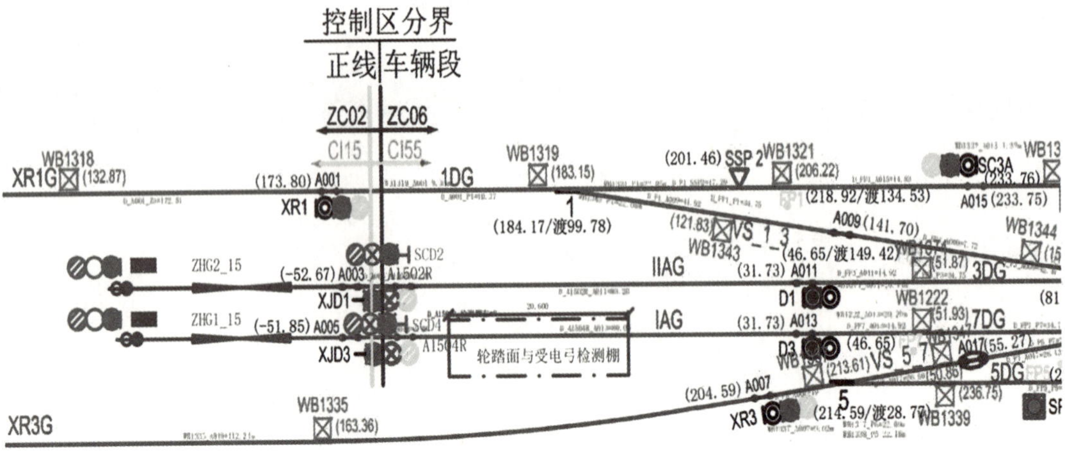

图 9 - 8　车辆段正线接口示意图

9.2.2　正线轨道平面布置图识图

正线轨道平面布置图主要标识室外道岔、轨道电路、信号机等信号设备的布局、设备名称和位置信息。

道岔一般设置在具备折返功能的车站，或设计有存车线、安全线、出入段线的位置，以实现列车转线、折返作业的需要。

轨道电路一般沿正线线路设置，从车辆段出入段线分界处起，包括存车线、安全线、联络线等位置。轨道电路主要有两个功能，一是实现联锁系统对列车位置的识别，二是实现ATP报文从钢轨轨面传输。

信号机一般设置在车站出站位置和道岔前方位置。此外，为了方便排列进路，信号系统还设置了虚拟信号机，虚拟信号机对应室外并没有实体信号机设备。

PTI信标设置在车站列车停车位置，两个车头下方的轨道中间，用来接收列车发送的停稳信息，传递屏蔽门控制指令，实现站台屏蔽门与车门同步开关控制。

同步环线设置在车站站台区域轨道中间，凡设计需要上下客作业的站台，对应的股道就安装同步环线。同步环线用于提供准确的物理位置信息，使列车进站停车对标准确，精度达到 30 cm。

激光反射板设置在车站列车停车位置，仅设置在进站方向侧的车头下方。激光反射板用于实现列车精确对标，通过反射列车上发射的激光束，列车上激光接收装置接收到后，ATC系统识别到准确的位置信息，进站列车可进一步提高停车对标精度至 25 cm。

图 9 - 9 中反映出车站名称、编号，各类信号设备的位置分布、名称及编号、公里标等，各种设备符号及含义见表 9 - 10。

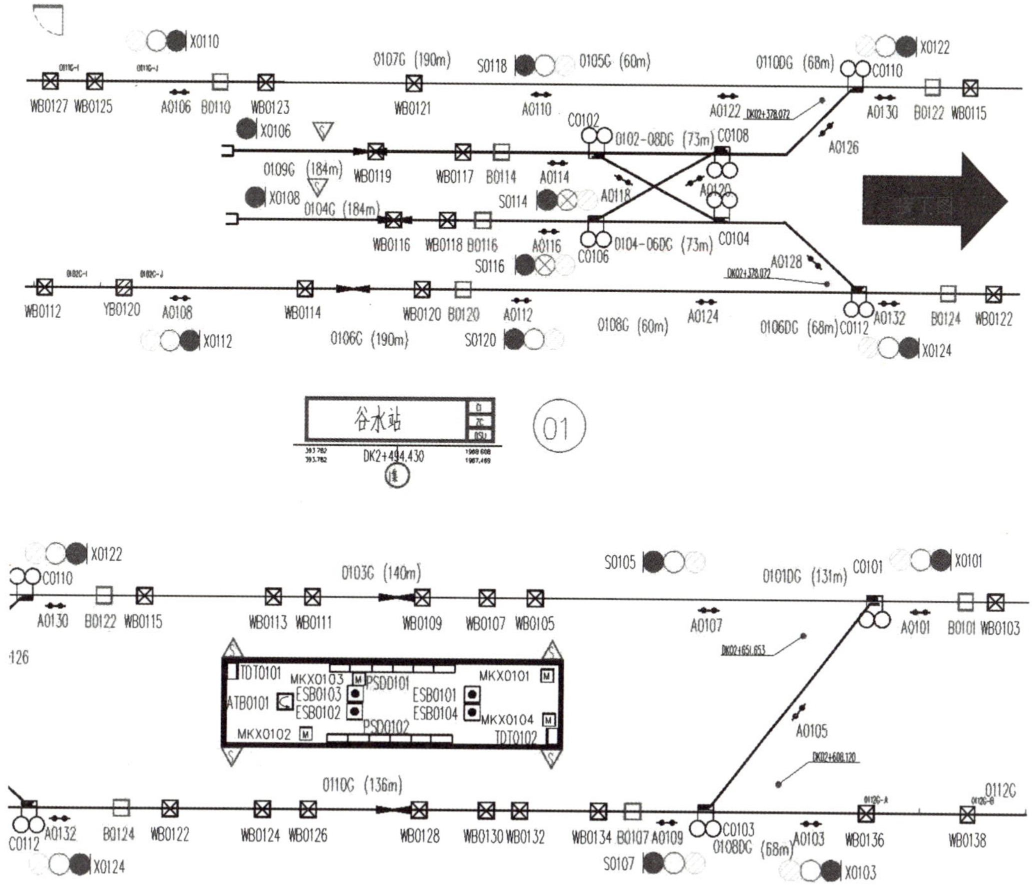

图 9-9　正线轨道平面布置图实例

表 9-10　正线轨道平面布置图设备符号及含义表

设备符号	含　义	设备符号	含　义
 ●—●—●—●	集中站分界处计轴磁头	▢	发车指示器（TDT）
 —●—●—	计轴磁头	▣	紧急停车按钮（ESB）
 ⊙—⊙	计轴磁头处超限	⟲	无人折返按钮（ATB）
 ⊗○●	三显示信号机	Ⓜ	门箱控制按钮（MKX）
 ⊗○●	三显示信号机（封绿灯）	 ⊙⊙	转辙机（双机牵引）
 ⊗○●	三显示信号机（封黄灯）	 ⊙	转辙机（单机牵引）
⊗○●⊢	三显示高柱信号机	 △S	列车停车位置
 ⊗○●⊢	三显示高柱信号机（封绿灯）	 ⊕	设备集中站（ZC\ZL）
 ⊗○●	虚拟信号机	 ⌐	人防门

续表

设备符号	含义	设备符号	含义
□	可变应答器(B)	▭▭▭▭	屏蔽门(PSD)
⊠	固定应答器(WB)	⊐	车档
⊞	轮径校正应答器(WB)	●	警冲标
▨	填充应答器(YB)	◉	阻挡信号机
▽ SSP	运营停车点(SSP)	⎰ANT	天线(ANT)

9.2.3 室内信号设备平面布置图识图

计算机联锁室内设备包括联锁机、组合架柜、电源屏、控制终端、微机监测柜、ATS 机柜、DCS 机柜、分线柜等设备,这些设备布置的原则是:布线少,互不干扰,既便于施工又便于维护。图 9-10 是某城市轨道交通信号系统室内信号设备布置图,下面以该图为例进行识图。在图上方,左边是行车控制室信号设备布置图,中间为信号设备室(微机室),右边为电源室;在图下方,左边是车辆段 ATS 工作站,中间是设备名称和数量表说明。

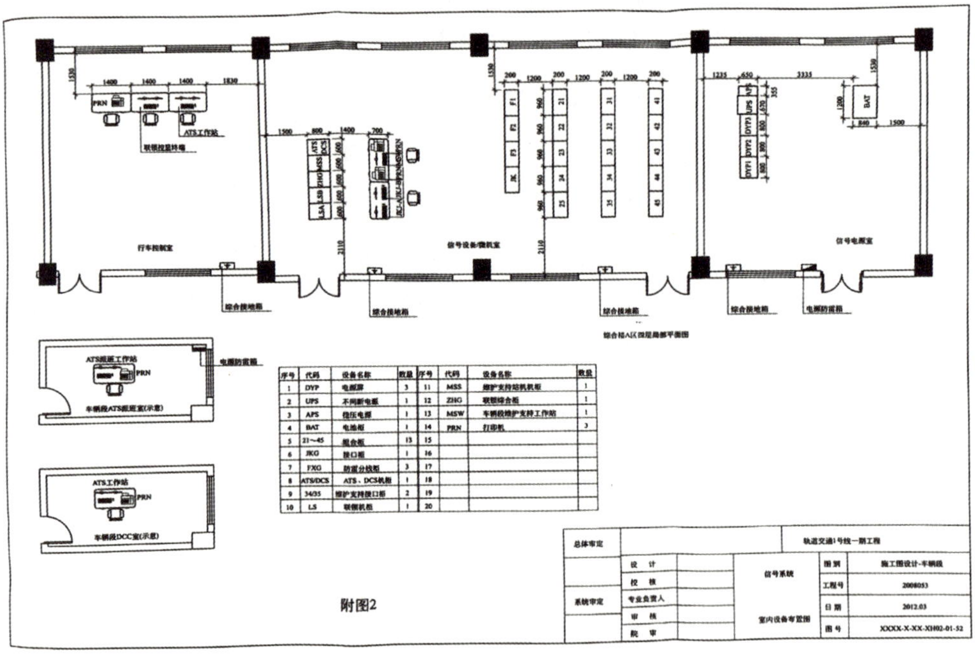

图 9-10 信号系统室内信号设备布置图

9.2.3.1 行车控制室

行车控制室设在信号楼某层,采用微机联锁设备,控制设备相对较为简单。摆放的设备有联锁显示终端,有两套操作设备;另外还有 ATS 工作站,是为便于车辆段值班员掌握列车出入段行车状况而设置的。该工作站只监不控,即车辆段值班员只监视正线列车运行,不能操作在线行车设备。

9.2.3.2 信号设备室

信号设备室需安装联锁机柜、接口柜、组合柜、分线柜,设计和施工时应对信号设备和房屋物理尺寸作出要求,合理设置信号设备在房间内的布局,确保安装和维护空间符合标准,具体要求如下:①设备部分位置科学合理;②组合柜排列规则;③设有电源室。

9.3 室内设备配线图识图

为了弄清楚室内设备配线图的识别,要首先搞清楚组合排列表的有关知识。

9.3.1 组合排列表识读

组合排列表表示了定型组合、零散组合等在组合柜上的位置,见表 9 - 11。表中内容包括了该组合名称、所在位置及其对应信号设备。

"组合架"一栏中填入的两位数字给出每个组合架(组合柜)编号,十位数字表示排号,个位数字表示架号。如"23"表示第二排第三架。每排组合架数量不宜过多,以 4 架或 5 架为宜。

组合架也称组合柜,是现场最常见的机柜。一个组合架一般为 10 层,从下往上顺序编号 1、2、3、…、9、10 层,每一层称作一个组合。用第三个数字表示组合在组合架上的层号,一般在层号与架号之间加一横线,如"23 - 6"表示第二排第三架第六层。

组合架上还设有零层,组合架零层有两种设置方法。当室内电缆在组合架顶部的走线架上敷设时,零层要设置在组合架的最高层;如地面留有沟槽,室内电缆在沟槽内敷设,零层设置在组合架最底层。

表 9 - 11 组合排列表

层	组合架				
	21	22	23	24	25
10	X1	X1	X1	X1	X1
	D1,D2,D3	D13,D14,D15	D25,D26,D27	D5A,D6A,D7A	D15B,D16A,D16B
9	X1	X1	X1	X1	X1
	D4,D5,D6	D16,D17,D18	D28,D29,D30	D11A,D11B,D12A	D17A,D17B,D18A
8	X1	X1	X1	X1	X1
	D7,D8,D9	D19,D20,D21	D31,D32	D12B,D13A,D13B	D18B,D19A,D19B
7	X1	X1	X1	X1	X1
	D10,D11,D12	D22,D23,D24	D1A,D3A,D4A	D14A,D14B,D15A	D20A,D20B,D21A
6	C1	C1	C1	C1	C1
	1/3	23/25	41	55	67
5	C1	C1	C1	C1	C1
	5/7	27	43	57	69
4	C1	C1	C1	C1	C1
	9/11	29	45/47	59	71

续 表

层	组合架				
	21	22	23	24	25
3	C1	C1	C1	C1	C1
	13/15	31/33	49	61	73
2	C1	C1	C1	C1	C1
	17/19	35/37	51	63	75
1	C1	C1	C1	C1	C1
	21	39	53	65	77

每个组合所对应位置方框划分为两个单元格,上面的单元格中填写该组合的类型,下面的单元格中填写该组合的信号设备名称。例如,"21－6"的组合中上面的单元格中"C1"表示该组合为道岔组合,项目的单元格中"1/3"表示该组合对应1/3号道岔。

9.3.2　组合内部配线图识图

9.3.2.1　组合内部端子编号

组合柜是现场最常见的机柜,一般为10层(包含零层为11层),每一层称作一个组合。每一个组合正面从左向右顺序编号为1～10,第一个继电器左侧为熔断器板,通常编号为"0",如图9－11所示。

0　0　1　2　3　4　5　6　7　8　9　10

图9－11　组合正面示意图

每一个组合一般配有2块3×18柱端子板,有些地方要求采用普通端子,即焊接式的,端子板一般设计为左右各一块。从机柜后面看它的编号是从右向左顺序排号01～06,如图9－12所示(若引出引入端子较多,设计会采用01～09排号,甚至也有01～12,即实际使用3至4块3×18柱端子板)。

举例说明端子含义:单指3×18柱端子板的端子表示为01－1～01－18;如果表示为401－1～401－18则指的是第四层的01－1～01－18;如果表示为Z2－401－1～Z2－401－18则指的是组合柜Z2的第四层的01－1～01－18。

在配线图上的其他符号,如KZ\KF:表示电源端子,继电器24 V电源的正电、负电标识；RD 表示断路器的名称及位置；JK 表示接口柜；F 表示分线柜。

图 9－12　信号机组合背面配线实物图

9.3.2.2　组合内部配线图

不同类型的组合使用的继电器数量与种类不同，同一类组合使用的继电器数量、种类及继电器所对应位置都是相同的，组合内部配线也是相同的。在组合内部配线图右下部，标示出所有采用同一类组合的设备实际位置，如图 9－13 所示。

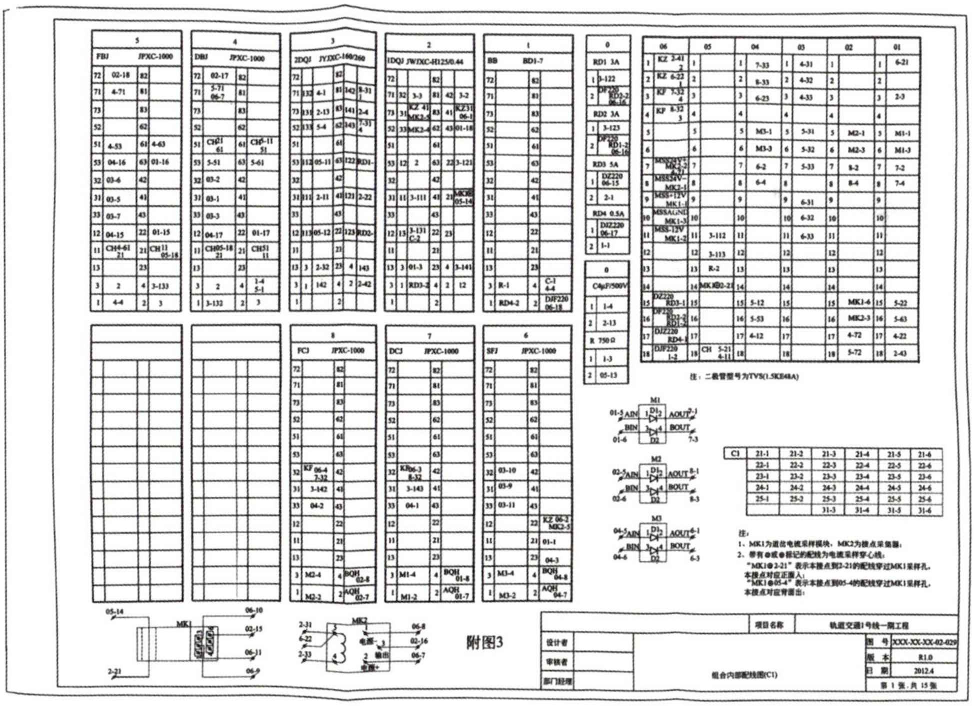

图 9－13　组合内部配线图

组合内部配线图包括组合侧面端子与继电器间的配线、侧面端子与组合熔断器间配线、侧面端子与侧面端子间配线、继电器与继电器间配线、继电器与组合熔断器间配线。

右上部通常为组合内部侧面端子配线,表内 6 列方格表示 01～06 列侧面端子,每列的 18 个方格表示每列的 18 个端子。

左侧部分为继电器端子的配线,每个表头最上方方框内填写内容表示为该继电器所在位置,第二行为该继电器名称与型号,其下对应继电器各接点。

组合内部配线图中每个端子上配线不超过两根,即每个方格内最多填写两个配线的号码。下面通过举例介绍组合内部配线图的识读方法。

如组合侧面第 06 列第 1 个端子方框内填写内容,表示该侧面端子上有两根配线。一根配线为"06-1～06-2"。由于该配线两端子为同一列,可只写端子号,省略列号,在对应 06-1 端子的方格内只需写入"2",而在对应 06-2 的端子方格内写入"1"即可。由于 06-1 需接 KZ 电源,在对应方格内旁注"KZ"字样。另一根配线为"06-1～2-41",其中"2"表示继电器位置,即第二个继电器,该继电器为 1JDQJ,使用 JWJXC-H125/0.44 型继电器,"41"表示接至该继电器的第四组动接点,此继电器为加强接点继电器,其"41"接点表示"21",即第二组中接点。在 2-41 对应端子方格内填写有"06-1",其配线为"1-51～06-1","06-1～1-51"为同一根配线。

9.3.3　组合侧面配线图识图

组合架侧面端子配线包括同一组合侧面端子间配线、组合与组合间配线、组合与组合零层间配线、组合与分线盘间配线、组合与接口柜间配线。

下面举例介绍组合侧面端子的配线。如图 9-14 所示,最上方第一行填写组合位置,组合类型及对应信号设备名称。"21-6"表示该组合位于 2 排 1 架第 6 层,"C1"表示组合类型为道岔组合,"1/3"表示其设备名称,供 1/3 道岔使用。

	06	05	04	03	02	01
		1/3	C1	21-6		
1	KZ 706-1 506-1					44-403-7
2						
3	KF 706-3 506-3					44-404-8
4						
5			JKG-612-1		JKG-601-2	JKG-601-1
6			JKG-512-1		JKG-501-2	JKG-501-1
7	MSS-DYDZ-54 506-7		JKG-612-17		JKG-601-18	JKG-601-17
8	MSS-DYDZ-59 506-8		JKG-512-17		JKG-501-18	JKG-501-17
9	MSS-DYDZ-35 506-9					
10	MSS-DYDZ-38 506-10					
11	MSS-DYDZ-41 506-11	F1-1301-1				
12		F1-1301-2				
13		F1-1301-3				
14		F1-1301-4				
15	D7-11 DZ220 506-15		JKG-1007-24		MSS-C3-K2-1	JKG-907-24
16	D7-12 DZ220 506-16		JKG-1008-26		MSS-C3-K2-17	JKG-908-26
17	D7-13 DZ220 506-17		JKG-1006-22		MSS-C3-K2-18	JKG-906-22
18	D17-14 DZ220 506-18	705-18 CH 505-18			MSS-C3-K2-19	

图 9-14　组合侧面配线图

9.3.3.1 至组合架零层配线

该组合侧面端子 06－15 对应方框内填写有"DZ220"，表示其电源类型；"D7－11"，表示 DZ220 电源引自组合架零层第 7 块端子板的第 11 个端子。

9.3.3.2 至其他组合配线

该组合 01－1 端子的方格内填写有"44－403－7"，表示该配线至 4 排 4 架 4 层 03 列第 7 个端子，"44"表示组合所在的组合架号，不能省去，否则便成了本架组合间的配线。

06－7 端子方格内填写有"506－7"，表示该配线至本架第 5 层 06 列第 7 个端子，其中 "5"表示组合位置层号，不能省略，否则会误认为本组合侧面端子间配线。同时该方格内还 填写有"MSS－DYDZ－54"，表示接维护支持柜。

9.3.3.3 至接口柜配线

该组合 04－15 端子方格内填写有"JKG－1007－24"，"JKG"表示接口柜，"10"表示接口 柜第十层，"07"表示第十层的第七块航空插座板，"24"表示航空插座板的第 24 个端子。

9.3.3.4 至分线柜配线

端子 05－11～05－14 方格内分别填写至分线柜配线"F1－1301－1"至"F1－1301－4"，"F"表 示分线柜，"1"表示分线柜编号，"13"表示分线盘第十三层，"01"表示第十三层的第一块 6 柱 端子板，"1"表示 6 柱端子板的第一个端子。

9.3.4 组合柜零层电源配线图识图

组合柜零层电源端子主要用于各种电源的连接。一般情况下，本组合架需要使用电源 的正极性、三相电源和 KF 电源，均需在零层串入断路器，避免本组合柜过载时影响其他组 合柜设备正常使用。另外零层电源端子还实现电源环接功能，如 KZ/KF 电源在每个组合 架零层需要环接。

9.3.4.1 组合柜零层电源端子板布置与编号

每个组合柜零层能安装 13 块端子板，站在组合柜正面，从左至右顺序编号为 $D_1 \sim D_{13}$， 包含电源端子板和断路器端子板，根据每个组合柜设备多少，安装的端子板也有所增减。其 中 D_1、D_2、D_3 为电源端子板，端子从上至下顺序编号；D_4、D_5、D_6 为断路器端子板，端子从上 至下顺序编号；$D_7 \sim D_{13}$ 为 18 柱端子板，左侧列为奇数，右侧列为偶数，每列端子编号从上至 下排列，如图 9－15 所示。

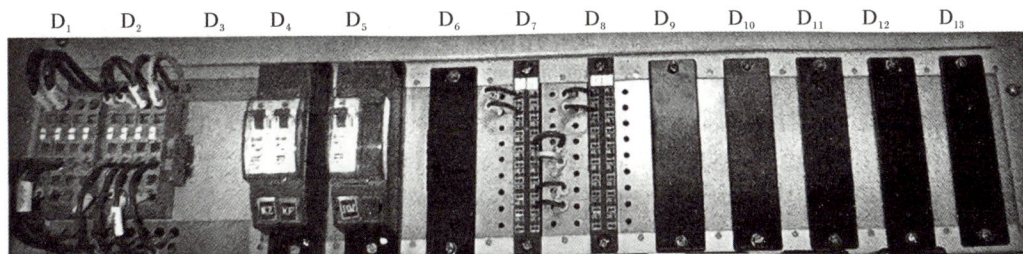

图 9－15 零层电源端子板布置实物图

9.3.4.2　组合柜零层电源配线图

图 9 - 16 为零层电源配线图整体示意图。左侧部分表示组合架零层电源环线。从电源屏引进组合柜的电源有控制电源 KZ、KF,信号点灯电源 XJZ110、XJF110,道岔动作电源 DZ220、DF220,道岔表示电源 DJZ220、DJF220,三相电 AC - 380 - A、AC - 380 - B、AC - 380 - C,轨道电源 GJZ220、GJF220 等。这些电源先从电源屏端子引至最近组合架的零层电源端子板,再将全站组合架的电源端子板同名端子进行环连。

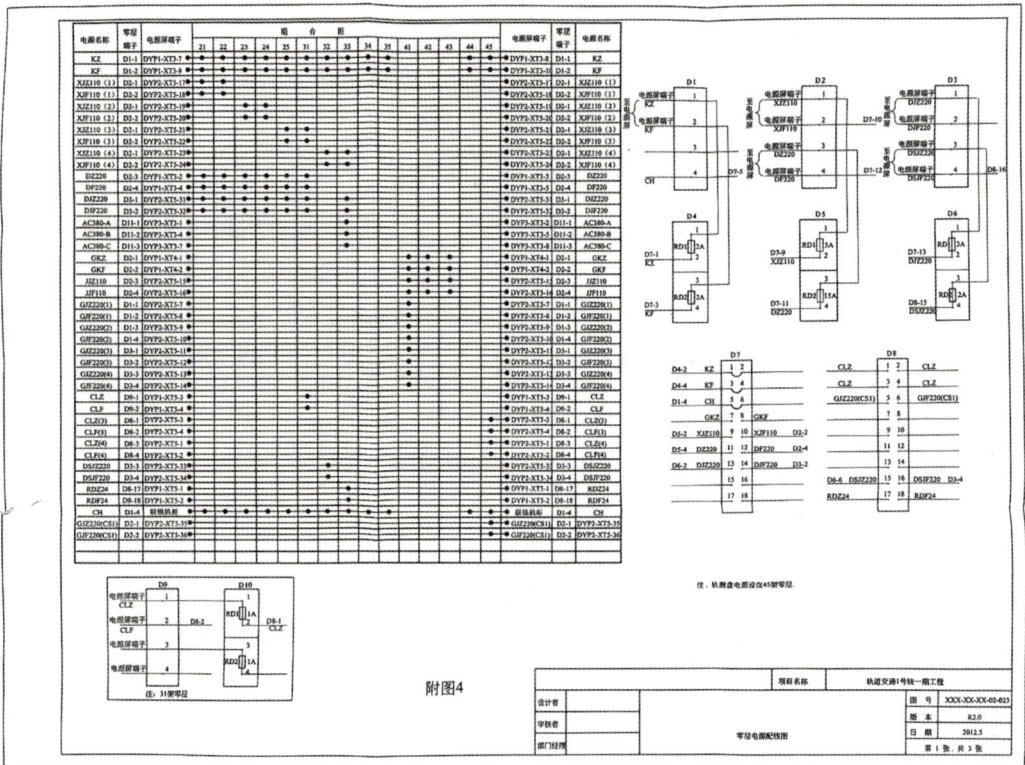

图 9 - 16　零层电源配线图

例如,图 9 - 16 中,KZ 电源首先从电源屏端子 DYP1 - XT3 - 7 引至 21 - D1 - 1,然后 21 - D1 - 1 与 22 - D1 - 1 相连,一直连到 45 - D1 - 1,最后由 45 - D1 - 1 引回电源屏端子 DYP1 - XT3 - 8,这样可以有效避免某一点发生断线,从而导致其后的组合架缺少 KZ 电源。如果某组合架不需要引入 KZ 电源,则环线中不需要标注"·",如 41 架、42 架、43 架没有引入 KZ 电源。

右侧部分为组合架零层电源配线。D1 电源端子的 1 端子左侧有 1 根线,表示 KZ 是从电源屏或其他组合环接过来,右侧线连接"D4 - 1"表示该端子与断路器 4 的 1 端子连接;4 端子左侧标注"CH",查阅左图可知该电源是由联锁机柜引进,右侧标注"D7 - 5",则表示与零层第 7 块端子板的第 5 个端子相连;其余电源端子作用相同。

D4 断路器端子的 1 端子与 D1 - 1 相连,标注"RD1"表示断路器名称,"2A"表示该断路器的容量;2 端子通过断路器与 1 相连,同时与 D7 - 1 端子间连有配线。其余断路器端子配线按图连接。

D7 为 18 柱端子板,1、2 号端子短接,1 号端子左边连接断路器端子,2 号端子右边连接组合侧面,可参见组合侧面配线图。其余端子依次类推。

9.3.5 接口柜配线图识读

接口柜配线表明联锁柜与组合柜的联系。联锁机所有驱动命令通过接口柜送至组合柜侧面,所有采集信息由组合柜侧面通过接口柜送至联锁机。

9.3.5.1 接口柜端子板布置与编号

举例车辆段接口柜可安装 10 层端子板底座,自下而上编号;采集、驱动分层布置;每层可安装 12 块航空插板,每块端子板前面安装 32 芯航空插座,用于安插联锁机用电缆的 32 芯航空插头;背面是压接端子,连接组合架侧面配线,配线规格一般为 23×0.15 mm² 股软线。

9.3.5.2 接口柜配线图

接口柜配线图在表头最上方标明其所在位置,如图 9-17 所示。"JKG-6(A 机驱动)"表示接口柜第六层的 01～06 块接口端子板,用于联锁 A 机驱动。每个接口端子板有 32 个端子,每个端子对应方框内的第一行填写驱动或采集设备的名称,第二行填写驱动或采集设备的组合侧面端子。例如,JKG-601-1 端子配线中,"1/3DCJ-A"表示联锁 A 机用来驱动 1/3 号道岔组合的 DCJ(定操继电器);"21-601-5"表示连接至 2 排 1 架 6 层第 01 列第 5 个组合侧面端子。

JKG-6(A机驱动)

接口端子板 01（端子 1～32）

端子	设备	组合侧面端子
1	1/3DCJ-A	21-601-5
2	1/3FCJ-A	21-602-5
3	5/7DCJ-A	21-501-5
4	5/7FCJ-A	21-502-5
5	9/11DCJ-A	21-401-5
6	9/11FCJ-A	21-402-5
7	13/15DCJ-A	21-301-5
8	13/15FCJ-A	21-302-5
9	17/19DCJ-A	21-201-5
10	17/19FCJ-A	21-202-5
11	21DCJ-A	21-101-5
12	21FCJ-A	21-102-5
13	23/25DCJ-A	22-601-5
14	23/25FCJ-A	22-602-5
15	27DCJ-A	22-501-5
16	27FCJ-A	22-502-5
17	1/3DCJQH-A	21-601-7
18	1/3FCJQH-A	21-602-7
19	5/7DCJQH-A	21-501-7
20	5/7FCJQH-A	21-502-7
21	9/11DCJQH-A	21-401-7
22	9/11FCJQH-A	21-402-7
23	13/15DCJQH-A	21-301-7
24	13/15FCJQH-A	21-302-7
25	17/19DCJQH-A	21-201-7
26	17/19FCJQH-A	21-202-7
27	21DCJQH-A	21-101-7
28	21FCJQH-A	21-102-7
29	23/25DCJQH-A	22-601-7
30	23/25FCJQH-A	22-602-7
31	27DCJQH-A	22-501-7
32	27FCJQH-A	22-502-7

接口端子板 02（端子 1～32）

端子	设备	组合侧面端子
1	29DCJ-A	22-401-5
2	29FCJ-A	22-402-5
3	31/33DCJ-A	22-301-5
4	31/33FCJ-A	22-302-5
5	35/37DCJ-A	22-201-5
6	35/37FCJ-A	22-202-5
7	39DCJ-A	22-101-5
8	39FCJ-A	22-102-5
9	41DCJ-A	23-601-5
10	41FCJ-A	23-602-5
11	43DCJ-A	23-501-5
12	43FCJ-A	23-502-5
13	45/47DCJ-A	23-401-5
14	45/47FCJ-A	23-402-5
15	49DCJ-A	23-301-5
16	49FCJ-A	23-302-5
17	29DCJQH-A	22-401-7
18	29FCJQH-A	22-402-7
19	31/33DCJQH-A	22-301-7
20	31/33FCJQH-A	22-302-7
21	35/37DCJQH-A	22-201-7
22	35/37FCJQH-A	22-202-7
23	39DCJQH-A	22-101-7
24	39FCJQH-A	22-102-7
25	41DCJQH-A	23-601-7
26	41FCJQH-A	23-602-7
27	43DCJQH-A	23-501-7
28	43FCJQH-A	23-502-7
29	45/47DCJQH-A	23-401-7
30	45/47FCJQH-A	23-402-7
31	49DCJQH-A	23-301-7
32	49FCJQH-A	23-302-7

接口端子板 03（端子 1～32）

端子	设备	组合侧面端子
1	51DCJ-A	23-201-5
2	51FCJ-A	23-202-5
3	53DCJ-A	23-101-5
4	53FCJ-A	23-102-5
5	55DCJ-A	24-601-5
6	55FCJ-A	24-602-5
7	57DCJ-A	24-501-5
8	57FCJ-A	24-502-5
9	59DCJ-A	24-401-5
10	59FCJ-A	24-402-5
11	61DCJ-A	24-301-5
12	61FCJ-A	24-302-5
13	63DCJ-A	24-201-5
14	63FCJ-A	24-202-5
15	65DCJ-A	24-101-5
16	65FCJ-A	24-102-5
17	51DCJQH-A	23-201-7
18	51FCJQH-A	23-202-7
19	53DCJQH-A	23-101-7
20	53FCJQH-A	23-102-7
21	55DCJQH-A	24-601-7
22	55FCJQH-A	24-602-7
23	57DCJQH-A	24-501-7
24	57FCJQH-A	24-502-7
25	59DCJQH-A	24-401-7
26	59FCJQH-A	24-402-7
27	61DCJQH-A	24-301-7
28	61FCJQH-A	24-302-7
29	63DCJQH-A	24-201-7
30	63FCJQH-A	24-202-7
31	65DCJQH-A	24-101-7
32	65FCJQH-A	24-102-7

接口端子板 04（端子 1～32）

端子	设备	组合侧面端子
1	67DCJ-A	25-601-5
2	67FCJ-A	25-602-5
3	69DCJ-A	25-501-5
4	69FCJ-A	25-502-5
5	71DCJ-A	25-401-5
6	71FCJ-A	25-402-5
7	73DCJ-A	25-301-5
8	73FCJ-A	25-302-5
9	75DCJ-A	25-201-5
10	75FCJ-A	25-202-5
11	77DCJ-A	25-101-5
12	77FCJ-A	25-102-5
13	79DCJ-A	31-601-5
14	79FCJ-A	31-602-5
15	81DCJ-A	31-501-5
16	81FCJ-A	31-502-5
17	67DCJQH-A	25-601-7
18	67FCJQH-A	25-602-7
19	69DCJQH-A	25-501-7
20	69FCJQH-A	25-502-7
21	71DCJQH-A	25-401-7
22	71FCJQH-A	25-402-7
23	73DCJQH-A	25-301-7
24	73FCJQH-A	25-302-7
25	75DCJQH-A	25-201-7
26	75FCJQH-A	25-202-7
27	77DCJQH-A	25-101-7
28	77FCJQH-A	25-102-7
29	79DCJQH-A	31-601-7
30	79FCJQH-A	31-602-7
31	81DCJQH-A	31-501-7
32	81FCJQH-A	31-502-7

接口端子板 05（端子 1～32）

端子	设备	组合侧面端子
1	83DCJ-A	31-401-5
2	83FCJ-A	31-402-5
3	85DCJ-A	31-301-5
4	85FCJ-A	31-302-5
5	D1DXJ-A	21-1001-6
6	D2DXJ-A	21-1002-6
7	D3DXJ-A	21-1003-6
8	D4DXJ-A	21-901-6
9	D5DXJ-A	21-902-6
10	D6DXJ-A	21-903-6
11	D7DXJ-A	22-801-6
12	D8DXJ-A	22-802-6
13	D9DXJ-A	22-701-6
14	D10DXJ-A	22-702-6
15	D11DXJ-A	31-701-6
16	D12DXJ-A	31-702-6
17	83DCJQH-A	31-401-7
18	83FCJQH-A	31-402-7
19	85DCJQH-A	31-301-7
20	85FCJQH-A	31-302-7
21	D1DXJQH-A	21-1001-8
22	D2DXJQH-A	21-1002-8
23	D3DXJQH-A	21-1003-8
24	D4DXJQH-A	21-901-8
25	D5DXJQH-A	21-902-8
26	D6DXJQH-A	22-801-8
27	D7DXJQH-A	22-802-8
28	D8DXJQH-A	22-703-8
29	D9DXJQH-A	22-701-8
30	D10DXJQH-A	22-702-8
31	D11DXJQH-A	31-1003-8
32	D12DXJQH-A	31-702-8

接口端子板 06（端子 1～32）

端子	设备	组合侧面端子
1	D13DXJ-A	25-601-5
2	D14DXJ-A	25-602-5
3	D15DXJ-A	25-1003-6
4	D16DXJ-A	22-901-6
5	D17DXJ-A	22-902-6
6	D18DXJ-A	22-903-6
7	D19DXJ-A	22-801-6
8	D20DXJ-A	22-802-6
9	D21DXJ-A	22-901-6
10	D22DXJ-A	22-902-6
11	D23DXJ-A	22-703-6
12	D24DXJ-A	22-703-6
13	D25DXJ-A	22-701-6
14	D26DXJ-A	21-701-6
15	D27DXJ-A	31-1003-6
16	D28DXJ-A	21-702-6
17	D12DXXQH-A	22-1001-8
18	D13DXXQH-A	21-1002-8
19	D15DXXQH-A	22-1003-8
20	D16DXXQH-A	22-901-8
21	D17DXXQH-A	22-902-8
22	D18DXXQH-A	22-903-8
23	D19DXXQH-A	22-801-8
24	D20DXXQH-A	22-802-8
25	D21DXXQH-A	22-901-8
26	D22DXXQH-A	22-902-8
27	D23DXXQH-A	22-703-8
28	D24DXXQH-A	22-703-8
29	D25DXXQH-A	22-701-8
30	D26DXXQH-A	22-801-8
31	D27DXXQH-A	31-1003-8
32	D28DXXQH-A	23-901-8

	项目名称	轨道交通信号统一期工程	
设计者		图 号	XXX-XX-XX-02-032
审核者		版 本	R1.0
部门经理		日 期	2012.4
附图5		接口柜配线图	第 1 张,共 14 张

图 9-17 接口柜配线图

9.3.6 分线柜配线图识读

分线柜用于信号机械室内设备与室外设备的联系。分线柜配线主要作用包括控制道岔、控制信号机点灯、室外送电、连接轨道电缆受电端、辅助电路等。分线柜是判断室内外故障最直接的分界点,熟悉掌握分线柜配线图,对于信号设备日常维护、故障抢修非常方便有利。

9.3.6.1 分线柜端子板布置与编号

如果设备数量较多,一个分线柜容纳不了全站设备的配线端子,有时会安装 2 个分线柜,其编号为 1F 或 F1,2F 或 F2,分别表示第一个分线柜和第二个分线柜。每个分线柜有 10 层,从下向上顺序编号为 1~10,每层可安装 13 块 6 柱端子板。

某车辆段共有 3 个分线柜,每个分线柜设 20 层,每层一分为二,如"1"和"11"为一层,每层安装 4 块 6 柱端子板,其布局如图 9-18 所示。分线柜分层使用,每层作用标注在表格中。例如,第一个分线柜的第一层供 AP 电源使用,第二层供轨道电路送电端使用,第三至十一层供轨道电路受电端使用,第十二层用于电话线,第十三至十八层用于道岔,最后两层预留。

层 数	用 途	层 数	用 途
10	轨道受电	20	
9	轨道受电	19	
8	轨道受电	18	道岔
7	轨道受电	17	道岔
6	轨道受电	16	道岔
5	轨道受电	15	道岔
4	轨道受电	14	道岔
3	轨道受电	13	道岔
2	轨道送电	12	电话(贯通)
1	AP 电源线	11	轨道受电

图 9-18 F1 分线柜布局图

9.3.6.2 分线柜配线图

图 9-19 为某车辆段分线柜配线图。表头最上方标注的"F1-13"表示第一分线柜的第 13 层配线图。从图中可看出该层有 4 块 6 柱端子板,每块端子板均有其编号,如"01"表示第一块 6 柱端子板。名称一栏填写对应信号设备类型。每个端子栏分为两行,第一行填写电缆名称,第二行填写组合侧面端子。例如,F1-1301-1 端子栏内,"1/3-X1"表示 1/3 号道岔的 X1 控制线电缆名称;"21-605-11"表示与第 2 排第 1 架第 6 层第 05 列的 11 端子相连;"34-302-1"表示与第 3 排第 4 架第 3 层 02 列的 1 号端子相连,2 排 1 架第 6 层为道岔组合,3 排 4 架为维护支持接口柜。端子对应方框里填写两个端子编号,表示该端子两

根配线,分别连接不同组合侧面端子。

F1 - 13

01		02		03		04	
名称	道岔	名称	道岔	名称	道岔	名称	道岔
室外电缆		室外电缆		室外电缆		室外电缆	
组合侧面端子		组合侧面端子		组合侧面端子		组合侧面端子	
1	1/3 - X1 21 - 605 - 11 34 - 302 - 1	1	5/7 - X1 21 - 505 - 11 34 - 302 - 5	1	9/11 - X1 21 - 405 - 11 34 - 302 - 9	1	13/15 - X1 21 - 305 - 11 34 - 302 - 13
2	1/3 - X2 21 - 605 - 12 34 - 302 - 3	2	5/7 - X2 21 - 505 - 12 34 - 302 - 7	2	9/11 - X2 21 - 405 - 12 34 - 302 - 11	2	13/15 - X2 21 - 305 - 12 34 - 302 - 15
3	1/3 - X3 21 - 605 - 13 34 - 501 - 9	3	5/7 - X3 21 - 505 - 13 34 - 501 - 11	3	9/11 - X3 21 - 405 - 13 34 - 501 - 13	3	13/15 - X3 21 - 305 - 13 34 - 501 - 15
4	1/3 - X4 21 - 605 - 14 34 - 501 - 10	4	5/7 - X4 21 - 505 - 14 34 - 501 - 12	4	9/11 - X4 21 - 405 - 14 34 - 501 - 14	4	13/15 - X4 21 - 305 - 14 34 - 501 - 16
5		5		5		5	
6		6		6		6	

图 9 - 19　分线柜配线图

9.4　城市轨道交通信号图纸读图识图的一般步骤

9.4.1　读图识图注意事项

读图识图方法与技巧是从事信号施工和维护工作,准确、快速读图识图最基本的技能,下面从以下几个方面讲解查看电路图的方法与技巧。

9.4.1.1　认真阅读图纸注释说明

查看图纸时,首先要仔细阅读图纸注释、说明、概况,如图纸目录、设计说明等,先对本图纸的设计依据、设计内容及范围、相关电路设计说明及其他说明做一个系统的了解,从整体上把握本图纸的概况和所要表述的重点内容。

9.4.1.2　熟悉、掌握信号平面布置图

首先读懂信号平面布置图。信号平面布置图中包括了本联锁区站场情况概况、设备分布及所有的信号设备数量、位置、公里标与相邻联锁区的分界点等。要看懂整个站场平面布置图,首先要熟悉本册图纸的设计说明、图例、设备编号说明,可以帮助我们更清楚地认识设备平面布置图。

9.4.1.3　熟知图纸中各缩写及元素意义

名称代码对照表是本图纸中所涉及的设备名称的中英文对照表及缩写,是后续看懂电路图的最基本的元素,也是必须掌握的最基本的知识,只有掌握了名称代码才能从系统原理示意图中了解整个系统的原理,才能对整个信号系统设备工作的原理掌握清楚,为后续看懂各子系统的单元电路奠定基础。

9.4.2　看图一般步骤

9.4.2.1　以联锁控制的终端设备为始端识图

一般以联锁驱动设备为始端,采集设备为终端的思路查看(部分设备如紧停、扣车等联锁无驱动,可按照命令的始端),一般信息通道为联锁驱动→带动终端设备控制电路→终端设备给出相应表示信息→联锁采集,一般线缆连接走向为联锁设备→接口柜→组合柜→分线柜→终端设备,终端设备→分线柜→组合柜→接口柜→联锁机柜。

9.4.2.2　熟悉电路图的模块结构

看电路图首先要看有哪些图形符号和文字符号,了解各类独立电路图的组成部分及作用,分清主电路和辅助电路,交流回路和直流回路。

9.4.2.3　按照先看主电路,再看辅助电路的顺序进行看图

看主电路时,通常要从下往上看,即先从用电设备开始,经控制电气元件,顺次往电源端看。看辅助电路时,则自上而下、从左至右看,即先看主电源,再顺次看各条支路,分析各条支路电气元件的工作情况及其对主电路的控制关系,注意电气与机械机构的连接关系。

通过看主电路,要理清以下几点:
(1)负载是怎样取得电源的?
(2)电源线都经过哪些电气元件到达负载?
(3)为什么要通过这些电气元件?

通过看辅助电路,应理清以下几点:
(1)辅助电路的构成。
(2)各电气元件之间的相互联系和控制关系及其动作情况等。
(3)了解辅助电路和主电路之间的相互关系,进而搞清楚整个电路的工作原理和来龙去脉。

9.4.2.4　原理图与配线图对照起来看

配线图和原理图互相对照看图,可帮助看清楚配线图。读配线图时,要根据端子标识、回路端子从电源端顺次查下去,搞清楚线路走向和电路的连接方法,搞清每条支路是怎样通

过各个电气元件构成闭合回路的,以下以图 9-20、图 9-21 为例进行介绍。

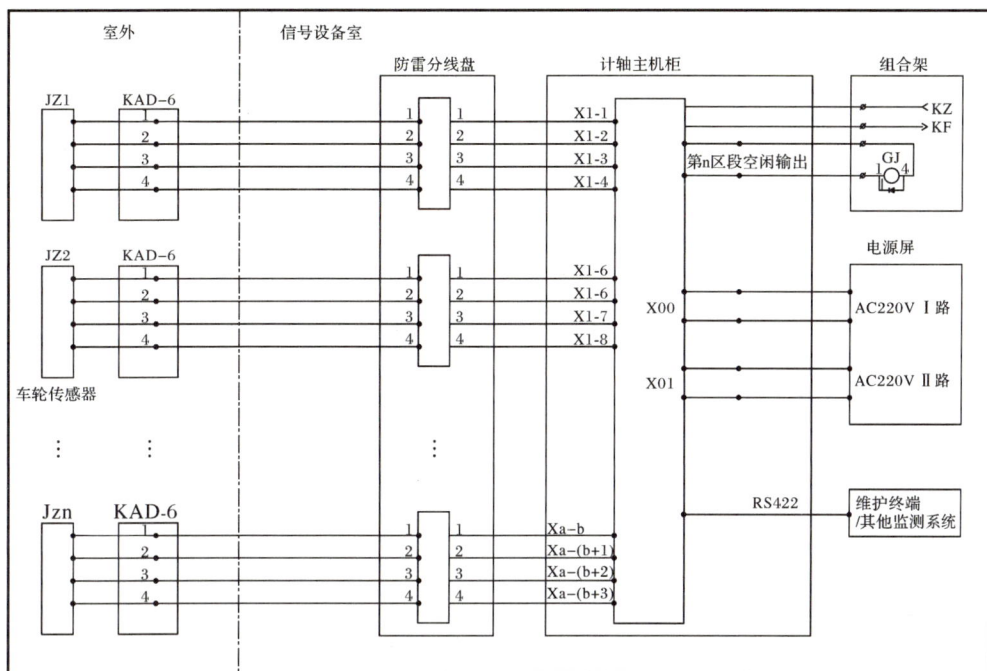

图 9-20 计轴系统原理图

				计轴主机输入、输出端子表1						
				计轴主机柜端子			轨道继电器			
计轴点	芯线名称	防雷分线柜	位置	放大机箱输入端子	位置	JX1-KZ	区段名称	组合位置	KZ	
						JX1-KF			KF	
						计轴机箱输出端子 JX1			GJ-1	
									GJ-4	
Jz2102	1	1F801-1		2X2-1		JX1-KZ	DG2101	Z7-4(1)	Z6-D11-3	
	2	1F801-2		2X2-2		JX1-KF			Z6-D11-4	
	3	1F801-3		2X2-3		2X5-10			01-1	
	4	1F801-4		2X2-4		JX1-3			01-2	

图 9-21 计轴主机输入、输出端子图

由图 9-20 计轴系统原理图可以看出,对于某一个计轴区段来说,KZ、KF 电源是由组合柜供出,经计轴主机柜端子,再到分线盘端子,然后到室外电缆终端盒 KAD-6,最后到传感器单元,最终使得 GJ 继电器励磁。

结合图 9-21 计轴主机输入、输出端子表,具体配线以计轴 JZ2101 为例,可以很清楚地知道 KZ、KF 电源是由组合柜 Z6-D11-3/Z6-D11-4 供出,到计轴机箱输出端子 JX1-KZ、JX1-KF,轨道区段 DG2101 的轨道继电器线圈 GJ1/GJ4 连接 Z7-4(1)侧面端子 01-1/01-2,到计轴机箱输出端子 2X5-10、JX1-3,再分别到放大机箱输入端子的 2X2-1/2X2-2/2X2-3/2X2-4,然后连接防雷分线柜的 1F801-1/1F801-2/1F801-3/1F801-4,再到室外电缆终端盒内万科端子 1、2、3、4,通过万科端子连接计轴磁头棕黄绿白电缆。

9.4.2.5 主电路先看用电设备,辅助电路先看电源

主电路以 ZDJ9 转辙机启动电路为例,看本电路的最终目的是为了明白 ABC 三相电是怎么到达电机线圈,并使电动机转动,带动转辙机转换道岔的,因此就从用电设备电动机着手,看三相电是怎么送达电动机 U、V、W 线圈的。

由图 9-22 可知:定位向反位启动电路:X1,X3,X4,三相相序为 A-C-B。

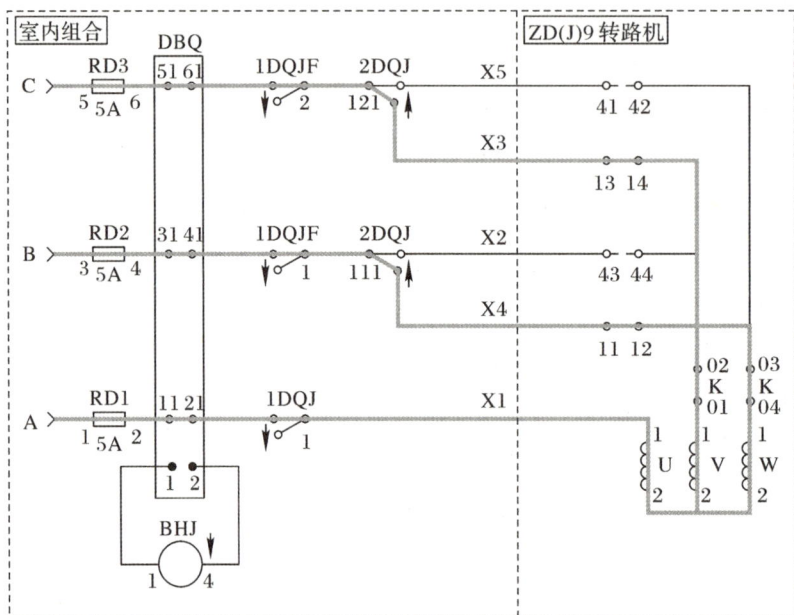

图 9-22 定位向反位启动电路

(1)A 相由 RD1(1-2)→DBQ(11-21)→1DQJ(12-11)→X1→电机线圈 U。

(2)B 相由 RD2(3-4)→DBQ(31-41)→1DQJF(12-11)→2DQJ(111-113)→X4→接点(11-12)→K(03-04)→电机线圈 W。

(3)C 相由 RD3(5-6)→DBQ(51-61)→1DQJF(22-21)→2DQJ(121-123)→X3→接点(13-14)→K(02-01)→电机线圈 V,当三相电均加载到电机三个线圈的时候,电机开始工作。

辅助电路以 ZDJ9 转辙机控制电路中 BHJ 为例,BHJ 能否励磁取决于 DBQ 中是否有 24 V 电源输出(见图 9-23),因此我们要从电源入手,而 DBQ 中能否输出 24 V 电源,又取决于三相电动机是否动作,一环扣一环,通过主电路与辅助电路共同分析,更有利于我们掌握整个转辙机工作的原理,把握转辙机动作过程中各继电器的动作顺序:微机联锁驱动条件检查→DCJ(FCJ)↑→DCQDJ↑→1DQJ↑→1DQJF↑→FBJ(DBJ)↓→2DQJ 转极→沟通道岔动作电源三相电机转动→BHJ↑→1DQJ 自闭→道岔转换到位→BHJ↓→1DQJ↓→1DQJF↓→DBJ(FBJ)↑。

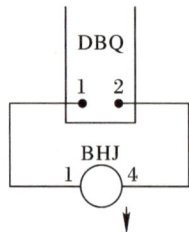

图 9-23 BHJ 原理图

进而真正地看懂整个电动机动作原理图。

9.4.2.6 查看采集、驱动电路图的方法

以道岔的采集、驱动为例,当办理进路或操纵道岔后,命令没有正常执行,并发生联锁设备故障告警时,一般原因为:驱动或采集故障,驱动电路短路;如果车控室 ATS 工作站无任何反应,进路不能锁闭,信号无法开放,一般原因为 DCQDJ、DCJ 或 FCJ 驱动电路故障或者联锁未正常驱动;如果道岔能正常转换,ATS 工作站没有表示,DBJ(FBJ)吸起,判断为 DBJ(FBJ)采集电路故障或采集板故障。故障查找时,查看电路图方法如下:

(1)对道岔来讲,需要联锁驱动的继电器有 3 个,如图 9－24 所示,如果定位-反位操纵不了,并且 1DQJ 也没有励磁,首先要查看继电器 DCQDJ、FCJ 哪一个没有吸起,或者通过向定位操纵的方法排除 DCQDJ 故障,假如判断为 FCJ 没有正常励磁时,就要在定位-反位操纵同时测试接口柜 J1－8－D1－7/J1－8－D1－8 端子有没有电,判断驱动电源有没有到达接口柜,再确定下一步的查找方向。如果此处没有测到电压,再往联锁采集板方向测试,确定是采集板故障或是采集板至接口柜之间断线。如果此处测到电压,再往组合柜 Z1－7－01－6/Z1－7－01－7、FCJ(1－2)线圈测试,判断是中间配线断线或者是 FCJ 继电器故障,然后进一步进行处理。需要重点说明的是,对于道岔来说,联锁是单驱单采的,也就是说联锁机在哪一系,哪一系驱动或采集,此处以联锁 A 机工作为例。

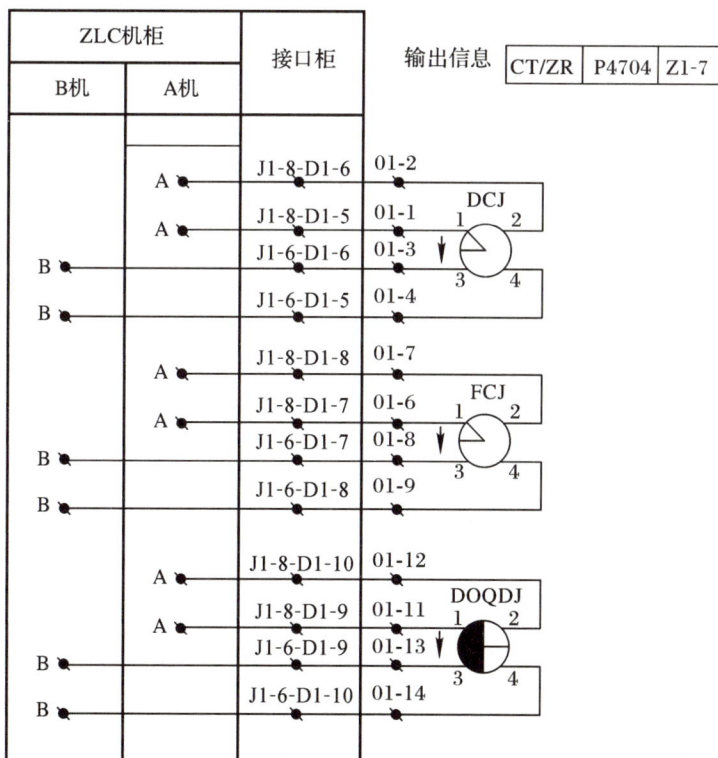

图 9－24 道岔驱动电路

（2）对于采集来说，跟驱动不一样的地方在于，驱动是联锁机通过驱动板向前发送电压信息，采集是联锁机通过采集板向回采集电压信息，而且采集是静态信息，测试的时候不需要操纵道岔，因此以 A 机 ZDBJ 为例（如图 9 - 25），当我们在接口柜 J1 - 7 - D2 - 17/J1 - 7 - D2 - 18 测试有电压时应该往联锁机采集板方向测试，无电压时往组合柜 Z1 - 8 - 01 - 14/Z1 - 8 - 01 - 15 及 ZDBJ 继电器 51 - 52 接点方向测试，根据测试结果，最终判断故障点。

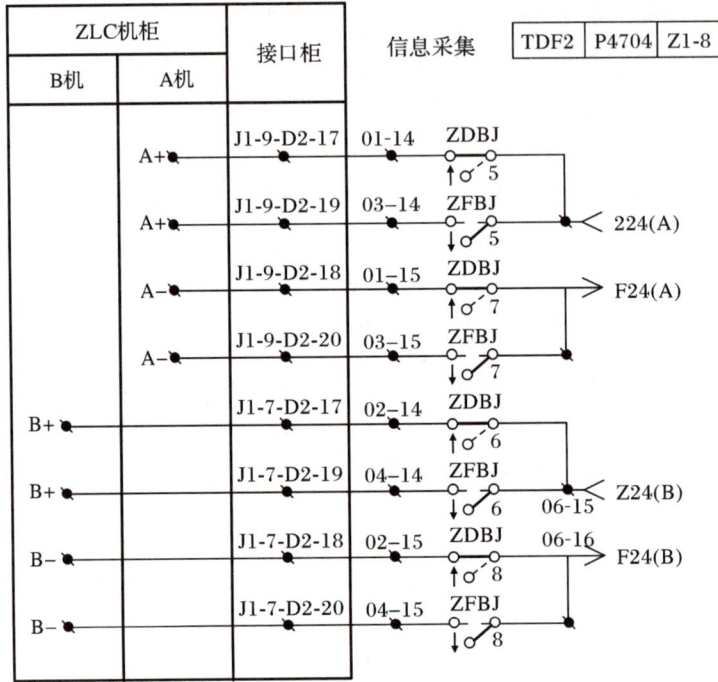

图 9 - 25　道岔采集电路

9.4.2.7　查看电源环线

查找故障时，经常会遇到借用电源的情况，但是要借的电源在什么地方，就需要查看图纸才能知道具体位置，这时要查找的主要有侧面端子配线表、组合柜零层端子配线图等。

以图 9 - 26 侧面端子配线表 Z1 - 8 道岔组合为例，当道岔的控制电路需要借用电源时，选择 KZ：06 - 1/06 - 2、KF：06 - 3/06 - 4；联锁 A 机驱动电源：Z24（A）：06 - 5、F24（A）：06 - 6；联锁 B 机驱动电源：Z24（B）：06 - 15、F24（B）：06 - 16；三相动作电源：A - 380、B - 380、C - 380，分别对应 06 - 8、06 - 10、06 - 12 端子；道岔表示变压器 I 次侧可以借用 DJZ220、DJF220 电源，对应 06 - 17、06 - 18。

图 9 - 27 为接口柜零层端子配线图的一部分，之前讲到处理驱动、采集故障时，需要在接口柜进行故障范围判断，很多时候会遇到借用电源的情况，图 9 - 27 中 J1 - D3 - 1/3 即为联锁 A 机的采集电源，J1 - D3 - 2/4 即为联锁 B 机的采集电源；J1 - D2 - 1/3、J1 - D2 - 2/4 分别为联锁 A、B 机的驱动电源。

	06	05	04	03	02	01
					Z1-8　　TDF2(1)　　P4704	
1	KZ 906-1 / 706-1	1F205-1				703-1
2	KZ	1F205-2				703-2
3	KF 906-3 / 706-3	1F205-3				902-3
4	KF 01-10 / 01-11	1F205-4				
5	Z24(A) 1006-5 / 406-5	1F205-5			901-5	04-11
6	F24(A) 406-6 / D15-8				901-6	05-11
7					901-7	05-12
8	A-380 906-8 / D16-11				901-8	04-12
9						902-9
10	B-380 906-10 / D16-13				901-10	KF 06-4 / 11
11		01-6	01-5		901-11	KF 06-4 / 10
12	C-380 906-12 / D16-15	01-7	01-8			
13						
14			J1-7-D2-19	J1-9-D2-19	J1-7-D2-17	J1-9-D2-17
15	Z24(B) 1006-7 / 406-15		J1-7-D2-20	J1-9-D2-20	J1-7-D2-18	J1-9-D2-18
16	F24(B) 406-16 / D15-10					
17	DJZ220 906-17 / D16-17					702-7
18	DJF220 906-18 / D16-18					702-8

图 9 - 26　侧面端子配线图

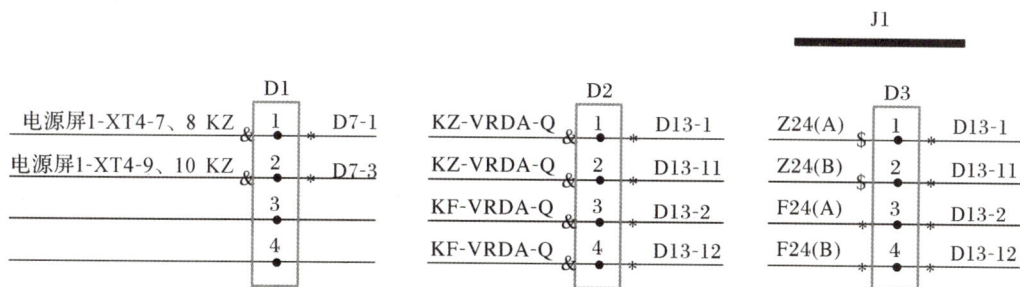

图 9 - 27　接口柜零层端子配线图

▶ 项目总结

本项目主要介绍了城市轨道交通信号图纸的种类、内容,常见信号设备实施的命名的相关知识;信号设备布置图识图及室内设备配线图识图的一般原则和城市轨道交通图纸读图识图的一般步骤。

▶ 项目实施

实训 9.1 城市轨道交通信号图纸识读练习

1. 实训项目教师工作活页(见表 9 - 12)

表 9 - 12　实训项目教师工作活页

实训项目		实训 9.1.1　城市轨道交通信号图纸识读练习				
学　时		专业班级		实训场地		
实训设备						
教学目标	专业能力	(1)能够说出城市轨道交通信号图纸的种类和主要内容; (2)能够说出常见信号设备的名称; (3)能够读懂车站、车辆段信号设备布置图; (4)能看懂组合内部、组合侧面、零电源层、接口柜配线图; (5)能够看懂常见信号图纸、做到图物对照。				
	方法能力	(1)能综合运用专业知识、通过作业书籍、多媒体课件和图片资料获得帮助信息; (2)能根据实训项目学习任务确定实训方案,从中学会表达及展示活动过程和成果。				
	社会能力	(1)能在实训活动中保持积极向上的学习态度; (2)能与小组成员和教师就学习中的问题进行交流与沟通; (3)学会和他人资源共享,具有较好的合作能力和团队精神。				
教学活动		略(详见教学活动设计)				
绩效评价	学生活动	(1)以 4～8 人小组为单位开展实训活动,根据本组同学在实训过程中的表现及结果进行自评和组内互评; (2)根据其他小组同学在展示活动中的表现及结果,进行小组互评。				
	教师活动	(1)指导学生开展实训活动; (2)组织学生开展活动评价与总结; (3)根据学生的表现和在本实训项目中的单元成绩作出综合评价。				
教学资料		(1)《城市轨道交通通信与信号》主教材及辅助教材; (2)城市轨道交通信号图纸技术资料; (3)某城市轨道交通 1 号线图纸技术资料; (4)教学活动设计活页				
指导教师			实训时间	年　　月　　日		

2.实训项目学生学习活页(见表 9 – 13)

表 9 – 13 实训项目学生学习活页

实训项目	实训 9.1.2 城市轨道交通信号图纸识读练习				
专业班级		姓名		时间	

一、实现目标

1.专业能力目标

(1)能够说出城市轨道交通信号图纸的种类和主要内容;

(2)能够说出常见信号设备的名称;

(3)能够读懂车站、车辆段信号设备布置图;

(4)能看懂组合内部、组合侧面、零电源层、接口柜配线图;

(5)能够看懂常见信号图纸、做到图物对照。

2.方法能力目标

(1)能综合运用专业知识、通过作业书籍、多媒体课件和图片资料获得帮助信息;

(2)能根据实训项目学习任务确定实训方案,从中学会表达及展示活动过程和成果。

3.社会能力目标

(1)能在实训活动中保持积极向上的学习态度;

(2)能与小组成员和教师就学习中的问题进行交流与沟通;

(3)学会和他人资源共享,具有较好的合作能力和团队精神。

二、知识总结

1.城市轨道交通信号专业图纸主要有哪些?

2.城市轨道交通信号图纸基本作用是什么?

3.车站联锁区信号系统室外部分图纸主要内容是什么?

三、操作应用

1.简述城市轨道交通信号图纸识图读图的一般步骤。

2.标出正线轨道平面布置图中主要设备,说明其名称符号及含义。

续 表

3.根据组合侧面配线表,举例说明组合侧面端子是如何配线的?

		1/3	C1	21-6		
	06	05	04	03	02	01
1	706-1 KZ 506-1					44-403-7
2						
3	706-3 KF 506-3					44-404-8
4						
5			JKG-612-1		JKG-601-2	JKG-601-1
6			JKG-512-1		JKG-501-2	JKG-501-1
7	MSS-DYDZ-54 506-7		JKG-612-17		JKG-601-18	JKG-601-17
8	MSS-DYDZ-59 506-8		JKG-512-17		JKG-501-18	JKG-501-17
9	MSS-DYDZ-35 506-9					
10	MSS-DYDZ-38 506-10					
11	MSS-DYDZ-41 506-11	F1-1301-1				
12		F1-1301-2				
13		F1-1301-3				
14		F1-1301-4				
15	D7-11 DZ220 506-15		JKG-1007-24		MSS-C3-K2-1	JKG-907-24
16	D7-12 DZ220 506-16		JKG-1008-26		MSS-C3-K2-17	JKG-908-26
17	D7-13 DZ220 506-17		JKG-1006-22		MSS-C3-K2-18	JKG-906-22
18	D17-14 DZ220 506-18	705-18 CH 505-18			MSS-C3-K2-19	

4.组合柜零层电源端子板是如何配置和编号的?

四、实训小结

_____

_____

五、成绩评定

1.学生评价

评价等级	A—优秀	B—良好	C—中等	D—及格	E—不及格
学生自评					
组内互评					
小组互评					

续 表

2.教师评价

评价等级	A—优秀	B—良好	C—中等	D—及格	E—不及格
专业能力					
方法能力					
社会能力					
评价结果					

3.综合评价

评价等级	A—优秀	B—良好	C—中等	D—及格	E—不及格
综合评价					

综合评价按学生自评占 10%、组内互评占 20%、小组互评占 20%、教师评价占 50%的比例进行过程评价。其中：A（90～100）、B（80～89）、C（70～79）、D（60～69）、E（60 以下）。

4.评价标准

评价等级	评价标准
A	能圆满、高效地完成实训任务的全部内容
B	能较顺利地完成实训任务的全部内容
C	能完成实训任务的全部内容,但需要相关的指导和帮助
D	只能完成实训任务的大部分内容,在教师和小组同学的帮助下,也能完成实训任务的全部内容
E	只能完成实训任务的部分内容

▶ **项目达标**

一、填空题

1.图纸的形成主要经过_____、初步设计、_____、施工图出图、_____五个阶段,最终才能获得一份准确的竣工图纸。

2.相邻两个绝缘节之间的钢轨线路(即从送电端到受电端之间)称为轨道电路的_____,也就是轨道电路的长度。

3.在轨道电路命名中,WG2101 表示区段名称,其中"WG"代表该区段为_____,"21"代表其所在_____,"01"代表其所在联锁区内的序号,即该区段位于该联锁区下行线路。

4.集中区就是确定站场内哪些信号设备由信号楼集中控制,用_____来进行划分区分。

5.在信号施工或竣工图纸中,每页右下角都有该图纸的_____,其中_____是快速查找所需图纸的重要标记,在每本图册的目录中都有每页图的_____。

6.为了满足平行作业需要,两组道岔之间即使距离很近,也必须用绝缘节隔开,如果该绝缘节与警冲标之间的距离小于 3.5m,则称为_____。

二、选择题

1.下列( )不属于信号平面布置图的内容。

A.信号机的布置   B.分隔轨道区段的全部轨端绝缘节

C.列车型号   D.侵入限界的绝缘节处的警冲标位置

2.对照结配线图时要按照( )的顺序。

A.从左到右、自上而下   B.从右到左,自上而下

C.从左到右、自下而上   D.从右到左,自下而上

3.信号机的设置位置的确定按( )限界标准。

A.建筑限界   B.设备限界   C.触网限界   D.车辆限界

4.平常亮红灯用( )表示。

A. ⊘   B. ⊘   C. ⊗   D. ●

5.车辆段信号平面布置图应能正确反映列车和调车信号机的布置情况及设置地点、( )等。

A.道岔直向位置   B.轨道电路区段划分

C.股道运用情况   D.以上都对

6.下列( )不是站内轨道电路的划分原则。

A.有信号机的地方必须设置绝缘节

B.满足行车、调车作业效率的提高

C.一个轨道电路区段的道岔不能超过 3 组

D.车站平面图美观、简洁

7.下列有关城市轨道交通图纸读图识图的描述,错误的是( )。

A.以联锁控制的终端设备为始端识图

B.按照先看主电路,再看辅助电路的顺序进行看图

C.原理图与配线图对照起来看

D.主电路先看电源,辅助电路先看用电设备

三、简答题

1.城市轨道交通信号专业常见图纸种类有哪些?

2.城市轨道交通车站联锁区信号系统室内部分图纸主要内容有哪些?

3.简述城市轨道交通主要信号基础设备命名原则及其含义。

4.简述城市轨道交通信号图纸读图识图的一般步骤。

项目十　通信系统概述

▶项目导入

通信系统是城市轨道交通运营的基础,是保证行车安全、提高运营效率、提升运营服务质量的重要设施。通信系统在正常情况下应保证列车安全高效运营、为乘客出行提供高质量的服务保障,在异常情况下能迅速转变为供防灾救援和事故处理的指挥通信系统。在科学技术迅速发展的时代,具有现代化特征的专业通信网,是城市轨道交通的重要标志之一。

▶项目要点

1.了解城市轨道交通通信系统的作用;

2.熟悉通信系统的模型、组成和通信网的分类;

3.掌握城市轨道交通专用通信系统的组成和功能;

4.掌握城市轨道交通专用通信系统的组网模式;

5.熟悉城市轨道交通通信的行业规范。

▶鉴定要求

1.理解通信系统的组成、功能和作用;

2.会识别城市轨道交通专用通信系统的组成;

3.会识别轨道交通传输系统的组网模式;

4.认识城市轨道专用通信系统的设备。

▶课程思政

1.课前以小组为单位搜集行业动态和社会热点新闻,培养团队合作意识;

2.通过项目学习,提升自身的操作能力和规范意识;

3.提升创新意识,自主创新,推动城市轨道交通通信技术不断进步,树立全国有我的责任和担当;

4.在学习和工作中提升团队协作意识,培养细心、专注的工作习惯,与团队成员积极配合,共同保障地铁的运营安全。

▶基础知识

◆ 10.1 城市轨道交通通信系统的作用

10.1.1 通信系统

通信系统作为地铁运营调度、企业管理、服务乘客、治安反恐、应急指挥的网络平台,它是地铁正常运转的神经系统;能够为地铁工作人员提供内部、外部联络用通信手段,为地铁运营调度指挥列车运行、下达调度命令、列车运营、电力供应、日常维修、防灾救护、票房管理等提供指挥专用通信工具;为乘客及工作人员以及运营所需各系统提供通信网络;能够为公安警务人员提供地铁警务指挥和业务联系的语音、数据、图像等业务,能够为市政府相关职能部门调度联络重要的无线通信保障。

城市轨道交通通信系统应能迅速、准确、可靠地传递和交换各种信息,在正常情况下能将各站的客流量、沿线列车的运行状况等信息及时地传送到调度中心,并将调度所发布的各项调度命令及各种控制信号传送至各个车站的执行部门和机构,从而使城市轨道交通系统的运行始终处于有条不紊的状态,为乘客出行提供高质量的服务保证;在突发火灾或事故的情况下应能作为应急处理、抢险救灾的联络手段。

城市轨道交通通信系统的作用如下:

(1)行车调度指挥。通信系统所提供的专用电话功能为运营控制中心各类调度和各车站各类专业人员传递调度生产命令提供有线语音通信手段,且这种语音通信是无阻塞的,以确保畅通。无线列车调度功能为运营控制中心行车调度提供与列车驾驶员间联络的无线通话手段,这是行车调度指挥的重要功能,作用日益凸显。

(2)运营服务管理,内外联络。通信系统中的公务电话系统提供轨道交通内外部公务业务联系的服务,广播系统、乘客信息系统为乘客提供运营服务信息,闭路电视监视系统为运营管理者提供重要的管理辅助手段,同时也是轨道交通安全防范系统的主要组成部分,为轨道交通安全运营提供技术手段。

(3)信息传递。通信系统中的传输系统是线路站间的长距离传送平台,为各类轨道交通专业系统提供传输通道,如信号、电力监控、自动售检票和其他各通信系统。

(4)应急通信。城市轨道交通在发生事故和灾害时需要提供相应的应急通信手段,作为专用通信系统在承担日常运营作用外,还需提供一定的应急通信功能,但目前设计的通信系统只在各通信子系统中提供有限的应急通信功能(除消防无线系统外),没有单独的应急通信系统。如在电话系统中提供轨旁电话、车站应急电话等功能。

◆ 10.2 城市轨道交通通信系统的原理及组成

轨道交通通信系统必须保证轨道交通列车运行的安全、准点、高密度和高效率,形成运输的集中统一指挥、行车调度自动化和列车运行自动化,是连接移动设备、固定设备、运输生产基地的纽带,是轨道交通运输生产及作业人员的信息沟通工具。

10.2.1 通信系统的模型

通信系统将信息从发信者传递给在另一个时空点的收信者,由于完成这一信息传递的通信系统的种类繁多,所以它们的具体设备和业务功能可能各不相同。通信系统可抽象概括为图 10 - 1 所示的基本模型图,整个流程是由信源、发送变换器、信道(或传输介质)、接收变换器和信宿(收信者)等五部分组成。

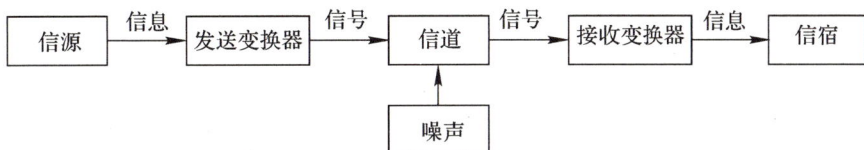

图 10 - 1　通信系统的基本模型图

10.2.1.1　信源、信宿

信源是信息的产生或信息的形成者,信宿是信息的接收者。信源根据所产生信号的性质不同可分为模拟信源和离散信源。模拟信源(如电话机和电视摄像机等)输出幅度连续的模拟信号;离散信源(如电传机、计算机等)输出离散符号序列或文字。模拟信源可通过抽样和量化转换成离散的信源。

10.2.1.2　发送变换器

发送变换器的基本功能是将信源和传输介质匹配起来,将信源产生的消息信号变换为利于传送的信号形式,送往传输介质。发送变换器为满足某些特殊需求对信源进行处理,如多路复用、保密处理和纠错编码处理等。

10.2.1.3　信道

信道是指信号的传输通道,目前有狭义信道和广义信道两种定义。狭义信道是指信号的传输介质,其范围包括从发送设备到接收设备之间的介质,如架空明线、电缆、光缆以及传输电磁波的自由空间等,本书所提及的信道一般指狭义信道。

广义信道指消息的传输介质,除包括上述信号的传输介质外,还包括各种信号的转换设备,如发送、接收设备,调制、解调设备,等等。

信号经过信道传送到接收变换器。传输介质既可以是有线,也可以是无线,二者都有多种物理传输介质。在信号传输过程中,必然会引入发送变换器、接收变换器和传输介质的热噪声及各种干扰和衰减,即信号在信道中传输时,会产生信道噪声。

传输介质的固有特性和干扰特性会直接影响变换方式的选取,如通过电导体传播的有线信道和通过自由空间传播的无线信道,其信号变换方式不同。不同频段的无线电波在空间传播的途径、性能和衰减也不同。

10.2.1.4　接收变换器

接收变换器的主要作用是将来自信道的带有干扰的发送信号加以处理,并从中提取原始信息,完成发送变换过程的逆变换,如解调和译码等。

上述的模型是点对点的单向通信系统。对于双向通信,通信双方都要有发送和接收变换器。对于多个用户之间的双向通信,为了能实现信息的有效传输,必须要进行信息的交换和分发,由传输系统和交换系统组成一个完整的通信系统或通信网络来实现。其中交换系统完成不同地址信息的交换,因此交换系统中的每一台交换机组成了通信网中的各个节点。

10.2.2 通信系统的组成

通信系统是实现信息传输、交换的所有通信设备连接起来的整体。通信系统由终端设备、传输设备、交换设备等构成。

10.2.2.1 终端设备

终端设备是通信网的外围的设备,一般供用户使用,其主要的功能是将用户(信源)发出的各种信息(如声音、数据、图像等)变换为适合在信道上传输的电信号,以完成发送信息的功能。或者反之,把对方经信道送来的电信号变换为用户可识别的信息,完成接收信息的功能。

终端设备的种类有很多,如普通电话机、移动电话机、电报终端、计算机终端、数据终端、传真机、可视图文终端等。

10.2.2.2 传输设备

传输设备是传输信息的通道,也称为通信链路。传输设备包括传输介质和延长传输距离及改善传输质量的相关设备,其功能是将携带信息的电磁波信号等从发出地点传送到目的地点。传输设备将终端设备和交换设备连接起来,形成网络。

按传输介质的不同,传输设备可分为有线传输和无线传输两大类。有线传输系统包括明线、电缆、光缆传输等几种类型;无线传输设备包括长波、短波、超短波和微波(地面微波、卫星通信)等几种类型。

10.2.2.3 交换设备

交换设备是通信网络的核心,起着组网的关键作用。交换设备的基本功能是对所接入的链路进行汇集、接续和分配。不同的业务,如话音、数据、图像通信等对交换设备的要求各不相同。例如,电话业务网要求交换设备的性能实时性强,因此目前电话业务网主要采用直接接续通话电路的电路交换方式;计算机通信的数据业务,由于数据终端或计算机可有各种不同的速率,所以为了提高链路利用率,可将流入信息流进行分组、存储,然后再转发到所需链路上去。分组数据交换机就按这种分组交换的方式进行,可以比较高效地利用传输链路。

10.2.3 通信网的分类

通信网的分类方法很多,可以按用途来分,也可以按传输信号的特征来分,还可以按工作方式来分,下面介绍几种常用的分类方法。

10.2.3.1 按信源物理特征分类

按照信源发出消息的物理特征不同,通信网可分为电话、电报、数据和图像等通信系统。其中电话通信目前最发达,其他通信常借助于公共电话通信系统传递信息,如电报通信一般采用公共电话系统中的一个话路或从话路中一部分频带进行传送;电视信号或图像信号可使用多个话路合并为一个信道进行传送。

10.2.3.2 按传输介质分类

通信系统模型中的信道是指传输信息的介质或信号的通道。按传输介质分类,通信系统可分为有线和无线两大类。有线通信包括双绞线、同轴电缆、光缆等;无线通信包括微波、卫星、红外线、激光等。

10.2.3.3 按传输信号的特征分类

根据传输信号的特征,通信系统可分为模拟通信系统和数字通信系统两大类。

在模拟通信系统中传输的是模拟信号,图10-2所示是模拟通信系统的基本组成。在图中用调制器取代通信系统模型图10-1中的发送变换器,用解调器取代了通信系统模型图10-1中的接收变换器。这里的调制器和解调器对信号的变换起着决定性的作用,直接关系着通信质量的优劣。

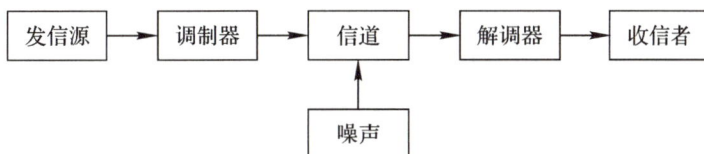

图 10 - 2　模拟通信系统基本组成图

在数字通信系统中传输的是数字信号。数字通信系统的基本组成如图10-3所示。

数字通信系统除包括调制解调器外,还包括信源编码器、信道编码器、信道译码器、信源译码器和同步系统等。

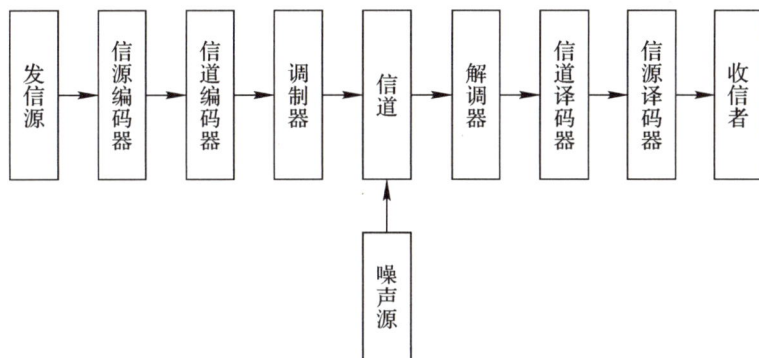

图 10 - 3　数字通信系统基本组成图

(1)信源编码器的主要作用是提高数字信号传输的有效性。如果信息源是数据处理设备,还要进行并/串变换,以便进行数据传输。通常数字加密也可归并到信源编码器中。接收端的信源译码是信源编码的逆变换。

(2)信道编码器可以提高数字信号传输的可靠性。由于传输信道内噪声的存在和信道特性不理想造成的码元间干扰,通信系统容易产生传输差错,而信道的线性畸变所造成的码间干扰可通过均衡办法基本消除,所以信道中的噪声是导致传输差错的主要原因。减小这种差错的基本方法是在信码组中按一定规则附加上若干监视码元(或称冗余度码元),使原来不相关的数字信息序列变为相关的新的序列,然后在接收端根据这种相关的规律性来检测或纠正接收序列码组中的误码,以提高可靠性,因此信道编码器又称差错控制编码器。接收端的信道译码器是信道编码器的逆过程。

(3)同步系统用于建立通信系统接收和发送一致的时间关系。只有这样,接收端才能确定每位码的起止时间,并确定接收码组与发送码组的正确对应关系,否则接收端无法恢复发送端的信息。因此同步是数字通信系统正常工作的前提,通信系统能否有效地、可靠地工作,很大程度上依赖于同步系统性能的好坏。同步可分为载波同步、位同步、帧同步和网同步等四大类。

模拟通信系统与数字通信系统各有特点,但从总体上看,数字通信系统与模拟通信系统相比,其具有以下优点:

1)抗干扰能力强,数字通信系统可通过再生中继器消除噪声积累;

2)可采用差错控制技术,提高数字信号传输的可靠性;

3)便于进行各种数字信号处理,如计算机存储处理,使数字通信和计算机技术相结合,从而组成综合化、智能化的数字通信网;

4)数字通信系统可使传输与交换相结合,电话、数据和图像传输相结合,有利于实现综合业务数字网;

5)数字通信系统的器件和设备易于实现集成化及微型化。

10.2.3.4　按通信网的拓扑结构分类

通信网的拓扑结构主要有下列五种,其结构形式如图10-4所示。

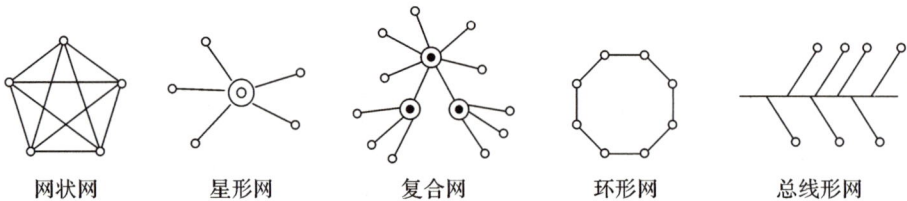

网状网　　　　星形网　　　　复合网　　　　环形网　　　　总线形网

图10-4　通信网拓扑结构

(1)网状网。较有代表性的网形网是完全互联网。具有 N 个节点的完全互联网有 $N(N-1)/2$ 条传输线路。因此 N 值越大,传输线路数就越大,传输线路的利用率越低,这是一种不经济的网络结构。但这种网络的冗余度较大,因此其接续质量和网络稳定性较好。

(2)星形网。具有 N 个节点的星形网共有 $(N-1)$ 条传输线路。当 N 值较大时,相对网形网其可节省大量的传输线路,但需花一定费用设置转接中心。在这种结构中,当转接中心的交换设备的转接能力不足或发生故障时,将会对网络的接续质量和网络的稳定性产生影响。

(3)复合网。这种网络拓扑结构是网形网和星形网复合而成。它是以星形为基础,并在通信量较大的区间构成网形网结构。

(4)环形网和总线形网。这两种网络类型在计算机通信网中应用较广,在这两种网中一般传输的信息速率较高,它要求各节点或总线终端节点有较强的信息识别和处理能力。

10.2.3.5 按使用范围分类

按使用范围分类,通信网可分为本地网、长途网和国际网。本地网包括大城市、中等城市、小城市和县本地网;长途网是指负责本地网之间长途电话业务的网络;国际网是国际电话通信通过国际电话局完成,每一个国家都设有国际电话局,国际局之间形成国际电话网。

10.2.3.6 按业务类型分类

通信网按业务类型划分可分为电话网、电报网、数据网、传真网、移动通信网和综合业务数字网(ISDN)等。电话网包括市内电话网、农村电话网、本地电话网和长途电话网;电报网包括公众电报网、用户电报网和智能用户电报网;数据网包括公众数据网和专用数据网;传真网包括本地传真网、地区性传真网和全国性传真网;移动通信网包括本地移动通信网和漫游移动通信网;综合业务数字网包括本地 ISDN 和全国性 ISDN。

10.2.3.7 按运营方式分类

通信网按运营方式不同可以划分为公用网和专用网。公用通信网即公众网,是向全社会开放的通信网。专用通信网是相对于公用通信网而言的,是国防、军事或国民经济的某一专业部门(如城市轨道交通、铁道、石油、水利电力等部门)自建或向通信服务运营商租用电路,专供本部门内部业务使用的通信网。

10.2.4 轨道交通通信系统分类

轨道交通通信系统按其使用要求不同分类,分成确保行车安全提高运行效率、设备维护运营管理、为旅客服务等三类通信系统;按其服务类别分类,分成话音通信、控制信号传输、数据通信、图像通信等;按其技术类别分类,分成传输子系统、无线子系统、公务电话子系统、专用电话子系统、广播子系统、视频监控子系统、乘客信息子系统、时钟子系统、电源子系统、办公自动化子系统、集中告警设备等。

◆ 10.3 城市轨道交通通信系统的功能及传输系统

城市轨道交通专用通信系统一般由传输、公务电话、专用有线调度电话、无线列车调度、闭路电视监控、车站广播、时钟、旅客信息引导显示、防雷、光纤在线监测、动力环境监测、UPS(不间断电源)、维护支持和集中告警等系统组成。

10.3.1 通信系统各子系统的功能

通信系统的服务范围包括运营控制中心、车站、车辆段、停车厂、维修中心、车站内等城市轨道交通运营服务区域。通信系统不是单一的子系统,而是多个相对独立的子系统的组合。这些子系统在不同的运营环境下协调工作。各子系统能对各自的故障进行检测和报警,从而确保整个通信系统的可靠性。

10.3.1.1 传输系统功能

传输系统是整个通信网络的纽带,给通信各子系统以及电力系统、信号系统、自动售检票系统、消防报警系统、办公网络等提供传输通道,将各车站、车辆段、停车厂的设备与控制中心的设备连接起来。在城市轨道交通中传输设备之间一般采用光纤连接,构成双环路拓扑结构网络。

10.3.1.2 公务电话系统功能

公务电话系统为轨道交通运营提供办公电话、传真等业务,同时在控制中心、车站、车辆段、停车厂等也设置公务电话,既可作为办公电话使用,也可以作为有线调度电话的备份,一旦调度电话故障,临时应急使用。

10.3.1.3 专用有线调度电话系统功能

专用有线调度电话系统是为行车指挥、维修、抢险等设置的专用通信系统。根据列车运行组织和业务管理、指挥的需要,城市轨道交通一般设置四种调度电话系统,即行车调度电话系统、电力调度电话系统、防灾调度电话系统、维修调度电话系统,四种调度电话系统均包含调度台和各自的调度分机。

行车(或电力、防灾、维修)调度员可通过调度操作台直接控制调度专用交换设备进行个别呼叫、分组呼叫或全部呼叫各站、段的行车(或电力、防灾、维修)值班员;各站、段的行车(或电力、防灾环控、维修)值班员可通过调度电话分机直接呼叫调度员,但分机之间不能相互呼叫通话。

10.3.1.4 无线列车调度系统功能

无线调度系统主要是用于解决固定人员(调度员、值班员)与流动人员(驾驶员、维修人员与列检人员等)之间的通话。该系统由无线控制设备、无线基站、调度台、车站固定台、车载台和便携移动台等设备组成。

10.3.1.5 闭路电视监控系统功能

闭路电视监控系统是轨道交通运营管理及保证运输安全的重要手段。它给控制中心的调度员、各车站值班员、公安值班人员等提供有关列车运行、乘客疏导、防灾救火、突发事件等情况下的现场视频信息。电视监控系统主要由中央控制室监视控制设备、车站监控设备、车站硬盘录像设备、云台摄像机和固定摄像机等设备组成。

10.3.1.6 广播系统功能

广播系统为乘客提供列车到发时间、安全提示信息,还能在紧急情况或突发事件时为乘客提供疏散信息。广播系统主要由中央控制设备,车站、段厂控制设备,站厅、站台声场设备等组成。

10.3.1.7 时钟系统功能

时钟主要是为行车组织提供统一的标准时间,并向其他系统提供标准时间信号。时钟系统由中心母钟、监控终端、二级母钟、子钟及传输通道等设备构成。

10.3.1.8 乘客引导显示系统

乘客引导显示系统主要功能是为乘客提供关于行车时刻表、安全提示、视频等的文字或多媒体视频信息。乘客引导显示系统由中心控制终端、车站控制设备、LED(发光二极管)显示屏、PDP(等离子)或液晶显示屏组成。

10.3.1.9 防雷系统功能

防雷系统为其他通信子系统提供防雷保护,当设备遭到雷击或强电干扰后防雷系统通过隔离保护、均压、屏蔽、分流、接地等方法减少雷电对设备的损害。

10.3.1.10 光纤在线监测系统功能

光纤在线监测系统主要为光缆传输通道进行实时在线监测,维护人员可以通过网管监控设备监测光缆状态,并能在故障时判断故障点。光纤在线监测系统主要由恒定光源模块、光功率监测模块、光纤测试模块、处理控制模块以及监控处理设备等组成。

10.3.1.11 动力环境监测系统功能

动力环境监测系统对通信机房的温湿度、烟雾、空调等工作环境进行监测以及对通信系统 UPS 电源设备的工作参数进行监控,通过传输设备将车站内通信机房的信息传至控制中心网络管理终端,以便维护人员能够实时监测车站状况。

10.3.1.12 UPS 不间断电源系统功能

UPS 不间断电源系统主要为其他通信子系统提供稳定的电源,当市电或 UPS 主机故障时,通过电池组为设备供电,保证通信设备正常运行。UPS 不间断电源系统包括主机、蓄电池组、配电设备等。

10.3.2 城市轨道交通通信传输系统设备

传输系统是整个通信网络的纽带,通过它将各通信子系统车站信息传送到控制中心,同时为电力系统、信号系统、自动售检票系统、消防报警系统、办公网络等提供传输通道。传输设备包括车站设备和控制中心设备,不同的厂家有不同的组网模式。

10.3.2.1 通信传输系统需要传送的信号形式

通信传输系统需要将各子系统的信号上传到控制中心,同时控制中心也需要通过传输系统将控制信息送到车站,这些信号通过物理接口进行转换,其信号转换接口形式包括:

(1)公务及专用电话系统:话音信号,一般为 64 K 语音接口及 E1(2MPCM)接口。

(2)视频系统:视频接口和控制接口,一般为 E1 接口和 RS-422 接口。

(3)无线系统:话音信号、基站链路控制信号、远端调度台信号,一般为 E1 接口、RS-422 接口和以太网接口。

(4)时钟系统:传送控制信号,一般为 RS-422 接口。

(5)广播系统:控制信号、高保真语音信号,一般为 RS-422 接口和高保真语音接口。

(6)乘客引导显示系统:控制信号、视频信号、语音信号,一般为 RS-422 接口和 E1

接口。

(7)电力系统:控制信号、视频信号,一般为 RS-422 接口和 E1 接口。

(8)信号系统:控制信号和网络信号,一般为 RS-485 接口和以太网接口。

(9)自动售检票系统:网络信号,一般为以太网接口。

综上所述,需要传输系统传送的信号形式包括:E1 接口、RS-422 接口、RS-485 接口、高保真语音接口、以太网接口等。

10.3.2.2 传输系统组网模式

通信传输系统组网模式示意图如图 10-5 所示。

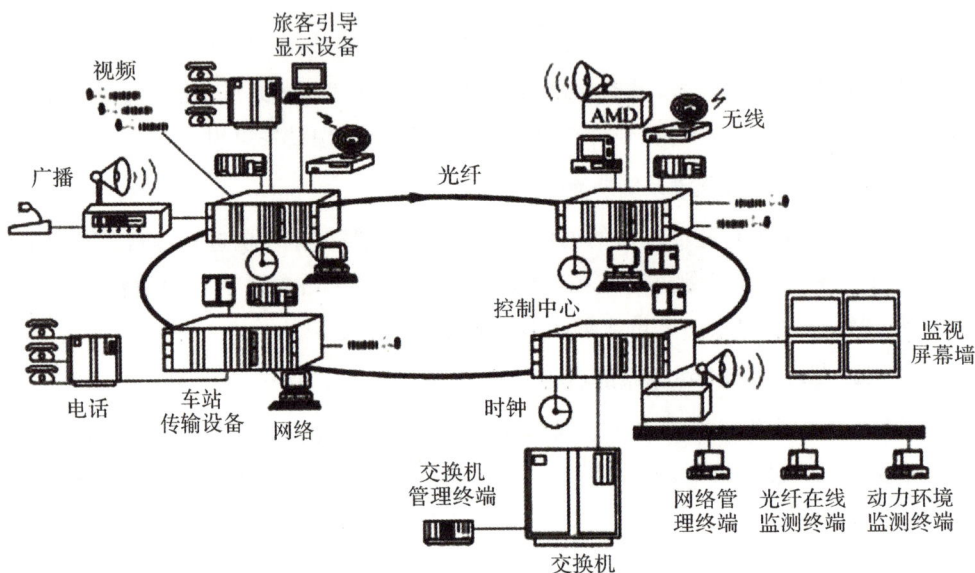

图 10-5 传输系统组网模式示意图

整个传输系统一般由车站设备、控制中心设备和传输线路等三部分组成。车站设备用来将车站各系统需要上传的电信号转换成光信号,通过光缆线路传输到控制中心;控制中心设备是将车站上传的光信号转换成各通信子系统或其他系统需要的电信号。控制中心设备一般包括网络管理系统,用来监测整个网络设备运行状态,同时还具有系统参数设置、故障统计、报表输出、系统用户权限设置等功能。

10.3.2.3 传输系统的组网类型与比较

随着城市轨道交通的发展,通信传输技术在此领域得到了广泛的应用和发展。目前城市轨道交通传输系统承载的业务主要有:2M 中继业务、计算机以太网业务、视频业务、乘客信息多媒体业务、高清晰广播语言业务、各种控制接口业务等。

根据城市轨道交通传输系统业务的特点,适合各种业务传输的技术主要有:开放式传输网络(OTN)系统、基于 SDH(同步数字传输序列)的多业务传输平台(MSTP)、异步传输模式(ATM)以及 RPR(弹性分组环)技术。

(1)OTN 系统。OTN 是德国西门子公司开发的光纤传输系统。它采用了 TDM 时分复用技术,属于同步传输体系。OTN系统提供丰富的接口板卡业务,对于轨道交通传输系统承载的业务无需再加接口转换设备,直接接入即可连接组网,网络设备简单。

OTN系统开发了与SDH相连的接口节点设备,使OTN设备与标准通用传输设备的互连互通成为可能。

由于OTN系统能够提供丰富的业务接口,使其在专用网络中应用很多,在城市轨道交通中的应用案例也很多,如北京地铁、天津轻轨、广州地铁、上海地铁、深圳地铁、重庆轻轨等。

(2)基于SDH的多业务传输平台(MSTP)。MSTP技术源于同步数字传输体系SDH,经过近几年的不断发展,已经将PDH(准同步数字传输)、SDH、POS(基于SDH的数据包)、以太网、ATM异步传输模式、RPR弹性分组环、SHDSL(对称高速数据用户线)、DDN(数字数据网)等技术融为一体。现在的MSTP已经能为以太网业务提供业务接口,能够提供多点到多点的连接,具有用户隔离和带宽共享等功能。

MSTP是基于TDM的技术,不能动态分配信道带宽,不适合具有"突发业务"特点的数据业务。因此,MSTP的主要用途仍然是提供TDM电路。可见,MSTP技术的传送业务是以TDM业务为主,以数据业务为辅。MSTP技术在城市轨道交通中应用较多,如广州地铁的3号线、5号线。

(3)异步传输模式(ATM)。ATM是在20世纪80年代为B-ISDN(宽带综合业务数据网)定义的传输技术,是一种基于统计复用的面向连接的技术。

ATM的技术特点是能根据业务的需求分配网络带宽,使得网络带宽的利用率提高;具有严格的服务质量保障,有良好的流量控制均衡能力及故障恢复能力,网络可靠性高。

ATM技术的不足之处在于:对信息传输存在一定的时延、抖动及丢包等现象;在话音通信方面,主要采用电路仿真方式;在LAN(局域网)领域由于千兆位以太网的崛起,ATM的优势不复存在;在广域网领域,ATM受到来自IP(网间互连协议)技术的竞争。

ATM在城市轨道交通中也有应用案例,在北京八通线中,传输系统采用SDH和ATM两种技术,SDH用于传统的2M电路业务,ATM用于承载以太网数据以及视频图像业务。

(4)RPR技术。RPR综合了SDH、以太网、MPLS(多协议标签交换)、ATM、WDM(波分复用)等协议和技术的优点,为数据业务提供了一种优化的解决方案。RPR组网方案可保证语音、数据、视频等业务在统一的平台上传输。

RPR是一种较新的技术,目前在国内城市轨道交通领域已有应用案例,如广州地铁公安通信传输系统一直采用RPR技术。由于RPR在支持数据及视频业务方面的优势,使其在网络及各种运营商领域广泛运用。

10.4 城市轨道交通通信系统的要求

对城市轨道交通通信系统的要求是能迅速、准确、可靠地传送和交换各类信息。

(1)对于行车组织,通信系统应能保证将各站的客流情况、工作状况、线路上各列车运行状况等信息准确、迅速、实时地传送到控制中心。同时,将控制中心发布的调度指挥命令与控制信号及时、可靠地传送至各个车站及运行中的列车。

(2)对于系统的组织管理,通信系统应能保证各轨道交通部门之间、上下级之间保持畅通、有效、可靠的信息交流与联系。

(3)通信系统应能保证本系统与外部系统之间便捷畅通的联系。

(4)通信系统主要设备和模块应具有自检功能,系统具有降级使用功能,并采取适当的冗余,故障时自动切换并报警,控制中心可监测和采集车站设备运行和检测结果。

(5)作为专用系统的轨道交通通信系统,有别于公共通信系统,在满足技术先进性、成熟度、功能合理性外,更应考虑设备系统的稳定性和经济性。

(6)随着各城市轨道交通的网络化建设和运营,更要求通信系统具有可扩容、可联网的技术要求和条件。因此通信系统要有总体的规划和布局,技术选型要有前瞻性。

城市轨道交通通信系统的具体要求见《地铁设计规范》(GB 50157—2013)。

▶ 项目总结

本项目主要介绍了城市轨道交通通信系统的作用、分类、特点和组成。通过本项目的学习,学生熟悉了城市轨道交通通信系统的作用和发展历程,掌握了城市轨道交通通信系统的组成和分类,从而为今后的学习打下坚实的基础。

▶ 项目实施

实训 10.1　了解城市轨道交通通信系统组成

1. 实训项目教师工作活页(见表 10-1)

表 10-1　实训项目教师工作活页

实训项目		实训 10.1.1　了解城市轨道交通通信系统组成		
学　　时		专业班级		实训场地
实训设备				
教学目标	专业能力	(1)了解城市轨道交通通信网的各个组成部分及相关设备; (2)了解如何实现控制中心调度与车站之间的通话。		
	方法能力	(1)能综合运用专业知识、通过作业书籍、多媒体课件和图片资料获得帮助信息; (2)能根据实训项目学习任务确定实训方案,从中学会表达及展示活动过程和成果。		
	社会能力	(1)能在实训活动中保持积极向上的学习态度; (2)能与小组成员和教师就学习中的问题进行交流与沟通; (3)学会和他人资源共享,具有较好的合作能力和团队精神。		
教学活动		略(详见教学活动设计)		

续　表

绩效评价	学生活动	(1)以 4～8 人小组为单位开展实训活动,根据本组同学在实训过程中的表现及结果进行自评和组内互评; (2)根据其他小组同学在展示活动中的表现及结果,进行小组互评。
	教师活动	(1)指导学生开展实训活动; (2)组织学生开展活动评价与总结; (3)根据学生的表现和在本实训项目中的单元成绩作出综合评价。
教学资料		(1)《城市轨道交通通信与信号》主教材及辅助教材; (2)城市轨道交通控制中心和通信设备间,以及车站和列车通信设备; (3)控制中心视频系统、控制中心调度电话、列车车载台、车站调度电话; (4)教学活动设计活页。
指导教师		实训时间　　　年　　　月　　　日

2.实训项目学生学习活页(见表 10－2)

表 10－2　实训项目学生学习活页

实训项目	实训 10.1.2　了解城市轨道交通通信系统组成				
专业班级		姓名		时间	

一、目标

(1)了解城市轨道交通通信网的各个组成部分及相关设备;

(2)了解如何实现控制中心调度与车站之间的通话。

二、相关资料

1.规章

参照城市轨道交通通信系统行业规范《地铁设计规范》(GB 50157—2013)中的相关规定。

2.设备

(1)城市轨道交通控制中心和通信设备间,以及车站和列车通信设备;

(2)控制中心视频系统、控制中心调度电话、列车车载台、车站调度电话。

三、实施步骤

(1)参观城市轨道交通控制中心和通信设备间,以及车站和列车通信设备;

(2)利用控制中心调度电话与列车车载台进行通信;

(3)利用控制中心视频系统监督某站站台客流情况。

四、实训小结

续 表

五、成绩评定

1.学生评价

评价等级	A—优秀	B—良好	C—中等	D—及格	E—不及格
学生自评					
组内互评					
小组互评					

2.教师评价

评价等级	A—优秀	B—良好	C—中等	D—及格	E—不及格
专业能力					
方法能力					
社会能力					
评价结果					

3.综合评价

评价等级	A—优秀	B—良好	C—中等	D—及格	E—不及格
综合评价					

综合评价按学生自评占 10%、组内互评占 20%、小组互评占 20%、教师评价占 50%的比例进行过程评价。其中：A(90～100)、B(80～89)、C(70～79)、D(60～69)、E(60 以下)。

4.评价标准

评价等级	评价标准
A	能圆满、高效地完成实训任务的全部内容
B	能较顺利地完成实训任务的全部内容
C	能完成实训任务的全部内容,但需要相关的指导和帮助
D	只能完成实训任务的大部分内容,在教师和小组同学的帮助下,也能完成实训任务的全部内容
E	只能完成实训任务的部分内容

▶项目达标

一、填空题

1.通信系统系统模型由_____、_____、_____、_____、_____等五部分组成。

2.通信网络的拓扑结构主要有_____、_____、_____、_____、_____等五种。

3.城市轨道交通通信系统由_____、_____、_____等组成。

4.城市轨道交通专用通信系统一般由_____、_____、专用有线调度电话、无线列车调度、_____、车站广播、时钟、旅客引导显示、光线在线检测、动力环境检测、UPS(不间断电源)、维护支持和集中告警等系统组成。

二、选择题

1.通信系统根据传输信号的特征分类的是(   )。

A.模拟信号和数字信号　　　　　　B.有线信号和无线信号

C.电报、电话、数据和图像　　　　　D.微波、红外线和激光

2.通信系统根据传输介质特征分类的是(   )。

A.模拟信号和数字信号　　　　　　B.有线通信和无线通信

C.电报、电话、数据和图像　　　　　D.微波、红外线和激光

3.通信系统按运营方式分类的是(   )。

A.公用网和专用网　　　　　　　　B.有线网和无线网

C.电报、电话、数据和图像　　　　　D.微波、红外线和激光

三、简答题

1.通信系统模型包括哪几部分？各部分的功能是什么？

2.通信网络拓扑结构有哪几种类型？

3.简述城市轨道交通通信系统组成。

4.简述模拟通信系统与数字通信系统的区别。

项目十一 传输系统

▶项目导入

地铁某号线的 121 车在下行线运行时两次紧急制动(EB),18:27 下线回段。19:08 回复原因为网络通信中断,重启 6 车端 CC 机柜后恢复,库内检查正常。zxc125 车在下行线运行时两次 EB,13:21 下线回段,热备 130 车替开 125 车。14:58 回复故障原因为 MR 与 ESE 板卡通信中断,回库重启 ESE 板卡后恢复。

▶项目要点

1.了解和掌握不同类型的传输介质;

2.了解和掌握传输系统的构成和主要功能;

3.了解传输系统的组网类型。

▶鉴定要求

1.能识别光电缆型号、类型;

2.能进行光电缆开剥;

3.能测试单盘电缆绝缘电阻;

4.能测试电缆单盘长度;

5.能进行缆线的连接(卡接、焊接、绕接、压接)。

▶课程思政

1.通过传输介质的实训项目,提升自身的操作能力和规范意识,树立安全意识和风险意识;

2.在学习和实践中提升团队协作意识,培养细心、专注的工作习惯,与团队成员积极配合,共同保障地铁的运营安全;

3.提升创新意识,自主创新、不断开发更加先进的通信传输设备及产品,推动城市轨道交通通信技术不断进步,树立大国有我的责任和担当。

▶基础知识

◆ 11.1 传输系统概述

传输系统是整个通信网络的纽带。城市轨道交通通信传输系统是为地铁内部各技术专业提供可靠、灵活的数据通信传输通道。它以光纤为传输介质,光波为信息载体提供高质量的、大容量、远距离传输。在城市轨道交通通信系统中,传输系统承载的是运营管理中的语音、数据、图像和文字等各种信息。为确保行车安全、提高运输效率和现代化管理水平、提升乘客舒适度,以及为突发情况下提供应急处理手段等,传输系统是安全可靠、功能合理、设备成熟、技术先进、经济实用并重要的易于扩展的专用通信保障网络。

传输系统是专用通信系统中最重要的骨干系统,是一个基于光纤的宽带综合业务数字传输网络,为各种业务信息提供传输通道(包括透明通道),构成传送语音、数据和图像等各种信息的综合业务传输网。

传输系统具备所需的各种业务接入功能,为其他专用通信子系统和信号维护支持系统、自动售检票(Automatic Fare Collection,AFC)、办公自动化、杂散电流等系统提供可靠的、冗余的、可重构的、灵活的信息传输及交换信道。

◆ 11.2 传输系统的设备组成

传输系统由传输系统设备、传输节点设备和传输线路等三部分构成。传输线路主要指传输系统传递信息的介质,即传输介质。

11.2.1 传输介质

传输介质指连接通信网络发送方和接收方的物理通路,共有三种类型传输介质。第一种类型是金属导体介质,包括对称电缆(双绞线是较常见的一种)、同轴电缆等。第二种类型是光导纤维介质,包括多模光纤、单模光纤等。第三种类型是无线介质,包括微波、红外线、激光等。

11.2.1.1 双绞线

双绞线由按规则螺旋状扭在一起的两根绝缘导线组成,线对扭在一起可以减少相互间的辐射电磁干扰。双绞线是最常用的传输媒体,用于电话通信中的模拟信号传输,也可用于数字信号的传输。

双绞线按其电气特性,分为100非屏双绞线(UTP)和150屏双绞线(STP);按其绞线对数,可分为2对、4对、25对;按频率和信噪比,可分为3类、4类、5类、超5类和6类。类双绞线是最常用的以太网电缆,其传输频率为100 MHz,主要用于语音传输和最高传输速率为100 Mb/s的数据传输。超5类双绞线的最大传输距离为105 m,平均传输速率为100 Mb/s(最大峰值155 Mb/s)。

使用双绞线的优点是价格便宜、使用方便、安装容易,因此常作为用户与本地中心站及中心站与中心站间的连线。除此之外,双绞线还有以下特性。

(1)物理特性。双绞线芯一般是铜质的,能提供良好的传导率。

(2)传输特性。双绞线既可用于传输模拟信号,也可用于传输数字信号,其数据传输率的高低与传输距离有密切关系。

(3)连通性。双绞线普遍用于点到点的连接,也可用于多点的连接。作为多点介质使用时,双绞线比同轴电缆的价格低,但性能较差,而且只能支持很少几个站。

(4)传输距离。双绞线可以很容易地在几十米或更大范围内提供数据传输。局域网的双绞线主要用于一个建筑物内或几个建筑物间的通信,在100 kb/s 速率下传输距离可达1 km,但在10 Mb/s 和100 Mb/s 传输速率下传输距离一般不超过100 m。

(5)抗干扰性。在低频传输时,双绞线的抗干扰性相当于或高于同轴电缆,但在超过10 Hz～100 kHz 时,同轴电缆的抗干扰性就比双绞线明显优越。

11.2.1.2 同轴电缆

同轴电缆是按"同轴"形式构成线对,最里层的内芯是铜质或铝质导体,向外依次为绝缘层、由网状导体构成的屏蔽层,最外层则是起保护作用的塑料外套,铝质导体内芯和屏蔽层构成一对导体。闭路电视所使用的电缆就是宽带同轴电缆。同轴电缆特性阻抗有50 Ω、75 Ω 两类。室外同轴电缆一般采用抗紫外线的塑料作护套,室内同轴电缆一般采用阻燃的塑料作护套。同轴电缆具有寿命长、通信容量大、质量稳定、外界干扰小、可靠性高和维护便利等优点,在有线通信中占很大比重。除此之外,同轴电缆还有以下特性:

(1)物理特性。单根同轴电缆的直径为1.02～2.54 cm,可在较宽的频率范围内工作。

(2)传输特性。基带同轴电缆仅用于数字传输,数据传输速率最高可达10 Mb/s。宽带同轴电缆既可用于模拟信号传输,又可用于数字信号传输,对于模拟信号发送带宽可达300～450 MHz。

(3)连通性。同轴电缆适用于点到点和多点连接。基带50电缆每段可支持几百台设备,在大系统中还可以用转接器将各段连接起来;宽带750电缆可以支持数千台设备,但在高数据传输速率(50 Mb/s)下使用宽带电缆时,设备数目限制在20～30 台。

(4)传输距离。传输距离取决于传输的信号形式和传输的速率,典型基带电缆的最大距离限制在几千米,在同样数据传输速率条件下,粗缆的传输距离较细缆的远。宽带电缆的传输距离可达几十千米。

(5)抗干扰性。同轴电缆的抗干扰性能一般比双绞线强。

11.2.1.3 光纤

光纤是光导纤维的简称,通常由非常透明的石英玻璃拉成细丝状,是一根很细的且能传导光束的介质,如图11-1、图11-2所示。光纤通信是以光波为载波,以光纤为传输介质的一种通信方式。

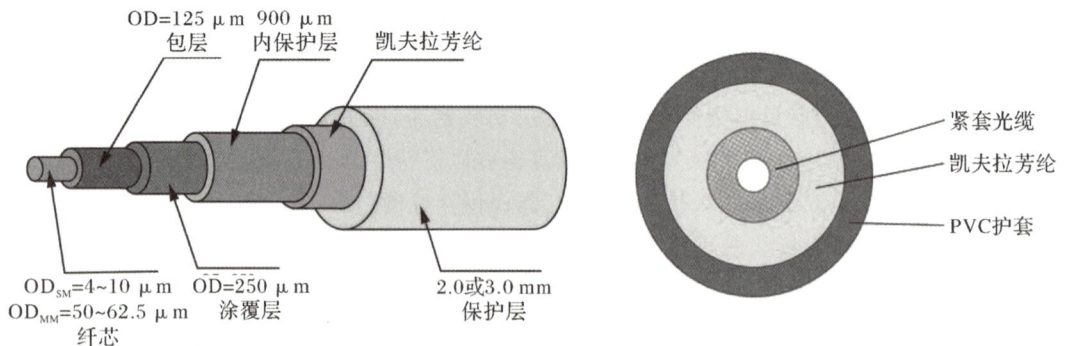

图 11-1 单芯光纤结构图

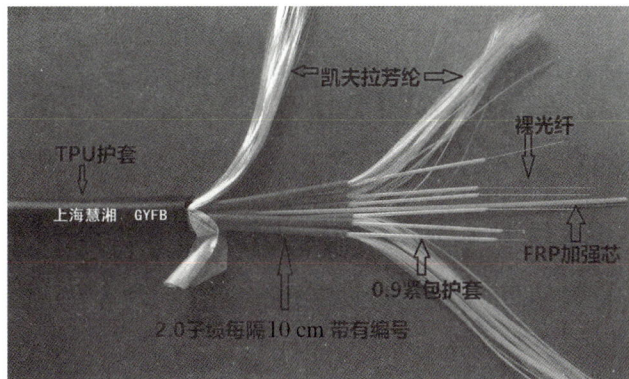

图 11-2　6 芯 GYFB 光缆结构图

光纤可分为单模光纤和多模光纤,如图 11-3 所示。单模光纤是指光纤中只有一种波长的光波传输,其特点是纤芯细、色散小、效率高、价格贵,适用于长距离与高速场合。多模光纤是指光纤中有不同种波长的光波传输,其特点是纤芯粗、色散大、效率低、价格较低,适用于短距离与低速场合。

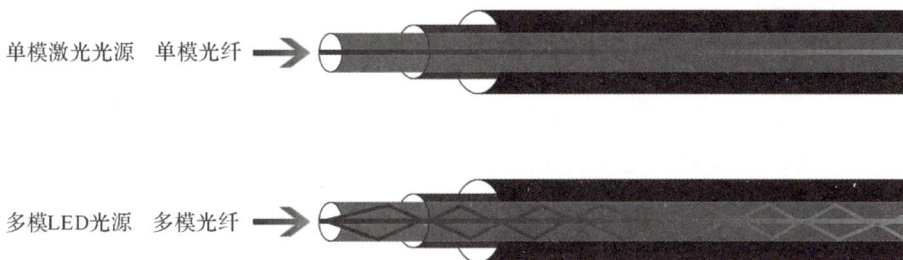

图 11-3　单模光纤与多模光纤

(1)物理特性。目前通信用的光纤是石英玻璃制成的横截面很小的双层同心圆柱体,未经涂覆和套塑的光纤称为裸光纤,由纤芯和包层组成。实际应用中,为使光纤耐拉伸不受损,一般需在裸光纤表面进行涂覆,构成各种不同结构的光缆,使其具有一定的结构强度,不仅能在各种环境下使用,而且能保证传输的稳定性和可靠性。因此光缆的基本结构由缆芯、缓冲层、加强层和包层组成。

(2)传输特性。传输特性主要包括传输损耗和色散。传输损耗指通信信号从一点传输到另一点时的功率损耗。色散特性指由于光纤材料中存在色散,输入的光脉冲波形随着传输距离的增加而增宽、变形,产生码间干扰,增加了误码率,使光纤通信的通信容量和传输距离受到影响。

(3)连通性。用于点到点的链路,因其损耗小、衰减少,故分接头数较多。

(4)传输距离。光纤可在几千米的距离内部用中继器传输。

(5)抗干扰性。光纤具有不受电磁干扰或噪声影响的独有特性,适宜在长距离内保持高数据传输率,且能提供很好的安全性。

(6)使用特性。光纤具有传输频带宽、速率高、传输损耗低、传输距离远、抗雷电和电磁干扰性好、保密性好、不易被窃听和截获数据、重量轻、成本低等使用特性。

11.2.1.4　无线传输介质

无线传输介质通过空间传输,不需要架设或敷埋电缆或光纤,目前常用的技术有无线电波、微波、红外线和激光。便携式计算机的出现,以及在军事、野外等特殊场合下移动式通信联网的需要,促进了数字化无线移动通信的发展,目前无线移动个人网络和无线局域网产品已经得到广泛应用。

(1)微波通信。微波通信的载波频率为 2～40 GHz,因为频率很高,所以可同时传送大量信息。与通常的无线电波不一样,它是沿直线传播的。由于地球表面是曲面,微波在地面的传播距离有限。直接传播的距离与天线的高度有关,天线越高,传播距离越远,超过一定距离后就要用中继站来接力传输信号,如图 11-4 所示。微波通信一般用于长距离的骨干网。

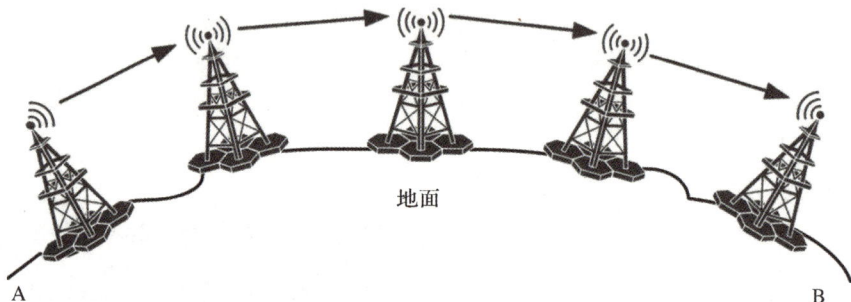

图 11-4　微波通信

(2)卫星通信。卫星通信是微波通信中的特殊形式,卫星通信利用地球同步卫星做中继来转发微波信号。卫星通信可以克服地面微波通信距离的限制,一个同步卫星可以覆盖地球的 1/3 以上表面,3 个这样的卫星就可以覆盖地球上全部通信区域,这样,地球上的各个地面站之间都可互相通信。卫星通信的优点是容量大、传输距离远;缺点是传播延迟时间长,对于数万千米高度的卫星来说,从发送站通过卫星转发到接收站的传播延迟时间约要花数百毫秒,这相对于地面电缆的传播延迟时间来说,两者要相差几个数量级,如图 11-5 所示。卫星通信一般用于船舶通信和军事通信。

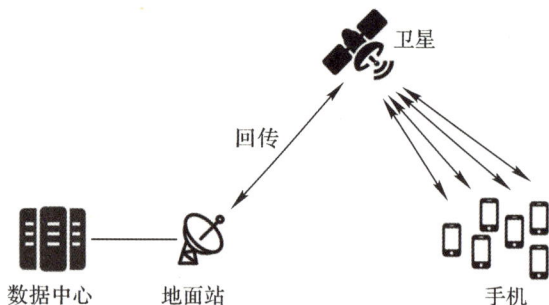

图 11-5　卫星通信

(3)红外线通信和激光通信。红外线通信和激光通信也像微波通信一样,有很强的方向性,都是沿直线传播的。微波、红外线和激光这三种技术都需要在发送方和接收方之间有一条视线通路,故它们统称为视线介质。所不同的是红外线通信和激光通信把要传输的信号分别转换为红外线光信号和激光信号,直接在空间传播。这三种视线媒体由于都不需要敷设电缆,对于连接不同建筑物内的网络特别有用。这三种技术对环境气候较为敏感,如雨、雾和雷电。相对来说,微波对一般雨和雾的敏感度较低。

11.2.2 传输系统设备

传输系统设备包括传输设备和传输复用设备。传输设备主要指微波收发信机和光端机,用于将携带信息的基带信号转换为适合在传输媒介上进行传输的信号。传输复用系统主要有准同步数字序列(PDH)、同步数字序列(SDH)和多业务传输平台(MSTP),用于在传输多路信息时完成复用及解复用功能。

11.2.3 传输节点设备

传输节点设备包括人工配线架[主配线架(MDF)、数字配线架(DDF)、光纤配线架(ODF)]和数字交叉连接设备(DXC)。DXC 可以看作是计算机软件控制下的数字配线架,它和人工配线架的区别在于 DXC 具有复用、解复用功能。

◆ 11.3 传输系统的主要功能

11.3.1 提供信息传输通道

城市轨道交通专用传输系统能为下述各系统提供可靠的、冗余的、可重构的、灵活的信息传输及交换信道,传输各类系统的语音、数据及图像信息。

例如,其为专用无线系统、公务电话系统、视频监控系统、广播系统、乘客信息系统、时钟系统、集中告警系统、OA 办公自动化系统、专用电源系统、信号系统、自动售检票系统、综合监控系统、门禁系统、火灾报警系统(Fire Alarm System,FAS)、设备监控系统(Building Automation System,BAS)系统,以及杂散电流等提供通道。

11.3.2 网络自愈功能

当主用环路出现故障时,系统将自动切换到备用环路上,保证传输系统不中断,切换时不影响正常使用。当主、备用光纤环路的线路在某一点同时出现故障时,两端的网络设备可自动形成一条链状的网络。当某个网络节点设备出现故障时,除受故障影响的节点设备外,其他网络节点设备能保持正常工作,且在故障排除或电源恢复后,系统能够在没有人工干预的情况下自动恢复正常工作。

11.3.3 分组功能

传输设备直接提供以太网业务接口,各业务所占用的以太网通道相互之间完全隔离。同种业务各节点所占用的以太网通道带宽共享。对以太网业务支持完备的业务等级、流量控制、带宽管理功能。

多业务光传送网(MS-OTN)设备支持以太网业务时,具有支持以太网业务的多方向汇聚的功能,最大可支持 1:256 的汇聚比。

11.3.4　系统保护

为了保证建成后的网络安全、高效,就必须建立可靠的、易扩充的、独立的通信网,而传输网络是通信网中最重要的子系统。光传输系统作为通信网络的命脉,其安全可靠性关系到整个通信网络的正常运转和投资收益,提供了最完备的网络安全保护,达到最高效、最安全的承载。

系统设备,不仅支持传统的子网连接保护(Sub Network Connection Protection, SNCP)、二纤双向复用段环网等网络保护类型,也支持业界领先的 MPLS-TP 环网保护方式;同时,所有设备关键部件均配置了 1+1 热备份,保证了系统的可靠、安全运行。

MPLS-TP 环网保护采用 Wrapping 保护倒换的方式,当检测到故障后直接在故障点将业务环回到保护路径,从而在业务层面保证了传输网络的安全、稳定、可靠运行,且保护倒换时间小于 50 ms。

11.3.4.1　SNCP 保护功能

子网连接保护(SNCP)是基于双发选收的保护方式,需要一个工作子网和一个保护子网。当工作子网连接失效或者性能劣于某一程度时,工作子网连接将由保护子网连接代替。

SNCP 业务对是 SNCP 的基本单元,它由一个工作源,一个保护源和一个业务宿构成。如图 11-6 所示。工作源和保护源可以是光纤线路、STM-1e 电缆中的任何一种线路类型,两者的线路类型也可以不同。业务宿可以是任何一种线路或支路。

如图 11-6 所示,在倒换前,源端(NE A)通过工作 SNC 和保护 SNC 将业务信号双发到宿端(NE B)。

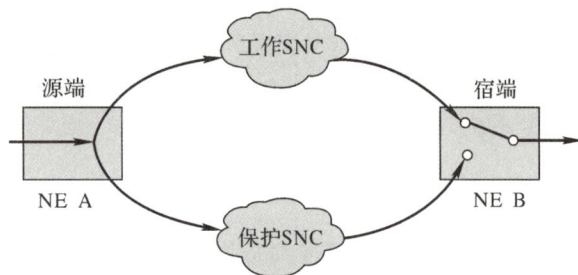

图 11-6　SNCP 保护功能正常工作方式

如图 11-7 所示,当工作路径产生故障,则业务宿端会选收保护 SNC 的业务。

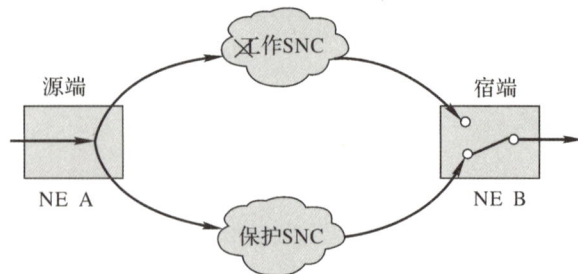

图 11-7　SNCP 保护功能故障工作方式

11.3.4.2 MPLS‐TP 环网保护功能

MPLS‐TP 环网是通过建立双纤双向环形拓扑,环网的一半带宽配置为工作通道,另一半带宽配置为保护通道,当工作通道故障时,通过预先建立的保护通道对分组业务进行保护倒换的机制。MPLS‐TP 环网上任意相邻节点之间都部署 OAM,并通过 OAM 的连通性检测确定相邻节点间故障,每个节点根据与相邻点之间的 OAM 的连通性来确定相邻点是否故障,并通知 MPLS‐TP 环网状态机来实现状态变迁。

如图 11‐8 所示,MPLS‐TP 环网由双纤组成环网。业务从 NE1 进入环网,从 NE4 离开环网,中间经过了 NE2 和 NE3 两个节点,用户可以根据实际需要指定业务路径为逆时针方向:NE1→NE2→NE3→NE4(用户也可以指定顺时针方向上业务:NE1→NE6→NE5→NE4)。

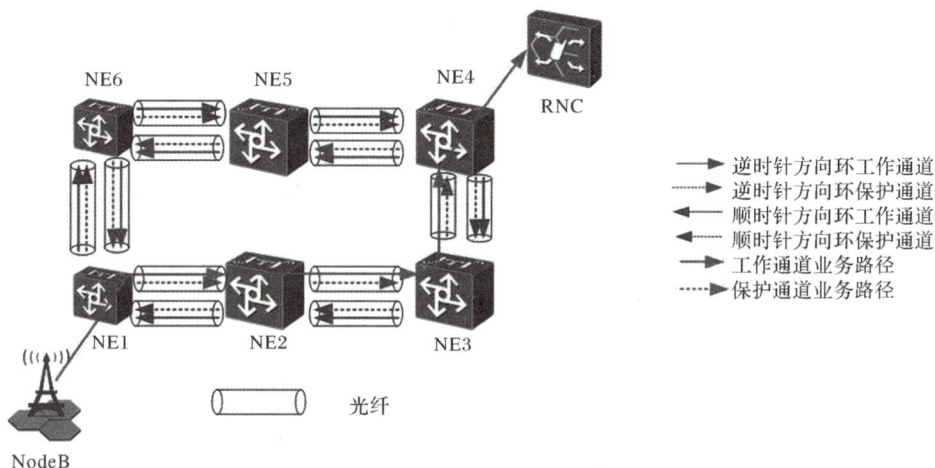

图 11‐8 环网双纤工作方式

如图 11‐9 所示,当 NE2 和 NE3 两个节点间的链路发生故障时,NE2 和 NE3 两个节点会首先检测到该故障。NE2 发生倒换,把 NE1 到 NE4 的业务从逆时针工作通道倒换到顺时针保护通道。NE3 发生西向倒换,将顺时针保护通道的业务倒换到逆时针工作通道。发生倒换后,业务路径为:NE1→NE2→NE1→NE6→NE5→NE4→NE3→NE4 的路径。

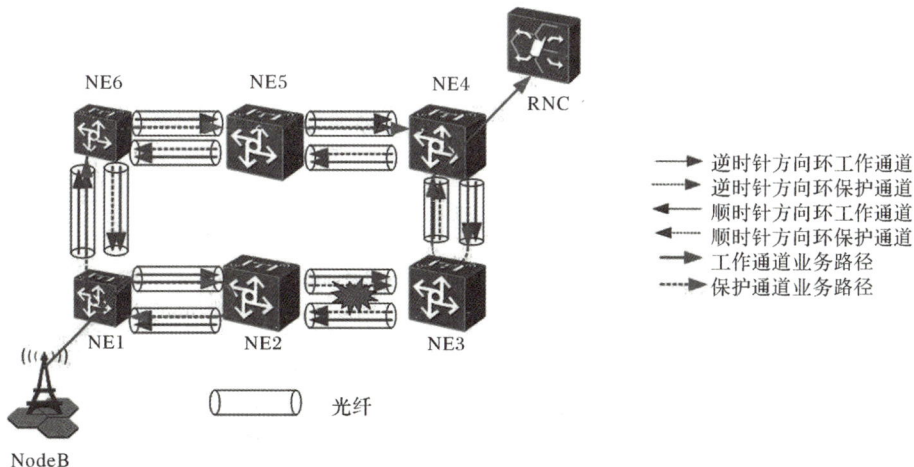

图 11‐9 环网双纤保护工作方式

MPLS-TP 环网保护提供菊花链模式,可提前预防环网广播风暴的发生,MPLS-TP环网通过业务配置时选定业务阻塞点方式,确保环网广播风暴不会发生,提升环网可靠性。

11.3.5　故障检测和自动诊断

传输系统具有故障监测和自动诊断功能,能有效地进行设备故障的检测,监测网络运行状态并能输出故障报警信息。传输设备监控可以达到板卡级别,可直接将故障定位到单板并向集中告警终端提供告警信息。

11.4　传输系统的组网类型

随着城市轨道交通的发展,通信传输技术在该领域得到广泛应用和发展,目前城市轨道交通传输系统承载的业务主要有 2M 中继业务、计算机以太网业务、视频业务、乘客信息多媒体业务、高清晰广播语言业务、各种控制接口业务等。

根据城市轨道交通传输系统业务特点,适合各种业务的传输网络系统主要有开放式传输网路(OTN)系统、基于 SDH 的多业务平台、异步传输模式(ATM)网络系统等。

11.4.1　开放式传输网路(OTN)系统

OTN 是以波分复用技术为基础,属于同步传输体系。OTN 系统提供丰富的接口板卡业务,对于城市轨道交通传输系统承载的业务无须再加接口转换设备。OTN 系统兼容性好,开发了与 SDH 相连的接口节点设备,不仅提供了完全透明的通信协议,还为 WDM 提供端到端的连接和组网能力,为 ROADM 提供光层互联的规范,并补充了子波长汇聚和疏导能力。在城市轨道交通中应用案例很多,如北京地铁、天津轻轨、广州地铁、上海地铁、深圳地铁、重庆轻轨等均有应用。

11.4.2　基于 SDH 的多业务平台

多业务平台技术源于同步数字传输系统 SDH,现已将准备同步数字传输(PDH)、SDH、基于 SDH 的数据包(POS)、以太网、ATM、数字数据网(DDN)等技术融为一体,该平台现在能够提供多点到多点的连接,具有用户隔离和带宽共享等功能,成为今后数字传输系统的主流。在城市轨道交通中应用案例较多,如广州地铁 3 号线、5 号线。

11.4.3　异步传输模式(ATM)网络系统

ATM 是一项数据传输技术,是实现 B-ISDN 业务的核心技术之一。ATM 是以信元为基础的一种分组交换和复用技术,是一种为了多种业务设计的通用的面向连接的传输模式,适用于局域网和广域网,具有高速数据传输率并支持许多种类型如声音、数据、传真、实时视频、CD 质量音频和图像等的通信。ATM 采用面向连接的传输方式,将数据分割成固定长度的信元,通过虚连接进行交换。ATM 集交换、复用、传输为一体,在复用上采用的是异步时分复用方式,通过信息的首部或标头来区分不同信道。

▶ **项目总结**

本项目主要介绍了城市轨道交通通信系统中最重要的子系统——传输系统。通过本项目的学习,学生熟悉了传输子系统的构成和功能,了解了传输系统中常用的一些传输介质。

▶ **项目实施**

实训 11.1 光纤熔接

1.实训项目教师工作活页(见表 11-1)

表 11-1 实训项目教师工作活页

实训项目		实训 11.1.1 光纤熔接			
学 时			专业班级		实训场地	
实训设备					
教学目标	专业能力	(1)能够说出光缆的种类; (2)能够掌握各种光缆工具的用途和使用方法; (3)能够正确区分各种光缆; (4)能够掌握光缆耦合器的种类和安装方法; (5)熟悉和掌握光纤的熔接方法和注意事项。			
	方法能力	(1)完成光缆的两端剥线,不允许损伤光缆光芯,而且长度合适; (2)完成光缆的熔接实训,要求熔接方法正确,并且熔接成功。			
	社会能力	(1)能在实训活动中保持积极向上的学习态度; (2)能与小组成员和教师就学习中的问题进行交流与沟通; (3)学会和他人资源共享,具有较好的合作能力和团队精神。			
教学活动		略(详见教学活动设计)			
绩效评价	学生活动	(1)以 4～8 人小组为单位开展实训活动,根据本组同学在实训过程中的表现及结果进行自评和组内互评; (2)根据其他小组同学在展示活动中的表现及结果,进行小组互评。			
	教师活动	(1)指导学生开展实训活动; (2)组织学生开展活动评价与总结; (3)根据学生的表现和在本实训项目中的单元成绩作出综合评价。			
教学资料		(1)《城市轨道交通通信与信号》主教材及辅助教材; (2)光纤通信技术资料; (3)FTGS-917 技术资料; (4)教学活动设计活页。			
指导教师			实训时间		年　　月　　日

2.实训项目学生学习活页(见表11-2)

表11-2 实训项目学生学习活页

实训项目	实训11.1.2 光纤熔接				
专业班级		姓名		时间	

一、实现目标

　　1.专业能力目标

　　(1)能够说出光缆的种类;

　　(2)能够掌握各种光缆工具的用途和使用方法;

　　(3)能够正确区分各种光缆;

　　(4)能够掌握光缆耦合器的种类和安装方法;

　　(5)熟悉和掌握光纤的熔接方法和注意事项。

　　2.方法能力目标

　　(1)完成光缆的两端剥线,不允许损伤光缆光芯,而且长度合适;

　　(3)完成光缆的熔接实训,要求熔接方法正确,并且熔接成功。

　　3.社会能力目标

　　(1)能在实训活动中保持积极向上的学习态度;

　　(2)能与小组成员和教师就学习中的问题进行交流与沟通;

　　(3)学会和他人资源共享,具有较好的合作能力和团队精神。

二、知识总结

　　1.简述光缆的种类和区别。

　　2.简述各种光缆工具的用途和使用方法。

　　3.简述光纤的熔接方法和注意事项。

三、操作应用

　　1.标出图示各种光缆工具的名称和主要用途。

特殊刀刃　　金属机身结构　剥线处可精准调控　切割不留疤痕　三孔剥离器设计

　　2.实训中遇到的问题和解决方法。

四、实训小结

五、成绩评定

　　1.学生评价

评价等级	A—优秀	B—良好	C—中等	D—及格	E—不及格
学生自评					
组内互评					
小组互评					

续 表

2.教师评价

评价等级	A—优秀	B—良好	C—中等	D—及格	E—不及格
专业能力					
方法能力					
社会能力					
评价结果					

3.综合评价

评价等级	A—优秀	B—良好	C—中等	D—及格	E—不及格
综合评价					

综合评价按学生自评占10％、组内互评占20％、小组互评占20％、教师评价占50％的比例进行过程评价。其中：A(90～100)、B(80～89)、C(70～79)、D(60～69)、E(60以下)。

4.评价标准

评价等级	评价标准
A	能圆满、高效地完成实训任务的全部内容
B	能较顺利地完成实训任务的全部内容
C	能完成实训任务的全部内容,但需要相关的指导和帮助
D	只能完成实训任务的大部分内容,在教师和小组同学的帮助下,也能完成实训任务的全部内容
E	只能完成实训任务的部分内容

▶ **项目达标**

一、选择题

1.传输介质是指连接通信对于 ATC 系统而言,网络发送方和接受方的物理通路。共有三种类型传输介质包括(   )。

A.金属导体介质　　　　　　　　　　B.光导纤维介质

C.无线介质　　　　　　　　　　　　D.超导体介质

2.传输系统一般由(   )组成。

A.传输系统设备　　　　　　　　　　B.传输节点设备

C.传输线路　　　　　　　　　　　　D.公用电话网

二、简答题

1.简述城市轨道交通通信系统中传输子系统的功能。

2.简述各种传输介质的特点。

项目十二　无线通信系统

▶项目导入

城市轨道交通无线通信系统是城市轨道交通通信系统中不可缺少的组成部分,是提高地铁运输效率、保证运营行车安全的重要手段。轨道交通无线通信系统主要由具有极强调度功能的无线集群通信子系统、无线寻呼引入子系统、蜂窝电话引入子系统等构成。轨道交通无线通信属于移动通信的范畴,但又具有限定空间、限定场强覆盖范围、技术要求高、专用性强、系统复杂等特点。本项目主要讲解无线集群通信子系统。

随着我国城市轨道交通的发展,行车密度的不断增加,行车间隔的不断减小,对行车组织安全保障提出了更高的要求。行车调度员除了利用有线调度系统与列车驾驶员、车站值班员进行通信联络外,在紧急情况下,还需要通过无线通信进行应急抢险和指挥工作。

▶项目要点

1.掌握无线集群调度通信系统的组成、功能;

2.掌握无线集群调度通信系统的覆盖方案。

▶鉴定要求

1.认识城市轨道交通专用无线通信系统;

2.掌握城市轨道交通专用无线通信系统的关键设备与设备维护。

▶课程思政

1.介绍专用无线信息的发展历程;

2.信息时代信息的重要性。

▶基础知识

◆ 12.1　移动通信基本知识

12.1.1　移动通信的分类

移动通信可以按不同的方式分类。

(1)按使用对象分,其可分为民用设备和军用设备。

（2）按使用环境分，其可分为陆地通信、海上通信和空中通信。

（3）按多址方式分，其可分为频分多址（FDMA）、时分多址（TDMA）和码分多址（CDMA）等。

（4）按覆盖范围分，其可分为宽域网和局域网。

（5）按业务类型分，其可分为电话网、数据网和综合业务网。

（6）按工作方式分，其可分为同频单工、双频单工、双频双工和半双工。

（7）按服务范围分，其可分为专用网和公用网。

（8）按信号形式分，其可分为模拟网和数字网。

（9）按交通工具形式分，其可分为汽车、坦克、火车、船舶、飞机和航天飞行器等的移动通信，还有个人便携移动通信。

（10）按应用系统分，其可分为蜂窝式公用移动通信系统、集群调度移动通信系统、无绳电话系统、无线电寻呼系统、卫星移动通信系统、分组无线网等。

12.2 移动通信的工作方式

移动通信有多种工作方式，包括单向信道的单工方式和双向信道的单工、半双工和双工方式等。

12.2.1 单向单工方式

单向单工即单方向工作，如图 12－1 所示。最典型的是无线寻呼系统，即寻呼发射台用单频发出信息，用户则以此频率接收信息，这是一种单工工作方式。

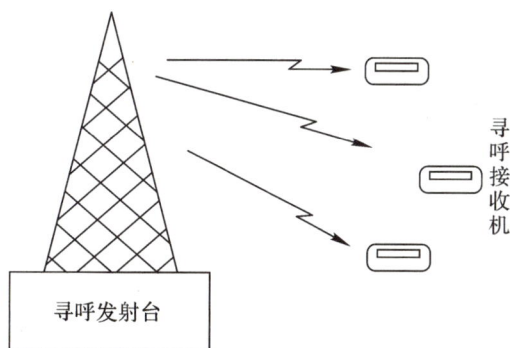

图 12－1 单向单工方式

12.2.2 双向同频单工方式

这种方式是指通信双方使用同一个工作频率，但各方收发设备不同时工作的通信方式，如图 12－2 所示。通常通信双方都处于此频率点上的接收守候状态。当 A 方讲话时，按下讲话键,此时发射机工作、接收机关闭,B 方处于守候接收状态;A 方讲完 B 方接收后,A 方松开讲话键变成接收状态,B 方按下讲话键,仍在此频率上进行讲话,A 方接收。如此反复交替工作,直到双方信息交换完毕。

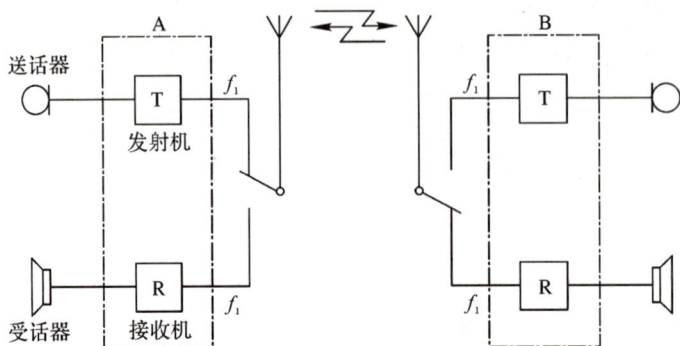

图 12-2 双向同频单工方式

12.2.3 双向异频(双频)单工方式

通信双方使用两个不同频率,两频率有一定的间隔,以防止发射机对接收机产生干扰。因而一个基地台可同时使用多对频率而不会引起干扰,容量也可扩展。

12.2.4 双向异频(双频)半双工方式

这种通信方式是通信双方收发信机分别使用两个频率,一方使用双工方式,另一方使用单工方式。基地台是双工方式,即收发信机同时工作,而移动台是按键讲话的异频单工方式,如图 12-3 所示。基地台用两副天线(或采用天线共用器用一副天线)同时工作,移动台通常处于收信守候状态。

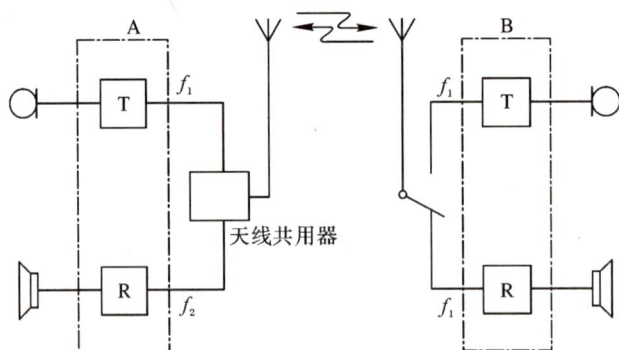

图 12-3 双向异频半双工方式

12.2.5 双向异频(双频)双工方式

异频双工方式是指每个方向使用一个频率,通话时无需按下发话键,与普通手机使用情况类似。这种使用方式最受欢迎,使用方便,收发话音可同时进行,如图 12-4 所示。

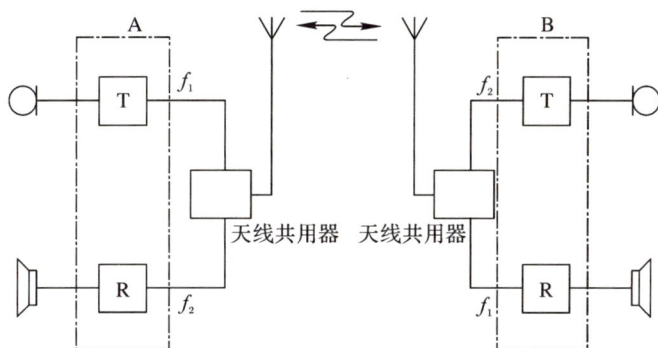

图 12 - 4 双向异频双工方式

12.3 集群通信系统概述

无线集群通信的应用始于 1970 年,是一种智能化的无线频率管理技术。通常情况下,它专门用于生产和运行管理;紧急情况下,用于处理突发事件,是当今最有效的调度指挥通信工具。集群系统的本质是允许大量用户共享少量通信信道和虚拟专网技术。其工作方式与移动电话系统相似,由一个交换控制中心根据需要自动为用户指定无线信道,不同点在于无线集群通信以组呼为主,用户之间有严格的上下级关系,用户根据各自的优先级占用或抢占无线信道,呼叫接续时间短($0.3\sim0.5$ s),且以单工、半双工通信为主要通信模式。

集群通信已从单基站发展到多基站、大范围的越区通信,尤其是在世界范围内推出数字无线集群通信后,其性能日趋完善。

12.3.1 无线集群通信系统的工作方式

传统的专用业务移动通信系统使用的频率是固定的,用户选择某信道,它的通话就只能在这一信道上进行,直至通话结束;若信道已被其他用户占用,则不能选择其他空闲信道,从而出现拥塞。

集群通信系统的主要业务是:调度台的收发信机与一群(组)移动台之间建立一条单工或半双工的无线通信线路,或移动台用户(车载台或手持台)之间建立一条单工或半双工的无线通信线路。在一个多信道调度无线系统中,集群是指向正在申请服务的用户自动分配信道,集群系统分配信道的基本技术有信息集群、传输集群、准传输集群等。

12.3.1.1 信息集群

信息集群又称消息集群,在整个通话期间,给该通话组用户分配一条无线信道。从移动台按键开始,此信道就被占用,只有通话双方结束通话后一定时间,此信道才被释放。

12.3.1.2 传输集群

传输集群又称发射集群,当 A,B 双方用户在单工或半双工工作时,A 用户按下讲话键后,就占用一个空闲信道,当 A 用户第一个消息发送完毕松开讲话键时,就有一个"传输完毕"的信令送到基地台的控制器,这个信令用来指示基地台这个信道可以被别的用户使用。在传输集群方式中,不会由于通话暂停而仍然占用信道,因而信道利用率提高。

12.3.1.3 准传输集群

准传输集群又称准发射集群,它是相对于传输集群而言的,是为了克服传输集群的缺点而改进的。

准传输集群兼顾信息集群和传输集群的优点,缩短了信道的保留时间,用户每次发话完毕,松开讲话键后,信道保留约为 0.5~1 s,不会使消息中断。

12.3.2 集群通信系统技术

12.3.2.1 多址技术

集群通信系统由基地台和移动台组成。一个移动台由一个用户使用,为单路,而基地台是多路的,因此集群通信也是单路和多路混合的一种特殊通信方式。由于有多路工作方式,就存在多路复用即多址方式的选择。

目前多址方式有频分多址(FDMA)、时分多址(TDMA)、码分多址(CDMA)、空分多址(SDMA)、混合多址以及随机多址等方式。

传输模拟信号时,仅有 FDMA 和 CDMA 两种方式;传输数字信号时,则有 FDMA,TDMA,CDMA 方式。

12.3.2.2 信道控制技术

信道控制技术是指信道共用的体制。大区制移动通信系统采用多信道共用技术,多个无线信道同时为多个移动台所共用,网络内大量用户共享若干无线信道,提高信道利用率。

多信道共用的信道分配方式不是将每个信道固定指配给某些用户使用,而是根据需要实时地将空闲信道分配给申请通话的用户使用,信道的指配是动态的,每个信道可以被任意用户使用。

信道分配模式基本分为固定信道指配模式、动态信道指配模式和混合信道指配模式。

12.3.2.3 信令技术

信令是移动台与交换系统之间、交换系统与交换系统之间相互传送的地址信息、管理信息(包括建立通话、信道分配、保持信息、拆线信息以及计费管理信息等)以及其他交换信息。

集群通信就是多个用户共用少数几个无线信道。表示控制和状态的信号和指令,是确保通信有序、协调工作且具有保密性的基础。为了区别集群通信系统中用于通话的有用信号,将话音信号以外用于控制系统正常工作的非话音信号及指令系统称为信令。信令的分类如下:

按信令功能不同,集群通信系统的信令可分为控制信令、选呼信令、拨号信令。

按信令形式不同,集群通信系统的信令可分为模拟信令和数字信令。

按信令传输方式不同,集群通信系统的信令可分为共路信令和随路信令。

12.3.2.4 数字通信技术

数字通信技术是数字集群系统与模拟集群系统的区别所在,是数字集群通信系统中比较重要的部分。

(1)数字话音编码。在数字通信中,信息的传输是以数字信号形式进行的,因而在通信的发送端和接收端,必须相应地将模拟信号转换为数字信号或将数字信号转换成模拟信号。

在集群移动通信中,使用最多的信息是话音信号。话音编码为信源编码,是将模拟话音信号变成数字信号以便在信道中传输。这是从模拟网到数字网至关重要的一步。话音编码技术通常分为波形编码、声源编码和混合编码三类。

(2)数字调制解调技术。数字调制解调技术是集群移动通信系统中的重要组成部分,在不同的小区半径和应用环境下,移动信道将呈现不同的衰落特性。目前国际上选用的数字蜂窝系统中的调制解调技术有正交振幅调制(QAM)、正交移相键控(QPSK)、高斯最小频移键控(QMSK)、四电平频率调制(4L-FM)、锁相环移相键控(PLL-QPSK)、相关移相键控(COR-PSK)、通用平滑调频(GTFM)等。

12.3.3 集群通信系统的分类

集群通信系统通常有以下几种分类方式。

(1)按信令方式分,其有共路信令方式和随路信令方式。共路信令是设定一个专门的控制信道传送信令,这种方式的优点是信令速度快,电路容易实现,但占用信道。随路信令是在一个信道中同时传话音和信令,信令不单独占用信道,可节约信道,缺点是接续速度慢。

(2)按信令占有信道方式分,其有固定式和搜索式。在固定式中,消息传送占用固定信道。搜索式发起呼叫时占用随机信道,需不断搜索变化的信令信道,忙时信令信道可作话音信道,新空闲出来的话音信道可接替控制信道。固定式实施简单,搜索式实施复杂。

(3)按通话占用信道分,其有信息集群、传输集群和准传输集群,前面已经详细讲述此三种方式的优缺点。

(4)按呼叫处理方式分,其有损失制系统和等待制系统。损失制系统中,当话音信道占满时,呼叫申请被示忙,用户需重新呼叫,信道利用率低。在等待制系统中,信道被占满时,对新申请者采取呼叫排队方式处理,采取先来先服务的方式,不必重新申请,信道利用率高。

(5)按控制方式分,其有集中控制式和分散控制式。集中控制式是指由一个智能终端控制,统一管理系统内话务信道的方式。分散式是指每一信道都有单独的智能控制终端的管理方式。

12.3.4 集群通信系统的基本网络结构

通常人们习惯地按照覆盖区半径大小和服务区的几何形状来对系统的网络结构进行分类。按照覆盖区半径的大小,其可分为大区网、中区网和小区网;根据服务区的几何形状,其可分为带状服务区和面状服务区。

12.3.4.1 单区、单点、单中心网络

单基站系统是一个基本集群通信系统,它设置一个系统控制器和一个基站,如图 12-5 所示,系统主要包括以下几部分。

(1)基站。它由若干基本无线收发信机、控制部分、天线共用器、天馈线系统和电源等设备组成。天线共用器包括发信合路器和接收多路分路器。天馈线系统包括接收天线、发射天线和馈线。

(2)移动台。它是运行中或停留在某未定地点进行通信的用户台,包括车载台、便携的手持台等,由收发信机、控制单元、天馈线(或双工台)和电源组成。

(3)调度台。它是能对移动台进行指挥、调度和管理的设备,分有线和无线调度台两种。无线调度台由收发机、控制单元、天馈线(或双工台)、电源和操作台组成;有线调度台包括操作台、电源、与控制中心设备连接的接口转换器等。

(4)控制中心。控制中心包括系统控制器、系统交换和电源等设备,它主要控制和管理整个集群通信系统的运行、交换和接续等。它由接口电源、交换矩阵、集群控制逻辑电路、有

线接口电路、监控系统、电源和微机组成。

（5）系统管理终端。它主要由一台或多台计算机及相应的系统管理软件组成，并与控制中心控制器连接。维护使用人员通过此终端对系统进行管理控制，包括修改运行方式、信道状态报告、用户入网控制、设备状态控制、告警及各种报表打印输出等。

（6）传输设备。它是控制中心与基站进行连接的部分，为基站与控制中心之间信息传输提供通道，可采取有线或无线方式来实现此功能。

12.3.4.2　单区、多点、单中心网络

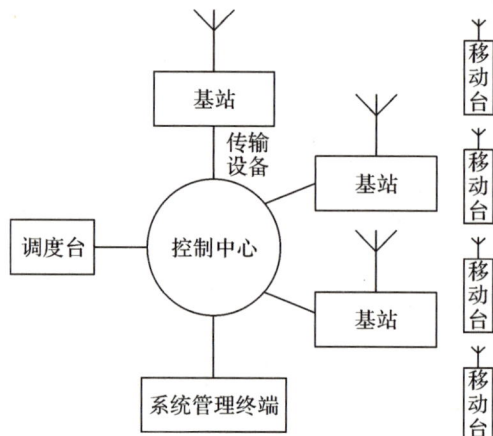

这种网络适用于一个地区内多个部门共同使用的集群移动通信系统，各部门可自己组成系统，共享网内的频率资源。如图 12-6 所示，它由一个控制中心、多个基站、有线或无线调度台及网中若干移动台组成。

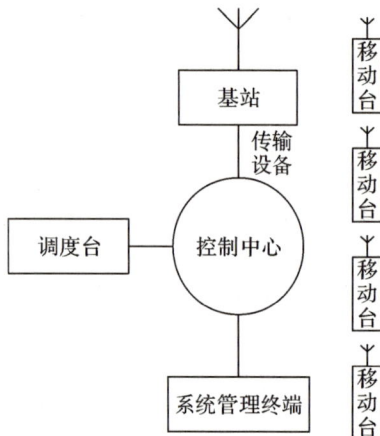

图 12-5　单区、单点、单中心网络　　图 12-6　单区、多点、单中心网络

12.3.4.3　多区、多中心、多层次网络

如图 12-7 及图 12-8 所示，由多个控制中心和多基站组成而形成整个服务区。可以看出，图 12-7 中各控制中心通过有线或无线传输电路连接至区域控制中心，即形成了图 12-8 所示的网络结构。各控制中心将受到上一级的区域控制中心控制及管理。

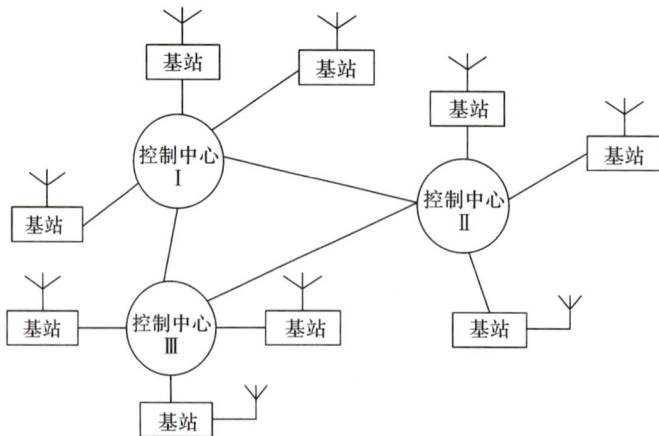

图 12-7　多区、多中心网络

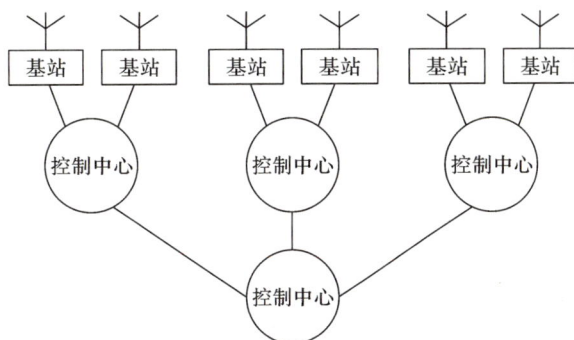

图 12 - 8　多区、多中心、多层次网络

12.3.4.4　带状网、面状网

根据服务对象、地形的分布及干扰等因素,可以将小区制移动通信网划分为带状服务区、面状服务区。

(1)带状服务区。带状服务区是指用户的分布呈带状,如铁路、轨道交通、公路、狭长城市、沿海水域、河流等,其网络形式如图 12 - 9 所示,其频率配置方式为每个基地台覆盖范围设置一个频点,可进行 A、B 两频点复用方式。

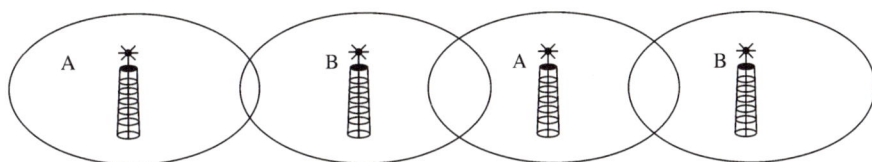

图 12 - 9　带状服务区及频率配置方式

(2)面状服务区。面状服务区是指用户分布成一个宽广的平面,其网络形式类似于蜂窝,故又称为蜂窝网,如现在所用的手机等在城市中的组网模式一般采用此方式,其网络如图 12 - 10 所示,其频率配置基本原则为每个基地台覆盖范围设置的频点与相邻基地台设置频点不能相同,以免造成同频干扰。

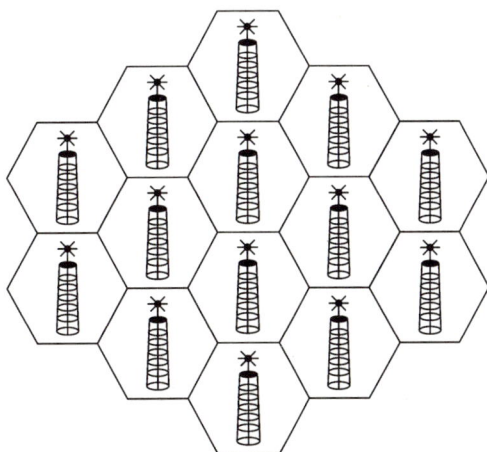

图 12 - 10　面状服务区及频率配置方式

12.3.5 集群通信系统的特点

根据以上对集群通信的基本情况的介绍,集群通信的主要特点可归纳为以下几点。

(1)共用频率:将原来配给各用户专有的频率加以集中管理,供各用户共用。

(2)共用设施:由于频率共用,就有可能将各用户分建的控制中心和基站等设施集中合建、共同管理。

(3)共享覆盖区:可将各用户邻近覆盖区的网络互连起来,从而获得更大覆盖区。

(4)共享通信业务:可利用网络有组织地发送各种专业信息为大家服务。

(5)改善服务:由于多信道共用,可调剂余缺、集中建网,可加强管理、维修,所以提高了服务等级,增加了系统功能。

(6)分担费用:共同建网可以大大降低机房、电源等建网投资,减少运营维护人员,并可分摊费用。

(7)具有调度指挥功能。

(8)兼容有线通信。

(9)智能化、微机软件化,增加了系统功能。

(10)具有控制、交换、中继功能。

(11)呼叫信道分级管理,高级别优先分配信道工作。

(12)具有紧急呼叫功能。

(13)可以进行除话音以外的数据、传真等业务通信。

总之,集群通信系统是共享资源,分担费用,向用户提供优良服务的多用途、高效能而又廉价的先进无线调度通信系统。

12.4 城市轨道交通无线集群调度通信系统

城市轨道交通的无线集群调度通信系统为控制中心调度员、车辆段调度员、车站值班员等固定用户与列车司机、防灾、维修、公安等移动用户之间提供通信手段。系统必须满足行车安全、应急抢险的需要,并考虑"互联互通"的需要。目前,城市轨道交通无线集群调度通信系统均采用 TETRA 数字集群通信系统组网,选择 800 MHz 频段。该系统在保证行车安全及处理紧急突发事故方面有着不可替代的作用,同时还能为各个部门提供便利的通信手段。

12.4.1 无线集群调度通信系统的组成

城市轨道交通中无线集群通信系统网络结构一般为带状网络。城市轨道交通无线集群调度通信系统由控制中心交换设备、控制中心网络管理终端、调度台、基站、移动设备(便携式手持台、车载电台、车站用固定台)、传输设备等组成,如图 12 - 11 所示。

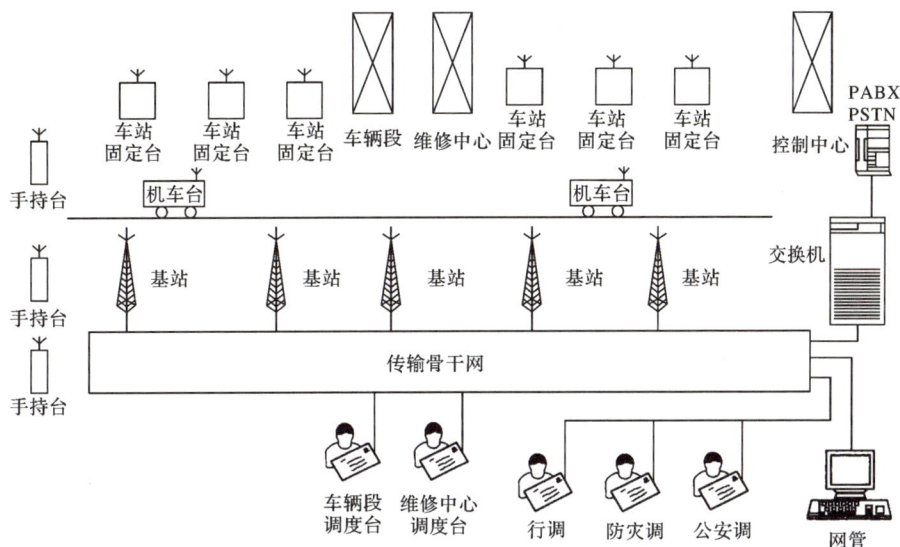

图 12 - 11　集群调度通信系统结构

城市轨道交通无线集群调度通信系统在功能组成上一般分为 6 个无线通信子系统,分别为其六个不同部门提供服务,既可实现不同通信组的相互独立性,使其各自通信操作互不妨碍;又可以实现系统设备和频率资源的共享。这 6 个无线通信子系统包括:行车调度通信子系统、站务通信子系统、车辆段调度通信子系统、维修调度通信子系统、公安调度通信子系统、防灾调度通信子系统。

(1)行车调度通信子系统。该系统负责完成正线行车调度员与机车驾驶员的通信联系,传送行车指挥话音和数据指挥命令。呼叫方式采用选号呼叫,行车调度员通过行车调度台完成对机车驾驶员的一对一个别选呼,并可以发送数据指令和接收列车上传来的信息。

(2)站务通信子系统。该系统负责完成车站车控室内勤人员与车站外勤人员及本站控制内列车驾驶员间通话。车站人员与驾驶员间通话由调度派接,在本站采取组呼方式进行通话。

(3)车辆段调度通信子系统。该系统负责完成段、厂内的行车调度员与机车驾驶员的通信联系,传送行车指挥话音和数据指挥命令。

(4)维修调度通信子系统。该系统提供维修调度、各专业调度员及本专业维修人员的无线调度通信,一般采取组呼方式。不同专业各自分组,专业之间如要进行通话,可由维修调度临时派接通话。

(5)公安调度通信子系统。该系统供公安调度员与车站公安值班员及公安外勤人员之间通信联络,维护日常和灾害时的车站秩序,确保乘客旅行安全。

(6)防灾调度通信子系统。该系统供防灾调度员、车站防灾员、现场指挥人员及有关人员间通信联络,进行事故抢修及防灾救灾。

公安调度和防灾调度通信子系统是在突发事件情况下才启用,由网络调度员通过动态重组功能设置临时通话小组,将应急指挥人员、各专业的抢修人员、车站值班人员等组成一组以适应现场抢险应急需要。

12.4.2 无线集群调度通信系统的功能

12.4.2.1 通话功能

(1)无线用户可与有线用户进行通话,移动台呼叫调度台。

(2)有线用户可与无线用户选址通话(个人直呼和组呼),调度台呼叫移动台。

(3)无线用户之间进行通话(个人选呼和组呼),移动台通过拨打移动台号码进行选呼,还可进行同组移动台之间的组呼。

(4)呼叫类型(调度功能)包括个别呼叫(单呼)、组呼、全呼(通播呼叫所有通话组)、电话呼叫(有线、无线互联呼叫)等。

12.4.2.2 系统入网功能

(1)自动重发:按下 PTT 开关时,自动重发电话号码,直到接通为止。

(2)忙时排队自动回叫:当所有话务信道都在使用时,请求入网的用户进入排队等候。当信道空闲时中央控制器自动依照先来先服务的原则为用户分配信道,让其通话。

(3)紧急呼叫:遇到紧急情况,用户按紧急呼叫键,系统保证开放一条信道用于紧急呼叫。

(4)限时通话:系统可设置用户通话时间,当到达通话设定时间后,系统将释放占用信道。

(5)私密通话:移动用户之间通过拨打对方身份号(即 ID 号码)进行通话。

12.4.2.3 优先级别

系统有 5~8 个优先级别,特权用户具有强插、通话不限时、全呼、选呼功能;普通用户不具备强插通话、全呼、选呼功能。

12.4.2.4 特殊功能

(1)常用扫描:移动台可设置对几个通话组进行扫描监听,当某一组有通话时自动建立通话。

(2)自动多站选择:移动台可根据接收信号的强弱选择注册的基地台。

(3)无线电禁止:又称遥毙,系统可以将遗失或有问题的电台关机,使其失去正常通话功能,可以防止非法用户进入系统工作。

(4)动态重组:中央控制器通过控制信道发送指令,更改移动台的组别。

12.4.2.5 系统可靠性能

(1)多信道:按申请分配,一个信道故障,其他信道仍正常工作。

(2)接收机干扰关闭:当接收机受干扰或故障时自动关闭。

（3）发射机故障关闭：当发射机故障时系统自动将其关闭。

（4）系统自我诊断：系统可进行各种参数的自我诊断，出现软件故障时可自动重新修复，出现硬件故障时提供报警或将其自动关闭。

（5）故障弱化：系统中央控制器出现故障后，系统保持常规通信状态，不能进行跨区漫游通信。

12.4.2.6 系统维护管理功能

（1）系统参数配置功能：基站及中央控制器系统参数设置、更改、更新等可由系统维护终端远程控制实现。

（2）统计报表功能：计算机管理软件自动统计各信道话务量、移动台话务量、调度台话务量等，并具有显示、数据分析、按用户需求输出打印报表的功能。

（3）网络维护用户管理功能：系统管理员可根据不同用户的管理需要设置用户的权限，级别较低的管理员权限只能查看系统参数，较高的可以对移动用户参数进行设置，更高权限的管理员可以修改系统参数。

（4）故障报警功能：系统故障管理软件实时监控整个系统设备运行状态，具有声、光显示方式同时报警功能。

（5）基站无人值守：基站信息全部由中央管理软件监控，不需要现场人员监控基站信息。

▶ **项目总结**

本章通过学习无线通信系统，让学生了解了无线通信系统的组成、基本结构及作用。掌握了无线通信系统重要设备的构成，无线通信系统维护实施的内容。

▶ **项目实施**

实训 12.1 无线集群调度通信系统终端设备的应用

1.实训项目教师工作活页（见表 12-1）

表 12-1 实训项目教师工作活页

实训项目		实训 12.1.1 无线集群调度通信系统终端设备的应用			
学 时			专业班级		实训场地	
实训设备					
教学目标	专业能力	了解无线集群调度通信系统设备的使用			
	方法能力	综合运用专业知识，根据实训项目学习任务确定实训方案，从中学会表达及展示活动过程和成果			
	社会能力	（1）能在实训活动中保持积极向上的学习态度； （2）能与小组成员和教师就学习中的问题进行交流与沟通； （3）学会和他人资源共享，具有较好的合作能力和团队精神。			

续表

教学设备	(1)无线集群调度通信系统调度台、车载台、车站电台、手持台等; (2)城市轨道交通无线通信设备使用有关规定。	
绩效评价	学生活动	(1)以4～8人小组为单位开展实训活动,根据本组同学在实训过程中的表现及结果进行自评和组内互评; (2)根据其他小组同学在展示活动中的表现及结果,进行小组互评。
	教师活动	(1)指导学生开展实训活动; (2)组织学生开展活动评价与总结; (3)根据学生的表现和在本实训项目中的单元成绩作出综合评价。
教学资料	(1)《城市轨道交通通信与信号》主教材及辅助教材; (2)无线集群调度通信系统调度台、车载台、车站电台、手持台等技术资料; (3)教学活动设计活页。	
指导教师		实训时间 年 月 日

2.实训项目学生学习活页(见表12－2)

表12－2 实训项目学生学习活页

实训项目	实训12.1.2 无线集群调度通信系统终端设备的应用		
专业班级		姓名	时间

一、实现目标

1.专业能力目标

了解无线集群调度通信系统设备的使用;

2.方法能力目标

综合运用专业知识,根据实训项目学习任务确定实训方案,从中学会表达及展示活动过程和成果。

3.社会能力目标

(1)能在实训活动中保持积极向上的学习态度;

(2)能与小组成员和教师就学习中的问题进行交流与沟通;

(3)学会和他人资源共享,具有较好的合作能力和团队精神。

二、设备

(1)无线集群调度通信系统调度台、车载台、车站电台、手持台等;

(2)城市轨道交通无线通信设备使用有关规定。

三、操作内容

1.学习掌握城市轨道交通无线通信设备使用规定。

2.分组使用无线集群调度通信系统设备,掌握各设备操作方法。

3.按照城市轨道交通无线通话要求进行联系,进行下达命令、汇报等工作。

四、实训小结

五、成绩评定

1.学生评价

评价等级	A—优秀	B—良好	C—中等	D—及格	E—不及格
学生自评					
组内互评					
小组互评					

2.教师评价

评价等级	A—优秀	B—良好	C—中等	D—及格	E—不及格
专业能力					
方法能力					
社会能力					
评价结果					

3.综合评价

评价等级	A—优秀	B—良好	C—中等	D—及格	E—不及格
综合评价					

综合评价按学生自评占10%、组内互评占20%、小组互评占20%、教师评价占50%的比例进行过程评价。其中：A(90～100)、B(80～89)、C(70～79)、D(60～69)、E(60以下)。

4.评价标准

评价等级	评价标准
A	能圆满、高效地完成实训任务的全部内容
B	能较顺利地完成实训任务的全部内容
C	能完成实训任务的全部内容,但需要相关的指导和帮助
D	只能完成实训任务的大部分内容,在教师和小组同学的帮助下,也能完成实训任务的全部内容
E	只能完成实训任务的部分内容

▶**课程达标**

一、填空题

1.城市轨道交通中无线集群系统主要解决_____人员和_____人员及其相互之间的通话及数据传输问题。

2.城市轨道交通无线集群调度通信系统的调度通信分为_____和_____。

二、选择题

1.集群通信系统按信令方式可分为(   )。

A.共路信令和随路信令   B.固定式和搜索式

C.信息集群和传输集群   D.损失制和等待制

2.城市轨道交通无线集群调度通信系统采用(   )MHz频段的陆地集群无线系统,确保行车安全及地铁乘客生命安全的重要使命。

A.700   B.800   C.1 000   D.1 200

三、简答题

1.城市轨道交通无线集群调度通信系统的设备组成有哪些?

2.城市轨道交通无线集群调度通信系统一般由哪些子系统组成?

3.无线集群调度通信系统的功能是什么?

项目十三　电　话　系　统

▶项目导入

2011 年 9 月 27 日 14 时 10 分,上海地铁 10 号线新天地站设备故障,交通大学至南京东路上下行采用电话闭塞方式,列车限速运行。期间 14 时 51 分列车豫园至老西门下行区间两列车不慎发生追尾。电话系统在发生突发事件时能迅速转为防灾救援和事故处理的指挥通信系统,是确保城市轨道交通安全运营的一个重要手段。

▶项目要点

1.电话系统的组成及作用;

2.公务电话系统的功能;

3.专用电话系统的组成、功能。

▶鉴定要求

1.掌握电话系统的基本原理;

2.掌握电话系统的组网方式。

▶课程思政

1.介绍专用电话系统在城市轨道交通运营维护方面的重要性,提升应急处理能力,树立安全意识和风险意识;

2.通过实训项目的实施,提高自身的操作能力和规范意识,提升团队协作意识。

▶基础知识

电话系统为城市轨道交通的管理、运营和维修人员提供语音服务。电话系统主要分为公务电话系统和专用电话系统。

公务电话相当于企业的内部电话网,其核心是程控数字交换机,再通过中继线路与城市市话网相连,实现城市轨道交通内部的对外通话。程控交换机的分机分布在城市轨道交通的各办公管理部门、OCC、车站、设备室等需要通话的区域。

专用电话包括调度、站内、站间和轨旁电话。调度电话是为城市轨道交通的调度人员,如行调、维调、环调、电调等提供专用的直达通话,具有单呼、组呼、全呼、紧急呼叫等功能,并配备维护终端和数字录音等设备。站内电话主要是满足车站内部的通话需要,提供站内各区域和车站值班员之间的直达通话。站间电话主要是为车站值班员提供与相邻车站、联锁站值班员之间的直达通话。轨旁电话是安装在隧道内，主要满足系统运营和维护及应急需要，为列车司机和维修人员在紧急情况下及时联系车站及相关部门提供通话。

目前部分新建地铁线路，采用公务、专用电话系统合并设计的方案，即公务、专用电话系统软、硬件分别设置，具有功能独立、运营独立、管理维护独立等系统隔离特性；但两系统又处在同一个交换平台上，共享电话交换机公共部件，共享中链路和网络管理系统。

13.1 公务电话

13.1.1 公务电话系统选型及性能要求

在城市轨道交通企业中公务电话系统主要是为满足人员办公需求，一般采用程控数字交换机。交换机的选型容量根据用户需求而决定，一般选型容量包括：模拟用户线容量、数字用户线容量、数字中继容量以及将来可扩展的最大容量。

公务交换机主要业务性能包括：

(1)完成电话网内本局、出局及入局呼叫。

(2)能与市话局各类交换机配合完成对市话的呼叫。

(3)完成国内和国际长途全自动的来话去话业务。

(4)完成各种特殊呼叫。

(5)完成与公网中移动用户的来话去话接续。

非话业务包括：

(1)向用户提供话路传真和话务数据业务。

(2)提供 64k 的数据和传真业务。

(3)提供用户线 2B+D 的交换接续。

(4)提供用户线 30B+D 的交换接续。

13.1.2 公务电话系统的号码分配及功能

城市轨道交通企业用户的电话号码分配方式有两种：一种方式不与公网联系，号码可根据应用要求自行分配；另一种方式，与外网通过中继连接，需要电信局分配号码段，然后用户内部根据具体需求在此号码段中自行选择分配。

公务电话功能主要包括：缺席用户服务、缩位拨号、热线服务、呼出限制；闹钟服务、转移呼叫、遇忙回叫、免打扰服务；呼叫等待、三方通话、主叫号码显示等功能。

(1)缺席用户服务：当有电话呼入时，可由电话局提供语音服务代答，以避免对方反复拨叫。

(2)缩位拨号：位数较多的电话号码用 1~2 位自编代码来代替的一种功能。

（3）热线服务：使用该项服务时，只需摘机后在规定时间（几秒钟）内不拨号，系统自动接到被置为"热线"的对方电话号码。

（4）呼出限制：又称"发话限制"，可用于限制呼叫国际和国内长途自动电话，但不能限制市内电话。

（5）闹钟服务：电话机可根据用户预定的时间自动振铃，起到提醒用户的作用。

（6）转移呼叫：可以将所有呼叫本机的电话，自动转移到临时指定的话机上。

（7）遇忙回叫：当拨叫对方电话遇忙时，可以挂机等候，不需再拨号，一旦对方电话空闲，即能自动回叫接通。

（8）免打扰服务：又称"暂不受话服务"，当用户在某一段时间里不希望有来话干扰时，可以使用该项服务。

（9）呼叫等待：当 A 用户正与 B 用户通话，而 C 用户又呼叫 A 用户时，A 用户在受话器中会听到一个呼叫等待音，表示另有用户等待通话。这时，A 用户可以请 B 用户稍等而转与 C 用户通话，也可以请 C 用户稍等而继续与 B 用户通话。

（10）三方通话：使用此项服务，当用户通话时如需要另一方加入通话，可在不中断当前通话的情况下，拨叫另一方，实现三方共同通话或分别与两方通话。

（11）主叫号码显示：该项业务可为被叫用户提供主叫用户的电话号码。

13.1.3 城市轨道交通组网模式

（1）通过远端模块与交换机相连模式。一般本地用户可直接与交换机相连，不需要外加设备。但对于轨道交通企业来说，公务交换系统服务于整个企业的沿线车站、段厂、控制中心等，覆盖范围一般在几千米到几十千米。各车站一般采用加装远端模块的方式，如图 13－1 所示。通过 E1 中继链路将远端模块与交换机连接，车站电话再与远端模块相连。

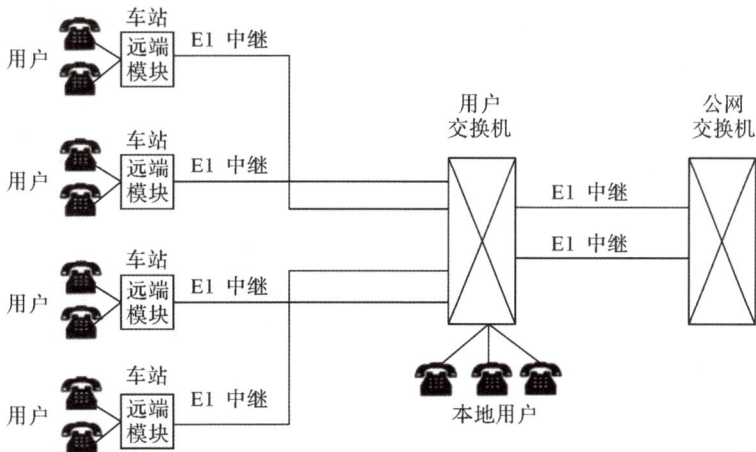

图 13－1 远端用户链接模式示意图

（2）通过 OTN 板卡传输连接模式。OTN 系统采用西门子公司提供的开放式传输模式，包括与交换机连接的电话板卡 P 卡和与用户话机连接的 T 卡。利用这种传输系统车站电话用户直接接入 T 卡,在交换机一侧连接到相应的 P 卡即可实现。此方式维护简单,无需外加其他设备。系统示意图如图 13 - 2 所示。

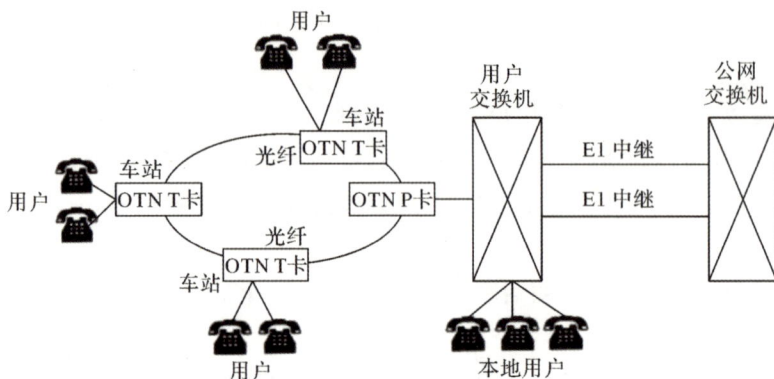

图 13 - 2　OTN 系统连接模式示意图

◆ 13.2　专 用 电 话

专用电话系统主要为轨道交通运营及维修服务,是行车调度员和车站(车辆段)值班员指挥列车运行和维护人员指导使用人员操作设备的重要通信工具,是为列车运营、电力供应、日常维修、防灾救护等提供指挥手段的专用有线通信系统。

13.2.1　专用电话系统结构

城市轨道交通专用电话系统包括调度通信、站场通信、站间通信、区间通信等。系统可为控制中心指挥人员,如行车调度员、维修调度员、电力调度员、环境报警调度员、防灾调度员等提供专用直达通信,并且具有单呼、组呼、全呼、紧急呼叫和录音等功能,同时可为站内各有关部门提供与车站值班员之间的直达通话,并且车站值班员可以呼叫相邻车站的车站值班员。专用电话系统示意图如图 13 - 3 所示。

(1)调度通信。调度通信包括行车调度、维修调度、电力调度、环境调度、防灾调度等。

调度通信采用以各调度子系统的调度员为中心的一点对多点的通信方式。调度员可按个别呼叫(呼叫单独一个用户)、组呼(按调度台的不同分组方式,呼叫某一组调度分机用户)或全呼(呼叫调度台系统中的所有调度分机用户)等方式呼叫调度辖区范围内相关的所属用户并通话,并接受所属用户的呼叫通话。通话方式为全双工方式,也可根据需要设置为单呼定位通话方式。调度台与调度台之间可进行通话。

调度员一般使用键控式操作台或触摸式操作台,调度分机根据使用人员的具体需求配置,如车站值班员需要与多个调度联系,一般采用键控式操作台;变电所值班员只与电力调度联系,一般采用电话机。

(2)站场通信。站场通信供行车值班室或站长与本站内运营业务有关人员进行通话联系。

站场通信一般采用直通电话,室内作业人员设置普通分机,室外或在站台上设置紧急电话机。紧急电话机选用单键式、外置扬声器话机,在紧急情况下只要按下按键即可与值班室通话。

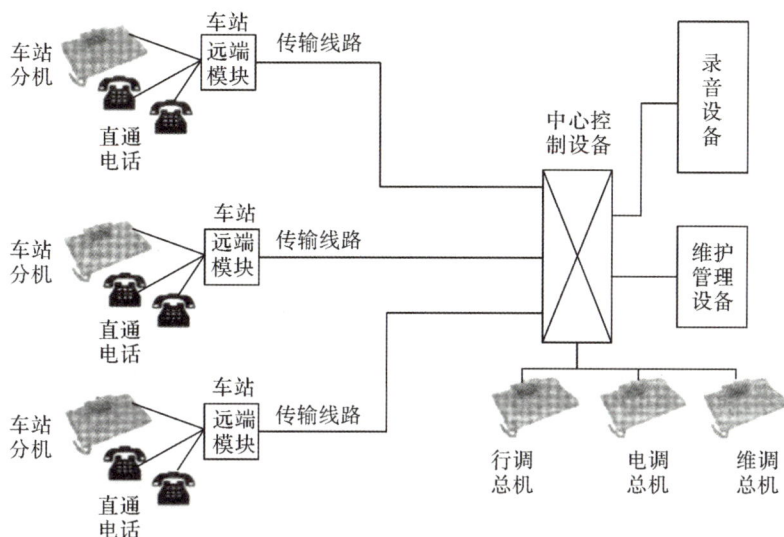

图 13 - 3　专用电话系统示意图

场内通信主要是解决车辆段、停车场内行车指挥、乘务运转、段内调度指挥和车辆检修人员之间的专用通信。每个车辆段或停车场设置专用的调度电话,其上与行车调度联系,其下与段场内专用调度电话分机联系。其通话方式与调度通信方式相同。站场直通电话为一点对多点的辐射式集中连接方式,应能满足车站值班员、车辆段和停车场信号楼值班员、车辆段运转值班员、列检值班员、信号维修值班员等与本站场相关部门构成直通电话,并且只允许值班员与分机相互呼叫通话,分机间不允许通话。

(3)站间通信。站间通信是指相邻两个车站值班员之间进行通话联络的点对点通信方式。

站间通信电话是为相邻两站(包括上行和下行)值班员办理行车有关业务使用,车站值班员一般使用按键式操作台作为值班台,站间通话单键操作即可接通。

(4)区间通信。区间通信主要是指区间电话,其主要作用是供驾驶员、区间维修人员与邻站值班员及相关部门联系通话。

区间电话是在轨道线路沿线每隔一段距离设置的通话装置,其设置形式有两种:一种是区间通话柱,另一种是轨旁电话。由于区间通话设施在室外或隧道内,环境较差,其设备需要具有防潮、防火、防燥、防尘、防冻、防破坏性等特殊要求。

区间电话业务一般分为区间专用自动和区间直通两种模式。在区间专用自动方式上,用户摘机后需要拨号呼叫,中车站分机根据所播号码进行转接。在区间直通方式上,用户选择通话的用户,一般包括上下行车站、行调、电调、信号、通信、线路桥梁等,摘机后直接接通。

通过对专用电话系统在防灾救护方面的介绍,强调专用电话系统在城市轨道交通运营维护方面的重要性,提升应急处理能力,树立安全意识和风险意识。

13.2.2 城市轨道交通专用电话的功能

城市轨道交通专用电话系统一般包括:调度总机、调度分机、站间直通电话机、紧急电话、区间通话柱、轨旁电话等终端设备。

(1)调度电话。调度电话分为总机和分机,其基本功能一样,根据不同用户的需求进行不同的功能设置,其功能如下:

1)调度总机能对分机进行选呼、组呼、全呼,任何情况下均不能发生阻塞。

2)分机能对总机进行一般呼叫和紧急呼叫。

3)调度台具有优先级别设置功能,高优先级别的可强拆、强插低级别的通话。

4)调度总机与分机间呼叫通话,分机间不允许通话。

5)各调度总机之间具有台间联络功能。

6)调度总机能显示分机呼叫号码,区分呼叫类别,对双方通话进行录音。

(2)其他终端。站间直通、紧急电话、轨旁电话、区间通话柱都具有一键直通功能,除紧急电话外其他终端还具有拨号呼叫功能。

13.2.3 专用电话通信系统的组网方式

专用电话通信系统的组网方式主要有数字程控交换机组网和专用数字调度通信系统组网。

(1)数字程控交换机组网。其利用公务电话通信系统设置的数字程控交换机独立实现城市轨道交通专用通信功能。

城市轨道交通中公务电话通信系统的数字程控交换机具有强大的功能,能提供丰富的业务。在公务交换机基础上增加部分板卡并对软件进行必要修改,可实现轨道交通专用通信的大部分功能。

采用数字程控交换机加远端模块的方式,在控制中心设置数字程控交换机,在车站、车辆段、停车场处设置远端模块。中心各调度台直接接入中心数字程控交换机,各站段调度分机、站段内直通电话、站间行车电话及区间电话均接入相应的远端模块。各调度分机与其所属调度总机设置为热线电话,调度分机摘机即可与调度总机通话。为了满足调度需要,调度总机需采用数字话机。站段内各直通电话分机、区间电话与站段值班员处直通电话总机间也设置为热线电话,直通电话分机及区间电话摘机即可与直通电话总机通话。站间行车电话采用数字话机,通过按键可以选择与相邻的车站中的任意一个通话,或者也采用模拟电话设置热线功能实现站间直通功能。

这种方案利用一套交换机可实现公务办公电话与专用电话的融合,组网简单,实现容易,但由于车站值班员利用电话机来实现各种直通业务,每一路业务就要设置一部电话机,操作人员应用不方便,而且系统容错性差,一旦交换机瘫痪,专用调度通信功能就无法实现,系统运行存在一定风险。

(2)专用数字调度通信系统组网。专用通信采用专用数字调度通信系统来组网,公务与专用通信系统分离。这种方案功能全面,可完成调度通话、站间行车电话、站内局部电话以及区间电话功能,系统可靠性高,采用环状 2 Mb/s 通道连接,实现通道迂回保护,而且节省传输通道资源,一条城市轨道交通线一般仅需 2 个 2 Mb/s 通道。

利用专用数字调度通信系统组网,系统的容错性好,可靠性高,在专用通信系统瘫痪的情况下还可以利用公务通信系统临时替代专用通信系统实现组织行车的功能。

◆ 13.3 程控交换技术简介

电话交换伴随着电话通信的出现而同时产生,随着电话通信技术的飞速发展,交换系统经历了人工交换、步进制交换、纵横制交换、电子交换等阶段。

新一代的电子交换系统利用预先编制好的计算机程序来控制整个交换系统的运行,以代替用布线方式连接起来的逻辑电路控制整个系统的运行,因此这种新型的交换系统叫作存储程序控制交换系统,简称程控交换系统。早期的程控交换机在话路系统方面与机电式交换机并无本质区别,仍然使用了空间分割的话路交换网络,所交换的信息也都是模拟信号,因而这一类交换机叫作模拟程控交换机。随着脉冲编码调制技术(PCM)的应用,PCM传输系统得到发展,促使程控交换向采用时间分割的数字交换机发展。数字交换机所交换的信息是数字信号,因此这类交换机称为数字程控交换机。

13.3.1 程控交换机分类

(1)按交换方式分类,程控交换机分为电路交换、报文交换和分组交换三种方式。

1)电路交换技术。其采用面向连接的方式,在双方进行通信之前,需要为通信双方分配一条固定的通信电路,通信双方在通信过程中将一直占用所分配的资源,直到通信结束,并且在电路的建立和释放过程中都需要利用相关的信令协议。这种方式的优点是在通信过程中可以保证为用户提供足够的链路,并且实时性强,时延小,交换设备成本较低;但同时带来的缺点是网络的利用率不高,一旦电路被建立,不管通信双方是否处于通话状态,分配的电路都一直被占用。

2)报文交换技术。其以报文为数据交换的单位,报文携带有目标地址、源地址等信息,在交换节点采用存储转发的传输方式。由于报文长度差异很大,长报文可能导致很大的时延,并且对每个节点来说缓冲区的分配也比较困难,为了满足各种长度报文的需要并且达到高效的目的,节点需要分配不同大小的缓冲区,否则就有可能造成数据传送的失败。

3)分组交换技术。其指在报文交换的基础上,将报文分割成组进行传输,然后把这些分组(携带源地址、目的地址和编号信息)逐个地发送出去,在传输时延和传输效率上进行了平衡从而得到广泛的应用。采用分组交换技术,在通信之前不需要建立连接,每个节点首先将前一节点送来的分组收下并保存在缓冲区中,然后根据分组头部中的地址信息选择适当的链路将其发送至下一个节点,这样在通信过程中可以根据用户的要求和网络的能力来动态分配带宽。分组交换比电路交换的电路利用率高,但时延较大。

(2)按控制方式分类,程控交换机分为集中控制、分级控制、全分散控制三种方式。

1)集中控制方式。交换机的全部控制工作均由一台处理机(中央处理机)来承担,早期的交换机多采用这种控制方式。此方式的优点是处理机对整个交换机的工作状态有全面的了解,程序是一个整体,修改调试较容易;缺点是软件庞大,所有处理工作都由一台处理机完成,故处理机负担太重,系统比较脆弱。

2)分级控制方式。程控交换机中配备若干个区域处理机,来完成监视用户线、中继线状态及接收拨号脉冲等较简单而频繁的工作,中央处理机仅负责智能化程度较高的工作。此方式的优点是由于区域处理机的设立而减少了中央处理机的工作量,使得中央处理机可以采用微处理机,系统可靠性比集中控制式高。

3)全分散控制方式。在程控交换机中取消了中央处理机,在终端设备的接口部分配置微处理机来完成信号控制(如用户摘、挂机和拨号脉冲识别等)及网络控制功能(通路选择及接续),设立专用微处理机来完成呼叫控制功能。此方式的优点是处理机发生故障时影响面较小,处理机数量可随交换机容量平滑地增长;缺点是处理机数量多,处理机之间通信较频繁,降低了处理机的呼叫处理能力和交换网络的有效信息通过能力。

(3)按交换信息的类型分类,程控交换机分为模拟交换机和数字程控交换机两种方式。

1)模拟交换机。在交换网络中交换的信息是模拟信号(即为 0.3～3.4 kHz 的模拟话音信号),故称为程控模拟交换机。模拟交换机所采用的交换网络通常是空分方式。

2)数字程控交换机。在话路部分和交换网络中传送和交换的是数字信号,故称为数字程控交换机。这种交换网络通常采用时分交换方式。

13.3.2 程控交换机基本结构

数字程控交换机实质上是一种通过计算机存储程序控制的交换机,由程序软件实现各种电路的接续、信息交换及接口等设备管理、维护、控制功能。虽然不同类型、不同型号的数字交换机具体结构各不相同,但它们的基本结构均可由图 13-4 所示的框图来描述。

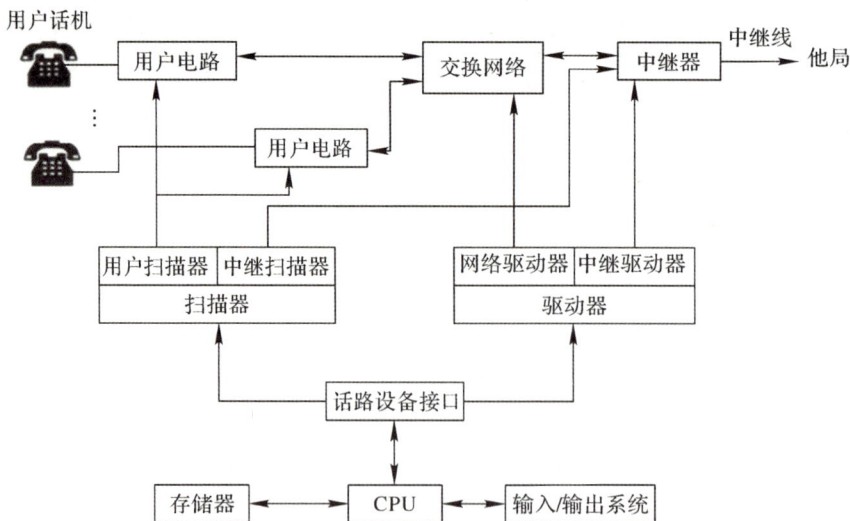

图 13-4 程控交换机系统基本结构图

程控交换机系统是由硬件和软件两大部分组成,硬件可分为话路系统和中央控制系统两个系统。

（1）话路系统。话路系统由交换网络和外围电路组成，其中外围电路包括用户电路、中继器、扫描器、网络驱动器和话路设备接口等部分。

交换网络的作用是为音频信号（模拟交换）或话音信号的 PCM 数字信号（数字交换）提供接续通路。

用户电路是交换网络和用户线间的接口电路，它的作用一方面把语音信息（模拟或数字）传送给交换网络，另一方面把用户线上的其他信号，如铃流等与交换网络隔离开来，以免损坏交换网络。

中继器是数字程控交换机与其他交换机的接口电路。所谓中继线是该系统与其他系统或远距离传输设备的连接线。根据连接的中继线的类型，中继器可分成模拟中继器和数字中继器两大类，中继器还有出局中继和入局中继之分。

扫描器用来收集用户信息，用户状态（包括中继线状态）的变化，通过扫描器可送到控制部分。

网络驱动器是在中央处理系统的控制下，具体地执行交换网络中通路的建立和释放。

话路设备接口，又称信号接收分配器，统一协调信号的接收、传送和分配。

（2）中央控制系统。中央控制系统的功能包括两个方面：一方面是对呼叫进行处理；另一方面对整个交换系统的运行进行管理、监测和维护。

中央控制系统硬件由三部分组成：一是中央处理芯片（CPU），它可以是一般数字计算机的中央处理芯片，也可以是交换系统专用芯片；二是存储器（内存储器），它存储交换系统常用程序、正在执行的程序和执行数据；三是输入输出系统，包括键盘、打印机，可根据指令或定时打印出系统数据，外存储器存储常用运行程序，机器运行时调入内存储器。

🔶 13.4 调度电话应用简介

调度电话在城市轨道交通系统中发挥重要作用，OCC 设四门调度电话，为中心调度员如行调、电调、环调、维调等进行运营组织、电力供应、设备维修和救灾防护的指挥提供有效通信手段。

13.4.1 盘面介绍

调度电话盘面如图 13-5 所示。

（1）显示屏。中文显示呼叫车站、来电号码、日期、时间和通话的状态。

（2）"1～8♯"分组。组呼已储存的组，每组可储存不多于 30 个调度电话。

（3）会议。可以同时选定多个号码（通过固定车站键选定）进行电话会议，调度员可控制调度分机能否发话，并可对各调度分机送话。

（4）保留。正在通话中，有另一方呼叫，用该键后，不挂断前者，即可与另一方通话。

（5）重拨。重复拨号。

（6）免提。用扩音器通话。

(7)取消。中断通话、取消拨号(每按一下取消一位所拨的号码)。

(8)固定车站键。每个车站固定一个按键,需要与该站通话时,直接按该按键。

(9)两路分机。每一门调度电话都有两路分机,两路分机可以进行切换并能同时通话,互不干扰。

(10)分机1。分机1使用话筒进行通话,能够使用所有的通话功能。

(11)分机2。分机2使用免提进行通话,能够使用所有的通话功能。分机2和分机1不能同时与同一个车站进行通话。

调度电话外接一个麦克风,可以当话筒使用。

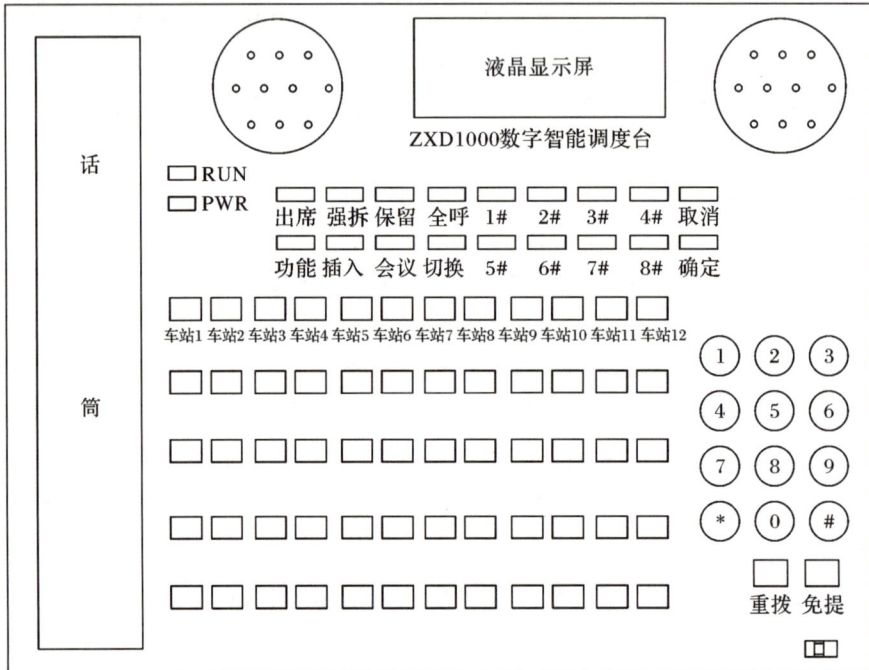

图 13-5　调度电话盘面图

13.4.2　主要操作

调度电话已固定各车站的号码,可进行单呼、组呼和全呼。

(1)单个呼叫。直接按固定车站号码键即可接通,也可通过拨号按键呼叫,呼叫前先拿起话筒或按免提键。

(2)组呼。可以选固定组,按相关固定键。不同调度台根据日常工作需要将各自通话对象分组。组呼还可以自由选组,即自由选定需要通话的车站,操作方法是:先按"会议"键,然后按"固定车站键"选择需要加入会议的车站。

(3)全呼。按全呼键,可以接通全部车站调度电话分机。

(4)切换。用分机1在与一组车站进行通话时,如果需要再和另外的一组车站通话可以按切换键,将通话切换到分机2,切换后无需再按其他键即可使用免提进行通话。

(5)呼入。当有电话呼入时,该站固定按键上方的红色指示灯会闪亮,按一下该键即可接听,接听时无需断开其他通话,自动保持通话连接。

▶ **课后小结**

　　本章通过对电话系统的学习,让我们掌握了公务电话和专用电话系统的作用、组成和功能,了解电话系统的工作原理,掌握了专用电话系统的使用。

▶ **项目实施**

实训 13.1　认识城市轨道交通电话网组成和功能

1. 实训项目教师工作活页(见表 13-1)

表 13-1　实训项目教师工作活页

实训项目		实训 13.1.1　认识城市轨道交通电话网组成和功能			
学　　时			专业班级		实训场地	
实训设备					
教学目标	专业能力	(1)掌握电话系统在城市轨道交通中的作用; (2)了解电话通信的基本工作原理。			
	方法能力	(1)能综合运用专业知识、通过作业书籍、多媒体课件和图片资料获得帮助信息; (2)能根据实训项目学习任务确定实训方案,从中学会表达及展示活动过程和成果。			
	社会能力	(1)能在实训活动中保持积极向上的学习态度; (2)能与小组成员和教师就学习中的问题进行交流与沟通; (3)学会和他人资源共享,具有较好的合作能力和团队精神。			
教学活动		略(详见教学活动设计)			
绩效评价	学生活动	(1)以 4~8 人小组为单位开展实训活动,根据本组同学在实训过程中的表现及结果进行自评和组内互评; (2)根据其他小组同学在展示活动中的表现及结果,进行小组互评。			
	教师活动	(1)指导学生开展实训活动; (2)组织学生开展活动评价与总结; (3)根据学生的表现和在本实训项目中的单元成绩作出综合评价			
教学资料		(1)《城市轨道交通通信与信号》主教材及辅助教材; (2)程控交换技术资料; (3)教学活动设计活页。			
指导教师			实训时间		年　　　月　　　日

2.实训项目学生学习活页(见表13-2)

表13-2　实训项目学生学习活页

实训项目	实训13.1.2　认识城市轨道交通电话网组成和功能				
专业班级		姓名		时间	

一、实现目标

　　1.专业能力目标

　　(1)掌握电话系统在城市轨道交通中的作用;

　　(2)了解电话通信的基本工作原理。

　　2.方法能力目标

　　(1)能综合运用专业知识、通过作业书籍、多媒体课件和图片资料获得帮助信息;

　　(2)能根据实训项目学习任务确定实训方案,从中学会表达及展示活动过程和成果。

　　3.社会能力目标

　　(1)能在实训活动中保持积极向上的学习态度;

　　(2)能与小组成员和教师就学习中的问题进行交流与沟通;

　　(3)学会和他人资源共享,具有较好的合作能力和团队精神。

二、知识总结

　　1.简述电话系统的作用。

　　2.公务电话系统有哪些功能?

　　3.专用电话系统有哪些功能?

　　4.简述电话通信的基本工作原理。

三、操作应用

　　1.启动程控交换机。

　　2.在控制中心用专用电话与某车站进行呼叫。

　　3.车站与车站间用专用电话进行呼叫。

四、实训小结

五、成绩评定

　　1.学生评价

评价等级	A—优秀	B—良好	C—中等	D—及格	E—不及格
学生自评					
组内互评					
小组互评					

　　2.教师评价

评价等级	A—优秀	B—良好	C—中等	D—及格	E—不及格
专业能力					
方法能力					
社会能力					
评价结果					

续 表

3.综合评价

评价等级	A—优秀	B—良好	C—中等	D—及格	E—不及格
综合评价					

综合评价按学生自评占10%、组内互评占20%、小组互评占20%、教师评价占50%的比例进行过程评价。其中:A(90～100)、B(80～89)、C(70～79)、D(60～69)、E(60以下)。

4.评价标准

评价等级	评价标准
A	能圆满、高效地完成实训任务的全部内容
B	能较顺利地完成实训任务的全部内容
C	能完成实训任务的全部内容,但需要相关的指导和帮助
D	只能完成实训任务的大部分内容,在教师和小组同学的帮助下,也能完成实训任务的全部内容
E	只能完成实训任务的部分内容

▶ 课程达标

一、填空题

1.电话系统为城市轨道交通的管理、运营和维修人员提供语音服务。电话系统主要分为_____和_____。

2.专用电话包括_____、_____、_____和_____电话。

二、选择题

1.城市轨道交通专用电话系统包括( )等。

A.调度通信 　　B.站场通信 　　C.站间通信 　　D.区间通信

2.调度电话在城市轨道交通系统中发挥重要作用,OCC设( )四门调度电话,为中心调度员进行运营组织、电力供应、设备维修和救灾防护的指挥提供有效通信手段。

A.行调 　　B.电调 　　C.环调 　　D.维调

三、简答题

1.简述什么是公务电话系统。

2.简述什么是专用电话系统。

3.简述程控交换机系统。

项目十四 广播系统

2019 年 2 月 3 日,根据江西广播电视台《都市现场》栏目报道《男子地铁站突然晕倒 紧急广播救助 路过医生快速跑向晕倒乘客》;2019 年 1 月 30 日下午,在西安地铁四号线航天大道站站台,一位 50 多岁的中年男子突然晕倒。紧急时刻,西安市胸科医院医生白雪现场抢救,为男子赢得宝贵的抢救时间。在危急关头,地铁广播系统显现出了它特殊的作用。

▶项目要点

1. 了解城市轨道交通广播系统基本结构及作用、组网模式;

2. 掌握城市轨道交通广播系统的功能和终端设备的设置。

▶鉴定要求

1. 认识城市轨道交通广播系统;

2. 掌握城市轨道交通广播系统的关键设备、设备维护。

▶课程思政

1. 介绍广播信息的发展历程;

2. 信息时代信息的重要性。

▶基础知识

◆ 14.1 认识广播系统

14.1.1 广播系统的概述

公共广播系统简称 PA(Public Address)系统,广泛用于车站、机场、宾馆、商厦、医院和各类大厦提供背景音乐和广播节目。地铁广播系统是地铁通信系统中一个重要的专用子系统,在地铁日常运营、紧急救灾等方面有着十分重要的作用。在地铁车站的日常运营中,根据车站区域的不同进行进站、出站、售票、检票、候车、换乘等服务用语的播报,起到维持车站秩序、疏导人流、缩短乘车时间、提升服务质量的作用。

当车站发生重大灾害时,广播系统兼做防灾广播,起到指挥疏导人群、指挥救灾的重要作用。在车辆段/停车场等作业场所,广播系统为调度指挥人员和检修人员提供信息交流、安全提示、车辆调度指挥、设备检修等作业广播服务。广播系统为地铁日常运营、车辆行车、车站防灾、设备维护等提供了完善的信息交流扩散平台,有效地提高了地铁客运服务质量。

14.1.2 广播系统的组成

广播系统又称为扩声音响系统,其作用是将语言信息通过扩声系统发送并能重现声音。广播系统主要有听觉系统(人的耳朵)、硬件系统(器材)、软件系统、音响系统和听音环境组成。

自然声源如播音员的播音、演讲、乐器演奏等所发出的声音能量是有限的,其声压随着距离的增大而迅速衰减,如果再算上环境噪声的影响,声音的传播距离则更短。因此,在公众场合必须用电声技术进行扩大声音,将声源的信号放大,提高听众区的声压级,保证更多的听众获得适当的听压级,清晰地获得各类声音信息。

14.1.3 广播系统的分类

广播系统的分类方式很多,按安装位置可分为室外广播和室内广播;按安装方式可分为流动广播和固定广播;按使用场合可分为公共广播、会议广播和车载广播。

(1)室外广播。室外广播系统主要用于体育场、广场、公园、艺术广场等公共场所。它的特点是服务区域面积比较大、空间开阔、声音传播以直达声为主。如果四周有高楼大厦等高大建筑物,且扬声器的布局不合理,则会出现声波多次反射形成超过 50 ms 以上的延迟,会引起双重声音或多重声音,甚至是回声问题,影响音质清晰度和声场的定位。室外广播系统以语言扩声为主,兼有音乐和演出功能。音质受环境和气候条件影响较大、干扰声大、条件复杂,因此需要有相对较大的扩音功率。

(2)室内广播。室内广播系统是应用最广泛的系统,包括各类剧场、礼堂、体育馆等大面积公共场所。它的专业性比较强,不仅要考虑电声技术问题,还要涉及建筑声学问题,不仅要作语言扩声,还要能供各种文艺演出使用,对音质的要求很高,受建筑声学的影响较大。

(3)流动广播系统。扩声系统有固定系统和流动系统两大类。流动系统是在固定系统的声学特性条件下不能很好地满足文艺演出使用时而采用的临时安装的一种便于安装、调试和使用的高性能、轻便的扩声系统。常用于大型场地活动时使用,但投资过大,一般由专业单位提供租赁服务。

(4)公共广播系统。公共广播系统为城市轨道交通、宾馆、机场、商场和各类大楼提供背景音乐和广播节目,同时具有公共广播和应急广播功能。公共广播系统的控制功能比较多样,如可进行选区广播、全呼功能、强切功能和优选广播权等功能,应用比较广泛。

(5)会议系统。会议系统包括会议讨论系统、表决系统和同声传译系统。近年来发展比较迅速,广泛应用于会议中心、宾馆、集团公司、会场和大学教室等场合。

(6)车载广播。车载广播包括公交车广播、城市轨道交通列车用车载广播等。这类广播主要是为乘客提供到站和换乘信息及一些背景音乐等。

14.2 广播系统的关键设备

14.2.1 广播系统的设备组成

广播系统由正线车站广播、中心广播及车辆段/停车场广播组成,控制中心广播系统与各车站广播系统和车辆段广播系统通过传输系统提供的以太网传输通道连接,如图 14 - 1 所示。

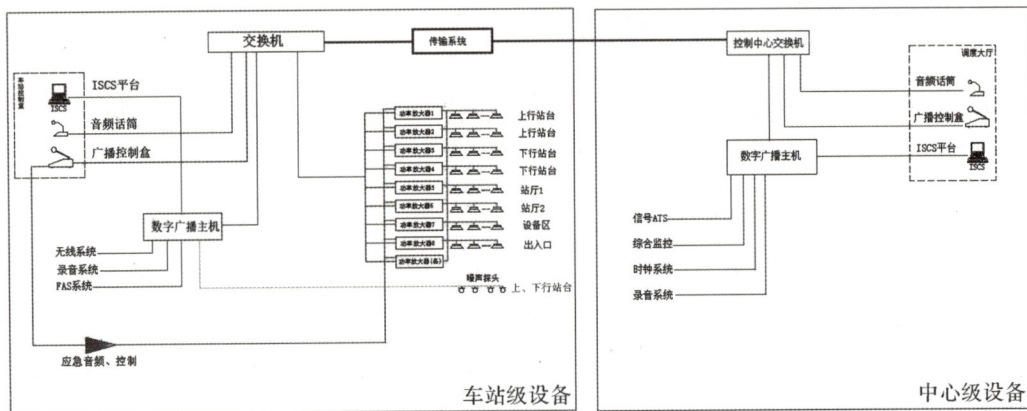

图 14 - 1 广播系统组网架构图

14.2.1.1 车站广播系统组成

车站级广播系统在通信设备室设置广播机柜(内含数字广播主机机箱、交换机、广播消防主机及功率放大器等);在站台、站厅、设备用房等区域设置扬声器,在上、下行站台和站厅设置噪声传感器。

车站广播操作设备主要包括车站操作台(操作终端软件为 ISCS 工作站软件)、网络音频话筒(与车站 ISCS 工作站软件的广播控制功能配套)、广播控制盒。

14.2.1.2 车辆段/停车场广播系统组成

车辆段/停车场广播系统在通信设备室设置广播机柜(内含数字广播主机机箱、交换机、广播消防主机及功率放大器等);在车库、信号楼、停车场等区域设置扬声器。

车辆段/停车场广播操作设备主要包括调度操作台(操作终端软件为 ISCS 工作站软件)、网络音频话筒(与调度 ISCS 工作站软件的广播控制功能配套)、广播控制盒。

14.2.1.3 控制中心广播系统组成

控制中心级广播系统在通信设备室设置广播机柜(内含数字广播主机机箱和交换机);在网管室设置广播系统网管终端。

中心级广播操作设备主要包括控制中心调度大厅中心调度操作台(操作终端软件为

ISCS 工作站软件)、网络音频话筒(与控制中心调度 ISCS 工作站软件的广播控制功能配套)、广播控制盒。

14.2.2 广播系统的作用

城市轨道交通中广播系统按设备安装的地点不同,可分为两部分:一部分为地面广播,另一部分为车载广播。

地面广播的作用是对乘客进行广播,通知列车到站和离站的信息以播放音乐以改善候车环境或在发生意外情况时疏导乘客。对乘客广播的播音范围主要是站台和站厅区。广播的另一个重要作用是对工作人员进行广播,其播音范围主要为办公区域、站台、站厅、隧道及车辆段、停车场内,范围相对比较广,以便及时发布与行车有关的信息,使工作人员能够协同配合工作。地面广播信息可以由控制中心广播台发出,也可以由车站值班员发出。

车载广播的主要作用是给乘客发布到站信息以及播放一些背景音乐,同时在紧急情况下可向乘客播报信息。车载广播系统有两种模式:一种是为地面上行驶的列车设计的,另一种是为隧道内行驶的列车设计的。

14.2.2.1 地面列车车载广播系统

由于列车行驶在地面,车上可接收到北斗定位信号,车载广播一般采用北斗接收机定位触发,实现自动广播方式。其系统设备由北斗接收机、车载广播控制设备、车厢扬声器系统组成。

北斗接收机接收卫星定位信号,并将信号传送到广播控制设备,实现列车信息定位的功能。

车载广播控制设备接收北斗接收机发出的列车定位信号,并判断播发信息的内容,将事先存储好的语音信息播发出去,同时具有人工广播的功能,当需要播发紧急信息或北斗接收机发生故障时,驾驶员可通过控制面板上的控制按键人工播发信息。

车厢扬声器系统能对列车上的乘客进行广播,一般采用并联方式。

14.2.2.2 隧道列车车载广播系统

地铁列车一般行驶在隧道内,无法接收定位信息,需要通过轨道电路触发设备来实现自动播发广播信息的功能。其系统设备由轨道电路触发设备、车载接收设备、车载广播控制设备、车厢扬声器系统组成。

轨道电路触发设备安装在列车进出站时需要广播的轨道上,为车载接收设备发送位置信息。

车载接收设备接收轨道电路触发设备发送的位置信息,并将信号传送到车载广播控制设备。

车载广播控制设备接收车载接收设备的位置信息,并判断播发信息内容,其他功能与地面车载广播控制设备相同。

14.3 广播系统的维护实施及常用操作

14.3.1 广播系统的主要功能

广播系统主要功能如下。

(1)可以选择话筒、文本、语音合成等信源进行广播。

(2)可以选择多个广播区进行广播,显示屏应有相应显示。

(3)可进行编组选择广播。

(4)具有监听功能,可以监听广播区的播音内容。

(5)具有应急广播功能,按下"应急"按钮,可进行全区直通广播。

(6)可以控制话筒广播音量、线路广播音量及监听音量。各音量值能保存,设备掉电后不丢失。

14.3.2 广播系统维护实施

广播系统的维护工作包括日常保养、二级保养、小修和中修等内容。

14.3.2.1 日常保养

(1)每周查看机柜设备各模块的状态指示灯,通过中央处理器查看上次检查至今的故障记录,并清洁机柜表面。

(2)每天检查智能广播台按键功能,检查传声器有无松动。

(3)检查站厅、站台、轨旁和桌面广播台是否固定并进行清洁,检查广播台连线,更换损坏的按键指示灯。

14.3.2.2 二级保养

广播系统的二级保养每月进行一次,主要内容包括:

(1)对于机柜设备,通过中央处理器查看系统状态参数并进行自动音频测试,检查录音信息,清洁机柜内部并检查内部配线,进行主备用功率放大器切换试验;

(2)清洁智能广播台进行广播功能测试;

(3)检查站长、站台、轨旁和桌面广播台是否固定并进行清洁,检查广播台连线,更换损坏的按键指示灯。

14.3.3 广播系统终端设备常用操作

14.3.3.1 话筒广播

话筒广播的操作界面如图14-2所示。

(1)【话筒广播】键:触控屏幕,选择话筒广播。

(2)【区域】选择:触控选择想要人工口播的区域,图例中选择的是1区与2区。

(3)【话筒执行】:按住图例中右侧的话筒图标,注意按住后不许抬起手指,直至口播结束后手指离开屏幕即可。

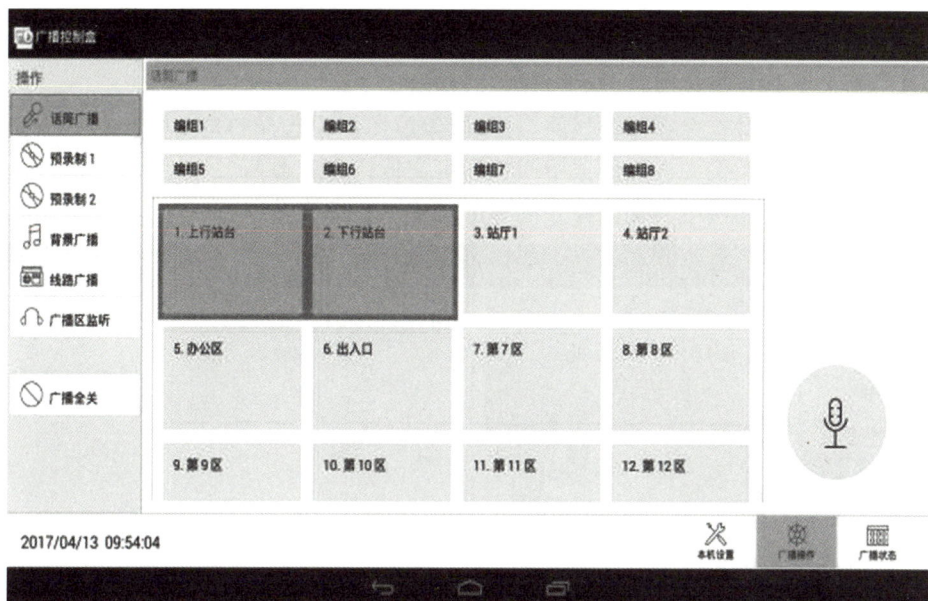

图 14 - 2 话筒广播界面

14.3.3.2 预录制广播

预录制广播操作界面如图 14 - 3 所示。

(1)【预录制 1】键:触控屏幕,选择预录制 1。

(2)【区域】选择:触控选择想要预录制的区域,图例中选择的是 3 区与 4 区。

(3)【播放条目选择】:选择想要播放的条目,图例中选择的是"扶梯安全广播"。

(4)【播放】:点击图例中右侧的播放图标即可完成预录制广播的播放。

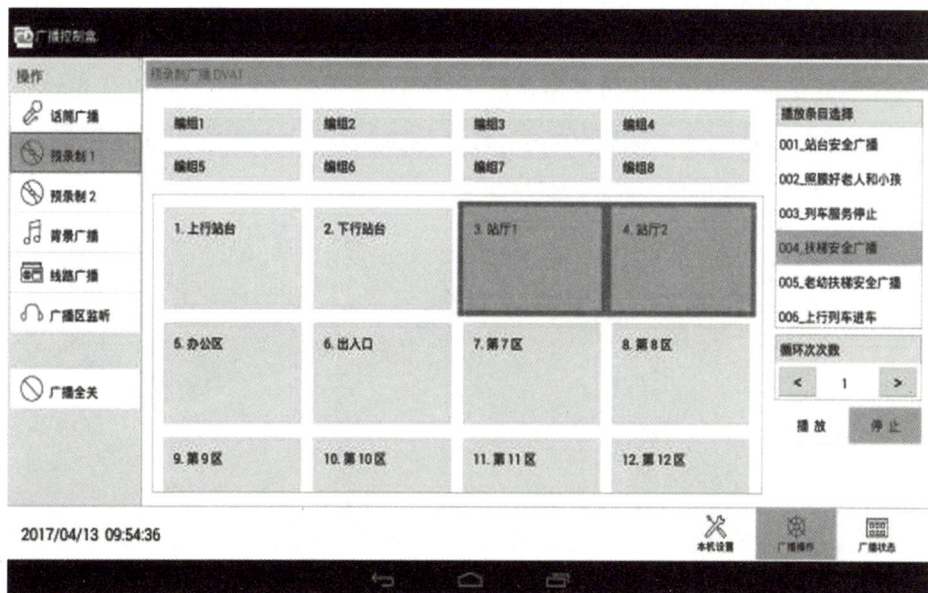

图 14 - 3 预录制广播界面

14.3.3.3 广播监听

广播监听操作界面如图 14 - 4 所示。

(1)【广播监听】键:触控屏幕,触控选择"广播监听"。

(2)【区域】选择:触控选择想要线路广播的区域,图例中选择的是 2 区。

(3)【监听】:点击图例中右侧的监听图标即可完成广播区监听。

(4)【停止】:点击图例中右侧的停止图标即可停止广播区监听。

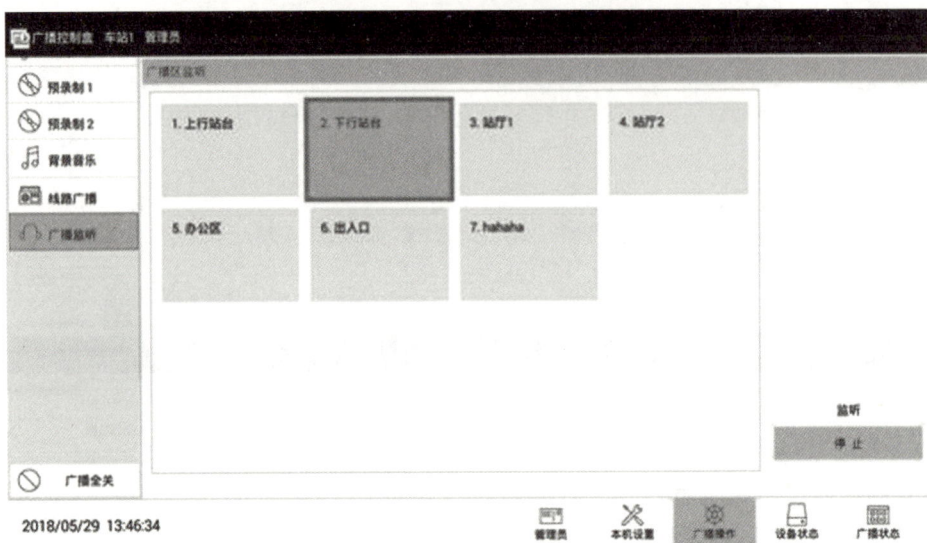

图 14 - 4 广播监听界面

14.3.3.4 广播状态

(1)广播状态操作界面如图 14 - 5 所示。

【广播状态】,可以查看当前各广播区状态和广播区线路状态信息。

(2)【说明】:显示信息包括信源类型显示,操作 ID 显示(ATS ISCS 等),优先级显示。

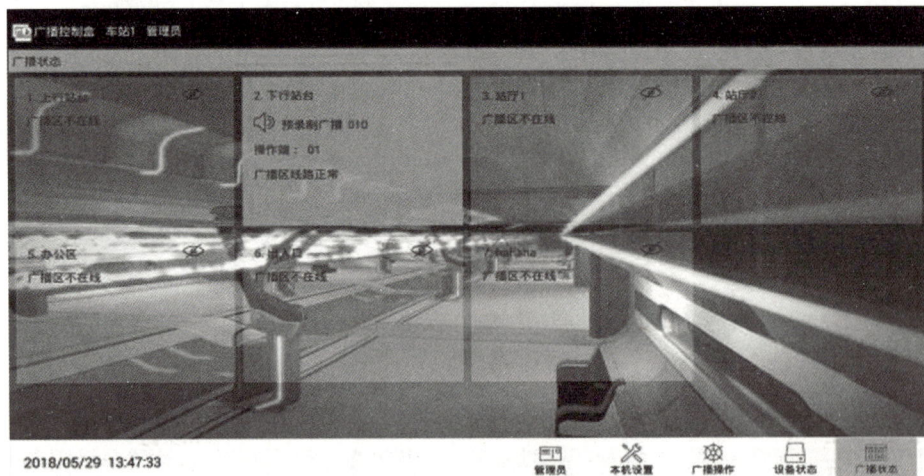

图 14 - 5 广播状态查看

14.3.3.5 紧急广播

紧急广播操作界面如图 14－6 所示。

当广播控制盒与机柜之间连接网络连接终端时，广播控制盒已不能正常控制广播系统，可以采用降级模式的应急广播，按下红色按键，启动广播控制盒与功放的直通广播。

图 14－6 紧急广播界面

▶ **项目总结**

本章通过学习广播系统，让我们了解了广播系统的组成、基本结构及作用；掌握了广播系统重要设备的构成，广播系统维护实施的内容及常用操作。

▶ **项目实施**

实训 14.1 广播系统的维护与操作

1. 实训项目教师工作活页（见表 14－1）

表 14－1 实训项目教师工作活页

实训项目		实训 14.1.1　广播系统的维护与故障处理操作			
学　　时		专业班级		实训场地	
实训设备					
教学目标	专业能力	（1）能够查看机柜设备各模块的状态指示灯，通过中央处理器查看上次检查至今的故障记录，并清洁机柜表面； （2）能够检查智能广播台按键功能，检查传声器有无松动； （3）能够检查站厅、站台、轨旁和桌面广播台是否固定并进行清洁，检查广播台连线，更换损坏的按键指示灯； （4）能够触控屏幕，进行广播、录制、监听。			
	方法能力	（1）能综合运用专业知识、通过作业书籍、多媒体课件和图片资料获得帮助信息； （2）能根据实训项目学习任务确定实训方案，从中学会表达及展示活动过程和成果。			

续 表

教学目标	社会能力	(1)能在实训活动中保持积极向上的学习态度; (2)能与小组成员和教师就学习中的问题进行交流与沟通; (3)学会和他人资源共享,具有较好的合作能力和团队精神。
教学活动		略(详见教学活动设计)
绩效评价	学生活动	(1)以 4～8 人小组为单位开展实训活动,根据本组同学在实训过程中的表现及结果进行自评和组内互评; (2)根据其他小组同学在展示活动中的表现及结果,进行小组互评。
	教师活动	(1)指导学生开展实训活动; (2)组织学生开展活动评价与总结; (3)根据学生的表现和在本实训项目中的单元成绩作出综合评价。
教学资料		(1)《城市轨道交通通信与信号》主教材及辅助教材; (2)轨道交通广播系统资料; (3)教学活动设计活页。
指导教师		实训时间　　　年　　月　　日

2.实训项目学生学习活页(见表 14－2)

表 14－2　实训项目学生学习活页

实训项目	实训 14.1.2　广播系统的维护与操作故障处理				
专业班级		姓名		时间	

一、实现目标

1.专业能力目标

(1)能够查看机柜设备各模块的状态指示灯,通过中央处理器查看上次检查至今的故障记录,并清洁机柜表面;

(2)能够检查智能广播台按键功能,检查传声器有无松动;

(3)能够检查站厅、站台、轨旁和桌面广播台是否固定并进行清洁,检查广播台连线,更换损坏的按键指示灯;

(4)能够触控屏幕,进行广播、录制、监听。

2.方法能力目标

(1)能综合运用专业知识、通过作业书籍、多媒体课件和图片资料获得帮助信息;

(2)能根据实训项目学习任务确定实训方案,从中学会表达及展示活动过程和成果。

3.社会能力目标

(1)能在实训活动中保持积极向上的学习态度;

(2)能与小组成员和数师就学习中的问题进行交流与沟通;

(3)学会和他人资源共享,具有较好的合作能力和团队精神。

续 表

二、知识总结

1.认识广播系统。

2.能够进行广播系统的日常维护。

3.熟练掌握广播系统的按键系统。

三、操作应用

1.话筒广播操作。

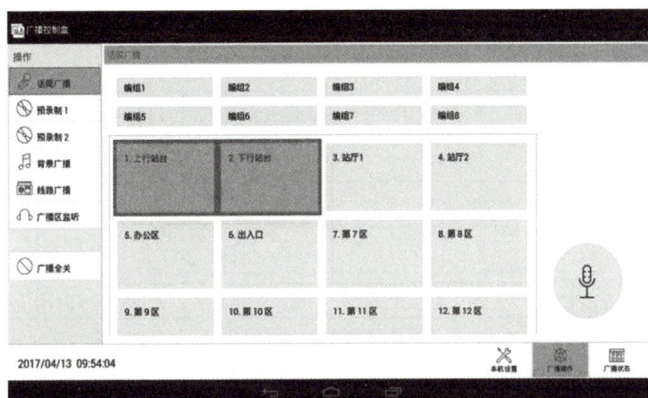

2.预录制广播操作。

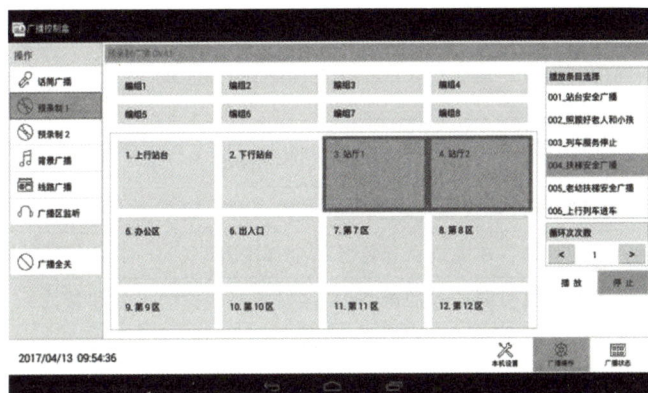

3.广播监听操作。

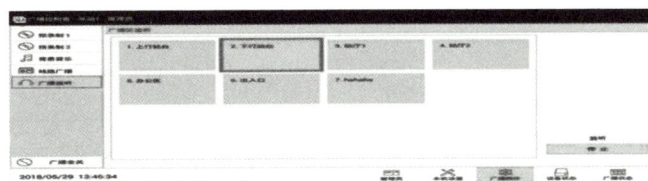

四、实训小结

续 表

五、成绩评定

1.学生评价

评价等级	A—优秀	B—良好	C—中等	D—及格	E—不及格
学生自评					
组内互评					
小组互评					

2.教师评价

评价等级	A—优秀	B—良好	C—中等	D—及格	E—不及格
专业能力					
方法能力					
社会能力					
评价结果					

3.综合评价

评价等级	A—优秀	B—良好	C—中等	D—及格	E—不及格
综合评价					

综合评价按学生自评占10%、组内互评占20%、小组互评占20%、教师评价占50%的比例进行过程评价。其中:A(90~100)、B(80~89)、C(70~79)、D(60~69)、E(60以下)。

4.评价标准

评价等级	评价标准
A	能圆满、高效地完成实训任务的全部内容
B	能较顺利地完成实训任务的全部内容
C	能完成实训任务的全部内容,但需要相关的指导和帮助
D	只能完成实训任务的大部分内容,在教师和小组同学的帮助下,也能完成实训任务的全部内容
E	只能完成实训任务的部分内容

▶ **课程达标**

一、填空题

1.广播系统主要由_____、_____、_____、_____、_____组成。

2.城市轨道交通中广播系统,如果按照设备安装的地点进行分类,可分为两部分:一部分为_____,另一部分为_____。

二、选择题

1.(　　)系统以语言扩声为主,兼有音乐和演出功能。音质受环境和气候条件影响较大、干扰声大、条件复杂,因此需要有相对较大的扩音功率。

A.室外广播　　　　B.室内广播　　　　C.车载广播　　　　D.地面广播

2.当车站发生重大灾害时,(　　　)兼做防灾广播,起到指挥疏导人群,指挥救灾的重要作用。

A.闸机　　　　B.广播系统　　　　C.消防系统　　　　D.环控系统

三、简答题

1.车站广播系统的组成都有哪些?

2.广播系统的维护工作都有哪些?

3.广播系统的主要功能都有哪些?

项目十五　乘客信息系统

▶项目导入

　　上海市民出门时选择公共交通工具,地铁已成为"首选"。人们对地铁车站、车辆的外表已经很熟悉了,可是地铁里还藏着很多我们不知道的"小秘密"。比如"乘客信息系统",简称PIS(Passenger Information System),大家就有点陌生吧。其实从字面上看,"乘客信息系统"就与乘客息息相关。其整个系统包括了列车广播、内部显示器、V字屏、车厢监控、紧急呼叫设备等。上海地铁梳理出了五大问题,回答了乘客的疑问,提示"PIS系统"之奥妙。

　　通过本项目的学习,可以知道,紧急情况时该如何为乘客提供动态紧急疏散提示与紧急通话,满足乘客完成出行中的信息需求。

▶项目要点

　　1.了解乘客信息系统的含义;

　　2.掌握乘客信息系统的结构组成、基本功能;

　　3.掌握乘客信息系统支持的信息类型;

　　4.熟悉乘客信息系统的运行模式。

▶鉴定要求

　　1.会通过乘客信息系统发布消息;

　　2.能根据实际情况切换运行模式;

　　3.能够分辨车-地无线组网结构及各层设备。

▶课程思政

　　1.通过学习PIS系统如何助力城市轨道交通智慧运行,激发学生善于从生活发现创新,时刻牢记以人为本。

　　2.卡斯柯推出的面向智慧地铁的全自动运行2.0系统,告诫我们要不忘初心、牢记使命,致力于轨道交通创新技术,为交通强国发展做好自我发展。

▶基础知识

◆ 15.1　乘客信息系统概述

15.1.1　乘客信息系统概述

　　乘客信息系统PIS是依托多媒体网络技术,以计算机系统为核心,通过设置在站厅、站台、列车客室的显示终端,让乘客及时、准确地了解列车运营信息和公共媒体信息的多媒体综合信息系统。

PIS是城市轨道交通系统实现以人为本、提高服务质量、加快各种信息(如乘客行车、安防反恐、运营紧急救灾、地铁公益广告、天气预报、新闻、交通信息等)公告传递的重要设施,是提高城市轨道交通运营管理水平,扩大城市轨道交通对乘客服务范围的有效工具。

PIS系统是运营信息、公共媒体信息发布兼顾的系统,在正常情况下,两者共同协调使用,在紧急情况下运营信息优先使用,提供动态辅助提示。

15.1.2　乘客信息系统的信息类型

在正常情况下,乘客信息系统提供乘车须知、服务时间、列车到发时间、列车时刻表、管理者公告、政府公告、出行参考、股市信息、媒体新闻、赛事直播、广告等实时动态的多媒体信息;在火灾、阻塞及暴恐等非正常情况下,提供动态紧急疏散提示。车载设备通过无线传输实时或预录接收信息,经处理后在列车客室终端设备上播放,使乘客通过正确的服务信息引导,安全、便捷地乘坐轨道交通。

(1)紧急灾难信息:①火警、台风警报、洪水警报等;②紧急站务警告信息;③有关乘客人身安全的临时信息;④逃逸、疏散方向指示。

(2)列车服务信息:①列车时间表;②列车的阻塞等异常信息;③下班车的到站时间。

(3)商业信息:但不限于商业广告信息、商业宣传信息等。

(4)乘客引导信息:①动态指示信息;②逃逸、疏散方向指示;③地铁服务中止。

(5)一般站务信息及公共信息:①时钟显示;②票务信息;③公益广告;④公告信息;⑤天气/新闻/股市等信息;⑥公共交通汽车接驳信息;⑦机场航班信息;⑧火车时刻表信息;⑨公安提示。

15.1.3　乘客信息系统的功能

15.1.3.1　乘客服务功能

(1)乘客导乘和服务。乘客信息系统(PIS)在正常情况下提供轨道交通运行信息(包括下班车到站信息、列车时刻表、轨道交通票务票价信息等)、乘车疏导信息、政府公告和公益信息、媒体节目、商业广告、金融信息以及其他各类生活资讯。

1)显示列车服务信息。车站子系统的车站服务器实时从ATS接收列车服务信息,再控制指定的终端显示器显示相应列车服务信息,如下班车的到站时间、列车时间表、列车阻塞/异常、特别的列车服务安排等信息。

2)时钟显示的功能。PIS可以读取时钟系统的时钟基准,并同步整个PIS所有设备的时钟,确保终端显示屏幕显示时钟的准确性。屏幕可以在播出各类信息的同时提供时间和日期显示服务。

3)实时信息的显示功能。屏幕不同区域的信息可根据数据库信息的改变而随时更新。实时信息包括新闻、天气、通告等,通过车站操作员工作站或中心操作员工作站,操作员可以即时编辑指定的提示信息,并发布至指定的终端显示屏,提示乘客注意。操作员可以设定实时信息是否以特别信息形式或者紧急信息形式发放显示,发放高优先的信息可以即时打断原来正在播放的信息内容,即时显示。移动列车应能实时接收多媒体制作中心发布的多媒体视频信号。

（2）乘客应急处理辅助。在紧急状况时播放临时的通告和警示,引导乘客疏散。在发生重大灾害需要乘客迅速逃离时,该系统可随时中断部分或所有的服务信息,播放紧急处理相关的信息,引导乘客迅速撤离,将损失降到最低。

1）车载监视功能。在列车上设置车载监控系统,从使用上满足中心和列车对相应的管辖区域的监视。监视目的主要是了解运行列车车厢内的乘客活动情况,保障乘客旅行安全。控制中心可对所有运营列车的所有车厢进行实时监视,具备自动循环监视等功能。除各种监视功能外,其他功能还包括:预览、录像、回放功能;报警功能;视频回放功能;网络功能;综合控制功能。

2）预置报警功能。PIS可以预先设定多种紧急灾难报警模式,方便系统自动或人工即时发出进入告警模式。通过设置在调度大厅的紧急信息发布工作站,设定每种模式的告警信息及各种告警信息发布参数。在发生火警、恐怖袭击等情况时,由相应的接口系统或人工触发,进入紧急灾难告警模式。此时,相应的终端显示屏显示报警信息及人流疏导信息。

3）即时编辑功能。当发生非预期的灾难且需要系统实时发布灾难告警信息时,可在多媒体制作中心和车站操作员工作站即时编辑发布紧急信息,发布至指定的终端显示屏,对人流进行疏导。

15.1.3.2 经营管理的功能

（1）广告播出功能。PIS可为轨道交通引入一个多媒体广告的发布平台,通过广告的播出,可以有效拓展轨道交通运营服务功能,提高服务质量,也为轨道交通带来经营效益。广告可以分为图片广告、文字广告和视频广告。广告可与其他各类信息同步播出,提高系统的工作效率。视频显示支持多样的播出风格。

（2）屏幕分割功能。信息终端的显示采用了多区域信息并行发布的方式,在同一屏幕上,可根据需要将屏幕进行划分,不同的区域可同时进行不同信息的显示,可满足不同乘客对各类信息的需求。具体到车站的不同位置,根据车站区域的功能不同,提供不同的终端显示方案。

（3）网管功能。为了确保PIS的正常运行,PIS能提供完备网管功能,可实时监控各终端节点的状态,车站服务器管理各自车站的PIS设备。中心网管工作站可动态显示系统各设备的工作状态,实时监控系统,实现智能声光报警,并能自动生成网络故障统计报表,智能分析故障。

15.2 乘客信息系统的构成

15.2.1 乘客信息系统的结构组成

PIS从结构上主要划分为五大部分,即控制中心子系统、车站子系统、车载子系统、网络子系统、节目制作子系统。

15.2.1.1 控制中心子系统

控制中心子系统主要负责外部信息流的采集、播出版式的编辑、视频流的转换、播出控制和对整个 PIS 设备工作状态的监控以及网络的管理。

中心子系统主要构成有：中心服务器、编码器、视频流服务器、中心操作员工作站、中心网管工作站、播出控制工作站、接口服务器和集成化软件系统等。整个控制中心设备构成了一个完整的播出和集中控制系统。同时，中心子系统还将提供多种与其他系统的接口。中心子系统在控制中心与通信时钟子系统、通信广播子系统、地面交通信息系统、信号系统、综合监控系统等互联，接收需要的时钟、地面交通信息、紧急控制信息等。

15.2.1.2 车站子系统

车站子系统作为 PIS 系统的重要组成部分，负责接收来自控制中心的数据并将其显示在 LCD 屏条屏、综合信息屏等终端设备上。这些设备遍布地铁站的各个区域，如出入口、站厅和站台，提供乘车须知、运营信息、动态宣传视频等，确保乘客在每一个环节都能获取到所需的信息，提高出行效率。在控制中心子系统或网络子系统出现故障时，车站子系统按照下载的节目列表和节目内容在本站显示终端上自动播放。

车站子系统系统主要由以太网交换机、车站服务器、车站操作员工作站、音视频传输设备、外部系统接口、PDP/LED 控制器、PDP 显示屏及 LED 显示屏等设备组成。

15.2.1.3 车载子系统

车载子系统是 PIS 在列车上提供服务的重要设施，主要实现车-地信息统一发布管理，通过车载媒体播放，对中心下发的媒体信息，在本列车的所有 LCD 显示屏上播放。

该系统主要由车载交换机、车载 LCD 控制器、编解码器、分配器、显示屏、电源适配器等组成。

由于车载子系统与车站子系统一样，是安防监控、运营信息、资源开发兼顾的系统，因此在正常情况下，系统可交替或并行发布多种媒体资讯和服务信息，在紧急情况下报警、安抚和引导信息优先发布。车载显示设备主要负责利用移动宽带传输系统将车上监视图像、火灾报警信号、车辆故障信息上传至控制中心、车站、备用控制中心。同时通过移动宽带传输系统接收发布紧急信息和乘客服务信息等内容，通过车载 LCD 显示控制器进行解码合成后，在本列车的所有 LCD 显示屏上实时播放。

15.2.1.4 网络子系统

网络子系统是 PIS 业务的专用数据承载平台，为传输列车运营服务信息、乘客引导信息、公共服务信息、商业信息等提供了网络传输通道，主要包括有线网络和车-地无线网络二个部分。

（1）有线网络子系统。有线网络子系统为 PIS 提供控制中心到各个车站（含无线接入点）的视频和数据信号传输通道。控制中心和所有车站的设备连接到传输网络提供的传输通道上，PIS 在每个车站和车辆段、停车库设置 PIS 车站交换机，从而构成一个完整的 PIS 系统的信息传输路径，如图 15-1 所示。

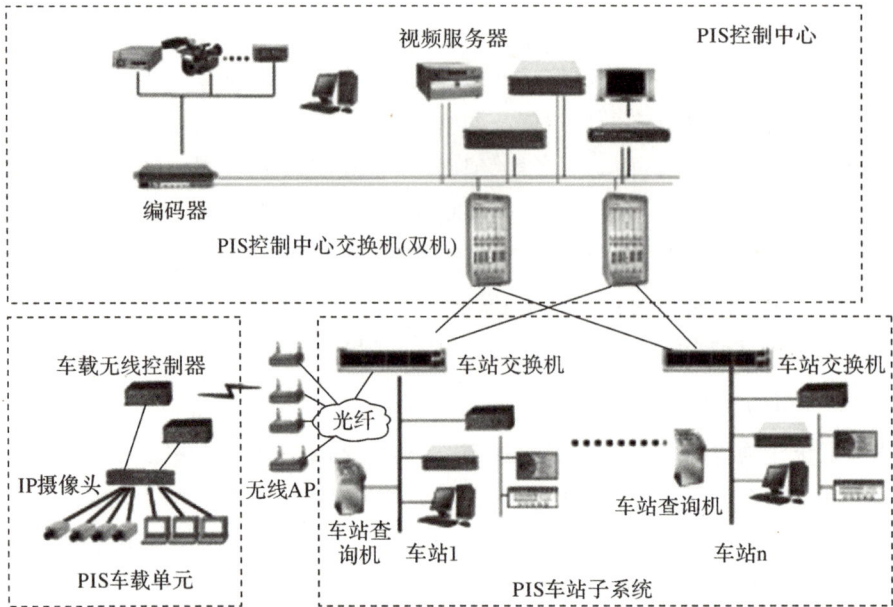

图 15-1 PIS 有线子系统

（2）无线网络子系统。无线网络子系统作为有线网络信息传送的延伸,提供地面与列车的通信。按照系统设备功能,主要包括设置在控制中心的无线控制器、轨旁基站、区间隧道的光缆、无线接入点设备、车载无线设备及车载通信控制器等。车载 CCTV 系统和 PIS 通过在控制中心接入 PIS 核心交换机、在列车上接入车载局域网与车-地无线通信系统进行通信(见图 15-2),从而实现车载 CCTV 系统视频调看和 PIS 节目下发等业务功能。

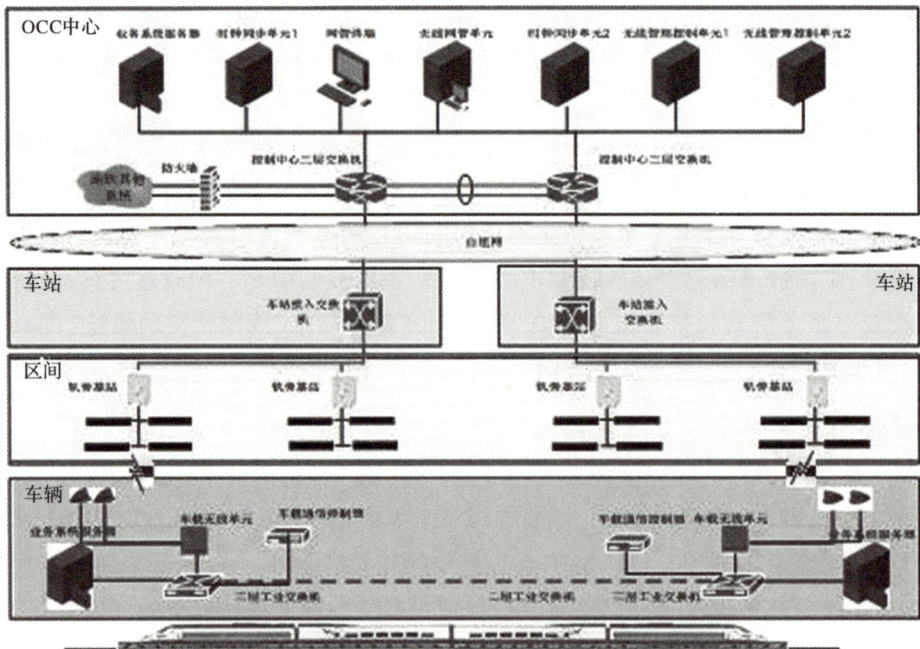

图 15-2 车-地无线组网图

无线网络应充分考虑列车在高速情况下的切换问题,应采取有效措施减少切换时间和降低因切换带来的数据损失,在列车高速运行时,不应丢失链接和引起画面质量降低。正常应进行全面的网络覆盖测试,并满足覆盖要求,以保证数据在车上的实时播放不中断,且播放质量不受影响。

15.2.1.5 节目制作子系统

节目制作子系统主要提供直观方便的用户界面供业务人员/广告制作人员制作广告节目(如广告片、风光片和宣传片,并可承接地铁以外的一些广告制作),编辑广告时间表,控制指定的显示屏或显示屏组播放显示指定的时间表,并将制作好的素材经审核通过后通过网络传输到控制中心和各车站进行播出。

节目制作子系统主要构成有:图像存储服务器(可无限扩容)、非线性编辑设备(用于节目的串编)、视频合成工作站、数字编辑录像机、数字编辑放像机、数字/模拟摄像机、网络系统、广告管理软件系统和屏幕编辑预览系统等。

15.2.2 各子系统的功能

15.2.2.1 控制中心子系统功能

控制中心子系统需实现如下功能:集中管理整个 PIS、实时监控整个 PIS、外部视频信息源的导入、外部系统数据的导入和导出、中心公共信息的编辑保存、中心集中发放信息、中央集中控制终端显示设备的显示模式/开关、中心发放实时网络视频流数据等。

15.2.2.2 车站子系统功能

车站子系统主要负责管理车站内的 PIS 系统,它集中监控本车站内的 PIS 系统设备,接收并下载控制中心子系统的数据,如命令、各类信息内容、系统参数等,并分发至车站内的 PIS 系统的每一显示终端,此外还负责外部系统数据的导入、导出,控制站内 PIS 系统每显示终端的信息发布和站务信息的编辑保存。

15.2.2.3 车载子系统功能

车载子系统部分包括:车载信息显示控制部分、车载信号传输部分。车载子系统主要由车载节目播出和车载视频监控两大功能组成。车载子系统通过 PIS 无线网络,接收由车站子系统转发的电视节目、实时资讯以及运营管理信息、各种控制指令,在车载显示屏上显示播放。通过车载监控系统采集保存各个车厢视频监控信息和设备监控信息,同时支持轮巡、自动筛选、任意指定等方式向车站和中心上传监控信息。

15.2.2.4 网络子系统功能

车-地无线网络通过在区间及列车上设置无线接入点等设备,在轨道交通沿线车站或线路控制中心与移动列车之间建立稳定、安全且能避免冲突的通信网络。通过车-地无线网络能够将列车车载视频监视系统采集的运营中列车车厢内乘客情况视频信息实时上传至控制中心;并将 PIS 的视频信息从控制中心下传至运营中的列车上,在车厢显示屏上显示 PIS 视频信息。该系统的覆盖范围包括全线的区间、车站和站台区。

15.2.2.5 节目制作子系统

节目制作子系统实现如下功能:广告节目的编辑和保存、时间表的编辑和保存、屏幕布局的编辑和保存、集中控制发布播放时间表至显示设备、节目播放日志的报表显示和打印。

节目制作子系统一般情况下可以共用,即一个城市的所有地铁线路可以共用一套节目制作子系统,每条线路提供接口。

15.3 乘客信息系统的运行模式

15.3.1 乘客信息系统运行模式概述

乘客信息系统的运行模式主要有正常模式(实时播放)、预录模式、降级模式。这三种模式车站及车载子系统既可以根据现实情况进行实时转换也可以进行人工转换,各个车站会根据运营的实际情况自动调整运行模式。系统运行模式状态转换图如图 15 - 3 所示。

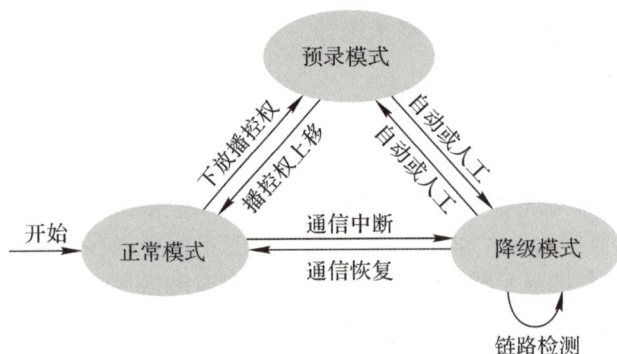

图 15 - 3 运行模式状态转换图

15.3.1.1 正常模式

正常模式下,系统由控制中心直接组织信息播放并控制终端显示设备,车站子系统及车载子系统接收同步播放列表和节目内容,处于同步播放状态。

15.3.1.2 预录模式

预录模式下,正常运营期间,系统限速接收和下发数据;停运期间,全速接收和下发数据,中心系统在停运期间向车站传送预录信息;当车辆进入车辆段/停车场时,通过车-地无线通信系统对车辆 PIS 设备进行信息预存。

15.3.1.3 降级模式

出现以下情况时,系统自动采用降级模式。

(1)如果控制中心发生故障,导致无法向二级(车站、车辆段)发送多媒体信息。

(2)通讯网络发生故障,网络系统无法把控制中心下发的多媒体文件传达给车站、车辆段。

(3)系统检测到受到外界非法入侵,在非法入侵未解除前,控制中心也停止向车站、车辆段下发多媒体文件。

15.3.2 车站子系统的运行

车站子系统根据系统各级设备是否能正常提供服务,可分为正常模式、降级模式、单点故障模式。

（1）正常模式。系统由控制中心直接组织信息实时播放并控制终端显示设备,车站子系统在接收同步播放列表和节目内容的同时处于热备份状态。

（2）降级模式。当控制中心故障或网络通信中断以及系统检测到非法入侵时,受到影响的车站子系统迅速自动转入降级模式,按已预先定义的播放列表和本地存储的节目内容自行组织播放。

（3）单点故障模式。当个别终端显示设备与系统通信中断时,通信中断的终端设备将按照已预先定义的播放列表和本地存储的节目内容自行组织播放。其余设备按照原有模式进行。

15.3.3 车载子系统的运行

车载子系统根据系统结构及其他设备所提供的信息等,可分为实时模式、准实时模式、录播模式、单点故障模式运行。

（1）实时模式。车载子系统通过有线和无线网络接收控制中心直接下发的信息实时在列车上播放。

（2）准实时模式。当车载系统无法与地面进行不间断实时通信时,车载子系统在列车进站停靠期间或车辆回库期间,通过无线网络在非移动情况下高速传输并预存显示信息、播放列表和窗口框架,供车载系统组织播出,以保证列车在整个运营期间,播出节目不间断。

（3）录播模式。每天运营结束后,车载子系统车辆段集中接收存储控制中心下发的次日播放列表及节目内容。车辆运营时,车载系统按照预存的素材和播放列表自行组织播放。

（4）单点故障模式。当个别列车车载显示设备与系统通信中断时,通信中断的列车也按预先定义节目内容迅速自行组织播放。其余设备按照原有模式进行。

▶项目总结

本项目主要介绍了城市轨道交通乘客信息系统的结构、组成、功能、运行模式。通过本项目的学习,从而为今后的学习打下坚实的基础。

▶项目实施

实训 15.1 乘客信息系统的操作运用

1.实训项目教师工作活页(见表 15-1)

表 15-1 实训项目教师工作活页

实训项目		实训 15.1.1 乘客信息系统的操作运用			
学 时		专业班级		实训场地	
实训设备					
教学目标	专业能力	（1）能说出乘客信息系统的含义; （2）能说出乘客信号系统的结构组成及子系统作用; （3）能说出乘客信息系统的基本功能; （4）能说出乘客信息系统支持的信息类型; （5）能说出乘客信息系统的运行模式。			

续 表

教学目标	方法能力	(1)能综合运用专业知识、通过作业书籍、多媒体课件和图片资料获得帮助信息； (2)能根据实训项目学习任务确定实训方案,从中学会表达及展示活动过程和成果。
	社会能力	(1)能在实训活动中保持积极向上的学习态度； (2)能与小组成员和教师就学习中的问题进行交流与沟通； (3)学会和他人资源共享,具有较好的合作能力和团队精神。
教学活动		略(详见教学活动设计)
绩效评价	学生活动	(1)以 4～8 人小组为单位开展实训活动,根据本组同学在实训过程中的表现及结果进行自评和组内互评； (2)根据其他小组同学在展示活动中的表现及结果,进行小组互评。
	教师活动	(1)指导学生开展实训活动； (2)组织学生开展活动评价与总结； (3)根据学生的表现和在本实训项目中的单元成绩作出综合评价。
教学资料		(1)《城市轨道交通通信与信号》主教材及辅助教材； (2)《城市轨道交通乘客信息系统技术规范》(DB11/T 1683—2019)资料； (3)教学活动设计活页。
指导教师		实训时间　　　　年　　　月　　　日

2.实训项目学生学习活页(见表 15－2)

表 15－2　实训项目学生学习活页

实训项目	实训 15.1.2　乘客信息系统的操作运用			
专业班级		姓名		时间

一、实现目标

1.专业能力目标

(1)能说出乘客信息系统的含义；

(2)能说出乘客信号系统的结构组成及子系统作用；

(3)能说出乘客信息系统的基本功能；

(4)能说出乘客信息系统支持的信息类型；

(5)能说出乘客信息系统的运行模式。

2.方法能力目标

(1)能综合运用专业知识、通过作业书籍、多媒体课件和图片资料获得帮助信息；

(2)能根据实训项目学习任务确定实训方案,从中学会表达及展示活动过程和成果。

续 表

3.社会能力目标

(1)能在实训活动中保持积极向上的学习态度;

(2)能与小组成员和教师就学习中的问题进行交流与沟通;

(3)学会和他人资源共享,具有较好的合作能力和团队精神。

二、知识总结

1.说出乘客信息系统的概念。

2.简述乘客信息系统的结构组成。

3.简述乘客信息系统的功能。

3.说出乘客信息系统的三种运行模式。

三、操作应用

1.说出乘客信息系统的运行模式及各模式适用对象,并画出乘客信息系统模式转换图。

2.写出乘客信息系统支持的5种信息类型,并举例。

(1)紧急灾难信息:_____;

(2)_____:_____;

(3)_____:商业广告信息、商业宣传信息;

(4)_____:_____;

(5)一般站务信息及公共信息:_____。

3.如地铁屏幕划分参考图所示,在同一屏幕上,可根据需要将屏幕进行划分,不同的区域可同时进行不同信息的显示,可满足不同乘客对各类信息的需求。请画出郑州地铁1号线郑州火车站的屏幕划分。

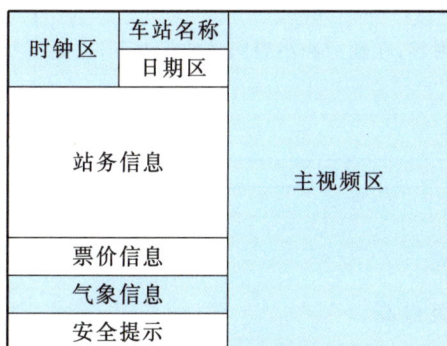

时钟区	车站名称	主视频区
	日期区	
站务信息		
票价信息		
气象信息		
安全提示		

屏幕划分参考图

郑州地铁1号线郑州火车站

四、实训小结

_____

_____

_____

五、成绩评定

1.学生评价

评价等级	A—优秀	B—良好	C—中等	D—及格	E—不及格
学生自评					
组内互评					
小组互评					

续 表

2.教师评价

评价等级	A—优秀	B—良好	C—中等	D—及格	E—不及格
专业能力					
方法能力					
社会能力					
评价结果					

3.综合评价

评价等级	A—优秀	B—良好	C—中等	D—及格	E—不及格
综合评价					

综合评价按学生自评占 10%、组内互评占 20%、小组互评占 20%、教师评价占 50%的比例进行过程评价。其中：A(90～100)、B(80～89)、C(70～79)、D(60～69)、E(60 以下)。

4.评价标准

评价等级	评价标准
A	能圆满、高效地完成实训任务的全部内容
B	能较顺利地完成实训任务的全部内容
C	能完成实训任务的全部内容,但需要相关的指导和帮助
D	只能完成实训任务的大部分内容,在教师和小组同学的帮助下,也能完成实训任务的全部内容
E	只能完成实训任务的部分内容

▶项目达标

一、选择题

1.乘客信息系统车载信息中(　　)的优先级最高。

A.紧急灾难信息　　　　　　　　B.列车服务信息

C.乘客引导信息　　　　　　　　D.公共信息

2.乘客信息系统的运行模式主要有(　　)、(　　)、(　　)。

A.正常模式　　　　B.预录模式　　　　C.降级模式　　　　D.随机播放

3.(　　)是 PIS 业务的专用数据承载平台,为传输列车运营服务信息、乘客引导信息、公共服务信息、商业信息等提供了网络传输通道。

A.节目制作系统　　　B.网络子系统　　　C.中心子系统　　　D.车载子系统

二、简述题

1.简述乘客信息系统的功能。

2.简述乘客信息系统车载子系统的录播模式。

项目十六　闭路电视监控系统

▶项目导入

　　2015 年 4 月 20 日,深圳的"上班族"们像往常一样穿梭于地铁的人流之间,开始新的工作周。在蛇口线换乘环中线的黄贝岭站,一名女乘客因没吃早餐导致低血糖晕倒,引发乘客奔逃踩踏,因没有及时发现造成 12 名伤者被急救送医。目前,我国各大城市的地铁交通车站、车辆段、停车场等都安装了闭路电视系统,实现了对车站、车辆段、停车场情况的 24 小时安防监控,并发挥了重要作用。尽管闭路电视系统在城市轨道交通中的应用已经比较普及了,但就应用的广度和深度而言,还有很长的路要走;同时,怎样应用闭路电视系统乃至整个安防领域出现的新技术、新功能,来加快促使城市轨道交通闭路电视系统更清晰、更完善、更高效,都变得十分关键了。

▶项目要点

　　闭路电视监控系统的作用、构成、应用、设备、检修。

▶鉴定要求

　　1.掌握闭路电视监控系统的构成及各主要部分的功能;
　　2.掌握闭路电视监控系统的操作;
　　3.掌握闭路电视监控系统的检修要求。

▶课程思政

　　1.介绍闭路电视监控系统在运输安全方面的重要性,树立安全意识和风险意识,培养细心、专注的工作习惯;
　　2.通过实训项目的实施,提高自身的操作能力和规范意识,提升团队协作意识。

▶基础知识

16.1　闭路电视监控系统的基本作用

　　在城市轨道交通中,闭路电视监控系统(Closed Circuit TV,CCTV)可对各车站主要生产装置设施、关键设备及重要部位进行全面直观的实时安全监视,为控制中心调度员、各车站值班员、公安值班员等提供有关列车运行、乘客疏导、防灾救火、突发事件等现场视频信息,是保证城市轨道交通各车站安全运行的重要手段。

　　其主要作用表现为:

　　(1)向调度中心一级行车管理人员(行车调度员、环控调度员、公安值班员、值班主任等)

提供各站台区行车情况和站厅区乘客流向的图像信息。

(2)向车站行车值班员提供本站列车停靠、起动、车门开闭以及售票机、闸机出入口等处的现场实时图像信息。

(3)向列车驾驶员和站台工作人员提供相应站台乘客上下列车的图像信息。

通过对闭路电视监控系统在运营安全方面的主要功能的介绍,让学生树立安全意识和风险意识,培养细心、专注的工作习惯。

16.2　闭路电视监控系统的组成

闭路电视监控系统是安全技术防范体系中的一个重要组成部分,是一种先进的、防范能力强的综合系统。典型的闭路电视监控系统如图 16-1 所示,包括摄像装置、传输部分、控制部分以及图像处理显示和记录设备等。

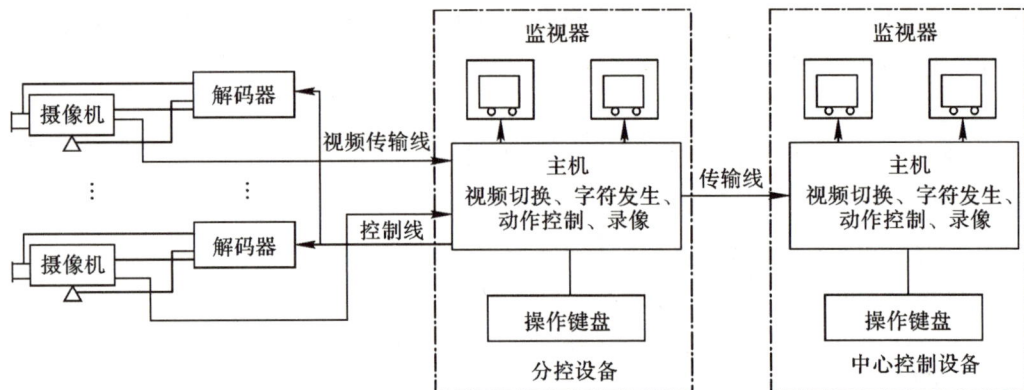

图 16-1　CCTV 系统的基本组成

16.2.1　摄像部分

摄像部分是电视监控系统的前沿部分,是整个系统的"眼睛"。它布置在被监视场所的某一位置上,使其视场角能覆盖整个被监视的各个部位。摄像机把监视的内容变为图像信号,传送到控制中心的监视器上。摄像部分是系统的最前端,作为系统的原始信号源,摄像部分的好坏以及产生的图像信号的质量将影响着整个系统的质量。

摄像部分根据监视需要,可将摄像机安装在电动云台上,并加装变焦镜头,在室外应用的情况下为了防尘、防雨、抗高低温、抗腐蚀等,对摄像机及其镜头还应加装专门的防护罩。

16.2.2　传输部分

传输部分就是系统的图像信号传送的通路。一般来说,传输部分单指的是传输图像信号,由于某些系统中除图像外,还要传输声音信号,有时需要由控制中心通过控制台对摄像镜头、云台、防护罩等进行控制,因而在传输系统中还包含有控制信号的传输。图像信号的传输,要求在图像信号经过传输系统后,不产生明显的噪声、失真,保证原始图像信号的清晰度和灰度等级没有明显下降。这要求传输系统在衰减方面、引入噪声方面、幅频特性和相频特性方面都有良好的性能。

在传输方式上,目前电视监控系统多半采用视频基带传输方式。如果摄像机距离控制中心较远,可采用射频传输方式或光纤传输方式。

16.2.3　控制部分

控制部分是整个系统的指挥中心。控制部分的主要功能有:视频信号放大与分配、图像信号的校正与补偿、图像信号的切换、图像信号的记录、摄像机及其辅助部件(如镜头、云台、防护罩等)的控制等。

控制部分能对摄像机、镜头、云台、防护罩等进行遥控,完成对被监视的场所全面、详细的监视或跟踪监视。控制部分一般设有录像设备,可以随时把被监视场所的图像记录下来,以便事后备查。控制部分设有"多画面分割器",如四画面、九画面、十六画面等。通过这个设备,可以在一台监视器上同时显示出 4 个、9 个、16 个摄像机送来的画面,并用一台常规录像机或长延时录像机进行记录。控制部分还设有时间及地址字符发生器,通过这个装置可以把年、月、日、时、分、秒显示出来,并把被监视场所的地址、名称显示出来。在录像机上进行记录,这样为以后的备查提供了方便。

16.2.4　显示部分

显示部分一般由多台监视器、监视屏幕墙或电脑显示器组成。其功能是将传送过来的图像显示出来。在电视监视系统中,特别是在由多台摄像机组成的电视监控系统中,一般都不是一台监视器对应一台摄像机进行显示,而是几台摄像机的图像信号用一台监视器轮流切换显示。这样可以节省设备,减少空间占用。当某个被监视的场所发生情况时,可以通过切换器将这一路信号切换到某一台监视器上一直显示,并通过控制台对其遥控跟踪记录。在一般的系统中通常都采用摄像机对监视器的比例数为 4:1,即 4 台摄像机对应一台监视器轮流显示,当摄像机的台数很多时,可采用 8:1 或 16:1 的设置方案。

在摄像机台数很多的系统中,用画面分割器把某几台摄像机送来的图像信号同时显示在同一台监视器上,即在一台较大屏幕的监视器上,把屏幕分成几个面积相等的小画面,每个画面显示一个摄像机送来的画面。这样可以大大节省监视器,并且操作人员观看起来也比较方便。

◆ 16.3　闭路电视监控系统在城市轨道交通中的应用

城市轨道交通闭路电视监控系统一般分为三部分:一部分用于指挥行车及控制客流,监控场所包括车站站厅、站台、车站轨道等;一部分用于消防楼宇监控,监控场所包括轨道交通企业安装重要设施的场所,一般在控制中心大楼使用;另外一部分用于公安安防系统,监控场所包括地铁进入车站内的通道、站厅、站台等,为公安人员提供车站视频信息,一般用于处理纠纷、事故等情况。

16.3.1 行车指挥用监控系统

行车指挥用监控系统提供城市轨道交通车站内站厅、站台、轨道上列车停靠、起动、车门开关、客流等与行车有关的现场图像信息,以确保城市轨道交通系统正常运行。其使用人员包括车站值班人员、列车驾驶员及控制中心调度人员等。

行车指挥用电视监控系统包括车站设备、控制中心设备以及传输设备三部分。其系统示意图如图 16-2 所示。

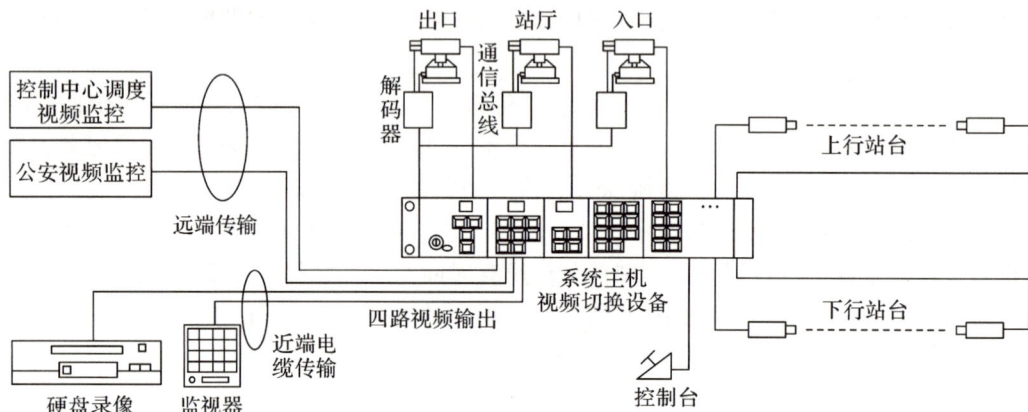

图 16-2 行车指挥用电视监控系统示意图

16.3.1.1 车站设备

车站监控系统主要为车站值班员提供本车站内站厅、站台客流图像及轨道上列车图像信息,并进行录像,同时将图形上传到控制中心和公安视频监控中心。

车站监控系统由前端摄像机、解码器、视频矩阵、视频分配器、字符发生器、控制台硬盘存储设备、监视屏幕设备及传输设备组成。

(1)摄像机及其设置。车站电视监控设备应根据车站的布局情况设置监视点,在地铁车站中常设有站台区和站厅区,而在高架或地面轻轨系统的车站设有站台区、出入口区和站厅区。不论是站台区、站厅区还是出入口处均应设置摄像机进行监视,有些还在地铁通道内设置摄像点。

站台区的摄像机除为车站值班员提供图像信息外,还为列车驾驶员提供乘客上、下车及车门开关情况的信息。因列车驾驶员无法对摄像机进行控制,故站台区的摄像机通常采用固定式,根据站台的长度,可在上、下行站台分别设置 1~2 台摄像机,摄像范围应能覆盖上、下行站台。站厅区和出入口的摄像机为车站值班员及控制中心调度部门提供图像信息,摄像机取景范围要求大而且可变,故常采用球形摄像机或带云台的摄像机,以调节摄像方位和角度等。

(2)监视器及其设置。车站监视系统使用人员包括车站值班员和列车驾驶员,监视器一般设置在站台和车控室两个地方。

站台上的监视器为列车驾驶员提供站台信息及车门开启、关闭信息,监视器一般设置在站台的头尾上方,采用悬挂式安装。其图像可采用分割方式显示,即一个屏幕上显示几个画面,也可采用一个屏幕单独显示一个画面。

车控室的监视器一般为车站值班员提供站台列车、客流及站厅内的图像信息,车控室监视器一般设置 2 台监视器显示站台信息,另外 1～2 台监视器显示站厅信息;也可采用车站控制主机上的显示屏显示多路画面信息的方式。

(3)视频分配设备。车站视频分配设备将输入的各路摄像机图像信息上传到需要图像信息的设备。城市轨道交通闭路电视监控系统视频分配输出一般分为本地监视器、硬盘录像、控制中心调度和公安安防等四部分。

(4)控制台。主控键盘也称操作台,是监控操作人员用来操控云台、调节摄像机焦距以及在监视器上切换显示画面的设备。在控制键盘上设有很多数字键及功能键,其中数字键用于选择摄像机输入及监视器输出,功能键用于对选定的前端设备进行各种控制操作,面板键盘、主控键盘允许对系统进行编程设置。在控制键盘上通常还设有 LED 显示屏或液晶显示屏,用于显示控制指令或系统内各监视点的工作状态。

(5)时间、日期及字符叠加器。时间、日期及字符叠加器如图 16-3 所示,用于在监视器上加载摄像的时间、日期以及摄像机的区域位置信息,方便现场操作人员使用,而且便于以后提取录像使用。

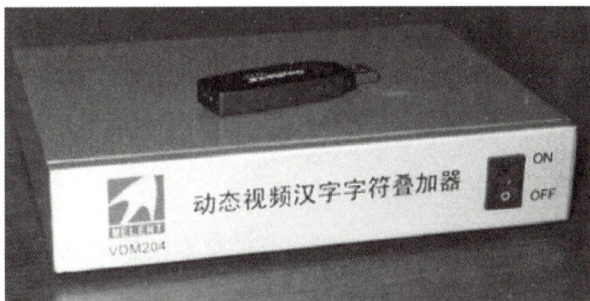

图 16-3　时间、日期及字符叠加器

(6)录像存储设备。录像存储设备能够将需要的视频信息按要求保存下来,此设备有两种形式:一种是 PC 型录像存储机,另一种是专用硬盘录像机。

PC 型硬盘录像机实质是一部专用工业计算机,利用专门的软件和硬件将视频捕捉、数据处理、图像记录、自动警报集于一身。操作系统一般采用 Windows 系列。硬盘录像机一般可同时记录多路视频信息,可根据具体的硬盘录像设备而定。PC 型硬盘录像机优点是控制功能和网络功能较为完善,不足之处是其操作系统基于 Windows 运行,不能长时间连续工作,必须隔一段时间后重启计算机。单机型(嵌入式)硬盘录像机操作采用面板上的按键控制,不再采用鼠标和键盘,操作系统一般是各厂家自行研发的操作系统。其优点是操作简便,能长时间连续工作;不足之处是其控制功能和网络功能尚不完备。

16.3.1.2　控制中心设备

控制中心监控系统为控制中心行调、环调、总调度员等提供车站的图像信息,用于控制中心调度人员指挥行车及应急抢险。控制中心监控系统主要包括监视屏幕墙、系统服务器、视频切换设备、操作台、控制接口转换设备等。

（1）监视屏幕墙。车站监控系统中采用监视器就可完成监控显示功能,而在控制中心汇聚所有车站的视频信息,需要上传的图像较多,需采用监视屏幕墙作为显示设备。监视屏幕墙一般由几个监视器组成,随着电子技术的发展,在城市轨道交通中的屏幕墙也有采用拼接方式监视屏幕墙。

（2）服务器主机。控制中心监控系统服务器主机一般配备厂家自行研制的服务器管理软件,主要功能是将车站视频信息切换到屏幕墙上、对系统参数进行配置、输出系统报警等。

（3）调度控制台。由于所有车站的视频信息全部上传到控制中心,如果调度员想同时调节不同车站的摄像机就需要配置多个控制台,不同的调度员分别使用不同的调度控制台,查看相关车站视频信息。其中调度控制台的级别一般优先于车站级控制台,即当调度操控某一车站的摄像机时,本地就不能进行操控;或本地正在操控时,调度可强行切断操控。

（4）控制与接口单元。调度中心控制台的操控视频切换、服务器操作视频切换等功能均由控制与接口单元完成。

16.3.1.3　传输设备

传输设备是将车站视频信号和控制信号传送到控制中心。一般本地传输直接用电缆连接方式就可实现,而控制中心与车站距离一般较远,需要相应的传输设备实现视频及控制信号的传送。

在车站一般将由分配器输出的视频信号和控制信号经转换设备转换成相应传输设备所需的接口数据后,经传输设备传送到控制中心,控制中心传输设备再将接收的信号转换成视频信号送到视频矩阵及控制信号接口。

16.3.2　消防楼宇监控系统

消防楼宇监控系统一般设置在轨道交通企业的重要设施内,如控制中心、车辆段、停车场等地。此部分的主要功能是进行楼宇内的安防及消防,一般与消防系统有联动功能,系统组成如图16-4所示。

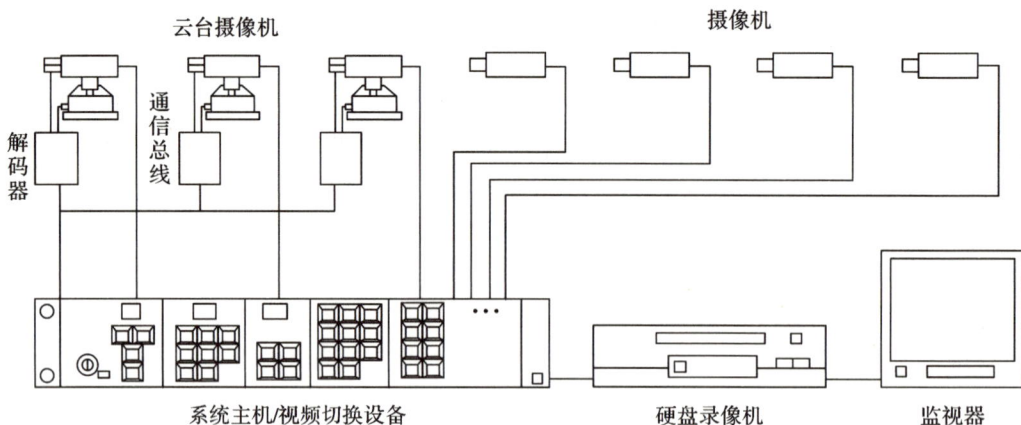

图 16-4　消防楼宇监控系统

消防楼宇监控系统的摄像机安装在楼道、出入口及重要的设备机房。消防楼宇监控系统一般单独组网,视频图像只上传到本地监视器和硬盘录像设备。其系统一般由前端摄像机,后端的控制主机,视频切换、视频分配、硬盘录像、监视设备组成。

公安安防系统设备组成与行车调度指挥系统结构相同,不赘述。

16.4 闭路电视监控系统的其他设备

16.4.1 摄像机

摄像机是获取监视现场图像的前端设备,它一般以 CCD 图像传感器为核心部件,外加同步信号产生电路、视频信号处理电路及电源等。

摄像机具有黑白和彩色之分,由于黑白摄像机具有高分辨率、低照度等优点,特别是它可以在红外光照下成像,所以在电视监控系统中,黑白摄像机应用较多。摄像机根据使用场所的不同一般分为:半球摄像机、枪形摄像机、一体化摄像机、红外摄像机、智能型摄像机、云台摄像机等。

不同摄像机具有各自特点:球形摄像机没有角度限制,可以看到摄像头覆盖的全部场景;云台摄像机可以通过控制云台角度,改变摄像范围;一体化摄像机镜头与摄像机为一体不可拆卸镜头;枪形摄像机的摄像头可更换;红外摄像机在摄像头前加装红外灯,可用于夜间监控。

16.4.2 镜头

镜头与 CCD 摄像机配合,可以将远距离目标成像在摄像机的 CCD 靶面上。镜头的种类繁多,从焦距上分类,可分为短焦距、中焦距、长焦距和变焦距镜头;从视角的大小分类,可分为广角、标准、远摄镜头;从结构上分类,可分为固定光圈定焦镜头、手动光圈定焦镜头、自动光圈定焦镜头、手动变焦镜头、自动光圈电动变焦镜头、电动三可变镜头(指光圈、焦距、聚焦这三者均可变)等类型。由于镜头选择的合适与否,直接关系到摄像质量的优劣,所以在实际应用中必须合理选择镜头。

16.4.3 云台

云台主要有水平云台、全方位云台、球型云台几种。

水平云台又叫扫描云台,绝大多数限于室内使用。水平云台体积小、重量轻,用于固定摄像机在水平方向进行 360°的扫描。

全方位云台与水平云台相比,在垂直方向上增加了一个驱动电动机,该电动机可以带动摄像机座板在垂直方向±60°范围内做仰俯运动。由于部件增多,全方位云台在尺寸和重量上都比水平云台高。

球型云台从外观结构上看与普通云台有很大的不同,但传动机理和普通云台是一样的。球型云台一般都设计成一个中空的托架形,将云台及摄像机和电动镜头一起放置在封闭的球罩里。其托架部分正好用于安装摄像机和电动镜头,云台可以在水平和垂直两个方向任意转动,镜头前端扫过的轨迹恰好构成了一个球面。

16.4.4 红外灯

在闭路电视监控系统中,有时需要在夜间无可见光的环境下,对某些重要部位进行监视。监视现场设置红外灯进行辅助照明可使 CCD 摄像机正常感光成像。与低照度的 CCD 摄像机相比,具有价格极低、在绝对黑暗的环境下仍可获得清晰的图像的特点。

闭路电视监控系统中使用的红外灯大致有两种类型:一种是用普通照明灯外加可见光滤除装置,能耗较高;另一种是用若干红外发光二极管组成的二极管阵列。

16.4.5 解码器

解码器是控制摄像机云台或镜头时进行摄像机与控制器之间信号传输与转换的装置,一般安装在配有云台及自动镜头的摄像机附近,有多芯控制电缆直接与云台及自动镜头相连,另有两芯护套线或两芯屏蔽线的通信线与监控室内的系统主机相连。

16.4.6 视频矩阵

视频切换矩阵的功能是将输入的视频信息,切换到指定输出端口。

视频矩阵主要功能就是实现对输入视频图像的切换输出,即将视频图像从任意一个输入通道切换到任意一个输出通道显示。一般来讲,一个 $M \times N$ 矩阵表示它可以同时支持 M 路图像输入和 N 路图像输出,而且能够将任意一个输入连接至任意一个输出。

16.4.7 通信电缆

(1)视频电缆及连接器。视频电缆选用 75 Ω 的同轴电缆,通常使用的电缆型号为 SYV - 75 - 3 和 SYV - 75 - 5。它们对视频信号的无中继传输距离一般为 $300 \sim 500$ m,当传输距离更长时,可相应选用 SYV - 75 - 7、SYV - 75 - 9 或 SYV - 75 - 12 的粗同轴电缆(在实际工程中,粗缆的无中继传输距离可达 1 km 以上)。一般来说,传输距离越长则信号的衰减越大,频率越高则信号的衰减也越大,但线径越粗则信号衰减越小。当长距离无中继传输时,由于视频信号的高频成分被过多的衰减而使图像变模糊(表现为图像中物体边缘不清晰,分辨率下降),而当视频信号的同频头被衰减得不足以被监视器等视频设备捕捉到,图像便不能稳定地显示。根据使用要求可考虑选用视频放大器。

视频信号实际所能传输的距离与同轴电缆的质量及所用的摄像机及监视器均有关。当摄像机输出电阻、同轴电缆特性阻抗、监视器输入电阻等 3 个量不能完全匹配时,就会在同轴电缆中造成回波反射(驻波反射),因而长距离传输时会使图像出现重影及波纹,甚至使图像跳动。在实际工程中,尽可能一根电缆一贯到底,中间不留接头,避免造成插入损耗。

(2)通信电缆。通信电缆指的是控制键盘与摄像机解码器之间连接的二芯电缆,一般采用 RS - 485 通信方式。通信电缆可以选用普通的二芯护套线,为适应强干扰环境下的远距离传输,可选用带有屏蔽层的两芯线。

(3)控制电缆。控制电缆通常指的是用于控制云台及电动可变镜头的多芯电缆,它一端连接控制器或解码器的云台、电动镜头控制接线端,另一端则直接接到云台、电动镜头的相应端子上。控制电缆提供的是直流或交流电压,而且一般距离很短(有时还不到 1 m),基本上不存在干扰问题,因此不需要使用屏蔽线。常用的控制电缆大多采用六芯电缆或十芯电缆。其中六芯电缆分别接于云台的上、下、左、右、自动、公共 6 个接线端。十芯电缆除了接云台的 6 个接线端外,还包括电动镜头的变倍、聚焦、光圈、公共 4 个接线端。

16.5　闭路电视监控系统设备检修基本要求

闭路电视监控系统的维护工作包括日常巡视和计划性检修工作,按照内容可分为日常保养(一级维修)、二级保养(二级维修)、小修(三级维修)、中修(四级维修)和大修(五级维修)。下面主要说明保养的基本要求。

16.5.1　日常保养(一级维修)

(1)检查设备外观是否良好,基础是否稳固,螺钉是否紧固,箱体、加锁装置是否完好。

(2)检查外部连接杆件、管线是否完好,动作是否灵活,设备运用是否正常、平稳,有无噪声,温升是否正常,等等。

(3)对设备运行状态、指示、表示进行检测、记录;检查指示是否超标,发现异常及时调校、排除。

(4)对设备表面进行清洁,按要求加注润滑油,并保证设备周围环境良好。

16.5.2　二级保养(二级维修)

(1)对设备定期开盖、开箱检查,设备内、外部清洁,检查理顺引入(引出)线、接线端子。

(2)测试送、受电端电压、电流,绝缘检查或测试。

(3)对设备关键、主要部件进行测试、调整。

(4)紧固动作部分杆件、塞钉、螺钉,清洗磁头、传感器等,定期更换熔丝,内部加注润滑油。

▶ 课后小结

本章通过对闭路电视监控系统的学习,让我们掌握了闭路电视监控系统的作用、构成和应用;了解闭路电视监控系统的工作原理,掌握了闭路电视监控系统主要设备的常用操作。

▶ 项目实施

实训 16.1　闭路电视监控系统的操作与应用

1.实训项目教师工作活页(见表 16 - 1)

表 16 - 1　实训项目教师工作活页

实训项目	实训 16.1.1　闭路电视监控系统的操作与应用			
学　　时		专业班级		实训场地	
实训设备	闭路电视监控系统车站级设备、中心级设备、城市轨道交通典型录像、城市轨道交通应急预案			

续 表

教学目标	专业能力	(1)能够根据要求正确操作闭路电视监控系统； (2)能够根据闭路电视监控系统提供的录像信息正确作出判断； (3)能够根据闭路电视监控系统提供的录像信息正确执行有关应急预案的规定。
	方法能力	(1)能综合运用专业知识、通过作业书籍、多媒体课件和图片资料获得帮助信息； (2)能根据实训项目学习任务确定实训方案，从中学会表达及展示活动过程和成果。
	社会能力	(1)能在实训活动中保持积极向上的学习态度； (2)能与小组成员和教师就学习中的问题进行交流与沟通； (3)学会和他人资源共享，具有较好的合作能力和团队精神。
教学活动	略（详见教学活动设计）	
绩效评价	学生活动	(1)以 4～8 人小组为单位开展实训活动，根据本组同学在实训过程中的表现及结果进行自评和组内互评； (2)根据其他小组同学在展示活动中的表现及结果，进行小组互评。
	教师活动	(1)指导学生开展实训活动； (2)组织学生开展活动评价与总结； (3)根据学生的表现和在本实训项目中的单元成绩作出综合评价。
教学资料	(1)《城市轨道交通通信与信号》主教材及辅助教材； (2)闭路电视监控系统设备技术资料； (3)教学活动设计活页。	
指导教师		实训时间 年 月 日

2.实训项目学生学习活页（见表 16-2）

表 16-2 实训项目学生学习活页

实训项目	实训 16.1.2 闭路电视监控系统的操作与应用		
专业班级		姓名	时间

一、实现目标

1.专业能力目标

(1)能够根据要求正确操作闭路电视监控系统；

(2)能够根据闭路电视监控系统提供的录像信息正确作出判断；

(3)能够根据闭路电视监控系统提供的录像信息正确执行有关应急预案的规定。

2.方法能力目标

(1)能综合运用专业知识、通过作业书籍、多媒体课件和图片资料获得帮助信息;

(2)能根据实训项目学习任务确定实训方案,从中学会表达及展示活动过程和成果。

3.社会能力目标

(1)能在实训活动中保持积极向上的学习态度;

(2)能与小组成员和教师就学习中的问题进行交流与沟通;

(3)学会和他人资源共享,具有较好的合作能力和团队精神。

二、知识总结

1.简述闭路电视监控系统的作用。

2.简述闭路电视监控系统的构成。

3.简述闭路电视监控系统的应用。

4.简述闭路电视监控系统的检修。

三、操作应用

1.正确操作闭路电视监控系统,能够按照要求显示指定画面。

2.正确设置硬盘录像机。

3.学习城市轨道交通应急预案的有关规定、处理原则、信息通报流程等。

4.模拟站务员、车站值班调度员,根据录像资料,正确执行有关应急预案中信息通报流程。

四、实训小结

_____

_____

五、成绩评定

1.学生评价

评价等级	A—优秀	B—良好	C—中等	D—及格	E—不及格
学生自评					
组内互评					
小组互评					

2.教师评价

评价等级	A—优秀	B—良好	C—中等	D—及格	E—不及格
专业能力					
方法能力					
社会能力					
评价结果					

3.综合评价

评价等级	A—优秀	B—良好	C—中等	D—及格	E—不及格
综合评价					

综合评价按学生自评占10%、组内互评占20%、小组互评占20%、教师评价占50%的比例进行过程评价。其中:A(90～100)、B(80～89)、C(70～79)、D(60～69)、E(60以下)。

续 表

4.评价标准	

评价等级	评价标准
A	能圆满、高效地完成实训任务的全部内容
B	能较顺利地完成实训任务的全部内容
C	能完成实训任务的全部内容,但需要相关的指导和帮助
D	只能完成实训任务的大部分内容,在教师和小组同学的帮助下,也能完成实训任务的全部内容
E	只能完成实训任务的部分内容

▶ 课程达标

一、填空题

1._____是维护城市轨道交通和保证运输安全的重要手段。

2.城市轨道交通闭路电视监控系统一般分为_____、_____和_____三部分。

3.闭路电视监控系统的维护工作包括_____和_____工作。

二、选择题

1.闭路电视监控系统设备包括有( )等。

A.摄像装置 B.传输部分

C.控制部分 D.图像处理显示和记录设备

2.闭路电视监控系统的维护工作按照内容可分为( )五级维修。

A.日常保养 B.二级保养 C.小修 D.中修 E.大修

三、简答题

1.简述什么是闭路电视监控系统。

2.简述闭路电视监控系统在城市轨道交通中的应用。

3.简述闭路电视监控系统设备检修基本要求。

项目十七　时钟系统

▶项目导入

　　时钟系统是城市轨道交通运行的重要组成部分之一,其主要作用是为城市轨道交通工作人员和乘客提供统一的标准时间,并为其他各相关系统提供统一的标准时间信号,使各系统的定时设备与本系统同步,从而实现城市轨道交通全线统一的时间标准。

▶项目要点

　　1.掌握城市轨道交通时钟系统的设备组成;

　　2.掌握时钟系统为城市轨道交通的哪些用户服务;

▶鉴定要求

　　1.认识城市轨道交通时钟系统各设备;

　　2.连接一级母钟、二级母钟、子钟及电源,使系统能正常运行;

　　3.掌握城市轨道交通时钟系统调整方法。

▶课程思政

　　1.能够合理利用城市轨道交通时钟系统支持地铁正常工作,保障乘客安全出行;

　　2.通过地铁时钟系统设备故障深入排查,强化故障征兆发现处置能力,切实预防影响运营行车的设备故障发生。

◆ 17.1　时钟系统概述

　　时钟系统为控制中心调度员、车站值班员、各部门工作人员及乘客提供统一的标准时间信息,并为地铁线路的各通信子系统和其他系统提供统一的时间信号,使各系统的定时设备与本系统同步,从而实现地铁全线统一的时间标准。

17.1.1　时钟系统的基本原理

　　GPS授时系统授时原理是由每颗卫星上原子钟的铯和铷原子频标保持的。原子钟的原理是:原子中的电子从一个能级跃迁到另一个能级的时候频率很稳定,以这个频率作为钟摆就能得到非常精准的时间。

　　GPS授时原理是在任意时刻能同时接收其视野范围内4～8颗卫星的信号,其内部硬件电路和软件通过对接收到的信息进行编码和处理,能从中提取并输出两种时间信号:一是间隔为1 s的同步脉冲信号1 PPS(1 PPS指的是秒脉冲信号,即1 Pulse Per Second的缩写),其脉冲前沿与 UCT(世界标准时间)的同步误差不超过 1 ns;二是包括在串口输出信息中的 UCT 绝对时间(年、月、日、时、分、秒),它是与 1 PPS 脉冲相对应的。一旦天线位置固定下来,GPS 授时只需要接收一颗卫星的信号便可维持其精密的时间输出。

17.1.2 时钟系统的设备组成

时钟系统主要由一级母钟、二级母钟、子钟、网管设备组成,时钟系统架构图如图 17 - 1 所示。

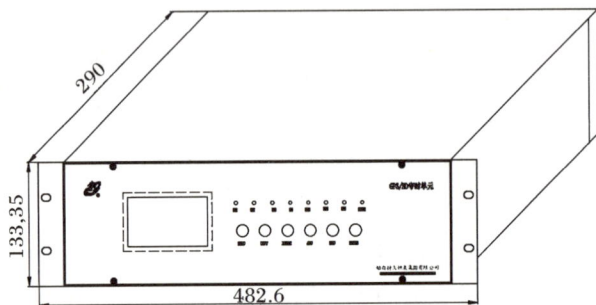

图 17 - 1 时钟系统架构图

中心一级母钟一般设置于控制中心通信设备室。控制中心时钟设备主要包括标准时间信号接收单元、中心一级母钟、分路输出接口箱、电源箱、子钟、网管设备。

17.1.2.1 标准时间信号接收单元

标准时间信号接收单元分别接收并处理来自 GPS、北斗卫星的标准时间信号,向时钟系统提供高精度的时间基准,实现时钟系统的无累积误差运行。

17.1.2.2 中心一级母钟(见图 17 - 2)

(1)母钟接收 GPS 或北斗标准时间信号发送的标准时间信号。GPS 和北斗标准时间信号接收单元正常工作时,优先采用 GPS 时标信号作为母钟的时间基准,北斗时标信号作为备用。GPS 和北斗标准时间信号接收单元均出现故障时,母钟将采用自身的高稳晶振作为时间基准,驱动二级母钟正常工作,并向时钟系统网管设备发出告警。

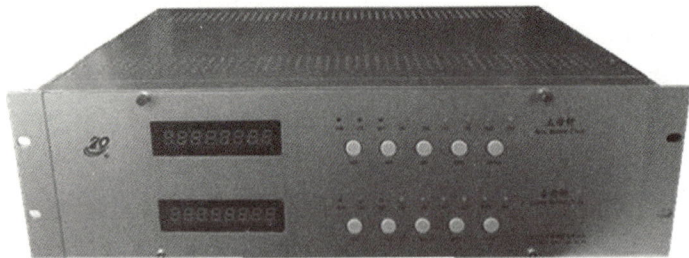

图 17 - 2 一级母钟

(2)母钟关键设备单元(信息处理单元、电源模块、接口板等)为冗余配置,采用主备母钟双机热备工作方式,主母钟和备母钟具有自检和互检功能。在正常状态下,主母钟工作;当主母钟发生故障时,立即自动切换到备母钟,备母钟全面代替主母钟工作;主母钟恢复正常后,备母钟可自动或手动切换回主母钟。

17.1.2.3 分路输出接口箱

分路输出接口箱(见图17-3)实现主备母钟的多路输出,可为车站、场段的二级母钟和本地子钟提供标准时间信号,并监控其运行状态;可为各机电系统等提供秒级和毫秒级标准时间信号。

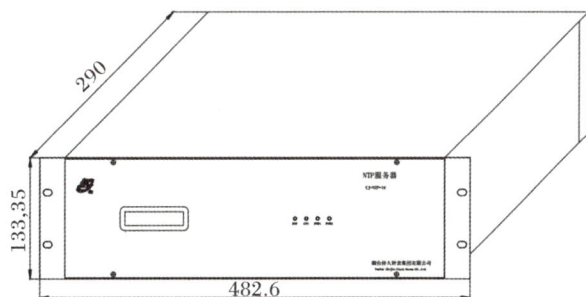

图 17-3 分路输出接口箱

17.1.2.4 电源箱

电源箱向主、备母钟及分路输出接口箱提供所需的电源。

17.1.2.5 二级母钟

二级母钟(见图17-4)设置于车站、场段通信设备室内,主要有母钟和电源箱。电源箱向母钟及分路输出接口箱提供所需的电源。

图 17-4 二级母钟

17.1.2.6 子钟

(1)子钟设置于各车站、场段和控制中心等,用于运营管理及面向乘客的场所,子钟类型分为数字式子钟(见图17-5)和指针式子钟(见图17-6)。

图 17-5 数字式子钟

图 17-6 指针式子钟

（2）子钟设置地点。

控制中心：一般设在调度大厅和主要办公管理用房。

车站：车站控制室、警务室、票务管理室、变电所控制室、会议室、站长室、站务室、屏蔽门控制室、各类维修室、各类值班室、司机休息室、其他与行车有关的房间，以及车站站厅公共区等。

场段：运转值班室、DCC 值班员室、运用组合库、停车列检库及主要办公管理用房等。

17.1.2.7　网管设备

网管设备设于控制中心综合网管室，用于管理时钟系统，实时监测一级母钟、二级母钟及子钟的工作状态。当控制中心、车站、场段时钟设备故障时，母钟可实时将告警信号发送到控制中心时钟系统网管设备。

◆ 17.2　时钟系统的主要功能

17.2.1　同步校对

一级母钟能接收 GPS 和北斗时标信号，产生精确的同步时间码，通过传输通道向二级母钟传送，统一校准二级母钟。

一级母钟可自动选择接收 GPS 和北斗卫星的标准时间信号，两个外部时钟源按照一主一备使用，正常情况下，GPS 时标信号为主用，北斗时标信号为备用。当 GPS 时标信号中断或无效时，一级母钟可自动切换接收北斗时标信号。当 GPS 时标信号恢复正常后，经一级母钟判断确认，自动切换接收 GPS 时标信号。

当接收 GPS 时标信号和北斗时标信号同时出现故障时，一级母钟利用自身的高稳晶振产生的时间信号，仍可驱动二级母钟正常工作。故障排除后，一级母钟能自动切换接收更高优先级的时钟源信号。

二级母钟在一级母钟失效或传输通道中断的情况下，能独立正常工作，产生各子钟和本地系统所需的标准时间信号。故障排除后，二级母钟自动切换接收来自一级母钟的标准时间信号。

当二级母钟出现故障时，子钟仍可正常自主运行工作，可单独调时。

17.2.2　时间显示

子钟接收本地母钟发出的标准时间信号，进行时间信息显示。子钟具有独立的计时功能，平时跟踪母钟工作，当母钟出现故障或因其他原因接收不到标准时间信号时，子钟仍能自主正常运行，并向网管设备发出告警。

中心一级母钟和二级母钟能产生全时标信息，按"年：月：日：星期：时：分：秒"格式显示，具备 12 小时和 24 小时两种显示方式的转换功能，显示北京时间。

数字式子钟按"时：分：秒"格式或"时：分"格式显示时间。

日历数字式子钟按"年：月：日：星期：时：分：秒"格式显示时间和日期。

17.2.3 提供标准时间信号

一级母钟为通信各子系统以及外部系统如自动售检票系统、门禁系统、信号系统等提供标准时间信号。

17.2.4 网管功能

时钟系统的网管功能主要有以下几个方面。

(1)配置管理。显示时钟系统的网络拓扑结构,能对需要显示的二级母钟和子钟的数量进行更改,能对母钟和子钟进行加快、减慢、复位、校对、追时等操作。网管设备能对系统网络进行配置和数据设定。

(2)故障管理。实时检测一级母钟、二级母钟,标准时间信号接收装置、子钟等设备和传输通道的运行数据、工作状态,并能进行相应的显示,对系统的故障状态进行声光报警、显示、打印、存档,并能将故障信息上传给集中告警系统。

(3)安全管理。提供不同权限等级的用户类型,并对所有登录用户进行实时监视、记录和保存。

(4)能对独立的设备、模块如信号接收单元、信号转换单元的运行状态进行监控,当发生异常时有告警提示。

▶ 项目总结

本章通过学习时钟系统,让我们了解了时钟系统的组成、基本结构及作用,掌握了时钟系统重要设备的构成,时钟系统维护实施的内容。

▶ 项目实施

实训 17.1 时钟调整

1.实训项目教师工作活页(见表 17-1)

表 17-1 实训项目教师工作活页

实训项目		实训 17.1.1 时钟调整			
学　　时		专业班级		实训场地	
实训设备					
教学目标	专业能力	(1)熟练掌握时钟系统故障时的有关作业规定; (2)掌握二级母钟指示灯各种告警的含义; (3)根据要求设置二级母钟及子钟。			
	方法能力	综合运用专业知识,根据实训项目学习任务确定实训方案,从中学会表达及展示活动过程和成果			
	社会能力	(1)能在实训活动中保持积极向上的学习态度; (2)能与小组成员和教师就学习中的问题进行交流与沟通; (3)学会和他人资源共享,具有较好的合作能力和团队精神。			

续表

教学设备	数字式子钟、指针式子钟、城市轨道交通关于时钟系统故障处理程序	
绩效评价	学生活动	(1)以4～8人小组为单位开展实训活动,根据本组同学在实训过程中的表现及结果进行自评和组内互评; (2)根据其他小组同学在展示活动中的表现及结果,进行小组互评。
	教师活动	(1)指导学生开展实训活动; (2)组织学生开展活动评价与总结; (3)根据学生的表现和在本实训项目中的单元成绩作出综合评价。
教学资料	(1)《城市轨道交通通信与信号》主教材及辅助教材; (2)数字式子钟、指针式子钟等技术资料; (3)教学活动设计活页。	
指导教师		实训时间　　年　　月　　日

2.实训项目学生学习活页(见表17-2)

表17-2　实训项目学生学习活页

实训项目	实训17.1.2　时钟调整				
专业班级		姓名		时间	

一、实现目标

1.专业能力目标

(1)熟练掌握时钟系统故障时的有关作业规定;

(2)掌握二级母钟指示灯各种告警的含义;

(3)根据要求设置二级母钟及子钟。

2.方法能力目标

综合运用专业知识,根据实训项目学习任务确定实训方案,从中学会表达及展示活动过程和成果。

3.社会能力目标

(1)能在实训活动中保持积极向上的学习态度;

(2)能与小组成员和教师就学习中的问题进行交流与沟通;

(3)学会和他人资源共享,具有较好的合作能力和团队精神。

二、设备

数字式子钟、指针式子钟、城市轨道交通关于时钟系统故障处理程序。

三、实施步骤

(1)通过学习,熟练掌握城市轨道交通关于时钟系统故障处理程序;

(2)操作:掌握数字式和指针式子钟的调整方法。

四、实训小结

续 表

五、成绩评定

1. 学生评价

评价等级	A—优秀	B—良好	C—中等	D—及格	E—不及格
学生自评					
组内互评					
小组互评					

2. 教师评价

评价等级	A—优秀	B—良好	C—中等	D—及格	E—不及格
专业能力					
方法能力					
社会能力					
评价结果					

3. 综合评价

评价等级	A—优秀	B—良好	C—中等	D—及格	E—不及格
综合评价					

综合评价按学生自评占 10%、组内互评占 20%、小组互评占 20%、教师评价占 50% 的比例进行过程评价。其中:A(90~100)、B(80~89)、C(70~79)、D(60~69)、E(60 以下)。

4. 评价标准

评价等级	评价标准
A	能圆满、高效地完成实训任务的全部内容
B	能较顺利地完成实训任务的全部内容
C	能完成实训任务的全部内容,但需要相关的指导和帮助
D	只能完成实训任务的大部分内容,在教师和小组同学的帮助下,也能完成实训任务的全部内容
E	只能完成实训任务的部分内容

▶ **课程达标**

一、填空题

1. 城市轨道交通时钟系统主要由 _____、_____、_____、_____ 组成。

2. 城市轨道交通时钟系统子钟有 _____ 和 _____ 两种类型。

二、选择题

1. ( ) 不是时钟系统的设备组成。

A. 中心母钟　　　B. 二级母钟　　　C. 母钟　　　D. 子钟

2.（ ）是时钟系统高精度的时间基准。

A. GPS 信号　　　　　　　　　　B. 北斗信号

C. GPS 信号和北斗信号　　　　　D. 其他

三、简答题

1.城市轨道交通中时钟系统的功能是什么？

2.时钟系统由哪些部分组成？

项目十八 集中告警系统

▶项目导入

2021年6月18日,北京市重大项目办联合相关单位组织开展"2021年度轨道交通工程施工突发事故综合应急预案演练"。在演练现场,轨道交通工程建设应急管理系统亮相,通过一键报警、一键启动等功能,该系统提升了突发事故处理效率。这里应急管理系统就涉及集中告警系统。集中告警系统是由电子线路组成的集中自动监控报警装置,各个区域报警巡回检测到的信号均集中到总的监控报警装置。它具有部位指示、区域显示、巡检、自检、火灾报警音响、计时、故障报警、记录打印等一系列功能,在发出报警信号同时可自动采取系统的消防功能控制动作,达到消防的目的和手段,适用于较大范围内多个区域的保护。

▶项目要点

1.了解城市轨道交通集中告警系统概念;
2.熟悉城市轨道交通集中告警系统的功能和原理;
3.掌握城市轨道交通集中告警系统的硬件和软件结构。

▶鉴定要求

1.认识城市轨道交通集中告警系统;
2.掌握城市轨道交通集中告警系统的设备组成;
3.掌握城市轨道交通集中告警系统的设备维护。

▶课程思政

1.介绍集中告警系统的发展历程;
2.信息时代集中告警系统的重要性;
3.合理使用工具,熟练安全规范操作,培养团结合作的职业精神。

▶基础知识

◆ 18.1 基 本 概 念

18.1.1 集中告警系统概述

集中告警系统又名网络管理系统,是构建在通信专业各子系统的网管基础上来实现的一种高级网管系统。因地铁线路相对较长,各个站点都是链型分布,逐个站点检查设备不仅工作量大,还大量占用了生产工班的工作时间和精力。为了便于对所有设备的集中有效监控,目前各地铁线路均设置有集中告警系统,该系统能对其子系统的设备进行集中采集、显示和管理,并为控制中心通信工班提供掌控全局故障处理的指导信息。

集中告警系统能收集以下系统的告警信息:传输系统、专用电话系统、公务电话系统、无线通信系统、广播系统、视频监视系统、乘客信息系统、时钟系统、专用电源系统、办公自动化系统、数字集中录音系统等;通信集中告警终端将通信各子系统的维护管理终端故障告警信息集中收集并报告给值班员,迅速组织力量进行维修,快捷排除故障,提高城市轨道交通运行的可靠性。

集中告警系统以"先进、实时、安全、稳定、灵活"为总体设计目标,采用客户端、应用服务器、底层通信服务三层应用体系结构合并开发的程序设计思想,从设计到开发全都采用当前主流的面向对象方法论,将分布式系统的设计模式、面向对象等先进技术及优秀算法贯穿在分析、设计、实施的全过程,保障了系统与国际先进技术标准接轨。该系统将灵活的模板数据处理机制、快速的告警实时监控、方便的集中操作维护、完备的性能管理、全方位的安全机制等功能完美地揉和在一起。

18.1.2 通信系统设置集中告警系统的优点

集中告警系统是通信系统的一个重要组成部分,用以完成对通信各系统设备进行监视和故障告警。最大限度地利用通信系统的资源,保证其高效、经济、可靠和安全地运行,为通信系统网络的集中指挥、管理、控制提供有效手段。对各系统设备的运行情况起到监视作用,可及时获得设备的故障告警信息,将运行状态和故障告警信息通过系统维护管理终端上传至集中告警系统设备进行显示、统计,打印并进行声光报警等。集中告警系统的优点主要体现在以下三个方面。

18.1.2.1 减少管理的综合成本

在网络的日常运营中,它能实现集中的故障告警分类和分级管理,大大减少网管系统的操作复杂性、降低对于网管维护人员的技术要求。

首先,实行集中故障告警管理,能大幅度地降低日常维护操作工作量,集中网管的标准化操作界面也有利于减少维护人员在面对众多厂家的专用操作管理界面时各种混淆或误操作的可能性。

其次,采用集中操作的网管终端,能够进一步减少各分系统本身的网管配套设备的使用率甚至有可能将其精简为网管中介设备。因此,集中故障告警管理能力可以有助于网络资源的最佳利用、通过网络共享数据输出设备,减少网管中心的设备配置种类和配套设备,降低对于管理机房的需要。

再者,其实施结果将有望减少初期设备投资,而最主要的是能有效地降低日常的运营成本。

18.1.2.2 提高维护效率和水平

由于面对特定设备定制,故障告警管理系统能够考虑到更多实际的设备特点、形成较为适用和切合实际的人机管理接口界面,能够提供人性化、一体化的操作和维护方式。软件能以自动化的运行操作和流程指导来减少平均故障维修时间,加速对用户询问的响应,有效地促进网络能力利用率。

除此之外,一个集中的管理数据库对于提高管理效率和质量也是至关重要的,集中故障告警管理系统能够有效地收集和整理整个通信网的运行状况,生成统一的性能报表,有利于掌握系统综合性能的长期变化及趋势,能进一步提高维护总体水平。

18.1.2.3 提高管理水平

集中告警系统不仅能够对故障情况进行统计和分析,还能够形成统一的性能报表,以便运维人员针对故障问题进行统一处理。这对运维人员科学掌握整个地铁通信系统各方面性能的变化情况提供了一定的帮助,大大提升了地铁通信系统的管理水平。

18.1.3 集中告警系统的组网结构

为有效解决传统分散通信系统的运维管理情况,在城市地铁中可以运用集中告警平台模式,统一实现集中告警服务。集中告警系统是利用计算机网络技术和计算机本身的数据处理能力,通过接口程序将通信各系统的运行状态和告警信息集中反映到告警设备上,通过网络平台使OCC工班的值班维护人员就近登录并点击查看故障内容和原因,以便指导现场维护人员快速准确处理设备故障。

18.1.3.1 系统组成

集中网络管理系统是一个以各子系统状态信息采集和处理为核心的传输信息管理系统。在架设处理服务器后,充分利用已有的硬件资源,通过集成和整合实现通信专业全网范围内设备状态信息的集中显示和处理。因此,整个系统在应用层采用模块化结构,将向用户提供综合信息管理(信息接收和信息处理)、故障信息分析、安全管理、设备配置、拓扑管理等功能模块。

某地铁1号线中,集中告警系统所采集的有效告警信息分别来自光纤传输系统、公务电话系统、专用电话系统、无线系统、广播系统、CCTV系统、时钟系统、UPS系统和乘客信息系统在运行控制中心所设置的网管终端。此外,为获取有效的标准时间,该系统通过RS422接口链接到时钟系统并获得标准时间信号。

(1)系统硬件结构。系统结构组成图18-1所示,集中告警系统的以太网交换机、核心服务器和终端设备均设置在控制中心,系统采集子系统上传告警信息后,及时通过客户端实时显示或语音提示。具体来说,交换机和服务器安装在通信设备房的专用通信机柜中,集中网络管理终端和激光打印机安装在控制中心值班室内,系统采用模块化组成,具有良好的可扩展能力,支持多系统的接入;同时系统采用C/S架构,支持多客户端显示,实现多点监控,上层控制中心与各车站之间构成一个综合监控系统,两层系统通过传输系统提供的链路实现互通,形成一个地理分散的实时分布式系统。

1)集中告警系统在控制中心的硬件设备。主要包含数据处理服务器1台;网管主机1台机;三层以太网交换机1台,工作在全双工方式;打印机1台;便携式维护计算机1台。除了配置上述硬件设备外,该系统还需要接通控制中心通信设备房、通信网管室1路220VAC机箱电源,同时机柜接地电阻要小于1欧姆。此外,该系统还需要UPS子系统提供220VAC的交流电源输入。

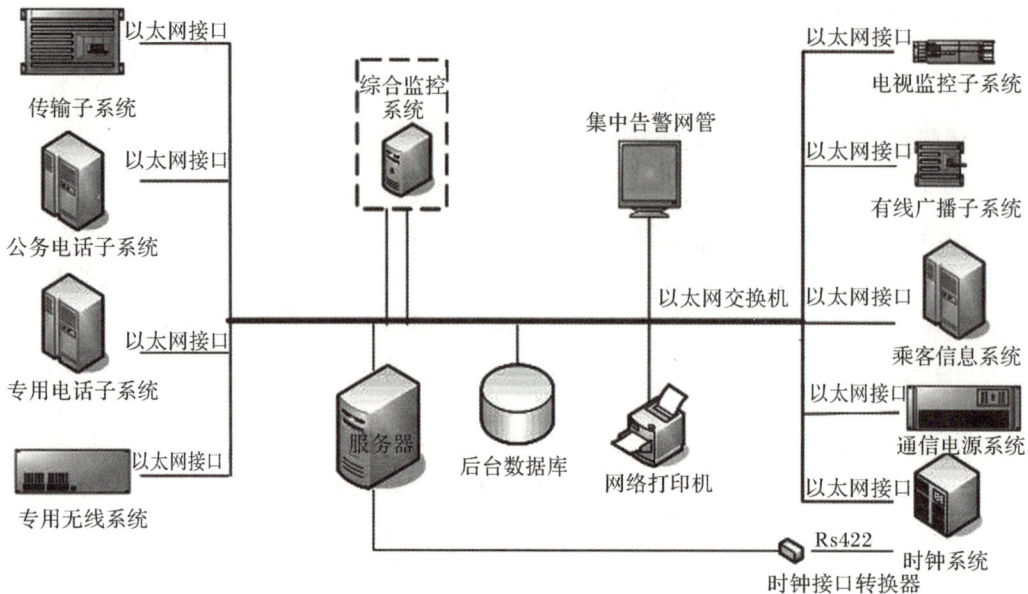

图 18 - 1　集中告警系统的硬件结构

终端与服务器直接连接到交换机上,通过以太网实现集中告警系统内部通信,打印机直接与终端相连接。传输系统、无线通信系统、公务电话系统、专用电话系统、视频监视系统、有线广播系统、时钟分配系统、通信电源设备、乘客信息系统等各子系统网管分别提供以太网接口连接到集中告警系统的交换机上,实现与集中告警系统服务器通信,实时向集中告警系统提供各种告警信息。

综合监控系统通过以太网接口与集中告警系统交换机相连,实现与集中告警系统服务器通信,集中告警系统通过以太网向综合监控系统提供各种信息。时钟系统通过 RS422 接口直接与集中告警服务器相连接,为集中告警系统提供时间信息。

2)集中告警系统在车站的主要硬件设备。主要电源模块;显示模块;通信板卡;模拟量采集板;工控主板;开关量采集模块。此外,该系统还需要 UPS 子系统提供 220VAC 的交流电源输入。

18.1.3.2　系统软件结构

集中告警系统采用分层和模块化的设计方式,系统由数据采集适配层、应用层和表示层组成。其中表示层部署在集中告警终端上、应用层和数据采集层部署在集中告警服务器上。其软件结构图如图 18 - 2 所示。

应用层包括监控、系统支持,运维管理以及外部接口四类模块,监控类包括故障管理、报表管理、拓扑管理、资源管理、自身监控 5 个模块;系统支持包括系统管理和参数管理两个模块;运维管理包括工作管理和流程管理 2 个模块;外部接口类包括时钟同步和综合监控 2 个模块。

在数据采集适配层,对传输系统、无线通讯系统、公务电话系统、专用电话系统、视频监视系统、有线广播系统、时钟分配系统、通信电源设备、乘客信息系统等分别采用相对独立的采集适配模块,它们之间互不相干,有利于系统的扩展和维护。

表示层、应用层和数据采集适配器层之间通过分布式总线平台进行通信,以消息模式实现各种模块信息的交互,这样各层不仅相对独立,而且可以灵活的部署在不同的物理位置,有利于系统的扩展和维护。各通信系统网管直接与数据采集接口适配模块进行通信。表示层、应用层和数据采集适配器层都可以直接访问数据库,这样不仅可以简化系统结构,而且可以提高系统的响应速度。

与时钟同步和综合监控系统接口是通过应用层的接口模块来实现的,针对每个接口,采用一个完全独立的模块,增加系统的灵活性和可扩展性。与外部接口的通信是通过应用层的接口模块直接与外部系统进行通信,以降低分布式总线平台的复杂性。

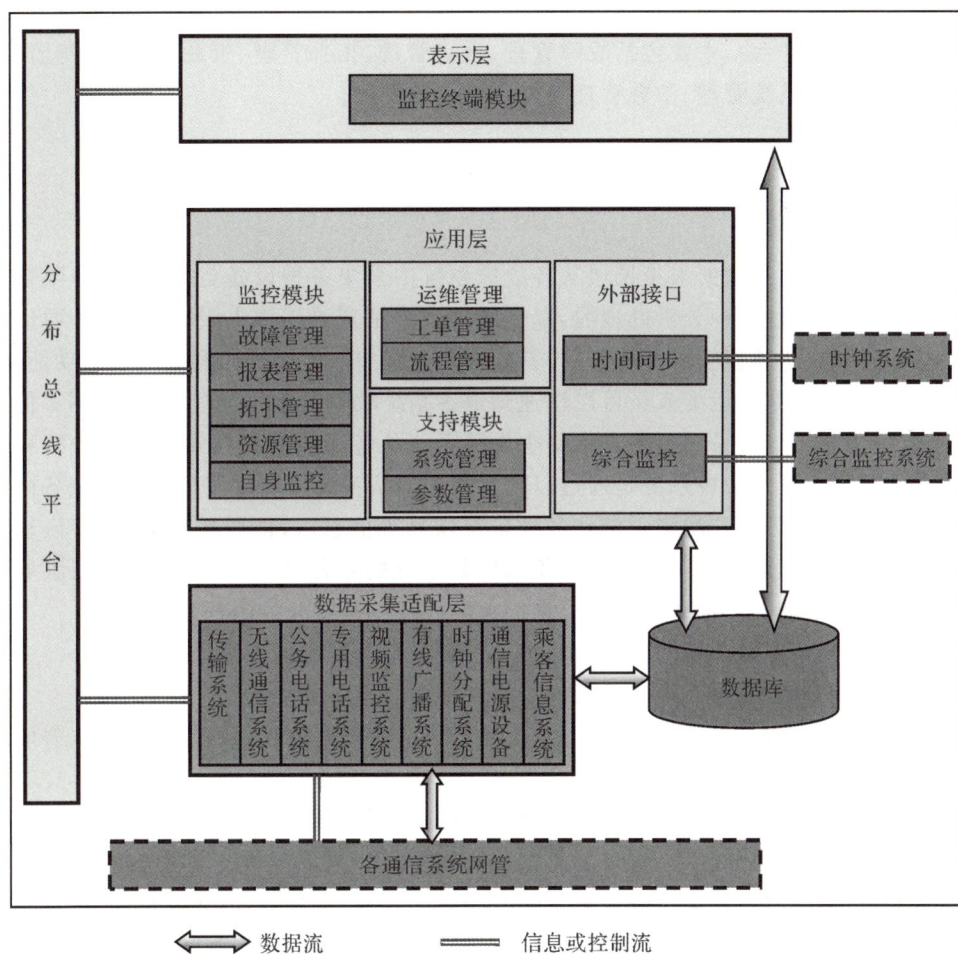

图 18-2　集中告警系统软件结构

18.1.4　系统的日常维护

集中告警软件包含两个部分文件,一个是服务端软件,另一个是客户端软件。在日常工作中,需要有针对性的关注一下各类事项:

(1)软件所安装的服务器或工作站要注意病毒防护工作,及时更新病毒库;

(2)对于数据库请定期做好备份,防止硬盘或其他硬件损坏导致数据丢失;

(3)软件运行过程中,出错后若无法查询故障处理部分,则按文档说明进行处理,如文档

没有相关说明,可重启设备并运行软件或直接咨询集中告警系统厂家;

(4)用户对软件的操作有可能出现系统响应较慢的情况,如查询的数据过大、系统告警较多等,用户可耐心等待系统操作结束。

◆ 18.2 集中告警系统的功能及原理

集中告警系统主要实现了对通信各系统设备告警的集中监管,为维护人员提供方便、快捷的集中监控管理平台。主要包括故障管理、报表管理、拓扑管理、资源管理、自身监控、工单管理、流程管理、系统管理、参数管理和外部接口等模块。

18.2.1 集中告警系统的基本功能

18.2.1.1 故障管理

集中告警系统通过数据采集模块从各通信系统中采集各种设备告警、性能越限告警和网络告警等信息,通过各种分析处理后,以合适的方式呈现给运维人员,实现对各通信系统告警信息的管理。主要包括告警采集、告警处理、告警呈现、告警操作和查询四大功能,通过故障管理功能,通信系统运维人员可以快速知道各系统故障发生的位置、可能原因等信息。

(1)告警采集。告警采集主要是指集中告警系统从各通信系统网管中采集告警和告警恢复数据的功能。集中告警系统是通过以太网从各通信系统的网管接口自动采集各网元的设备告警、性能越限告警和网络告警和各种告警恢复等信息后,把原始告警/告警恢复存储到数据库中,并通过过滤和转换,统一成集中告警系统的告警格式,及时通知应用服务层进行告警的分析和处理。告警采集方式根据厂家网管接口可以分为两种:

1)主动上报:各专业系统网管主动向集中告警系统上报各种告警信息。

2)被动采集:集中告警系统主动从各厂家网管中获得告警信息。

正常情况下,一般采用主动上报方式,但限于一些网管功能和一些需要进行告警同步的应用场景,需要采用被动采集方式。

采集的告警信息内容应包括告警源(也就是产生告警的设备)、告警发生的原因、告警的级别、告警的编码、告警的名称、告警的类型、告警产生/恢复时间等。其中告警级别是按告警严重程度进行划分的,在集中告警系统中分为紧急告警、重要告警、次要告警、提示告警四级;告警类别分为设备告警、性能超限告警、网络通信告警三类;按告警状态分为当前告警和历史告警。

(2)告警处理。集中告警应用服务层接收到告警采集模块告警通知信息后,会及时对告警信息进行各种分析和处理,主要包括告警过滤、告警压缩、告警升级、告警通知等功能。

1)告警过滤:可根据不同级别、不同类型、不同系统、不同设备的告警设置过滤条件,系统提供友好的告警过滤设置界面。

2)告警压缩:对于重复出现的同一告警信息,系统将其压缩成一条告警信息,并给出第一次发生时间和最后更新时间以及重复次数。

3)告警升级:对单位时间内频次过高或历时过长(阈值可以设置)的告警,系统将自动提高告警级别,以保证得到优先及时的处理,告警提高的级次可由用户设置。

4)告警通知:集中告警应用服务层接收到告警采集模块告警通知信息后,经过分析处理,如发现告警状态发生改变(包括产生的新的告警、告警恢复或告警升级等各种状态),则及时通知各告警终端,更新告警状态,及时通知运维人员。

告警通知的内容有网元告警、性能超限告警、连结告警、综合提醒和站内短信提醒等等。

5)告警信息屏蔽:对于通信子系统持续频繁发送相同的告警信息,而告警设备正在处置恢复中时,值班人员可以对指定网元的告警信息进行屏蔽,并设置屏蔽截止日期,待网元设备恢复正常后,再将其取消屏蔽。

(3)告警呈现。系统及时把采集到的各种告警信息以图形、声音、颜色、报表、窗口等方式呈现给运维人员。

1)对于不同级别的告警信息,系统将以不同颜色进行显示。

2)用户可以通过视图列表和拓扑图的方式查看各系统设备状态。其中拓扑图包括车站线路图和系统拓扑图。车站线路图可以非常直观地用不同颜色呈现当前哪些车站有设备告警;系统拓扑图可以非常直观地用不同颜色呈现网络节点中哪个设备产生了告警。

3)对于高级别告警,系统将其呈现在显著位置,系统可以按照告警产生时间顺序和告警严重程序进行排序显示。

4)系统会自动根据当前最高级别的告警,用不同的声音提醒运维人员注意,用户可以设置每种级别告警的提示音,也可以手工关闭或打开告警声音。

5)系统将向管理者提示当前已发生告警条数、已确认告警条数等实时统计信息。

6)系统可以方便地查看告警的详细信息,包括产生告警设备的名称、类型、位置,系统告警级别,告警原因,告警产生时间,告警确认时间,告警恢复时间,告警类型等信息。

7)系统可以方便地查看某系统、某车站或某设备的告警信息。

8)系统可以方便地查看历史告警信息。

9)系统可以方便地查看指定对象的基本信息,包括对象的名称、位置、状态、当前告警数量、当前高告警级别、最高告警级别内容及原因等属性。

(4)告警操作和查询。告警操作和查询功能是指运维人员可能通过集中告警系统的告警管理人机界面,实现的各种操作功能,包括告警恢复、告警确认、告警清除、告警查询、告警同步等操作功能。

1)告警恢复:即告警清除,系统提供两种告警恢复方式,即手工和自动。通信子系统自动将恢复告警信息发送到集中监测告警系统,系统自动处理完成后,设备状态恢复为正常状态。手工恢复是指集中告警系统提供人机操作界面,用户可以选择某条或多条告警记录,手动改变告警状态信息。告警恢复操作会记录告警恢复时间和告警恢复方式(是手工还是自动)。告警恢复并不从数据库中清除数据,只是把告警从当前告警移到了历史告警中。

2)告警确认:系统提供告警确认操作,当集中告警系统产生告警时并被确认是需要处理的告警信息,用户可以使用告警确认操作,把告警放入一个专门的告警确认视图中显示,以便维护人员及时跟踪告警恢复情况。可以根据告警源、告警级别、状态、类型、产生时间等条件对告警信息进行确认。

3)告警清除:当用户确认告警已消除时,用户可以手工清除告警。

4)告警查询:用户可以按系统、车站、设备名称、告警类型、告警级别、告警状态、告警时间等各种条件组合来查询当前或历史告警信息。

5)告警同步:当因某种原因(比如系统维护),需要对集中告警系统的告警信息与某通信系统进行同步时,可以通过告警同步操作按钮手工触发,使集中告警系统的告警信息与通信系统的告警信息保持一致。

6)告警查询统计及分析:用户可通过告警统计及分析功能了解网络中现有告警的数量、级别、维护人员对告警进行确认的情况,历史告警的数量、厂家分布、系统分布、区域分布等情况。通过对以上结果的深入分析,可对改进运行维护工作提供数据参考。

18.2.1.2 报表管理

告警系统对当前告警和历史告警信息提供了统计分析功能,可以在一定时期内按告警级别、告警类型、车站、系统、时间等进行统计分析。

报表管理还支持对资源信息的统计分析,可以统计一段时期内,各系统、车站、设备类型等设备数量情况。

报表系统支持表格和图形方式(直方图、曲线图、饼图)的方式,支持 Excel 输出方式,并可以保存在本地和打印。

18.2.1.3 拓扑管理

拓扑管理主要实现对车站线路图和各通信系统拓扑图的维护和操作等功能。使系统可以以拓扑图的方式呈现各种资源和告警信息。

(1)拓扑信息范围。集中告警系统提供多种类型的拓扑图,如车站线路图、各专业系统网络拓扑图等。

(2)拓扑图维护。系统提供车站线路图和各系统网络拓扑图的更新维护功能。

(3)拓扑视图操作。集中告警系统可提供各通信子系统的拓扑图和线路图进行各种视图操作,实现对拓扑图中元素的选中、移动、删除、增加等操作,可以对各种视图的显示控制功能,如视图放大、缩小、漫游等。支持对拓扑图节点信息的查询、修改,显示对视图对象相关配置和状态的详细信息。

18.2.1.4 资源管理

资源管理模块负责对车站、系统、设备信息等进行管理和维护,以满足日后系统升级和扩展的需要。该模块包含车站管理、系统管理、网元信息管理等。通过资源管理模块,具有相应权限的用户可以方便的修改集中告警系统所管理的网元设备。

资源管理是实现告警管理的基础,所有告警信息都与资源信息相关联。

18.2.1.5 自身监测

系统自身监测功能包括集中告警终端和告警服务器之间的网络状态监测、集中告警服务器与各通讯子系统的网管之间的网络状态监测以及集中告警服务器与综合监控系统的网络状态监测三部分。

当集中告警终端与集中告警服务器之间的网络状态异常时,或者集中告警服务器异常时,集中告警终端界面中会显示异常图标并有声音提示,图标和声音用户可自行设置。

当集中告警系统与其他通信系统网管网络状态异常时,集中告警终端界面中会显示异常图标并有声音提示,图标和声音用户可自行设置。并可以查询当前哪些通信系统网管在线,哪些通信系统管理是离线的。

当集中告警系统与综合监控系统网络状态异常时,集中告警终端界面中会显示异常图标并有声音提示。

18.2.1.6　工单管理

工单管理是流程管理系统中的一个重要模块,实现了故障工单的管理,包括对工单查询、工单统计、自动生成工单,实现对故障处理的全面监控。

(1)工单查询:可以按系统、状态、时间、告警信息、设备信息、处理人等多个条件组合进行查询。

(2)工单统计:用户可以手工统计一段时期按状态、系统、告警级别等对工单数量、处理情况(完成情况等)等进行统计,可以统计各维护人员在一段时期内处理工单的数量,为维护人员的工作量考核提供数据支持,为工单流程的改进提供决策参考。

(3)自动生成工单:当告警发生时,系统自动生成或提供工单生成按钮来完成工单填写工作,也提供手工填写工单的功能,通过自动生成功能可以在工单上填写告警信息、故障定位信息、派工信息等。

18.2.1.7　流程管理

流程管理包括流程定义、工单流转和工单处理跟踪三部分内容。

(1)流程定义:集中告警系统采用工作流引擎实现对流程的定义,可以增加、修改、删除流程步骤,以保障工单流转的流程可以满足系统维护制度不断变化的需求。系统为流程定义提供图形化界面。

(2)工单流转:工单可以按已定义好的流程自动进行流转,把需要处理的工单以合理的方式通知和呈现给相应的维护人员。

(3)工单处理跟踪:维护人员可以实时跟踪工单已完成哪些处理,当前处在哪个环节,还有哪些后续处理。

工单管理和流程管理组成了通信系统的维护和管理平台,为整个通信网络的日常维护、故障处理建立一套自动化流程。

18.2.1.8　系统管理

系统管理是集中告警系统的重要支撑模块,是保证集中告警系统信息安全的重要模块。主要包括用户管理、角色管理、权限管理、日志管理、数据管理和使用帮助等功能。

(1)用户管理。用户管理是对用户信息的维护和管理,用户信息用于系统的登录验证、以保证系统信息的安全性,防止未授权用户的非法访问。主要包括登陆名称、用户姓名、部门、用户创建时间、联系电话等信息。系统支持对用户的增加、删除、修改、授权、重置密码等操作。

(2)角色管理。为了便于用户授权,系统设置了角色管理功能,不同角色代表不同的功能集。角色管理主要包括添加角色、删除角色、分配角色权限等功能。

(3)权限管理。权限管理主要是指把不同的用户赋与不同的角色,一个用户可以有多个角色,一个角色可以赋给多个用户。用户所具有的权限是用户被授予角色权限的并集。

(4)日志管理。系统对用户进行的一些重要操作进行了日志记录,比如登陆和注销、数据清除等。用户可以对日志进行查询和清除。

(5)数据管理。系统提供数据自动清除和备份的功能。为了保障系统的运行速度,系统会定期自动清除数据,其间隔用户可以设置,系统可以限制一定时期内的数据不允许清除。系统提供自动数据备份功能,按不同的周期进行完全备份和增加备份,满足数据安全要求的同时,降低对存储空间的要求,减少系统投资。

(6)使用帮助。系统提供在线帮助手册,供用户使用系统过程中查阅用。

18.2.1.9　参数管理

为了增加灵活性和可维护性,系统提供了参数管理功能,可以实现对以下参数的管理:

(1)数据备份参数:可以设置完全备份和增量备份的周期。

(2)信息采集参数:可以对集中告警系统采集各通信系统时需要的一些网络通信参数进行设置,包括 IP 地址、端口号等

(3)时间同步参数:可以对与时钟系统接口的通信参数、同步周期等参数进行设置。

(4)综合监控参数:可以对与综合监控系统接口的通信参数进行设置。

18.2.1.10　外部接口

(1)时间同步接口。时间同步包括集中告警服务器与时钟系统进行时间同步和集中告警系统的告警终端与告警服务器之间的时间同步功能。

集中告警服务器通过 RS422 接口定期获取时钟系统的时间信息,来更新集中告警服务器的时间,在更新服务器时间时,会对获取的时间信息进行验证,对比获取的时间与集中告警服务器上当前时间,如发现时间差大于某一阈值时,不修改服务器时间,而是重新去获取时间信息。

集中告警系统的告警终端与告警服务器之间的时间同步,是通过集中告警终端定期与集中告警服务器进行通信,获取集中告警服务器的时间后,更新集中告警终端时间。

(2)与综合监控系统接口。集中告警系统向综合监控系统开放接口,通过双方商议的数据格式向综合监控系统发送集中告警系统接收并处理后的告警及告警恢复信息。

1)物理接口:建议采用标准 RJ45 接口,综合监控系统通过网线连接至集中告警系统的交换机,如距离较远,为保证信号传输质量可以采用光纤。

2)软件协议:采用 TCP/IP 协议簇,由综合监控系统和集中告警系统双方约定通讯端口及报文格式。

3)功能描述:

a)告警上报:集中告警系统应能够通过该接口实时的向综合监控系统发送告警及告警恢复信息。

b)历史告警上报:集中告警系统能够将综合监控系统网络中断期间接收到的告警信息在网络连通后主动上报至综合监控系统。

18.2.2　集中告警系统的基本原理

18.2.2.1　集中告警采集方式

(1)各子系统主动上报告警。

(2)集中告警主动同步子系统当前所有告警。采集的告警信息一般包括子系统编码、车

站编码、详细位置、设备编码、告警类型、告警内容、告警时间等。

18.2.2.2 集中告警与子系统通讯协议

集中告警系统与各子系统接口说明见表 18－1。

表 18－1 集中告警系统与各子系统接口说明

序号	项目名称	项目内容
1	接口类型	10/100M 以太网接口
2	物理接口	RJ45
3	通信地址	计算机网络 IP 地址和端口号可配置（通过单独网卡连接至集中告警系统）
4	通信协议	TCP/IP(集中告警为 TCP Client,子系统作为 TCP Server)
5	信息传输内容	告警同步请求、告警同步反馈、告警上报结束、告警信息、告警恢复(清除)信息、告警确认信息、数据请求信息、数据反馈信息

18.2.2.3 集中告警系统通信流程

集中告警通过 TCP/IP 协议与各子系统进行通信,集中告警作为 TCPClient,子系统作为 TCPServer。平时由集中告警定时发送同步信息和各子系统反馈数据信息来确定二者之间连接与通信是否正常。当子系统检测到有告警(恢复)信息发生时,应立即上报告警(恢复)信息,集中告警接收到告警(恢复)信息后回应确认信息;同时为保证报警的一致性,集中告警会定时发送告警同步请求,子系统接收到同步请求后上报系统当前所有的告警,详细通信过程如下:

(1)集中告警系统向子系统发起 TCP 连接;集中告警系统是客户端,子系统是服务端。

(2)TCP 连接建立后,集中告警系统向子系统发送告警同步请求。

子系统接收到告警同步请求后,首先上报"告警同步开始"信息,"告警同步开始"信息包中包含当前告警总数量;然后依次上报当前所有的告警信息,告警发送结束后,最后发送告警同步结束命令,表示告警上报完毕。若"告警同步开始"信息中报警总数量与后续接收到的数量不一致时,集中告警则不处理此信息,重新发送一次告警同步请求。

若子系统当前无告警信息,首先上报"告警同步开始"信息,该信息包中告警数量为 0,然后发送告警同步结束命令。

集中告警系统若连续发送三次发送告警同步子系统均无响应,表示本次连接失败,集中告警系统关闭已建立连接,重新转向第一步(1);

注 1:告警同步需要的是当前故障告警,已经恢复的历史告警不需要。

注 2:告警同步反馈上报的告警信息不用等集中告警系统确认,集中告警接收到上报结束标志以后收到的告警信息会发送确认信息。

注 3:告警同步期间,新产生的告警(恢复)信息不能立即发给集中告警系统,需暂存,待告警同步结束后再上报该信息。

(3)集中告警接收到同步结束命令后,集中告警定时向子系统发送数据请求信息,子系统接收数据请求信息后,发送数据反馈信息;数据请求信息依次按车站发送。

集中告警系统发送五次数据请求信息若子系统均无响应,则断开 TCP 连接,重新转向

第一步(1);

注:数据请求信息默认每 2 s 发送一次,连续五次均未收到子系统的数据反馈,则认为连接断开。

(4)在正常通信数据请求(非告警同步)过程中,若子系统检测到告警(恢复)信息,子系统主动上报告警(恢复)信息,集中告警系统接收到告警信息后发出确认信息表明告警信息接收成功。子系统未收到告警确认信息,重新发送该告警(恢复)信息,若连续三次均未收到告警确认,则丢弃该信息。

注 1:若在告警同步过程中,子系统检测到告警(恢复)信息,应该在同步结束上报结束命令后发送该告警(恢复)信息。

注 2:告警同步期间,上报的告警信息不用等集中告警确认,可一次发送多条告警信息。正常告警期间产生的告警信息必须等集中告警确认。

(5)每隔一段时间[默认 6 h 同步一次,用户可手动同步(手动同步最小间隔不小于 1 min)],集中告警会发起告警同步请求,消息交互机制同第二步(2)。

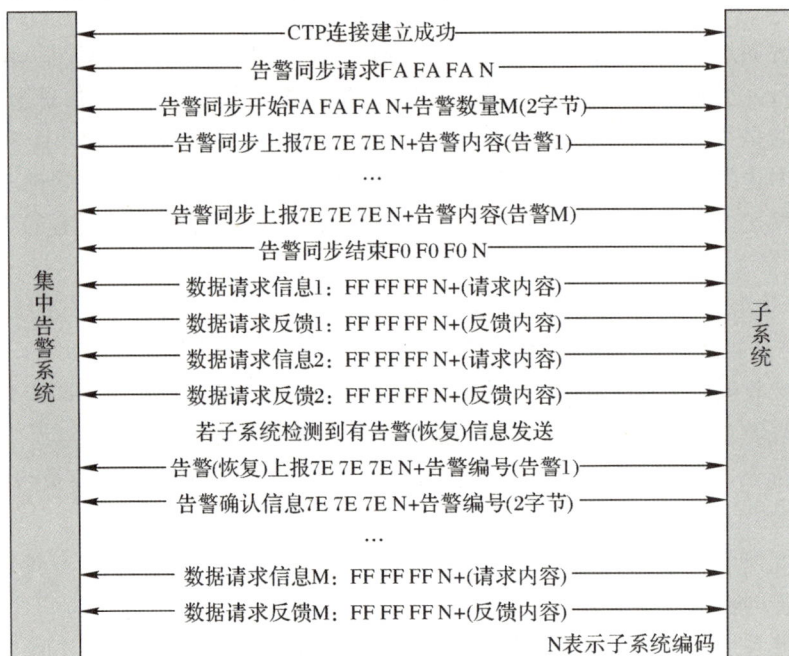

图 18 - 3　集中告警系统通信流程图

18.2.3　集中告警管理实现方法

按照目前电信业对于集中网管方式的一般分类,轨道交通集中告警管理的实现方式分为以下三种。

18.2.3.1　屏幕集成方式

所谓屏幕集成方式指不同厂家专用的用户接口集成在同一屏幕上,不同厂家的用户接口可以通过计算机系统的多任务、多进程的特性,在不同窗口中各自独立、同时运行。集成在同一屏幕上的不同用户接口可以支持不同的厂家专用的信息模型,提供有限的厂家专用信息交互。管理人员通过窗口的切换实现对所有设备的管理。

屏幕集成方式不受制于具体标准,实施快,也使得诸如集中告警监视或性能监视之类的多厂家能力相关应用可以较容易实现。这种方式的多厂家管理能力最容易实现,但因管理数据各自独立,所以从上述方式得到的好处十分有限。它最主要的缺点是无法实现自动化运行操作过程以及集中网管报表的生成。

18.2.3.2 协调方式

协调方式是指管理不同厂家的高层网络管理应用可以支持独立于厂家的信息模型,而面对各子系统本身的管理应用支持他们自己厂家专用信息模型的情况。两者间主要靠协调功能完成信息模型的转换。这种多厂家能力实现起来需要的数据量相对来说比较少一点,不会触及各厂家讳莫如深的管理信息数据的完整结构,在实际操作中比较容易得到相关厂家对于输出数据的配合,实施的困难比较小,因此较易实现。

协调方式在各子系统的管理应用层仍然使用其各自专用的信息模型数据交换格式,而在集中网管层应用软件所支持的信息模型则是标准化的,其输入数据的格式和信息模型则是相对固定的,关键在于如何将各实际子系统管理层数据进行统一处理,该部分的功能与子系统的运行维护是相对独立的。在工程实施中,由于采用了集中的数据采集和处理,该方式可以较为容易地实现自动运行全部操作程序,同时可以形成完整、统一、准确的管理报表。它与屏幕集中方式相比,性能有了很大的提高。

18.2.3.3 标准方式

标准方式是指集中网管系统与各通信子系统的管理系统均按照统一的管理目标信息模型。在理论上这是一种最理想的情况,可以在所有的网络系统中充分享受统一信息模型和数据标准所带来的好处,多厂家管理功能也将理所当然地可以实现全功能、无差别、任意厂家组合等要求,但是,想要实现该方案,就必须使各种不同系统在网管部分进行协同开发,对既有的网管设备特别是数据、协议等进行一系列的修改。但是,由于缺乏足够的市场容量和经济吸引力,在轨道交通项目的实际工程中,要实现该种集中管理方式几乎是不可想象的。

18.3 集中告警系统的维护实施与故障处理

18.3.1 系统指标

(1)告警响应时间。网络设备运行正常情况下,集中告警系统的告警最长响应时间(指从厂家网管上传告警到集中告警系统显示告警)小于 5 s。

(2)操作响应时间。简单操作及普通数据查询操作界面响应时间小于 3 s,大数据量报表数据查询操作界面响应时间小于 15 s。

(3)数据准确性、完整性。数据准确性、完整性都大于 99.99%。

(4)系统存储能力。原始告警和性能数据不少于 2 个月。

(5)系统平均维护时间(MTTR)。系统平均维护时间小于 8 h。

(6)系统平均无故障时间(MTBF)。系统平均无故障时间(MTBF)不小于 10 000 h。

18.3.2 故障维护措施及流程

18.3.2.1 故障维护措施

（1）定期检查服务器磁盘。定期检查服务器磁盘是否已满，如果已满就进行数据清理。

（2）定期检查连结是否正常。定期检查网络管理系统网管与各子系统网管的物理连接和逻辑连接是否正常。若出现物理上的连接错误，PING 不通其他系统网管，就检查与各子系统的连接线缆和交换机是否出现问题，把交换机断电重启后再用线缆监测器定位故障位置；若逻辑上出现问题，就查看与各子系统的 IP 设置和端口设置是否正确，子系统网管软件有没有更改或更新，如端口、IP 设置和网管软件都没有问题，那么就很可能是连接线缆和交换机的问题。

（3）查看故障编码。查看各子系统上报的故障编码是否完全解析正确，若有些编码没能解析出来，可以联系厂家核实该故障编码。

18.3.3.2 集中告警系统故障处理流程

集中告警系统故障处理流程如图 18 - 4 所示。

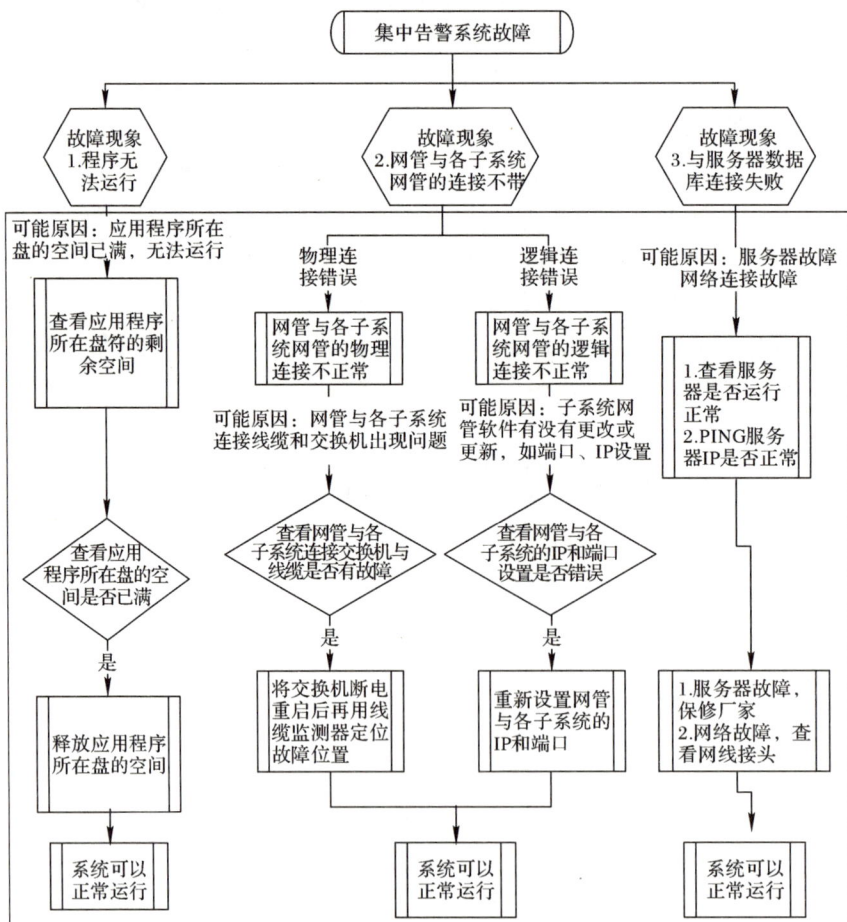

图 18 - 4　集中告警系统故障处理流程图

18.3.4 常见故障处理方法

18.3.4.1 故障现象1

分析:出现如上错误提示是说明系统软件没有和服务器数据库建立连接。原因有以下几种:

(1)网络的物理连接出现断开,可以通过 PING 服务器 IP 地址来监测。

(2)服务器数据库的磁盘阵列掉线。磁盘阵列在服务器中的盘符是 E 盘,双击 E 盘,如果能打开说明阵列没有掉线,否则就掉线了。掉线后重启磁盘阵列和服务器,启动顺序为:先关闭服务器→关闭磁盘阵列→开启磁盘阵列→开启服务器。

(3)磁盘阵列没有空间。通过查看 E 盘的容量来判断,当 E 盘接近满盘时,清理数据库,清理数据库时电话联系厂家人员,厂家会给以指导。

18.3.4.2 故障现象2

出现"与集中维护系统连接失败"告警

分析:出现此告警是说明子系统和网络管理系统之间没有成功连接。原因如下:

(1)网络的物理连接出现断开,可以通过 PING 子系统 IP 地址来监测

(2)子系统网管的告警接口软件没有打开,联系子系统厂商打开告警接口软件。

(3)如果与传输系统出现此告警,先打开网络管理终端桌面上的"RUN. BAT"文件,如果传输系统网管重启,"RUN. BAT"也需要关闭重新打开。

18.4 集中告警系统客户端软件介绍

专用通信集中告警系统为用户统一管理、集中监控通信设备提供了方便快捷、简单高效的操作平台,有力保证了线路通信设备高效、可靠、安全地运行,提高了通信网络整体服务质量。下面简单介绍某城市轨道交通线路集中告警系统客户端软件。

18.4.1 系统管理主界面

系统管理是集中告警系统的重要支撑模块,是保证集中告警系统信息安全的重要模块。某地铁公司集中告警系统管理主界面如图 18-5 所示,主界面包括菜单、功能处理模块、告警信息列表与快捷功能等。

(1)菜单。菜单在主界面上方,用户可通过点击菜单横条查看菜单详情,又包括站点拓扑、子系统拓扑、告警闪烁、告警声音、告警关注和告警确认等功能。

(2)功能处理模块。功能处理模块包括管理和分析告警、智能设备管理、子系统数据、安全管理、通讯设置,通过点击模块列表进行查看和配置。

（3）告警信息列表。告警信息列表显示当前产生告警的详细信息，右键可以进行确认告警和告警恢复，确认告警即对产生的告警进行确认，当警产生时，相应的站点图标会闪动，并且有告警声音产生。当确认告警的时候，图标取消闪动，并且告警声音消失。确认人员的相关信息会记录到数据库中。

（4）快捷功能。它包括实时告警、历史告警、实时数据、设备管理，通过点击模块图标跳转至对应功能模块页面，可进行查看和配置。

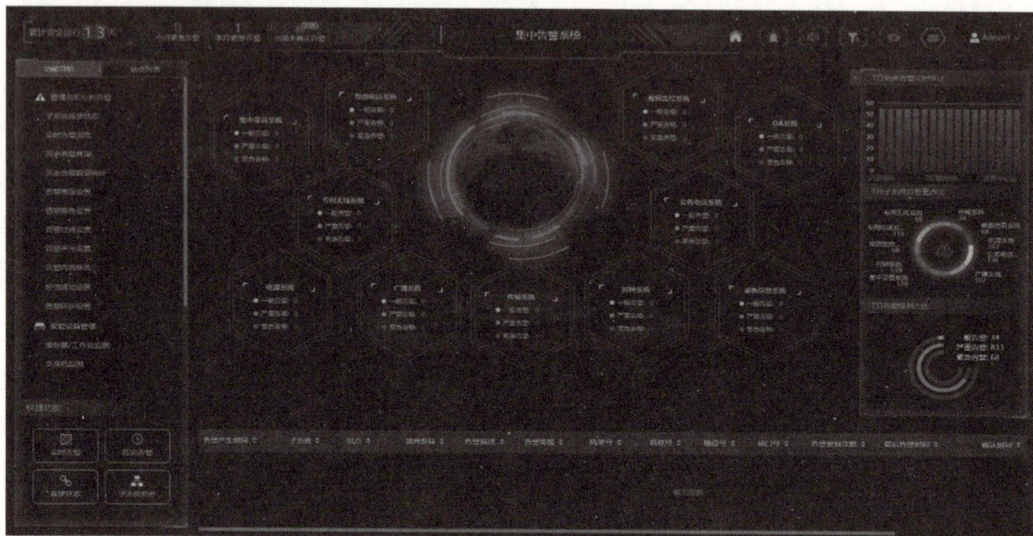

图 18-5　系统管理主界面

18.4.2　管理和分析告警

（1）系统连接状态。该模块显示各子系统的 IP 地址、端口号和连接状态；连接状态显示断开（字体颜色呈现红色），显示连接（字体颜色呈现绿色），如图 18-6 所示

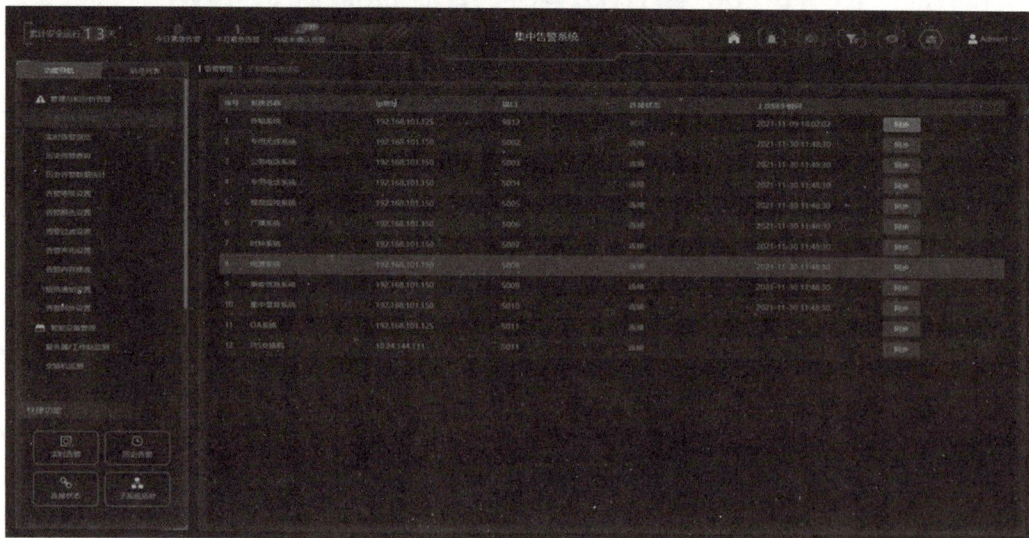

图 18-6　系统连接状态示意图

（2）实时告警浏览。该模块为用户提供对实时显示的告警信息进行浏览，如图 18 - 7 所示。

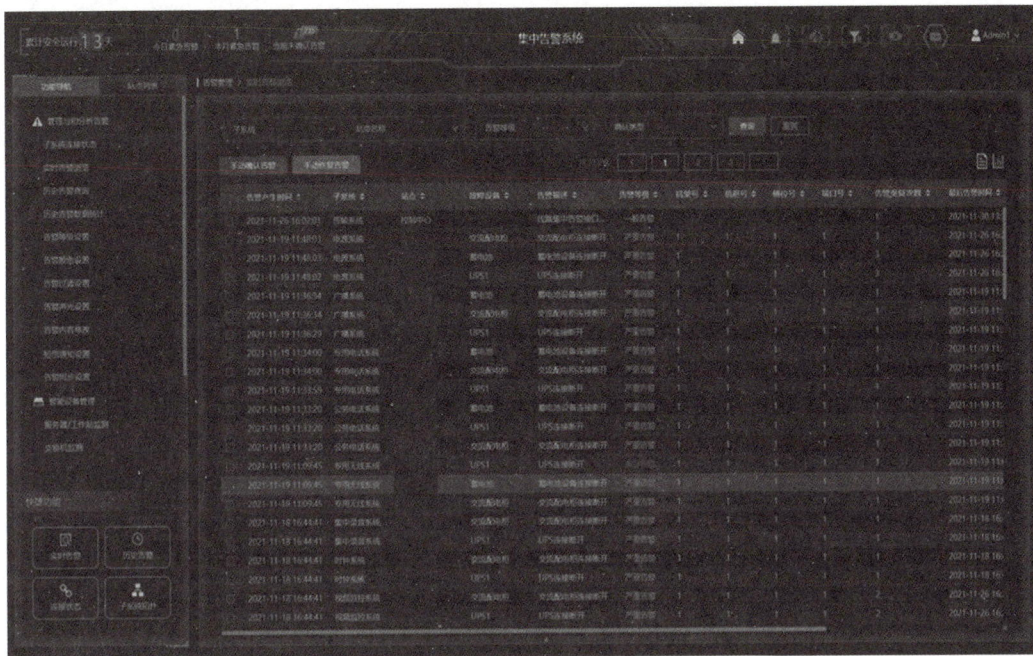

图 18 - 7　实时告警示意图

（3）历史告警查询。该模块为用户提供对历史告警信息的查询，如图 18 - 8 所示。

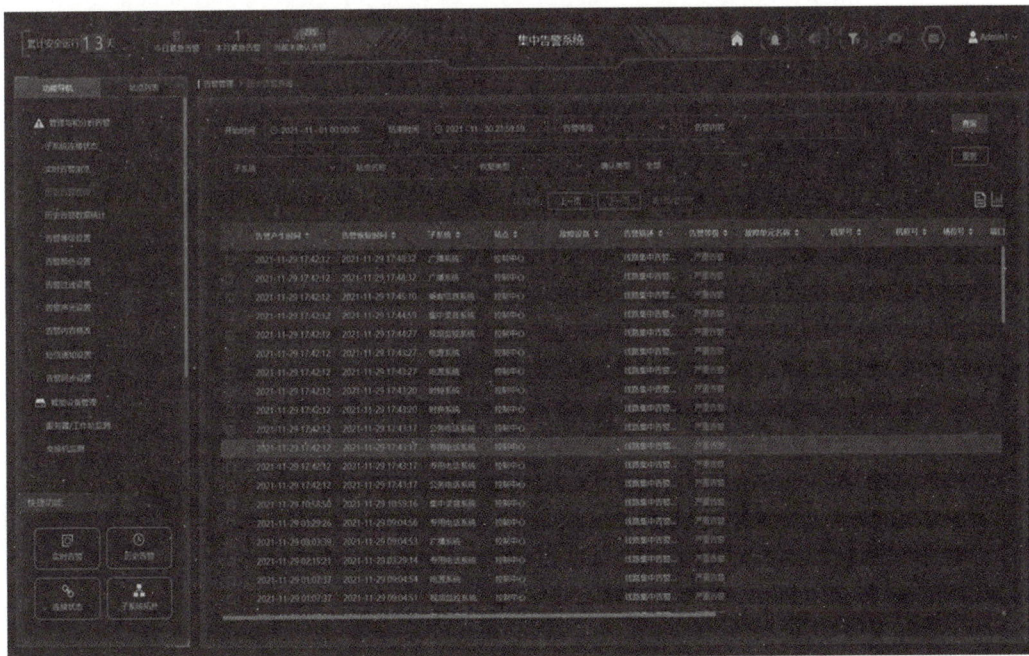

图 18 - 8　历史告警查询结果示意图

（4）告警设置。告警颜色设置：用户可以根据不同的告警等级设置不同的显示颜色，如

图 18－9 所示。

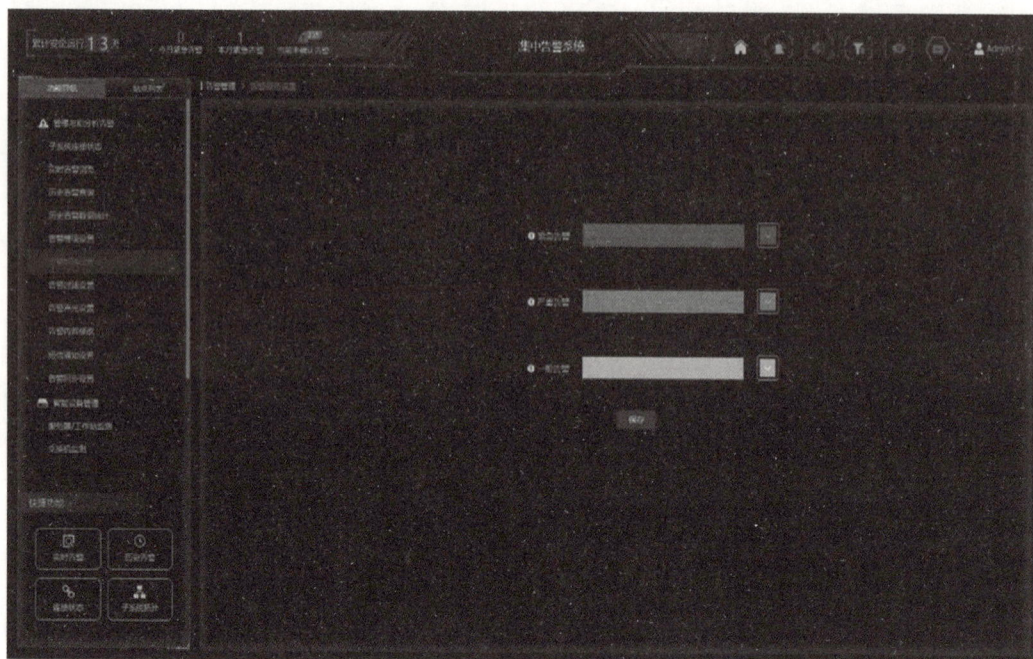

图 18－9　告警设置示意图

（5）告警智能分析（见图 18－10）：

1）告警过滤设置：可以添加告警过滤条件，符合条件的告警会被过滤，不在界面上显示出来。

2）新增：点击新增按钮选择需要过滤的条件，确认新增。

3）修改：对现有过滤条件进行修改，点击修改，参照系统设置的过滤条件。

4）删除：清除已经设置过滤条件，系统将不再过滤该部分信息。

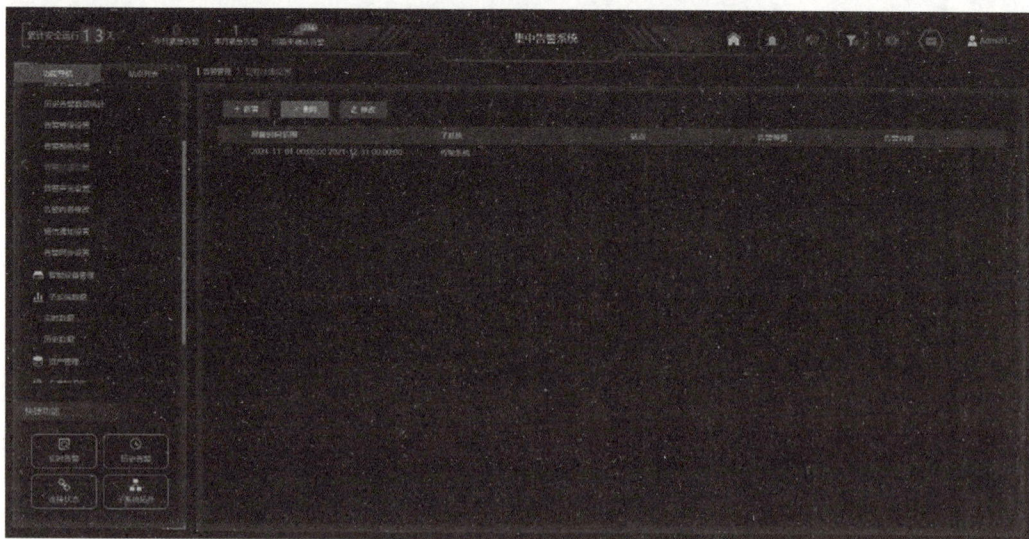

图 18－10　告警智能分析示意图

▶ **项目总结**

本章通过学习集中告警系统,让我们了解了集中告警系统的概念、原理、基本结构及作用。

▶ **项目实施**

实训 18.1　集中告警系统的维护

1.实训项目教师工作活页(见表 18 - 2)

表 18 - 2　实训项目教师工作活页

实训项目		实训 18.1.1　集中告警系统的应用维护			
学　时		专业班级		实训场地	
实训设备					
教学目标	专业能力	(1)了解城市轨道交通集中告警系统概念; (2)了解城市轨道交通集中告警系统的原理; (3)掌握城市轨道交通集中告警系统的通信流程; (4)掌握城市轨道交通集中告警系统的设备维护。			
	方法能力	()能综合运用专业知识、通过作业书籍、多媒体课件和图片资料获得帮助信息; (2)能根据实训项目学习任务确定实训方案,从中学会表达及展示活动过程和成果。			
	社会能力	(1)能在实训活动中保持积极向上的学习态度; (2)能与小组成员和老师就学习中的问题进行交流与沟通; (3)能学会和他人资源共享,具有较好的合作能力和团队精神。			
教学活动		略(详见教学活动设计)			
绩效评价	学生活动	(1)以 4～8 人为小组为单位开展实训活动,根据本组同学在实训过程中的表现及结果进行自评和组内互评; (2)根据其他小组同学在超过展示活动中的表现及结果,进行小组互评。			
	教师活动	(1)指导学生开展实训活动; (2)组织学生开展活动评价与总结; (3)根据学生的表现和在本实训项目中的单元成绩做出综合评价。			
教学资料		(1)《城市轨道交通与通信》主教材及辅助教材; (2)轨道交通告警系统资料; (3)教学活动设计活页。			
指导教师			实训时间	年　　　月　　　日	

2.实训项目学生学习活页(见表 18 - 3)

表 18 - 3　实训项目学生学习活页

实训项目	实训 18.1.2　轨道电路、记轴器与应答器操作运用			
专业班级		姓名		时间

一、实现目标

　　1.专业能力目标

　　(1)了解城市轨道交通集中告警系统概念;

　　(2)了解城市轨道交通集中告警系统的原理;

　　(3)掌握城市轨道交通集中告警系统的通信流程;

　　(4)掌握城市轨道交通集中告警系统的设备维护。

　　2.方法能力目标

　　(1)能综合运用专业知识、通过作业书籍、多媒体课件和图片资料获得帮助信息;

　　(2)能根据实训项目学习任务确定实训方案,从中学会表达及展示活动过程和成果。

　　3.社会能力目标

　　(1)能在实训活动中保持积极向上的学习态度;

　　(2)能与小组成员和老师就学习中的问题进行交流与沟通;

　　(3)能学会和他人资源共享,具有较好的合作能力和团队精神。

二、知识总结

　　(1)了解集中告警系统概念;

　　(2)了解集中告警系统的原理;

　　(3)掌握集中告警系统的通信流程;

　　(4)掌握集中告警系统的设备维护。

三、操作应用

　　1.简述集中告警系统的硬件结构、软件结构。

　　2.集中告警系统采集数据信息内容有哪些?

　　3.集中告警系统的主要功能有哪些?

续 表

4.结合下图简述集中告警系统通信流程?

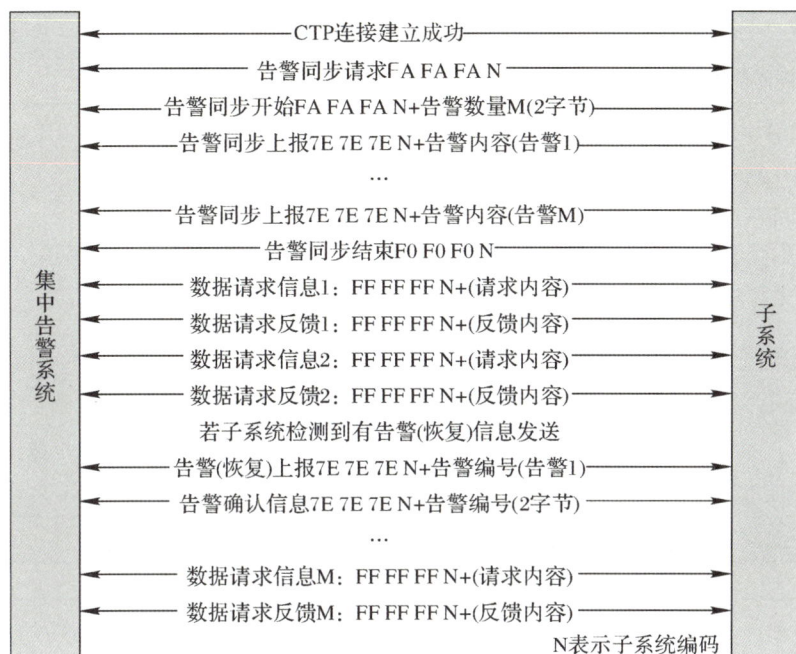

```
集                    ——CTP连接建立成功——                      子
中            ——告警同步请求FA FA FA N——                      系
告        ——告警同步开始FA FA FA N+告警数量M(2字节)——          统
警      ——告警同步上报7E 7E 7E N+告警内容(告警1)——
系                         ...
统      ——告警同步上报7E 7E 7E N+告警内容(告警M)——
         ——告警同步结束F0 F0 F0 N——
        ——数据请求信息1：FF FF FF N+(请求内容)——
        ——数据请求反馈1：FF FF FF N+(反馈内容)——
        ——数据请求信息2：FF FF FF N+(请求内容)——
        ——数据请求反馈2：FF FF FF N+(反馈内容)——
              若子系统检测到有告警(恢复)信息发送
      ——告警(恢复)上报7E 7E 7E N+告警编号(告警1)——
      ——告警确认信息7E 7E 7E N+告警编号(2字节)——
                         ...
        ——数据请求信息M：FF FF FF N+(请求内容)——
        ——数据请求反馈M：FF FF FF N+(反馈内容)——
                              N表示子系统编码
```

四、实训小结

_____

_____

_____

五、成绩评定

1.学生评价

评价等级	A—优秀	B—良好	C—中等	D—及格	E—不及格
学生自评					
组内互评					
小组互评					

2.教师评价

评价等级	A—优秀	B—良好	C—中等	D—及格	E—不及格
专业能力					
方法能力					
社会能力					
评价结果					

续 表

3.综合评价

评价等级	A—优秀	B—良好	C—中等	D—及格	E—不及格
综合评价					

综合评价按学生自评占10%、组内自评占20%、小组互评占20%、教师评价占50%的比例进行过程评价。其中：A(90～100)、B(80～89)、C(70～79)、D(60～69)、E(60以下)。

4.评价标准

评价等级	评价标准
A	能圆满、高效地完成实训任务的全部内容
B	能较顺利地完成实训任务的全部内容
C	能完成实训任务的全部内容,但需要相关的指导和帮助
D	只能完成实训任务的大部分内容,在老师和小组的帮助下,也能完成任务的全部内容
E	只能完成实训任务的部分内容

▶ 课程达标

一、填空题

集中告警系统又名_____,它是构建在通信专业各子系统的网管基础上来实现的一种高级网管系统。

1.集中告警系统以_____、_____、_____、_____、_____为总体设计目标,采用客户端/应用服务器/底层通信服务三层应用体系结构和并发的程序设计思想。

2.集中告警系统硬件设备由_____、_____、_____、_____等部分组成。

3.城轨集中告警系统采用_____和模块化的设计方式,系统由数据采集适配层、应用层和表示层组成。

4.城轨集中告警系统软件结构中表示层部署在集中告警终端上、应用层和_____都部署在集中告警服务器上。

二、选择题

1.城轨通信集中告警系统中的以太网交换机工作在(　　)工作方式。

A.全双工　　　　B.半双工　　　　C.单工　　　　D.点到点

2.城轨中集中告警系统软件结构的(　　)部署在集中告警终端上。

A.应用层　　　　B.表示层　　　　C.数据采集层　　　　D.物理层

3.通信集中告警系统软件不包括以下(　　)功能。

A.用户管理 B.系统管理 C.故障管理 D.聊天功能

4. 通信集中告警系统级别不包括( )。

A.严重告警 B.主要告警 C.一般告警 D.次要告警

三、简答题

1.什么是集中告警系统,它主要服务对象有哪些?

2.简述集中告警系统的结构?

3.集中告警系统的主要功能有哪些?

附　　录

◆ 附录A　城市轨道交通图纸常见缩写及含义

序号	英文缩写	基文全称	含　义	备　注
1	1DQJ		一道岔启动继电器	继电器类
2	1DQJF		一道岔启动复示继电器	继电器类
3	2DJ		二灯丝继电器	继电器类
4	2DQJ		二道岔启动继电器	继电器类
5	AC	Axle Counting	计轴	
6	ACS	Axle Counting System	计轴系统	
7	ANSI	American National Standards Institute	美国国家标准学会	
8	APa	Access Point A	A 网无线接入点	
9	APb	Access Point B	B 网无线接入点	
10	APS		稳压器	
11	ARS	Automatic Route Setting	自动进路设置	
12	AS	Access Switch	接入交换机	
13	ATB	Automatic Turnback Button	自动折返	
14	ATBCFAJ		自动折返按钮触发继电器	继电器类
15	ATBJHAJ		自动折返按钮激活继电器	继电器类
16	ATC	Automatic Train Control	列车自动控制	
17	ATE	Automatic Test Equipment	自动测试设备	
18	ATO	Automatic Train Operation	列车自动运行	
19	ATOM	Automatic Train Operation Mode	列车自动驾驶模式	
20	ATP	Automatic Train Protection	列车自动防护	
21	ATPM	Automatic Train Protection Mode	ATP 监督下人工驾驶模式	
22	ATS	Automatic Train Supervision	列车自动监控	
23	ATSA	Alstom Transport S. A	阿尔斯通交通股份有限公司	
24	AX	AX safety relay	安全型继电器	

续 表

序 号	英文缩写	英文全称	含 义	备 注
25	B	Beacon	信标	
26	BAS	Building Automation System	设备监控系统	
27	BBU	Building Baseband Unit	基带处理单元	
28	BC	Broadcast System	广播系统	
29	BHJ		道岔保护继电器	继电器类
30	BM	Block Mode	点式降级模式	
31	BS	Backbone Switch	骨干交换机	
32	CAD	Computer Aided Design	计算机辅助设计	
33	CASCO	CASCO SIGNAL LTD	卡斯柯信号有限公司	
34	CATS	Central Automatic Train Supervision	中心 ATS	
35	CBN	Carborne Network	车载网络	
36	CBTC	Communications-Based Train Control	基于通信的列车控制	
37	CC	Carborne Controller	车载控制器	
38	CCTV	Closed Circuit Television	闭路电视监控系统	
39	CENELEC	European Committee for Electrotechnical Standardization	欧洲电工标准化委员会	
40	CER	Central Equipment Room	中央设备室	
41	CBI	Computer Based Interlocking	计算机联锁	
42	CJTL		城郊铁路	
43	CLK	CLock	时钟系统	
44	CNS	CBTC Network Support	CBTC 网络支持子层	
45	COAST	Coast	惰行	
46	COM	Communications	通信系统	
47	CPU	Central Processing Unit	中央处理器	
48	CSD	Circuit Switch Data	电路交换数据业务	
49	CT		道岔联锁驱动组合	
50	DB	Database	数据库	
51	DBJ		道岔定位表示继电器	继电器类
52	DBQ		断相保护器	
53	DCC	Depot Control Center	车辆段/停车场控制室	
54	DCG		蓄电池柜	

续表

序 号	英文缩写	英文全称	含 义	备 注
55	DCJ		道岔定位操纵继电器	继电器类
56	DCM	Data Communication Monitor	数据通信监测终端	
57	DCQDJ		道岔启动继电器	继电器类
58	DCS	Data Communication Subsystem	数据通信子系统	
59	DDJ		点灯继电器	继电器类
60	DG		道岔区段	
61	DID	Destination Identity	目的地码	
62	DJ		灯丝继电器	继电器类
63	DJF		道岔交流电源负电	
64	DJZ		道岔交流电源正电	
65	DLM	Design Liaison Meeting	设计联络会	
66	DMI	Driving Monitor Interface	驾驶室显示屏	
67	DMS	Data Management System	数据管理系统	
68	DOT	Direction of Travel	行车方向	
69	DSBJ		灯丝报警继电器	继电器类
70	DTI	Departure Time Indicator	发车计时器	
71	DCC	Depot Control Center	车辆段控制中心	
72	DY		电源组合	
73	EB	Emergency Brakes	紧急制动	
74	EIA	Electronic Industry Association	美国电子工业协会	
75	EMC	Electro Magnetic Compatibility	电磁兼容	
76	EMCT	Ethernet Media Converter	光电转换器	
77	EMI	Electric Magnetic Interference	电磁干扰	
78	EMP	Emergency Pushbutton	紧急关闭	
79	EN	European Norm	欧洲标准	
80	EOA	End of Authority	授权终点	
81	ESA	Emergency Stop Area	紧急停车区域	
82	ESB	Emergency Stop Button	紧急停车按钮	
83	ESBJ		站台紧急关闭继电器	继电器类
84	ESS	Emergency Stop System	紧急停车系统	

续 表

序 号	英文缩写	英文全称	含 义	备 注
85	F		分线盘	
86	FAS	Fire Alarm System	火灾报警系统	
87	FAT	Factory Acceptance Tests	工厂验收测试	
88	FBJ		道岔反位表示继电器	继电器类
89	FCJ		道岔反位操纵继电器	继电器类
90	DSU	Data Storage Unit	数据库存储单元	
91	FSFB	Fail Safe Field Bus	故障安全总线	
92	FW		复位断电器定型组合	
93	FWJ		计轴区段复位继电器	继电器类
94	GB		国家标准	
95	GJ		计轴区段继电器	继电器类
96	GMJ		屏蔽门关门继电器	继电器类
97	GPS	Global Position System	全球定位系统	
98	GSM	Global System for Mobile Communication	全球移动通信系统	
99	GUI	Graphical User Interface	图形用户界面	
100	HMI	Human Machine Interface	人机界面(现地控制工作站)	
101	I/O	Input/Output	输入/输出	
102	IB		填充数据应答器	
103	IBP	Integrated Backup Panel	综合后备盘	
104	IEEE	Institute of Electrical and Electronic Engineers	国际电子与电气工程师协会	
105	IFS	Interface Server	接口服务器	
106	IP	Internet Protocol	Internet 协议	
107	ISCS	Integrated Supervision and Control System	综合监控系统	
108	ISO	International Standards Organization	国际标准化组织	
109	iVP	Intelligent Verification Platform	智能验证平台	
110	JF		交流电源负电	
111	JK		接口柜	
112	JZ		交流电源正电	

续 表

序 号	英文缩写	英文全称	含 义	备 注
113	KF		信号控制电源负电	
114	KMJ		安全门开门继电器	继电器类
115	KP	Kilometer Point	公里标	
116	KVM	Keyboard Video Mouse	多电脑控制器	
117	KZ		信号控制电源正电	
118	KZKFJ		KZ/KF 电源监督继电器	继电器类
119	LAN	Local Area Network	局域网	
120	LATS	Local ATS	现地 ATS	
121	LC	Line Controller	线路控制器	
122	LCD	Liquid Crystal Display	液晶显示器	
123	LCW	Local Control Workstation	本地控制工作站	
124	LED	Light Emitting Diode	发光二极管	
125	LEU	Lineside Electronic Unit	欧式编码器（地面电子单元）	
126	LF		零散电源负电	
127	LRU	Line Replaceable Unit	线路可替换单元	
128	LS		零散组合	
129	LTE	Long Term Evolution	长期演进技术	
130	LXJ		列车信号继电器	继电器类
131	LZ		零散电源正电	
132	MAL	Movement Authority Limit	移动授权	
133	MCB	Miniature Circuit Breaker	小型电路断路器	
134	Micro Lock Ⅱ	Micro Lock Ⅱ	联锁系统	
135	MSS	Maintenance Support System	维护支持系统	
136	MSW	Maintenance Workstation	维修工作站	
137	MTIB	Moving Train Initialization Beacon	列车运行初始化信标	
138	MTTR	Mean Time To Repair	平均故障修复时间	
139	MTTRS	Mean Time To Restore the System	平均系统还原时间	
140	NCC	Network Control Centre	线网指挥中心	
141	NIAP	Non Identified Automatic Protection	非识别的自动防护	
142	NMS	Network Management Server	网络管理站	

续 表

序 号	英文缩写	英文全称	含 义	备 注
143	NRM	Non-Restricted Manual	非限制人工模式	
144	NTP	Network Time Protocol	网络时间协议	
145	OCC	Operational Control Center	控制中心	
146	ODF		光纤配线架	
147	PA	Public Address	车站广播系统	
148	PDKJ		屏蔽门门关好继电器	继电器类
149	PDQCJ		屏蔽门旁路继电器	继电器类
150	PDU	Power Distribution Unit	配电装置	
151	PIS	Passenger Information System	乘客信息系统	
152	PLC	Programmable Logic Controller	可编程控制器	
153	PM	Point Switch Machine	转辙机	
154	PS	Power Supply	电源	
155	PSCADA	Power Supervisory Control and Data Acquisition	电力监控系统	
156	PSD	Platform Screen Door	屏蔽门	
157	PSL	Local Control Panel	现地控制盘	
158	PSR	Permanent Speed Restriction	永久限速	
159	PSS	Power Supply System	供电系统	
160	PSU	Power Supply Unit	供电装置	
161	PVID	Permanent Vehicle Identity	车辆固定标识	
162	QDJ		切断继电器	继电器类
163	RAM	Random Access Memory	随机存取存储器	
164	RB	Relocallization Beacon	重新定位信标	
165	RBJ		熔丝断丝报警继电器	继电器类
166	RDF		断路器报警电源负电	
167	RDZ		断路器报警电源正电	
168	RI	Relay Interface	继电接口	
169	RM	Restricted Manual	限制人工模式	
170	RMF	Restricted Manual Mode Forward	限制人工模式（向前）	
171	RMR	Restricted Manual Mode Reverse	限制人工模式（向后）	
172	RRU	Remote Radio Unit	远端射频单元	

续 表

序 号	英文缩写	英文全称	含 义	备 注
173	RS	Radio System/Rolling Stock	无线系统/车辆系统	
174	S	Signal	信号机上行	
175	SAN	Storage Area Network	存储区域网络	
176	SBD	Safety Braking Distance	安全制动距离	
177	SCC	Station Control Computer	车站控制计算机	
178	SCR	Station Control Room	车站控制室	
179	SDM	Diagnostics and Maintenance Subsystem	联锁诊断维护子系统	
180	SER	Singnaling Equipment Room	信号设备室	
181	SIL	Safety Integrity Level	安全完善度等级	
182	SSP	Service Stopping Point	运营停车点	
183	SW	Switch	道岔	
184	SYSA		联锁工作继电器 A	继电器类
185	SYSB		联锁工作继电器 B	继电器类
186	TB		中国铁道部标准	
187	TC	Track Circuit	轨道电路	
188	TCMS	Train Control Management System	列车控制管理信息系统	
189	TDCL	Train Doors Closed Locked	车门关闭锁紧信息	
190	TDF1		提速道岔辅助组合 1	
191	TDF2		提速道岔辅助组合 2	
192	TER	Trackside Equipment Room	轨旁设备室	
193	TID	Tracking Identity	追踪标识	
194	TIS	Travel Information System	运营信息系统	
195	TOD	Train Operator Display	司机显示器	
196	TORR	Train Operated Route Release	列车运行进路解锁	
197	TR	Terminal Relay	接口设备	
198	TRE	Track Radio Equipment	轨旁无线设备	
199	TS	Terminal Server	终端服务器(网口转串口设备)	
200	TSR	Temporary Speed Restriction	临时速度限制	
201	TTT	Train Tracking	列车追踪	
202	UPS	Uninterruptible Power Supply	不间断电源	

续　表

序　号	英文缩写	英文全称	含　义	备　注
203	URM	Unrestricted Manual Driving Mode	非限制人工驾驶模式	
204	UTO	Unattended Train Operation	全自动无人驾驶	
205	VB	Virtual Block	虚拟闭塞	
206	VIO	Vital Input Output	安全输入输出	
207	VLAN	Virtual Local Area Network	虚拟局域网	
208	VPN	Virtual Private Network	虚拟专用网络	
209	VR	Vehicle Regulation	列车调整	
210	WG		无岔区段	
211	WLAN	Wireless Local Area Network	无线局域网	
212	X		下行	
213	X1		信号机定型组合1	
214	X2		信号机定型组合2	
215	XJF		信号机交流电源负电	
216	XJZ		信号机交流电源正电	
217	YFWJ		计轴区段总预复位继电器	继电器类
218	YXJ		引导信号继电器	继电器类
219	Z		组合架	
220	ZBHJ		道岔总保护继电器	继电器类
221	ZC	Zone Controller	区域控制器	
222	ZCJ		照查继电器	继电器类
223	ZDBJ		道岔总定位表示继电器	继电器类
224	ZFBJ		道岔总反位表示继电器	继电器类
225	ZHG		综合柜	
226	ZL		站联组合	
227	ZLC	Zone Logic Computer	区域逻辑计算机	
228	ZR		阻容组合	
229	ZXJ		正线继电器	继电器类

◆ 附录 B　城市轨道交通图纸元素及意义

序号	图纸来源	名　称	附　图	设备名称
1	正线站场平面布置图	信号机		黄灯
2				绿灯
3				红灯（点亮）
4				白灯
5				此显示信号机空灯位
6				出站信号机/区间间隔信号机/道岔防护信号机
7				出段信号机/入段信号机/道岔防护信号机
8				阻挡信号机
9		信标	R	RB（固定信标）
10			V	VB（可变信标）
11				MTIB（动态初始化信标）
12				IB（填充信标）

续 表

序号	图纸来源	名　称	附　图	设备名称
13	正线站场平面布置图	计轴		计轴设备
14				超限计轴
15		隔断门		隔断门
16		车档		车档
17		ESB		紧急关闭按钮 ESB
18		停车点		正常停车点 SSP
19		发车计时器		发车计时器 DTI
20		自动折返		无人自动折返按钮 ATB
21		屏蔽门		屏蔽门 PSD
22		分界线		联锁分界 CI
23				ZC 分界
24				正线/车辆段分界
25		TRE		轨旁无线设备 TRE

续 表

序号	图纸来源	名 称	附 图	设备名称
26	室内设备布置图	接地		接地箱
27		防雷		电源防雷箱
28		孔洞		侧墙预留孔洞
29	信号机点灯电路图	电流互感器	电流互感器	电流互感器
30		点灯变压器		点灯变压器
31	IBP信号设备布置图	道岔		道岔(定、反位)表示灯
32		紧停		紧急停车
33				取消紧停按钮
34		蜂鸣器		蜂鸣器
35		报警切除		报警切除按钮
36		计轴		计轴预复位按钮
37				计轴总预复位按钮
38			999	计轴总预复位计数器

续 表

序号	图纸来源	名　称	附　图	设备名称
39		道岔		道岔
40		转辙机		转辙机
41		HZ6		HZ6
42		车档		车档
43	正线光、电缆径路图	线缆表示		粗线表示多根电缆并行
44		警冲标		警冲标
45		地线		综合贯通地线
46				设备接地电缆
47		区域分界		联锁区域分界表
48		计轴		计轴轨边接线盒
49		电源盒		电源盒
50		分线盒		分线盒

续 表

序号	图纸来源	名称	附图	设备名称
51	正线电缆、线缆敷设路由图	信号线缆		信号线缆敷设路由
52				信号线缆敷设竖槽
53	正线室内设备接地图	接地		接地铜排
54				接地地线
55	铁路工程制图图形符号标准	道岔		单开道岔
56				复式交分道岔
57				交叉渡线
58		轨道电路		钢轨绝缘
59				尽头式钢轨绝缘
60				轨道电路极性、相位、频率交叉
61				轨道电路发送端(单送)
62				轨道电路发送端(双送)

续　表

序号	图纸来源	名　称	附　图	设备名称
63	铁路工程制图图形符号标准	轨道电路		轨道电路接收端（单收）
64				轨道电路接收端（双收）
65				轨道电路发送、接收端
66				轨条连接线
67				道岔跳线
68		电缆盒	7	分向电缆盒
69			24	终端电缆盒
70		尽头线		尽头线
71		警冲标	L	警冲标（L为距信号楼中心距离）
72		信号楼		信号楼
73		电缆沟		电缆地沟
74		继电器		直流无极继电器
75				直流无极缓放继电器

续 表

序号	图纸来源	名 称	附 图	设备名称
76	铁路工程制图图形符号标准	继电器		直流无极缓放继电器(单线圈缓放)
77				无极加强继电器
78				有极继电器
79				有极加强继电器
80				整流式继电器
81			4　1	偏极继电器
82		继电器接点		无极继电器(一般符号)
83			1	动合接点(前接点)闭合
84			1	动合接点(后接点)闭合
85			1	动合接点断开
86			1	动断接点闭合
87			1	动合接点闭合,动断接点断开
88			111　112	极性定位接点闭合

续 表

序号	图纸来源	名　称	附　图	设备名称
89	铁路工程制图图形符号标准	继电器接点		极性反位接点闭合
90				极性反位接点断开
91		转辙机内部接点		转辙机摇把接点
92				转辙机自动开闭器接点
93		防雷		防雷组合单元
94		电动机		电动机
95	组合内部配线图	继电器		JZXC－H18
96				JWXC－H340
97				JPXC－1000
98				JWJXC－H125/80
99				JYJXC－160/260
100				JWJXC－480
101				JWXC－1700

附录 C 《城市轨道交通通信工》国家职业技能标准

1 职业概况

1.1 职业名称

城轨通信工。

1.2 职业定义

从事城市轨道交通通信线路施工、设备安装和维修的人员。

1.3 职业等级

本职业共设五个等级,分别为:初级(国家职业资格五级)、中级(国家职业资格四级)、高级(国家职业资格三级)、技师(国家职业资格二级)、高级技师(国家职业资格一级)。

1.4 职业环境条件

室内、外,常温。

1.5 职业能力特征

有获取、领会和理解外界信息的能力;有语音表达及对事物分析和判断的能力;身体健康,四肢灵活,动作协调;有空间想象及一般计算能力;心理及身体素质较好,无职业禁忌症;听力及辨色力正常,双眼矫正视力不低于5.0。

1.6 基本文化程度

高中毕业(或同等学历)。

1.7 培训要求

1.7.1 培训期限

全日制职业学校教育,根据其培养目标和教学计划确定。晋级培训期限:初级不少于600标准学时;中级不少于500标准学时;高级不少于300标准学时;技师不少于100标准学时;高级技师不少于100标准学时。

1.7.2 培训教师

培训初级、中级、高级的教师应具有本职业技师及以上职业资格证书或相关专业中级及以上专业技术职务任职资格;培训技师的教师应具有本职业高级技师职业资格证书或相关专业高级专业技术职务任职资格;培训高级技师的教师应具有本职业高级技师职业资格证书2年以上或相关专业高级专业技术职务任职资格。

1.7.3 培训场地设备

满足教学需要的标准教室、技能培训基地、模拟场所或作业现场,有必要的设备、工具、量具、仪器仪表等。

1.8 鉴定要求

1.8.1 适用对象

从事或准备从事本职业的人员。

1.8.2 申报条件

——初级(具备以下条件之一者)

（1）经本职业初级正规培训达规定标准学时数，并取得结业证书。

（2）在本职业连续见习工作 2 年以上。

（3）本职业学徒期满。

——中级（具备以下条件之一者）

（1）取得本职业初级职业资格证书后，连续从事本职业工作 3 年以上，经本职业中级正规培训达规定标准学时数，并取得结业证书。

（2）取得本职业初级职业资格证书后，连续从事本职业工作 5 年以上。

（3）连续从事本职业工作 7 年以上。

（4）取得经劳动和社会保障行政部门审核认定的、以中级技能为培养目标的中等以上职业学校本职业（专业）毕业证书。

——高级（具备以下条件之一者）

（1）取得本职业中级职业资格证书后，连续从事本职业工作 4 年以上，经本职业高级正规培训达规定标准学时数，并取得结业证书。

（2）取得本职业中级职业资格证书后，连续从事本职业工作 6 年以上。

（3）取得高级技工学校或经劳动和社会保障行政部门审核认定的、以高级技能为培养目标的高等职业学校本职业（专业）毕业证书。

（4）取得本职业中级职业资格证书的大专以上本专业或相关专业毕业生，连续从事本职业工作 2 年以上。

——技师（具备以下条件之一者）

（1）取得本职业高级职业资格证书后，连续从事本职业工作 5 年以上，经本职业技师正规培训达规定标准学时数，并取得结业证书。

（2）取得本职业高级职业资格证书后，连续从事本职业工作 7 年以上。

（3）取得本职业高级职业资格证书的高级技工学校本职业（专业）毕业生和大专以上本专业或相关专业的毕业生，连续从事本职业工作 2 年以上。

——高级技师（具备以下条件之一者）

（1）取得本职业技师职业资格证书后，连续从事本职业工作 3 年以上，经本职业高级技师正规培训达规定标准学时数，并取得结业证书。

（2）取得本职业技师职业资格证书后，连续从事本职业工作 5 年以上。

1.8.3　鉴定方式分为理论知识考试和技能操作考核

理论知识考试采用闭卷笔试等方式，技能操作考核采用实际操作或模拟现场等方式。理论知识考试和技能操作考核均实行百分制，成绩皆达 60 分及以上者为合格。技师、高级技师还须进行综合评审。

1.8.4　考评人员与考生配比

理论知识考试考评人员与考生配比为 1∶15，每个标准教室不少于 2 名考评人员；技能操作考核考评员与考生配比为 1∶5，且不少于 3 名考评员；综合评审委员不少于 5 人。

1.8.5　鉴定时间

理论知识考试时间不少于 120 分钟；技能操作考核时间按实际需要和考核项目确定，原则上不少于 60 分钟；综合评审时间不少于 45 分钟。

1.8.6　鉴定场所设备

理论知识考试在标准教室进行。技能操作考核在职业技能鉴定基地、模拟场所或作业现场进行。场地条件及设备、工具、量具、仪器仪表等应满足实际操作需要。技能操作考核时可酌情配设辅助操作人员。

2　基本要求

2.1　职业道德

2.1.1　职业道德基本知识

2.1.2　职业守则

(1)遵守法律、法规和相关规定。

(2)爱岗敬业,忠于职守,自觉履行各项职责。

(3)工作认真负责,严于律己。

(4)谦虚谨慎,团结协作,主动配合。

(5)严格执行操作规程,保证质量。

(6)爱护设备、工具、量具及仪器仪表等。

(7)重视安全、环保,坚持文明生产。

(8)刻苦学习,钻研业务,努力提高思想和科学文化素质。

2.2　基础知识

2.2.1　基本知识

(1)电工原理。

(2)通信网络和计算机网络知识。

(3)电子技术基础知识。

(4)城市轨道交通的基本知识。

(5)通信器材的基础知识。

(6)机械制图基础知识。

(7)安全用电常识。

(8)光纤通信原理。

(9)数字通信原理。

(10)无线电传播理论。

2.2.2　设备、工具的使用与维护知识

(1)常规长度、水平度、垂直度测试工具的使用与保养知识。

(2)常用电动工具的使用与保养知识。

(3)简单运输机具的使用与保养知识。

(4)万用表的使用与保养知识。

(5)兆欧表的使用与保养知识。

(6)各类仪器仪表的种类、名称、规格、用途和使用维护保养知识。

2.2.3　法律、法规和规章知识

(1)《中华人民共和国劳动法》相关知识。

(2)《中华人民共和国安全生产法》相关知识。

(3)《中华人民共和国环境保护法》相关知识。

(4)《铁路运输安全保护条例》相关知识(参考)。

(5)《铁路技术管理规程》有关规定(参考)。

(6)《铁路行车事故处理规则》有关规定(参考)。

(7)《铁路工程施工安全技术规程》有关规定(参考)。

(8) 行车安全规章有关规定。

(9) 城市轨道交通通信工程施工、验收的标准、规范指南等有关规定。

(10)劳动保护知识。

3　工作要求

本标准对初级、中级、高级、技师和高级技师的技能要求依次递进,高级别涵盖低级别的要求。

3.1　初级

职业功能	工作内容	技能要求	相关知识
一、通信线路建筑	(一)有线通信线路建筑(含段、场)	1.能识别通信支架、吊架、线槽、保护管的型号、规格; 2.能挖掘光电缆沟、人(手)孔坑; 3.能试通通信管道; 4.能进行管孔封堵	1.常用材料的规格、性能、用途和使用方法; 2.通信光电缆各种敷设方式; 3.各种管道的试通清理方法; 4.各种管孔的封堵要求
	(二)无线通信线路建筑	1.能识别铁塔施工材料的规格; 2.能识别天馈线型号、规格; 3.能识别漏缆安装材料的型号、规格; 4.能明确天线种类、安装位置、定向天线的方向等	1.铁塔各种施工材料的技术要求; 2.天馈线的技术参数与要求; 3.漏缆施工的工艺流程; 4.天线工作原理及安装流程
	(三)光电缆敷设(含段、场)	1.能识别光电缆型号、类型; 2.能识别光电缆端别; 3.能进行光电缆埋设、穿放、架设等; 4.区间内光电缆绑扎牢固; 5.能埋设光电缆标石	1.光电缆的命名规则; 2.光电缆芯线排序规则; 3.地铁段、场内布放光电缆要求; 4.地铁区间内布放光电缆要求; 5.光电缆标石埋设的技术要求

续 表

职业功能	工作内容	技能要求	相关知识
二、光电缆接续测试	（一）光电缆接续、引入	1.能进行光电缆开剥； 2.能进行光电缆接头防护	1.光电缆开剥工具使用方法及操作工艺； 2.光电缆接头防护材料的使用方法
	（二）光电缆测试	1.能测试单盘电缆绝缘电阻 2.能测试电缆单盘长度	直流电桥的使用方法
三、通信设备安装配线	（一）设备安装	1.能安装防震支架、设备底座； 2.能安装机架； 3.能识读设备的施工安装图； 4.能进行登高作业敷设缆线等； 5.能测量设备及机架水平度和垂直度	1.防震支架、设备底座的安装工具的使用方法及程序； 2.攀爬工具的使用； 3.机架水平度、垂直度的测试方法及技术要求
	（二）设备配线	1.能识读设备的施工布线图； 2.能识别各种通信配线电缆的规格、型号及电缆线序； 3.能按设计要求布放各种缆线； 4.能进行缆线的连接（卡接、焊接、压接）	1.常用通信配线电缆规格、型号、分类； 2.卡接、焊接、压接的工艺知识

3.2 中级

职业功能	工作内容	技能要求	相关知识
一、通信线路建筑	（一）有线通信线路建筑（含段、场）	1.能进行人(手)孔修砌工作； 2.能安装支架、吊架、布放线槽、保护管； 3.能进行线缆布放； 4.能架设吊线； 5.能进行线缆绑扎； 6.能进行保护管预埋	1.制作人（手）孔的方法、工艺流程 2.管道、人(手)孔的技术要求 3.架设吊线的技术要求 4.线缆布放的规定及注意事项 5.线缆的各种保护措施

续　表

职业功能	工作内容	技能要求	相关知识
一、通信线路建筑	（二）无线通信线路建筑	1.能测量铁塔基础深度、高程、爬架安装位置； 2.能测量天馈线通断，能制作同轴头； 3.能进行漏缆单盘测试； 4.能知晓天线的增益值及覆盖范围； 5.能测量铁塔塔体的接地电阻、塔体金属构件间的电气连通	1.铁塔高度与埋深； 2.铁塔防雷的基本知识； 3.铁塔电气特性测试方法； 4.漏缆电气特性测试方法； 5.天馈线、射频电缆知识
	（三）光电缆敷设（含段、场）	1.能进行光电缆径路测量； 2.能根据不同土质地形选择埋深； 3.能进行光电缆防护； 4.能进行光电缆预留； 5.能进行光电缆单盘测试	1.光电缆径路技术要求； 2.光电缆埋设及防护的技术要求； 3.光电缆预留的技术要求； 4.光电缆电气特性测试
二、光电缆接续测试	（一）光电缆接续、引入	1.能按交叉图进行电缆接续与防护； 2.能进行漏泄同轴电缆接续与防护； 3.能熔接、盘留光纤； 4.能安装光缆接头盒； 5.能制作光电缆绝缘节； 6.能制作光电缆成端	1.光电缆接续操作工艺； 2.漏泄同轴电缆接续操作工艺； 3.光电缆绝缘节制作工艺； 4.光电缆成端制作工艺
	（二）光电缆测试	1.能测试单盘光缆的长度、衰减； 2.能测试光缆接头损耗、长度和平均衰减； 3.能测试光缆中继段长度、平均衰减、接头位置、接头插入损耗、全程衰耗； 4.能测试电缆线路直流电阻、绝缘介电强度	1.光缆单盘测试项目、技术指标及测试仪表的使用方法； 2.光缆接头及中继段技术指标的测试方法； 3.电缆线路直流特性的测试方法

续 表

职业功能	工作内容	技能要求	相关知识
三、通信设备安配线	(一)设备安装	1.能识别各种通信设备的规格、型号; 2.能识读施工设计平面及机架面板图,并安装通信设备	1.常用设备的种类、规格、型号; 2.城市轨道交通通信系统知识; 3.设备的电气与机械防护知识; 4.通信设备安装相关知识
	(二)设备配线	1.能识读施工设计系统图; 2.能对布放的配线电缆进行直流特性测试; 3.能编绑和成端50对芯线以下电缆; 4.能完成同轴电缆的成端	1.缆线测试仪表的使用方法; 2.配线电缆直流特性指标; 3.电缆编绑、成端工艺; 4.各通信子系统设备的运用

3.3 高级

职业功能	工作内容	技能要求	相关知识
一、通信线路建筑	(一)有线通信线路建筑(含段、场)	1.能复测管道径路; 2.能根据不同场合对支架、吊架安装位置安装径路进行调整; 3.能编制杆路作业方案; 4.能对支架、吊架、线槽、保护管等进行外观、形状检查; 5.能检查出通信管线安装的质量通病、与规范不符的质量隐患	1.管道径路的设计要求; 2.杆路径路的设计要求; 3.杆路作业的施工规范; 4.通信管线的各种施工规范; 5.隐蔽工程相关知识
	(二)无线通信线路建筑	1.能检测天线加挂支柱高度及方位、平台位置及尺寸; 2.能安装天线; 3.能检查塔身各横截面(应成相似多边形); 4.能测量天馈线驻波比; 5.能进行无线场强测试	1.铁塔施工验收标准; 2.驻波仪的正确使用; 3.无线场强测试仪的正确使用方法
	(三)光电缆敷设(含段、场)	1.能根据单盘测试结果配盘; 2.能安装漏泄同轴电缆支架; 3.能吊挂和预留漏泄同轴电缆	1.光电缆配盘原则 2.漏泄同轴电缆安装固定、吊挂、预留的工艺规范

续　表

职业功能	工作内容	技能要求	相关知识
二、光电缆接续测试	（一）光电缆接续、引入	1.能接续电缆加感头、分歧头； 2.能接续光缆分歧头； 3.能割接光电缆； 4.能制作电缆气闭头	1.电缆加感、分歧接续操作工艺； 2.光缆分歧接续操作工艺； 3.光电缆割接工艺； 4.电缆气闭头制作工艺
	（二）光电缆测试	1.能根据测试数据选择交叉方式； 2.能进行电缆接续平衡测试； 3.能测试电缆线路近串、远串等交流特性； 4.能测试漏泄同轴电缆驻波比	1.交叉计算、平衡测试方法； 2.电缆线路交流特性参数及电平表等测试仪表的使用方法； 3.漏泄同轴电缆交流特性参数及通过式功率计等测试仪表的使用方法
三、通信设备安装配线	（一）设备安装	1.能进行卫星天线的安装； 2.能进行馈源、馈导的安装； 3.能按产品技术说明进行单机设备跳线等硬件设置	1.卫星通信的基本知识； 2.光电传输、电话交换、数据通信设备的相关知识
	（二）设备配线	1.能编绑和成端 50 对芯线以上电缆； 2.能编绑和成端射频电缆； 3.能进行单机设备的配线故障检修	1.射频电缆成端工艺； 2.各通信子系统设备内部配线、子系统之间的设备联线
四、通信设备调试	（一）单机调试	1.能对安装的设备进行通电试验； 2.能进行单个设备硬件故障的查找和检修； 3.能进行电源、时钟、广播、乘客信息系统、闭路电视监视系统子系统设备的单机功能试验、故障检修	1.电路和电路图的基本知识； 2.设备操作程序和方法； 3.电源、时钟、广播、乘客信息系统、闭路电视监视系统子系统设备的基本原理及运用
	（二）系统调试	1.能进行电源、时钟、广播、乘客信息系统、闭路电视监视系统子系统设备的系统功能试验； 2.能进行电源、时钟、广播、乘客信息系统、闭路电视监视系统子系统设备的故障检修	

3.4 技师

职业功能	工作内容	技能要求	相关知识
一、通信线路建筑	（一）有线通信线路建筑(含段、场)	1.能编制管道、杆路施工的物资、机具计划； 2.能编制穿越障碍的管道、杆路施工方案； 3.能处理管道、杆路施工故障； 4.能计算已完工程数量； 5.能计算出布放线缆数量、宜采用的材料型号； 6.能计算出保护管、线槽数量	1.物资、机具计划的编制方法； 2.管道、杆路施工规范； 3.管道、杆路的故障现象及处理方法； 4.工程量的计算和统计方法及规定； 5.各类线缆运用场合； 6.各类防护措施的适用范围
	（二）无线通信线路建筑	1.能进行铁塔选址； 2.能检测铁塔的高度与垂直度； 3.计算漏缆衰减值、空间衰落值； 4.耦合器、功分器的运用场合； 5.无线系统参数指标综合测试	1.无线传输的基本知识； 2.经纬仪的使用方法； 3.无线通信的场强覆盖； 4.无线综合测试仪的使用方法
二、光电缆接续测试	（一）光电缆接续、引入	1.能编制光电缆接续的物资、机具计划； 2.能处理光电缆线路接续故障； 3.能计算光电缆接续已完工程数量	光电缆线路接续故障现象和处理方法
	（二）光电缆测试	1.能查找、判断光电缆线路故障； 2.能查找、判断漏泄同轴电缆线路故障	1.光电缆线路故障现象和处理方法； 2.漏泄同轴电缆线路故障和处理方法

续 表

职业功能	工作内容	技能要求	相关知识
三、通 信 设备调试	(一)单机调试	1.能按产品技术说明进行软件加载; 2.能进行数据配置; 3.能进行传输、无线、公务电话、专用调度电话子系统设备的单机功能试验、故障检修; 4.能进行传输、无线、公务电话、专用调度电话子系统设备的单机功能试验和性能测试、故障检修	1.有线传输的基本知识; 2.数字通信仪表的使用方法; 3.传输、无线、软交换、专用调度电话的基本知识,主要功能,故障诊断,检查方法,处理措施; 4.传输、无线、软交换、专用调度电话设备工作原理、技术指标及测试方法
	(二)系统调试	1.能进行传输、无线、公务电话、专用调度电话子系统设备的系统功能试验、故障检修; 2.能进行传输、无线、公务电话、专用调度电话子系统设备的系统功能试验和性能测试、故障检修	1.城市轨道交通通信系统的组成; 2.传输、无线、软交换、专用调度电话子系统的组网方式、性能指标、各板卡的功能及故障现象
四、技术管理与培训指导	(一)技术管理	1.能编制实施性施工工艺文件; 2.能编制工程竣工资料; 3.能撰写技术总结; 4.能进行安全、技术交底; 5.能进行工艺改进和解决技术难题; 6.能提出施工程序、技术标准改进建议	1.实施性施工工艺的内容和编制规定; 2.工程竣工资料的内容和编制规定; 3.技术总结的内容和写作方法; 4.通信工程施工程序、技术标准
	(二)培训指导	1.能对初、中、高级人员进行安全、技术培训指导; 2.能编写培训大纲; 3.在作业中能指导新技术、新工艺、新设备、新材料的应用	1.培训教学的基本方法; 2.培训计划编制方法; 3.通信新技术、新工艺、新设备、新材料应用知识

3.5 高级技师

职业功能	工作内容	技能要求	相关知识
一、光电缆接续测试	（一）光电缆接续、引入	1.能研制、改进光电缆接续施工工艺； 2.能检验光电缆接续施工工艺流程； 3.能处理光电缆接续施工中出现的问题	1.光电缆接续施工工艺； 2.工艺标准的编制方法及规定
	（二）光电缆测试	1.能进行电磁干扰的调查分析； 2.能进行场强测试	1.场强仪的操作方法； 2.场强测试的技术指标和测试方法
二、通信设备调试	（一）单机调试	1.能进行无线设备的单机功能试验； 2.能进行无线设备的故障检修	城市轨道交通 TETRA 无线系统移动交换中心、基站、直放站基本原理
	（二）系统调试	1.能开发新工艺、优化施工工序； 2.能进行无线设备的系统功能试验、故障检修	城市轨道交通 TETRA 无线系统网络组成基本原理
三、技术管理与培训指导	（一）技术管理	1.能指导工程资料的整理； 2.能撰写技术论文； 3.能编制技术革新和技术攻关活动方案； 4.能编制单项施工工艺标准	1.工程管理办法； 2.技术论文的内容和写作方法； 3.铁路通信有关技术规定； 4.施工质量、安全、环境保护管理的有关知识； 5.施工工艺标准的内容和写作方法
	（二）培训指导	1.能对技师及以下人员进行安全、技术培训指导； 2.能编写培训教材； 3.能进行新技术、新工艺、新材料、新设备的应用培训	1.培训讲义的编写方法； 2.计算机常用办公软件的使用方法； 3.信新技术、新工艺、新设备、新材料应用知识； 4.培训指导的要点、方法和注意事项

4　比重表

4.1　理论知识

项　目		初级/(%)	中级/(%)	高级/(%)	技师/(%)	高级技师/(%)
基本要求	职业道德	5	5	5	5	5
	基本要求	5	5	5	5	—
相关知识	通信线路建筑	20	15	10	10	—
	光电缆接续测试	20	15	10	10	10
	通信设备安装配线	50	60	60	—	—
	通信设备调试	—	—	10	40	35
	技术管理与培训指导	—	—	—	30	50
合　计		100	100	100	100	100

注:比重表中不配分的地方,请画"—"。

4.2　技能操作

项　目		初级/(%)	中级/(%)	高级/(%)	技师/(%)	高级技师/(%)
技能要求	通信线路建筑	45	30	10	10	—
	光电缆接续测试	10	20	20	20	25
	通信设备安装配线	45	50	40	—	—
	通信设备调试	—	—	30	40	35
	技术管理与培训指导	—	—	—	30	40
合　计		100	100	100	100	100

注:比重表中不配分的地方,请画"—"。

附录 D　《城市轨道交通信号工》国家职业技能标准

1.职业概况

1.1　职业名称

轨道交通信号工①

1.2　职业编码

6 - 29 - 03 - 10

1.3　职业定义

使用工具和设备,进行轨道交通信号工程施工和设备维护的人员。

1.4　职业技能等级

本职业共设五个等级,分别为:五级/初级工、四级/中级工、三级/高级工、二级/技师、一级/高级技师。

城市轨道交通信号工工种分为:五级/初级工、四级/中级工、三级/高级工、二级/技师、一级/高级技师。

---

① 本职业包含城市轨道交通信号工、铁路信号工工种,本标准仅包含城市轨道交通信号工工种,下同。

1.5　职业环境条件

室内(外)、高空、隧道、夜间。

1.6　职业能力特征

具有较强的逻辑思维、分析判断能力;具有较强的空间感和形体感知觉;心理素质好,无恐高症;有较好的语言(普通话)和文字表达、理解能力及一般计算能力;听力、视力及辨色力良好,双眼矫正视力不低于5.0;肢体灵活,动作协调性好,身体平衡能力强。

1.7　普通受教育程度

高中毕业(或同等学力)。

1.8　职业技能鉴定要求

1.8.1　申报条件

具备以下条件之一者,可申报五级/初级工:

(1)累计从事本职业或相关职业[1]工作1年(含)以上。

(2)本职业或相关职业学徒期满。

具备以下条件之一者,可申报四级/中级工:

(1)取得本职业或相关职业五级/初级工职业资格证书(技能等级证书)后,累计从事本职业或相关职业工作4年(含)以上。

(2)累计从事本职业或相关职业工作6年(含)以上。

(3)取得技工学校本专业[2]或相关专业[3]毕业证书(含尚未取得毕业证书的在校应届毕业生);或取得经评估论证、以中级技能为培养目标的中等及以上职业学校本专业[4]或相关专业[5]毕业证书(含尚未取得毕业证书的在校应届毕业生)。

具备以下条件之一者,可申报三级/高级工:

(1)取得本职业或相关职业四级/中级工职业资格证书(技能等级证书)后,累计从事本职业或相关职业工作5年(含)以上。

(2)取得本职业或相关职业四级/中级工职业资格证书(技能等级证书),并具有高级技工学校、技师学院毕业证书(含尚未取得毕业证书的在校应届毕业生);或取得本职业或相关职业四级/中级工职业资格证书(技能等级证书),并具有经评估论证、以高级技能为培养目标的高等职业学校本专业[6]或相关专业[7]毕业证书(含尚未取得毕业证书的在校应届毕业生)。

(3)具有大专及以上本专业[8]或相关专业[9]毕业证书,并取得本职业或相关职业四级/中级工职业资格证书后(技能等级证书),累计从事本职业或相关职业工作2年(含)以上。

具备以下条件之一者,可申报二级/技师:

(1)取得本职业或相关职业三级/高级工职业资格证书后(技能等级证书),累计从事本

---

[1]　轨道交通信号工、轨道交通通信信号设备制造工,下同。
[2]　铁道信号(高职)。
[3]　轨道交通信号与控制(本科)。
[4]　城市轨道交通信号(中职)。
[5]　铁道信号(中职)。
[6]　城市轨道交通通信信号技术(高职)。
[7]　铁道信号自动控制(高职)、铁道通信信号设备制造与维护(高职)及铁道通信与信息化技术(高职)。
[8]　城市轨道交通通信信号技术(高职)、轨道交通信号与控制(本科)及交通信息工程及控制(研究生)。
[9]　铁道信号自动控制(高职)、铁道通信信号设备制造与维护(高职)及自动化控制科学与工程(研究生)。

职业或相关职业工作 4 年(含)以上。

(2)取得本职业或相关职业三级/高级工职业资格证书(技能等级证书)的高级技工学校、技师学院毕业生,累计从事本职业或相关职业工作 3 年(含)以上;或取得本职业或相关职业预备技师证书的技师学院毕业生,累计从事本职业或相关职业工作 2 年(含)以上。

具备以下条件者,可申报一级/高级技师:

取得本职业或相关职业二级/技师职业资格证书(技能等级证书)后,累计从事本职业或相关职业工作 4 年(含)以上。

1.8.2　鉴定方式

分为理论知识考试、技能考核以及综合评审的方法和形式。

理论知识考试以笔试、机考等方式为主,主要考核从业人员从事本职业应掌握的基本要求和相关知识要求;技能考核主要采用现场操作、模拟操作等方式进行,主要考核从业人员从事本职业应具备的技能水平;综合评审主要针对技师和高级技师,采取审阅材料、答辩等方式进行全面评议和审查。

理论知识考试、技能考核和综合评审均实行百分制,成绩皆达 60 分(含)以上者为合格。

1.8.3　监考人员、考评人员与考生配比

理论知识考试中的监考人员与考生配比不低于 1∶15,且每个考场不少于 2 名监考人员;技能考核中的考评人员与考生配比应根据职业特点、考核方式等因素确定,且考评人员为 3 人以上单数;综合评审委员为 3 人以上单数。

1.8.4　鉴定时间

理论知识考试时间不少于 90 min,技能考试时间不少于 30 min,综合评审时间不少于 15 min。

1.8.5　鉴定场所设备

理论知识考试场所为标准教室、电子计算机教室或智能考核系统;技能操作考核在实训基地、演练场或作业现场进行。场地条件及各种设备、工具、材料、仪器仪表等应满足实际操作需要,并符合环境保护、劳动保护、安全和消防等各项要求,可酌情配设辅助操作人员。

2　基本要求

2.1　职业道德

2.1.1　职业道德基本知识

2.1.2　职业守则

(1)遵纪守法,爱岗敬业。

(2)严守规章,规范操作。

(3)爱护设备,安全生产。

(4)文明作业,团结协作。

(5)精检细修,节能降耗。

(6)钻研业务,开拓创新。

2.2　基础知识

2.2.1　基本理论知识

(1)电工原理。

(2)电子技术原理。

(3)计算机基础知识。

(4)计算机网络基础知识。

(5)机械制图基础知识。

(6)信号设备基础知识。

(7)运营基础知识。

2.2.2　安全知识

(1)消防安全知识。

(2)用电安全知识。

(3)行车安全知识。

(4)机械结构安全知识。

(5)公共安全防范知识。

(6)突发事件应急处置知识。

(7)轨道交通运营安全知识。

(8)通信安全相关知识。

2.2.3　仪器仪表及工具知识

(1)万用表、钳型表、兆欧表、示波器、拉力测试仪、接地电阻测试仪等仪表使用与保养知识。

(2)冲击钻、手电钻、扭力扳手、角磨机、砂轮机等工具的使用与保养知识。

(3)卡线钳、电烙铁、喷灯、接头压接钳等常用信号工具的使用与保养知识。

(4)平板车等简单运输机具的使用与保养知识。

(5)光纤熔接机等常用光通信仪器的使用与保养知识。

(6)内阻测试仪等常用电源类仪器的使用与保养知识。

2.2.4　环境保护知识

(1)节约资源,减少污染。

(2)分类回收,循环再用。

(3)讲究卫生,保护环境。

(4)保护自然,万物共存。

2.2.5　相关法律、法规知识

(1)《中华人民共和国劳动法》相关知识。

(2)《中华人民共和国劳动合同法》相关知识。

(3)《中华人民共和国安全生产法》相关知识。

(4)《中华人民共和国环境保护法》相关知识。

(5)《中华人民共和国职业病防治法》相关知识。

(6)《中华人民共和国突发事件应对法》相关知识。

(7)《中华人民共和国消防法》相关知识。

(8)《中华人民共和国特种设备安全法》相关知识。

(9)《中华人民共和国反恐怖主义法》相关知识。

(10)《中华人民共和国治安管理处罚法》相关知识。

(11)《生产安全事故报告和调查处理条例》相关知识。

(12)《国务院办公厅关于保障城市轨道交通安全运行的意见》相关知识。

(13)《国家城市轨道交通运营突发事件应急预案》相关知识。

(14)《城市轨道交通运营管理规定》相关知识。

(15)城市轨道交通安全质量管理相关知识。

(16)城市轨道交通工程安全生产管理相关知识。

3　工作要求

本标准对五级/初级工、四级/中级工、三级/高级工、二级/技师和一级/高级技师的技能要求和相关知识要求依次递进,高级别涵盖低级别的要求。

(以下英文缩写分别为 ATS(Automatic Train Supervision):列车自动监控系统;ATP(Automatic Train Protection):列车自动防护系统;ATO(Automatic Train Operation):列车自动运行系统;UPS(Uninterruptible Power System):不间断电源)

3.1　五级/初级工(城市轨道交通信号工)

职业功能	工作内容	技能要求	相关知识要求
1.轨旁信号设备维护	1.1　设备识别	1.1.1　能识别轨旁信号设备的型号、规格 1.1.2　能识读信号设备平面布置图中信号机、道岔、轨道电路、计轴、信标等设备的表示符号 1.1.3　能识别信号机灯位的表示含义 1.1.4　能识读信号电缆平面布置图中电缆的走向 1.1.5　能识读电源屏、UPS的结构图 1.1.6　能识读相关设备技术图表 1.1.7　能识别各元器件和辅助材料 1.1.8　能完成安全型继电器的分解、组装 1.1.9　能按作业程序完成转辙机的分解、组装 1.1.10　能选用合适的零部件及专用工具进行调整 1.1.11　能检测安全型继电器电气特性 1.1.12　能检测、测试转辙机单项器材技术指标 1.1.13　能检测信号电子板卡电气特性	1.1.1　轨旁信号设备基础知识 1.1.2　信号设备平面布置图中符号的意义 1.1.3　信号电缆平面布置图中电缆的表示方式 1.1.4　信号系统图中各符号的含义 1.1.5　电源屏结构框图 1.1.6　UPS结构框图 1.1.7　设备组成和各部件功能 1.1.8　机械装配图识读的基本知识 1.1.9　安全型继电器、转辙机、电子板卡等的机械图和基本原理、机械特性、电气特性 1.1.10　安全型继电器和转辙机测试台操作知识

续 表

职业功能	工作内容	技能要求	相关知识要求
1.轨旁信号设备维护	1.2 设备巡检	1.2.1 能检查轨旁信号设备的安装、运行情况 1.2.2 能对轨旁信号设备进行内外部清扫、紧固、电缆线整理、标识更新 1.2.3 能对一般故障设备室内外故障点进行定位 1.2.4 能应急处理、汇报巡视发现的轨旁信号设备隐患 1.2.5 能通过监测单元、仪表查看设备的工作状态信息、指针读数 1.2.6 能查看告警信息及历史记录 1.2.7 能选用合适的工具仪表进行简单测试、调整 1.2.8 能测量信号设备限界 1.2.9 能查看并使用综控台/控制台进行简单操作	1.2.1 轨旁信号设备巡视内容及标准 1.2.2 轨旁信号设备故障指南 1.2.3 轨旁信号设备应急预案处理及汇报流程 1.2.4 轨旁信号设备检修要求 1.2.5 测量信号限界的方法 1.2.6 综控台/控制台、监测单元的查看及操作方法 1.2.7 配合线路专业施工的相关规定及要求
	1.3 设备检测	1.3.1 能判断机械零部件明显缺点 1.3.2 能判断处理安全型继电器故障 1.3.3 能更换安全型继电器的不良元器件	1.3.1 信号电路图识读基本知识 1.3.2 转辙机测试台操作知识 1.3.3 安全型继电器故障查找方法 1.3.4 转辙机故障查找方法 1.3.5 焊接工艺要求
2.中央信号设备维护	2.1 设备识别	2.1.1 能识别中央信号设备的型号、规格 2.1.2 能识读信号系统图中各子系统的结构 2.1.3 能根据图纸识别中央系统设备及模块 2.1.4 能查阅告警信息、轨道图、系统图显示 2.1.5 能识别信号专用传输网络组成部件 2.1.6 能识读相关设备技术图表	2.1.1 中央信号设备基础知识 2.1.2 通信传输基础知识 2.1.3 信号技术图表基础知识 2.1.4 信号系统图中各子系统的连接方式

续 表

职业功能	工作内容	技能要求	相关知识要求
2.中央信号设备维护	2.2 设备巡检	2.2.1　能检查中央信号设备的安装、运行情况 2.2.2　能对中央信号设备进行内外部清扫、紧固、电缆线整理、标识更新 2.2.3　能应急处理、汇报巡视发现的中央信号设备隐患 2.2.4　能通过监测界面和仪表查看设备的工作状态、信息及数据 2.2.5　能通过网管查看告警信息及历史记录 2.2.6　能选用合适的工具仪表进行简单测试、调整 2.2.7　能查看并使用调度员工作站进行简单操作	2.2.1　中央信号设备巡视内容及要求 2.2.2　中央信号设备隐患的应急处理及汇报流程 2.2.3　中央信号设备维修及维护要求和技术标准 2.2.4　监测设备、网管、各工作站的查看及操作方法
3.车载信号设备维护	3.1 设备识别	3.1.1　能根据图纸识别 ATP/ATO 系统设备及模块 3.1.2　能识别车载信号设备主要显示灯位的表示含义 3.1.3　能识读相关设备技术图表 3.1.4　能操作车辆接口分工界面	3.1.1　车载信号设备基础知识 3.1.2　ATP/ATO 系统设备检修周期、内容、作业程序 3.1.3　车载信号设备维修维护要求
	3.2 设备巡检	3.2.1　能检查车载信号设备的安装、运行情况 3.2.2　能对设备进行内外部清扫、紧固、电缆线整理、标识更新 3.2.3　能通过维修支持系统查看在线列车车载信号设备运行状态 3.2.4　能更换简单的元器件、零部件并作相应试验 3.2.5　能选用合适的工具仪表进行简单测试、调整 3.2.6　能查看并使用车载人机界面进行简单操作 3.2.7　能完成设备检查、出入库的测试工作 3.2.8　能选用合适的零部件及专用工具进行调整	3.2.1　车载信号设备组成和各部件功能 3.2.2　车载信号设备检修、维护要求 3.2.3　在线监测系统、车载人机界面的查看及使用方法

3.2 四级/中级工(城市轨道交通信号工)

职业功能	工作内容	技能要求	相关知识要求
1.轨旁信号设备维护	1.1 设备检修	1.1.1 能埋设信号设备的基础 1.1.2 能进行设备检测 1.1.3 能分析、处理各种轨旁信号设备告警信息 1.1.4 能进行设备倒机切换、重启初始化操作 1.1.5 能进行道岔转换装置的安装、调整 1.1.6 能进行UPS蓄电池的充放电作业 1.1.7 能使用微机监测系统测试管辖内信号设备技术指标 1.1.8 能利用测试数据分析设备电气特性、排查设备隐患 1.1.9 能对局部电路布线、配线、校核、实验 1.1.10 能测试筛选元器件 1.1.11 能完成安全型继电器的分解、组装 1.1.12 能测试安全型继电器特性指标 1.1.13 能测试电子板卡元器件电气特性 1.1.14 能分析转辙机整机及各部件机械、电气特性 1.1.15 能查询、下载电子板卡故障信息 1.1.16 能完成电动转辙机内部配线	1.1.1 轨旁信号设备维护要求和信号作业标准化相关知识 1.1.2 轨旁信号设备组成和各部分功能 1.1.3 轨旁信号设备维修、调整要求和技术标准 1.1.4 UPS蓄电池充放电作业方法和注意事项 1.1.5 轨旁信号设备检修作业方法和注意事项 1.1.6 在线监测系统操作和使用方法 1.1.7 继电器、转辙机、调谐单元机械图纸和基本原理、机械特性及技术指标 1.1.8 各种继电器、转辙机的维修标准、轮休周期、验收制度 1.1.9 继电器和转辙机配线图相关知识
	1.2 设备故障处理	1.2.1 能根据故障诊断码表、告警信息及表示灯的异常显示判断设备状态 1.2.2 能进行故障下人工倒切设备操作 1.2.3 能判断处理线缆断线故障 1.2.4 能处理转辙机的机械故障及电气故障 1.2.5 能处理轨旁信号设备开路等常见故障并进行应急处置	1.2.1 轨旁信号设备故障处理程序 1.2.2 相关故障的软硬件应急操作方法 1.2.3 轨旁信号设备故障倒切及单项设备更换方法

续 表

职业功能	工作内容	技能要求	相关知识要求
1.轨旁信号设备维护	1.2 设备故障处理	1.2.6　能处理轨旁信号设备及附属连接线缆故障 1.2.7　能配合进行应急盘操作及恢复倒切 1.2.8　能更换单项设备模块 1.2.9　能按图进行设备线缆、配线的连接及焊接 1.2.10　能配合线路维护部门完成更换钢轨、更换绝缘的工作	1.2.4　专用工具和仪器仪表的使用和保养知识 1.2.5　信号技术图表相关知识 1.2.6　电缆、光纤配线基础知识 1.2.7　电缆配线及焊接工艺相关知识
	1.3 设备更换	1.3.1　能判断安全型继电器故障 1.3.2　能分析处理转辙机常见机械故障 1.3.3　能处理入所转辙机开路故障 1.3.4　能处理电机的电气故障 1.3.5　能判断处理一般电子电气设备故障	1.3.1　信号设备电路原理图 1.3.2　信号设备元器件磁路原理图 1.3.3　信号设备机械动作原理 1.3.4　继电器、转辙机技术标准
2.中央信号设备维护	2.1 设备检修	2.1.1　能分析、处理各种中央信号设备告警信息 2.1.2　能进行中央信号设备检修工作 2.1.3　能进行冗余设备倒机切换操作 2.1.4　能进行设备重启初始化操作 2.1.5　能使用在线监测系统测试、分析所管辖内信号设备技术指标、状态 2.1.6　能利用测试数据分析设备电气特性、排查设备隐患 2.1.7　能进行软件初始化操作	2.1.1　中央信号设备维护要求和信号程序作业标准化相关知识 2.1.2　中央信号设备组成和各部分功能 2.1.3　中央信号设备维修、调整要求和技术标准 2.1.4　维修支持及网管系统的操作方法 2.1.5　专用工具和仪器仪表的使用和保养知识 2.1.6　信号技术图表相关知识

续 表

职业功能	工作内容	技能要求	相关知识要求
2. 中央信号设备维护	2.2 设备故障处理	2.2.1 能根据故障诊断、告警信息及表示灯的异常显示判断处理故障 2.2.2 能进行故障设备的主机软件切换 2.2.3 能判断处理线缆断线故障 2.2.4 能进行相关软件安装 2.2.5 能处理中央信号设备常见硬件故障并进行应急处置 2.2.6 能对时刻表、运行图进行装载、检查、调整等作业 2.2.7 能更换单项设备模块 2.2.8 能按图纸进行设备电缆、配线的连接	2.2.1 中央信号设备维修、维护要求和故障处理程序 2.2.2 中央信号设备相关软件安装、应急操作方法 2.2.3 故障设备的应急处置方法 2.2.4 信号技术图表相关知识 2.2.5 时刻表、运行图检查和调整的方法 2.2.6 中央信号设备故障倒切及单项设备更换方法 2.2.7 电缆配线相关知识
3. 车载信号设备维护	3.1 设备检修	3.1.1 能对车体外的车载信号设备进行拆卸、外观与电气性能检查 3.1.2 能对车体外的车载信号设备进行机械安装和电气连接 3.1.3 能对车载信号设备整套系统进行静态测试 3.1.4 能对零部件进行电气测试 3.1.5 能使用专用测试仪器进行检测 3.1.6 能按图完成电缆及数据线接头装配	3.1.1 车载信号设备维修、维护要求和信号作业技术标准 3.1.2 车载信号设备组成和各部分功能 3.1.3 车辆上电、断电安全操作规程 3.1.4 电气测试程序 3.1.5 配合车辆检修工作的相关规定及要求
	3.2 设备更换	3.2.1 能判断处理车载信号电源故障 3.2.2 能判断区分车载信号设备的车载与轨旁故障 3.2.3 能根据故障诊断、告警信息及表示灯的异常显示判断处理故障 3.2.4 能判断处理车地通信故障 3.2.5 能判断处理接插件松动等开路故障 3.2.6 能更换单项设备模块 3.2.7 能按图纸进行设备电缆、配线的连接	3.2.1 车载信号设备各子系统功能相关知识 3.2.2 车载信号设备单项设备的工作原理及相关功能 3.2.3 专用工具、仪器、基本性能及使用方法 3.2.4 车载信号设备故障处理指南 3.2.5 信号技术图表相关知识

3.3 三级/高级工(城市轨道交通信号工)

职业功能	工作内容	技能要求	相关知识要求
1. 轨旁信号设备维护	1.1 设备检修	1.1.1 能进行子系统核心设备上电初始化操作 1.1.2 能测试、验证信号设备的联锁关系 1.1.3 能对车地通信系统性能进行检测分析 1.1.4 能按图纸进行电缆配线校核 1.1.5 能利用微机监测设备、检测仪器进行数据监测、分析信号设备的电气特性 1.1.6 能对道岔转换装置进行调整、测试 1.1.7 能整治管辖内设备隐患及配合相关部门进行设备整治 1.1.8 能进行信号设备质量评估、鉴定 1.1.9 能处理设备开路等异常故障	1.1.1 轨旁信号设备子系统核心设备上电初始化操作方法 1.1.2 信号联锁系统相关知识 1.1.3 电缆配线的方法与标准 1.1.4 车地通信系统、数据传输系统的设备组成、工作原理 1.1.5 在线监测系统分析方法 1.1.6 道岔转换装置及安装装置的调整、测试方法 1.1.7 与其他部门的配合、分工要求 1.1.8 轨旁信号设备整治、质量鉴定的方法及要求
	1.2 设备故障处理	1.2.1 能运用逻辑关系和电气测试数据判断、处理故障 1.2.2 能判断处理信号接口故障 1.2.3 能使用微机监测设备或监控终端对信号设备故障存盘、回放和分析 1.2.4 能在故障时配合进行综合台/控制台应急操作 1.2.5 能判断处理电子电气设备单一故障 1.2.6 能处理绝缘不良的电气故障 1.2.7 能更换发生故障的电子电气设备 1.2.8 能判断处理机具、专用测试台常见故障 1.2.9 能综合处理磁路、电路和机械故障	1.2.1 信号设备的逻辑关系及各项电气指标标准的相关知识 1.2.2 与相关专业接口原理及分工 1.2.3 接口类故障的处理方法 1.2.4 通过回放及故障存盘数据对信号故障进行分析的方法 1.2.5 综合台/控制台的应急操作方法 1.2.6 电子电路的识读方法 1.2.7 机械制图和钳工知识 1.2.8 机电设备专用测试台结构、工作原理、故障处理方法

续 表

职业功能	工作内容	技能要求	相关知识要求
1.轨旁信号设备维护	1.3 安装调试	1.3.1 能分析安全型继电器电气、机械特性 1.3.2 能进行电子芯片更换 1.3.3 能进行设备质量的鉴定和评估 1.3.4 能进行常用检测设备的检测与保养 1.3.5 能组装设备并使用测试台进行各项检测	1.3.1 常用器材的特性和技术指标 1.3.2 信号设备入所检修周期 1.3.3 各元器件工作原理 1.3.4 系统工作原理知识 1.3.5 各种继电器、转辙机机械特性及技术指标
2.中央信号设备维护	2.1 设备检修	2.1.1 能进行中央信号设备子系统核心设备上电初始化操作 2.1.2 能启动和关闭应用软件 2.1.3 能进行主、备中央信号设备的倒切实验 2.1.4 能完成服务器基本文件配置 2.1.5 能按图纸进行网络配线施工 2.1.6 能配合相关部门整治设备 2.1.7 能整治设备隐患 2.1.8 能进行中央信号设备质量鉴定和评估	2.1.1 中央信号设备子系统核心设备上电初始化操作方法 2.1.2 应用软件的功能及启动关闭方法 2.1.3 服务器文件的配置方法 2.1.4 系统网络配线施工方法 2.1.5 与其他部门的配合、分工要求 2.1.6 中央信号设备整治、质量鉴定的方法及要求
	2.2 设备故障处理	2.2.1 能判断处理中央设备故障 2.2.2 能判断和处理网络病毒故障 2.2.3 能判断处理系统接口软硬件故障 2.2.4 能判断处理调度中心大屏系统故障	2.2.1 中央系统硬件故障、软件故障、接口故障、大屏系统故障处理方法 2.2.2 中央信号设备各个子系统之间接口、与相关专业接口原理及分工 2.2.3 中央信号设备系统工作原理

续　表

职业功能	工作内容	技能要求	相关知识要求
3.车载信号设备维护	3.1　设备检修	3.1.1　能评估车地通信质量 3.1.2　能检测停站系统及调整停站精度 3.1.3　能完成车载信号设备动态测试 3.1.4　能使用计算机采集、分析车载数据 3.1.5　能进行车载信号设备质量鉴定和评估 3.1.6　能按电路配线图完成配线 3.1.7　能整治车载信号设备、线缆接头等 3.1.8　能安装、调试管辖内车载信号设备	3.1.1　检测、调整车地通信、停站系统的方法 3.1.2　车载信号设备动态测试程序 3.1.3　计算机专用测试程序使用方法 3.1.4　电路配线相关知识 3.1.5　车载信号设备整治、质量鉴定的方法及要求 3.1.6　电子元器件安全操作知识 3.1.7　车载信号设备安装、调试方法
	3.2　设备故障处理	3.2.1　能处理系统测试中的缺陷 3.2.2　能判断处理车载系统模块故障 3.2.3　能更换车载信号故障器材 3.2.4　能分析判断车载信号与接口设备结合部故障	3.2.1　复杂零部件安装工艺相关知识 3.2.2　车载信号设备电路原理相关知识 3.2.3　车载信号系统模块、接口设备结合部故障的判断及处理方法 3.2.4　车载信号系统故障器材的更换方法及要求 3.2.5　车载信号系统各个子系统之间的接口、与相关专业接口原理及分工

3.4　二级/技师（城市轨道交通信号工）

职业功能	工作内容	技能要求	相关知识要求
1.系统故障分析处理	1.1　系统级故障分析	1.1.1　能组织整治设备隐患、修复设备缺陷 1.1.2　能分析、判断并处理ATP、ATO、ATS、联锁等系统级故障 1.1.3　能利用运行日志分析、准确判断接口部位故障	1.1.1　中央信号系统的操作命令 1.1.2　ATP、ATO、ATS、联锁等操作方法 1.1.3　ATP、ATO、ATS、联锁等系统工作原理

续 表

职业功能	工作内容	技能要求	相关知识要求
1.系统故障分析处理	1.2 系统级故障处理	1.2.1 能判断、处理专用测试设备的常见故障 1.2.2 能处理信号设备周期性、系统性等系统级故障并提出预防整改措施 1.2.3 能组织开展系统级故障应急 1.2.4 能判断处理设备混线和接地故障	1.2.1 信号系统软件相关知识 1.2.2 组织开展系统级故障应急恢复及设备隐患整治的方法及相关要求
2.施工作业	2.1 设备施工	2.1.1 能安装、调试系统级设备 2.1.2 能组织设备施工	2.1.1 系统设备安装、调试的方法、流程及技术标准 2.1.2 信号专业施工的相关规定
	2.2 设备验收	2.2.1 能组织信号系统验收工作 2.2.2 能完成配合其他专业施工工作	2.2.1 信号设备验收有关规定 2.2.2 与其他部门配合施工的相关规定及要求
3.技术管理	3.1 生产过程管理	3.1.1 能运用微机监测装置和精密检测仪器检测、分析信号设备状态 3.1.2 能根据设备特性分析结果提出处理方案 3.1.3 能组织信号联锁试验 3.1.4 能组织开展设备质量鉴定和评估 3.1.5 能针对信号设备鉴定结果,分析并制定解决方案 3.1.6 能维护专用测试设备的软、硬件 3.1.7 能管理技术图表及资料	3.1.1 电气特性分析及处理方法 3.1.2 设备技术标准及状态分析知识 3.1.3 信号设备工作原理 3.1.4 设备质量技术标准 3.1.5 组织开展联锁试验的方法 3.1.6 新线验收程序、内容、技术标准及方法 3.1.7 组织开展信号设备质量鉴定的程序、内容、方法及标准 3.1.8 信号设备测试台技术标准、检修方法 3.1.9 技术资料管理知识
	3.2 生产工艺改进	3.2.1 能进行技术革新和解决技术难题 3.2.2 能提出设备检修作业程序、技术标准改进建议	3.2.1 提出影响设备质量的因素及提高质量措施的方法 3.2.2 设备检修作业程序、技术标准

续 表

职业功能	工作内容	技能要求	相关知识要求
4.培训和指导	4.1 技术培训	4.1.1 能对高级工及以下信号工进行安全、技术培训 4.1.2 能编写培训讲义	4.1.1 常用器材的特性和技术指标 4.1.2 信号设备的入所检修周期 4.1.3 各元器件工作原理 4.1.4 信号系统组成及原理 4.1.5 培训教学的基本方法 4.1.6 培训计划编制方法
	4.2 专业指导	4.2.1 能对高级工及以下信号工进行安全、技术指导 4.2.2 能指导新技术、新工艺新材料、新设备作业过程的应用	4.2.1 专业指导的基本方法 4.2.2 专业指导方案编制的方法 4.2.3 新技术、新工艺、新材料、新设备有关知识

3.5 一级/高级技师(城市轨道交通信号工)

职业功能	工作内容	技能要求	相关知识要求
1.系统故障分析处理	1.1 系统级故障分析	1.1.1 能分析、判断并处理信号系统复合故障 1.1.2 能对ATP、ATO、ATS、联锁等系统存在问题提出修改建议	1.1.1 计算机专用测试程序使用方法 1.1.2 接口工作原理、主要技术数据及相关知识 1.1.3 中央信号系统组成及工作原理
	1.2 系统级故障处理	1.2.1 能处理信号系统复合故障并提出预防整改措施 1.2.2 能组织开展信号系统复合故障应急处置	1.2.1 信号系统工作原理 1.2.2 分析、判断混线、接地等信号系统复合故障的方法 1.2.3 组织开展信号系统复合故障应急恢复及设备隐患整治的方法及相关要求
2.技术管理	2.1 技术方案编制	2.1.1 能编制信号系统功能检测与试验方案 2.1.2 能编制施工及配合施工方案 2.1.3 能对设备检修周期修改提出可行性建议 2.1.4 能编制信号设备专项检修的作业指导书 2.1.5 能编写设备运行质量评估报告	2.1.1 信号技术管理知识 2.1.2 信号安全保障体系与质量管理体系相关知识 2.1.3 信号施工的规定、城市轨道交通信号工程施工质量验收规范等有关规定 2.1.4 信号维修标准化作业相关知识

续 表

2.技术管理	2.2 总结报告编制	2.2.1 能编制信号系统功能试验总结报告 2.2.2 能编制现有设备技术改造专项方案 2.2.3 能编制信号各类修程中的技术整改方案 2.2.4 能制定新旧设备过渡阶段的割接技术方案 2.2.5 能设计和改进信号检修专用工具和设备 2.2.6 能根据信号设备电气特性测试结果制定整改措施	2.2.1 城市轨道交通信号设计规范和设计标准 2.2.2 信号维修技术标准相关知识 2.2.3 计算机软件和硬件相关知识
	2.3 技术创新	2.3.1 能组织、指导新技术和新工艺的实施 2.3.2 能组织技术革新和技术攻关活动 2.3.3 能组织开展科研创新项目	2.3.1 新技术、新工艺原理及技术特性 2.3.2 专业技术管理有关规定 2.3.3 科研项目管理有关规定
3.培训和指导	3.1 技术培训	3.1.1 能对技师及以下信号工进行安全、技术培训 3.1.2 能进行新技术、新工艺、新材料、新设备的应用培训	3.1.1 培训讲义的编写方法 3.1.2 计算机办公软件的使用方法和注意事项 3.1.3 培训指导的要点、方法和注意事项
	3.2 作业指导	3.2.1 能对技师及以下信号工进行安全、技术指导 3.2.2 能指导技师及以下信号工排除偶发、疑难故障	3.2.1 设备维修质量标准 3.2.2 系统结构及应急处置方法 3.2.3 施工工艺标准

4 权重表

4.1 理论知识权重表

项 目		技能等级/（%）				
		五级/ 初级工	四级/ 中级工	三级/ 高级工	二级/ 技师	一级/ 高级技师
基本要求	职业道德	5	5	5	5	5
	基础知识	15	15	10	5	5

续　表

项　目		技能等级/%				
		五级/初级工	四级/中级工	三级/高级工	二级/技师	一级/高级技师
相关知识	轨旁信号设备维护	45	45	45	—	—
	中央信号设备维护	15	15	20	—	—
	车载信号设备维护	20	20	20	—	—
	施工作业	—	—	—	10	—
	系统故障分析处理	—	—	—	40	50
	技术管理	—	—	—	20	20
	培训和指导	—	—	—	20	20
合　计		100	100	100	100	100

4.2　技能操作权重表

项　目		技能等级/%				
		五级/初级工	四级/中级工	三级/高级工	二级/技师	一级/高级技师
技能要求	轨旁信号设备维护	50	50	50	—	—
	中央信号设备维护	25	25	25	—	—
	车载信号设备维护	25	25	25	—	—
	施工作业	—	—	—	10	——
	系统故障分析处理	—	—	—	40	50
	技术管理	—	—	—	30	30
	培训和指导	—	—	—	20	20
合　计		100	100	100	100	100

参考文献

[1] 贾毓杰,王红光.城市轨道交通通信与信号[M].3 版.北京:机械工业出版社,2019.

[2] 李怀俊,江伟.城市轨道交通通信与信号 [M].2 版.成都:西南交通大学出版社,2021.

[3] 张乐,肖倩,李佳洋.城市轨道交通信号[M].北京:清华大学出版社,2018.

[4] 高宗余.城市轨道交通信号基础与设计 [M].北京:机械工业出版社,2019.

[4] 王亮.城市轨道交通新线筹备应用指南[M].北京:中国建筑工业出版社,2020.

[5] 张利彪.城市轨道交通信号与通信系统[M].2 版.北京:人民交通出版社股份有限公司,2020.

[6] 江伟,顾黎君,周一陈.轨道交通信号基础设备及维护[M].上海:上海科学普及出版社,2021.

[9] 刘伯鸿.城市轨道交通车辆段信号技术[M].成都:西南交通大学出版社,2012.

[10] 王青林. 城市轨道交通通信与信号系统[M].2 版.北京:人民交通出版社股份有限公司,2021.

[11] 薄宜勇,曹峰.城市轨道交通信号监测系统运用与维护[M].北京:中国铁道出版社,2018.

[12] 樊国林.城市轨道交通信号维护支持系统研究[J].城市轨道交通研究,2044,17(4):5.

[13] 刘颖.集中告警管理系统的设计与实现[D].长春:吉林大学,2014.

[14] 傅剑虹.地铁专用通信集中告警管理系统的建设[J].城市轨道交通研究,2014(8):36-37.